科学出版社“十四五”普通高等教育本科规划教材

材料结构分析

陈铁红　编著

科 学 出 版 社

北 京

内 容 简 介

本书内容包括X射线粉末衍射、X射线光电子能谱与俄歇电子能谱、X射线吸收精细结构、固体核磁共振波谱、电子顺磁共振波谱、多孔材料的气体吸附技术、透射电子显微镜及电子衍射、电子能量损失谱、扫描电子显微镜、扫描隧道显微镜与原子力显微镜、正电子湮没寿命谱、穆斯堡尔谱，重点介绍了上述结构分析方法的基本概念和基本原理，注重将不同分析方法进行对照和关联，并列举了较多材料结构的研究实例。

本书可作为高等学校材料及相关专业本科生和研究生的教材，也可供从事材料科学研究及材料检测分析的科研和技术人员参考。

图书在版编目（CIP）数据

材料结构分析 / 陈铁红编著. -- 北京 : 科学出版社, 2025. 3. (科学出版社“十四五”普通高等教育本科规划教材). -- ISBN 978-7-03-080829-5

Ⅰ. TB303.1

中国国家版本馆CIP数据核字第2024DV5244号

责任编辑：丁 里 / 责任校对：杨 赛
责任印制：张 伟 / 封面设计：无极书装

科学出版社 出版
北京东黄城根北街16号
邮政编码：100717
http://www.sciencep.com
北京九州迅驰传媒文化有限公司印刷
科学出版社发行 各地新华书店经销
*
2025年3月第 一 版 开本：787×1092 1/16
2025年3月第一次印刷 印张：18 1/2
字数：479 000

定价：89.00元

（如有印装质量问题，我社负责调换）

前　言

材料的组成和结构是决定其性质与功能的关键因素，材料结构分析对于材料研究的重要性不言而喻。

本书根据南开大学材料科学与工程学院的“材料结构分析”课程教学内容整理编写。材料科学研究涉及领域广泛，用于材料结构分析的方法种类繁多。根据南开大学材料相关专业的培养目标和学科建设的优势方向，本书选取了在能源材料、催化材料、稀土材料、碳纳米材料及微纳器件等领域应用较为广泛的结构分析方法。本书没有采用将分析方法进行分类的写法，而是在各章中尽量将不同方法进行对照、综合和融汇。因为各种分析方法虽然形式不同，但本质上都是围绕材料在分子、原子(原子核、电子)层面的物理原理展开的，具有“原理同源”的特征，因此在编写上特别强调不同方法之间的关联和对照，注重不同分析方法的贯通融合。

当前，用于材料结构分析表征的仪器设备逐渐向高端、精密、复杂、昂贵的方向发展，高端的分析测试仪器价格动辄百万、千万元，而仪器的操作也需要专业人员经过很长时间的专门培训才能完成。从普通用户的角度，较少有机会去体会、掌握仪器的硬件及操作，更多的是以间接方式获得结构分析的数据。因此在本书中，与仪器的硬件构成方面相关的知识篇幅较少，仅在不影响理解原理方法的基础上作了简单介绍。并非这些知识不重要，而是从初学者和用户的角度，应该将学习重点放在对方法原理和数据物理意义的深刻理解上，结合自身的研究目标去拓展学习，并培养向仪器技术专家高效学习的能力，在高端仪器和技术专家的帮助下完成自己的研究任务。

另外，对于结构分析的数据，借助分析软件也逐渐日常化，如 XRD、EXAFS、XPS、电子衍射等数据的分析，基本用不到手工处理，因此对于各类数据分析软件的使用是材料结构分析学习中非常重要的能力。虽然软件的使用培训不是本书的任务，但是需要强调的是，具备清晰的概念和扎实的基础理论是用好数据分析软件的必要前提。如同即使我们已经不会手算开根号，但是仍然清晰理解开根号的数学意义，我们可以不了解软件的具体算法，但是应该理解软件处理数据所依据的方法原理。

综上，相比各种结构分析方法的专业书籍，本书讨论的仅是入门级的基础知识，重点强调的是概念和基本原理。通过本书读者要学习的是初步分析解读数据以及数据之间的自洽关系。因为无论是何种形式的数据，其本质来源是相同的，即来源于材料本身的组成和结构。不同方法所表达的数据只是材料结构在不同维度上的投影，综合多种分析方法的数据才能帮助我们获得相互补充的、自洽的和立体的材料结构信息。

在本书编写过程中得到了很多专家的指导和帮助，南开大学孙平川研究员、南方科技大学张荣纯副研究员、兰州大学张甘教授、北京大学谢景林教授、中国科学院大连化学物理研究所王军虎研究员、天津大学崔兰教授、中国地质大学(武汉)刘鹏教授分别审阅了部分章节内容，在此一并表示感谢！感谢南开大学教务部和材料科学与工程学院的经费支持，感谢南开大学陈睿高级实验师提供部分 XPS 谱图数据，感谢我的研究生们在图表处理中提供的帮助。

由于本人水平所限，书中难免存在疏漏和不足之处，敬请广大读者批评指正，以便再版时修正完善。

陈铁红

2024 年 6 月于南开园

目　录

第 1 章　X 射线粉末衍射

哲学家只是用不同的方式解释世界，而问题在于改造世界。

——马克思

1.1　关于 X 射线

1895 年 11 月，德国物理学家伦琴(W. C. Röntgen，1845—1923)意外发现，实验室中涂有铂氰酸钡[$BaPt(CN)_6$]的荧光屏偶尔会发出微弱的荧光。这是个意外的发现，但是作为严谨的实验物理学家，伦琴没有让这个偶然发现从手边溜走。他通过实验验证了荧光与来自阴极射线管的某种未知射线(后被伦琴命名为 X 射线)之间的因果关系，发现了其穿透能力，并拍摄了历史上第一张 X 射线透射照片——伦琴夫人的手骨照片。值得一提的是，为了保证成果的优先权，伦琴直接将相关论文交给了当地的一家刊物(而不是投向名气更大的刊物)，并请他们即刻发表，这样 X 射线的发现得以迅速公布。1901 年，伦琴因发现 X 射线而获得首届诺贝尔物理学奖。

X 射线可以说是材料结构分析方法中的“主角”。本书讨论的 X 射线衍射(XRD)、X 射线光电子能谱(XPS)及 X 射线吸收谱(XAS)，激发源均为 X 射线(不同方法的射线源有不同的特征)。

X 射线是一种波长为 0.01～100 Å(1 Å=10^{-10} m)的电磁辐射(对应电磁波频率为 10^{16}～10^{20} Hz，或者光量子能量为 100 eV 到数百千电子伏)。在电磁波频谱上，X 射线介于紫外线和 γ 射线之间，其波长范围并没有绝对严格的界定。根据波长还可以将 X 射线分为超硬 X 射线：波长小于 0.1 Å；硬 X 射线：波长为 0.1～1 Å；软 X 射线：波长为 1～10 Å(也说波长为 6～100 Å，或者光量子能量为 120 eV～2 keV)。例如，通常 XPS 测试所用的 Al K_α 的特征能量为 1486 eV(对应波长为 8.34 Å)，XRD 测试用的 Cu K_α 波长为 1.54 Å，因此 XPS 及 XRD 常用的都是软 X 射线。而通常医用 X 射线波长范围是 0.08～1 Å，属于(超)硬 X 射线。

X 射线可以对生物体造成辐射损伤，因此是一种危险的电磁辐射。短波的硬 X 射线穿透能力较强，X 射线衍射仪中使用较厚的含铅玻璃进行阻隔。而长波的软 X 射线辐射能量较低，甚至可以被空气所吸收。商用仪器的 X 射线安全防护都达到规范的安全标准，为保证安全，在使用中要严格遵守仪器管理的安全条例。

1.1.1　韧致辐射

韧致辐射又称刹车辐射或制动辐射，是高速电子与原子(原子核)碰撞后减速形成的 X 射线辐射。由于高速电子碰撞时在靶核库仑场作用下，其速度是连续变化的，因此韧致辐射 X 射线谱呈现为连续谱(波长连续变化的 X 射线)。

医学和工业用 X 射线往往是韧致辐射产生的连续谱，由于韧致辐射的强度与靶核电荷的平方成正比，因此X射线管的阳极靶常用金属钨，可以输出高强度X射线，并且金属钨的熔点高、导热性好且易于加工。

电子在加速器中做高速圆周运动时，产生的辐射称为同步辐射，是一种新型的X射线光源，本书在X射线吸收谱部分会再次讲到。

1.1.2 特征X射线

特征X射线(核外电子的内层跃迁辐射)是1906年由英国物理学家巴克拉(C. G. Barkla)首先观察到的，他发现用X射线照射不同元素的材质时，会发出与元素相关的特征X射线，或者说是一种有元素标识性的X射线。随后，他通过实验发现不同的元素都可以发出若干系列并有不同辐射硬度的X射线(当时用透射能力来标识辐射硬度)。起初巴克拉将不同辐射硬度(现在可以理解为不同波长)的特征射线标记为A、B线，而后由于不确定是否还有硬度更高的辐射，又改用K、L标记以留有余地。这样对元素的系列特征辐射标以字母K、L、M、…，而非A、B、C，这种标识沿用至今。巴克拉因发现元素的特征X射线而获得1917年诺贝尔物理学奖。巴克拉测试了不同元素的特征X射线在金属中的吸收(图1.1)，100多年前的实验数据图远谈不上精细，但是蕴含了深刻的物理原理和原创的科学。特征X射线具有元素指纹特征，因此可以用来定性鉴定元素，在后续的扫描电子显微镜(SEM)部分的能量色散谱(EDS)和波长色散谱(WDS)会再次讲到。

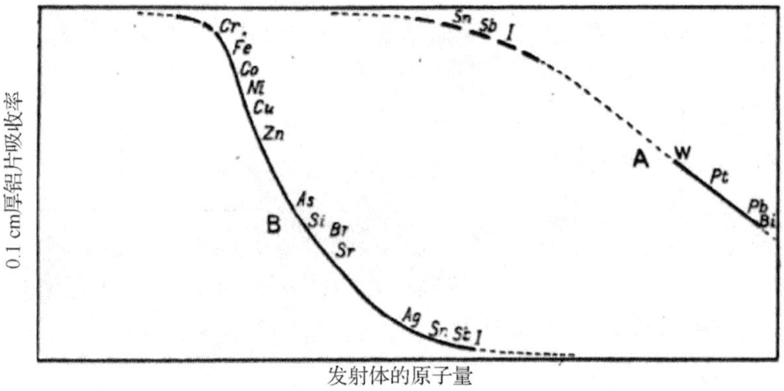

图1.1 巴克拉测试的不同元素特征X射线被金属铝片吸收的吸收率实验数据

吸收越少表示X射线透射能力越强(图中的Si或许是Se的笔误——编者)

莫塞莱(H. G. Moseley)研究了特征X射线的频率与原子序数之间的定量关系，于1913年总结出一个经验公式，称为莫塞莱定律。莫塞莱定律的实质是建立了原子序数与特征X射线能量之间的关联，预示了元素排列的顺序应该是原子序数，而非原子量。在看到玻尔提出的电子量子化轨道的论文后，莫塞莱发现根据玻尔的电子能级理论公式，可以推导出莫塞莱定律，从而赋予了经验公式明确的物理意义，而莫塞莱的实验数据无疑为玻尔的量子理论提供了强有力的实验证据。

现在可以清晰地解释特征X射线谱。对于核外电子，可以用四个量子数描述，主量子数n、角量子数l、磁量子数m_l和自旋量子数m_s。在考虑电子的自旋-轨道耦合作用后，电子的能级排布如图1.2所示，图中的电子能级及对应标识在本书后续的X射线光电子能谱(XPS)、俄歇电子能谱(AES)、X射线吸收谱(XAS)及电子能量损失谱(EELS)等谱学方法中会反复出现，应当熟记。当n=1时，电子能级1s也标记为K；字母L对应n=2的电子能级，2s电子

能级也标记为 L_1，$2p_{1/2}$ 对应 L_2 等(图 1.2)。$2p_{1/2}$ 能级的下标 1/2 为内量子数(或称总角量子数)j。

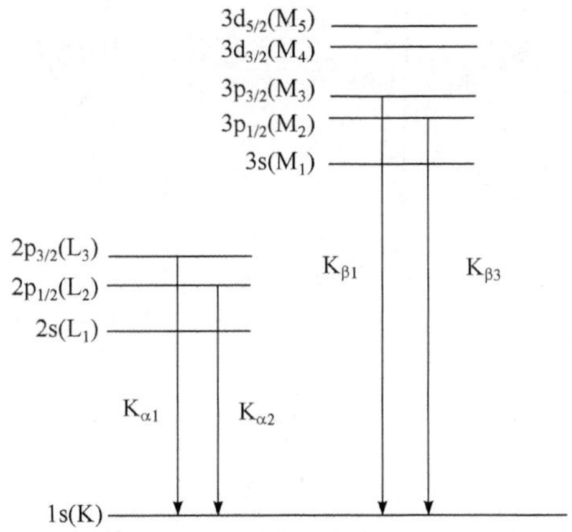

图 1.2　核外电子能级排布

为了图示清晰，能级高低的比例关系仅为示意

电子的偶极跃迁选择定则为 $\Delta l=\pm 1$，$\Delta j=0, \pm 1$。例如，电子从 $3p_{3/2}$ 和 $3p_{1/2}$ 能级都可以跃迁到 1s 能级，因为符合选择定则。电子从 3d 轨道到 1s 轨道的跃迁不符合选择定则，是禁阻跃迁(或者跃迁发生的概率很低)。特征 X 射线对应电子从高能级跃迁到低能级的电磁辐射(当然要符合上述偶极跃迁选择定则)，如 $K_{\alpha1}$ 射线就是电子从 $2p_{3/2}(L_3)$跃迁到 1s(K)能级的辐射，$K_{\alpha2}$ 对应从 $2p_{1/2}$ 跃迁到 1s。$K_{\beta1}$ 对应 $3p_{3/2} \rightarrow 1s$ 跃迁，$K_{\beta3}$ 对应 $3p_{1/2} \rightarrow 1s$ 跃迁($K_{\beta2}$ 对应的是 $4p_{1/2}$ 和 $4p_{3/2}$ 到 1s 的跃迁，但 $K_{\beta2}$ 两个跃迁能量非常接近，很难区分)。

1.1.3　X 射线的产生——X 射线管

X 射线管构造示意图如图 1.3 所示，主要包括阴极灯丝和阳极金属靶，管内抽高真空。加热的阴极发射电子，在高压电场加速下轰击阳极(阴极、阳极之间的高压可以是几万伏或十几万伏)。常用靶材有 Cu、Mo，以及 Cr、Fe、Co、Ag、Al 等。电子碰撞靶材减速而产生连续的韧致辐射。同时，高能电子轰击造成靶材金属原子中的内层电子电离，形成电子空位，随后外层高能级电子回落到内层电子空位，辐射特征 X 射线。因此，X 射线管产生的辐射谱包含连续波长的展宽韧致辐射谱，以及在特定波长出现的尖锐特征 X 射线(图 1.4)。

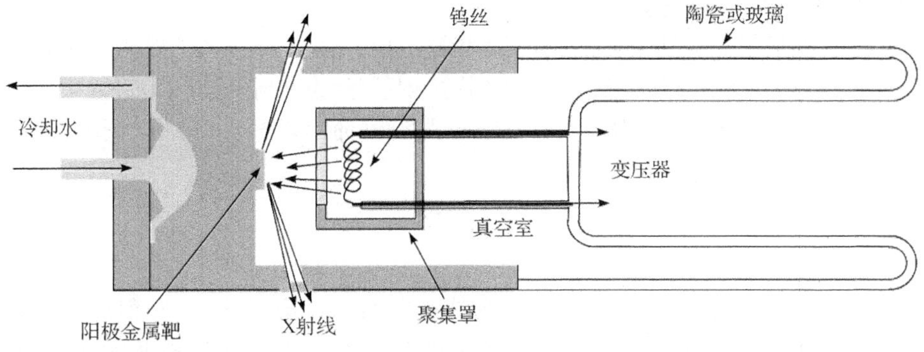

图 1.3　X 射线管构造示意图

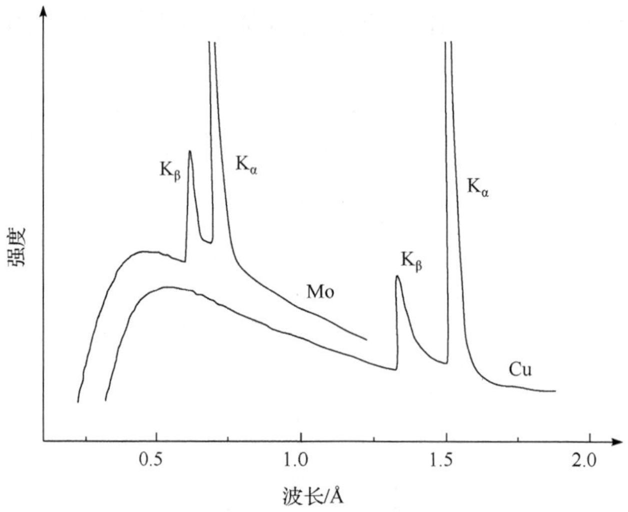

图 1.4 钼靶和铜靶激发的 X 射线谱

X 射线通过 X 射线管的窗口射出，窗口材料应尽量少吸收 X 射线，常用金属铍或硼酸铍锂玻璃制成，因为轻元素对 X 射线的吸收相对较少。轰击到阳极靶上的电子，只有少部分电子的能量用来激发 X 射线，绝大多数电子的动能转变为热能，因此阳极靶需要用水冷却。

1.2 X 射线与物质的相互作用

X 射线与物质相互作用，其实质是 X 射线与原子之间的作用，而原子核对 X 射线的散射很弱，这样与 X 射线发生作用的主要是原子中的电子。按照经典电磁理论，入射 X 射线使电子产生受迫振动，从而发射出相同频率的电磁波，即散射 X 射线。散射 X 射线频率与入射 X 射线频率相同，在特定散射相差条件下，可以形成干涉，所以也称为相干散射(或汤姆孙散射)，属于弹性散射。相干散射是形成 X 射线衍射现象的基础。

X 射线还可以与电子产生光电效应，光量子的能量传递给电子，导致电子的激发，同时光子湮没。光电效应是 X 射线粒子性特征的表现。电子被激发后形成空位，当外层较高能级电子跃迁回补空位时(注意跃迁要符合选择定则)，可以形成具有元素特征的 X 射线(或称 X 射线荧光)，或者激发出俄歇电子(其动能也带有元素特征)，这些在 X 射线光电子能谱和 X 射线吸收谱部分会有更详细的讨论。

如果 X 射线能量较高，还可以观测到康普顿散射，即光子与电子发生非弹性碰撞，损失部分能量，造成散射 X 射线的波长增大。如果 X 射线能量更高(超过 1.02 MeV)，还会发生电子偶效应，产生正负电子对，在第 11 章正电子湮没寿命谱部分会详细讨论电子偶效应。

1.3 X 射线的吸收

X 射线与电子产生光电效应，对应 X 射线的吸收，即电子吸收 X 射线能量被激发的过程。以材料中铜的 K 电子(1s 电子)为例，当入射 X 射线的能量接近被照射样品中 1s 电子的电离能时，可以发生光量子能量的共振吸收，因而吸收系数突然升高，对应的光量子能量称为吸收边(或吸收限)。前文讲到，K_α线和K_β线分别是 2p 和 3p 电子跃迁到 1s 轨道所发射的 X 射线。显然，元素 K 吸收边对应的能量高于同元素的K_α和K_β辐射的能量。从吸收边曲线可以看出，如果入射 X 射线的能量接近但小于吸收边能量(入射光能量不足以激发电子电离)，此时吸收系数较小。在 XRD 研究中，希望 X 射线具有固定的波长(单色性)，因此希望可以屏蔽更高能量的K_β线。例如，铜(29 号元素)靶 X 射线包含K_α(光子能量 8.0 keV)和K_β(光子能量 8.9 keV)，镍(28 号元素)的 K 吸收边对应能量为 8.3 keV，如果以镍作为滤波片，可以吸收能量高于 Ni K 吸收边的 Cu K_β线，但不能吸收能量低于 Ni K 吸收边的 Cu K_α线，从而实现了 X 射线的能量过滤(图 1.5)。根据实验数据，靶材金属的原子序数 $Z < 40$ 时，用来滤波的金属可用原子序数为 $Z–1$ 的元素；$Z > 40$ 时，用来滤波的金属可用原子序数为 $Z–2$ 的元素。

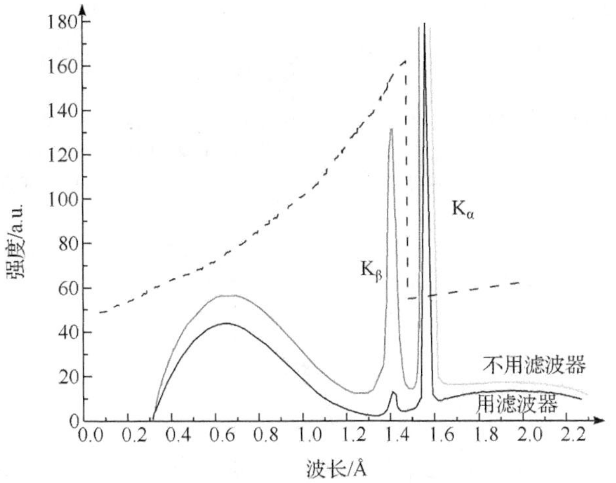

图 1.5　利用 Ni 金属滤波片的吸收边吸收 Cu K_β线，不吸收 Cu K_α线

Ni 的 K 吸收边(图中虚线)位于 λ =1.488 Å，介于 Cu K_α(λ = 1.542 Å)和K_β(λ = 1.392 Å)之间

从测试的角度，如果测试含铁(26 号元素)样品，铁的吸收边在 7.1 keV，所以阳极靶可以用铁靶(K_α约 6.4 keV)或钴(27 号元素)靶(K_α约 6.9 keV)，都不会被铁强烈吸收(思考原因)。而如果用镍靶(K_α约 7.4 keV)或铜钯(K_α约 8.0 keV)，都会被铁强烈吸收，并产生 X 射线荧光，对衍射谱造成干扰而形成高背景。X 射线吸收在第 3 章有更详细的讨论。

1.4　晶体结构基础

在讨论晶体的 X 射线衍射前，首先简要讨论与 X 射线衍射密切相关的晶体结构知识。更多有关晶体结构的知识可以参考结构化学或晶体化学的教科书。

1.4.1　布拉维晶格

晶体中的原子呈周期性排列，如果将周期排列的原子抽象成无体积特征的点，这些周期排列的点形成一个点阵(空间格子)，称为晶格。例如，Cu 的结构(图 1.6)，Cu 原子虽然有大小(即使是在 10^{-10} m 数量级)，但是可以简化为一个格点。Cu 原子位置的格点可以组成一个面心立方的点阵。Cu 晶体中只有一种原子，但是大多数晶体包含不同的原子，如氯化钠。氯化钠的钠离子和氯离子的排布，虽然看起来像一个简单立方点阵，但是钠离子和氯离子不等价，不能视为同样的格点。因此，对于氯化钠，要将相邻的一对钠离子和氯离子合并视为一个晶体的基本单元，称为基元(motif)。将基元(相邻的一对钠离子和氯离子)抽象为格点并组成点阵，这样氯化钠的点阵结构与 Cu 的一样，都是面心立方结构(图 1.7)。CsCl 结构的基元也是一个 Cs 和相邻的一个 Cl(8 个相邻的 Cl 取哪个都可以，只要选取方式保持一致，其余 7 个 Cl 也都能与一个 Cs 组成基元)，其基元排列方式则是简单立方点阵(图 1.8)。

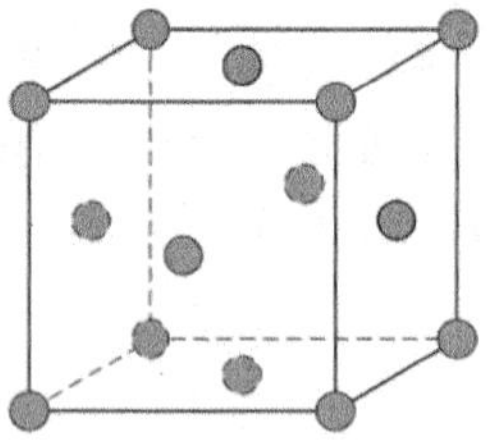

图 1.6 Cu 的面心立方结构

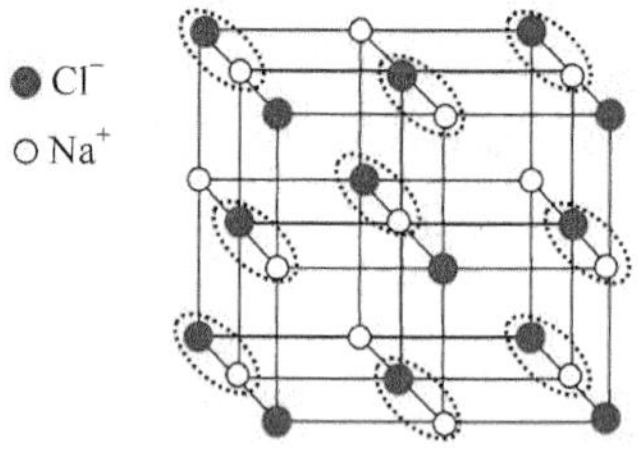

图 1.7 NaCl 晶体结构

图中虚线圈中的一对 Na 和 Cl 作为点阵基元，基元点阵为面心立方结构

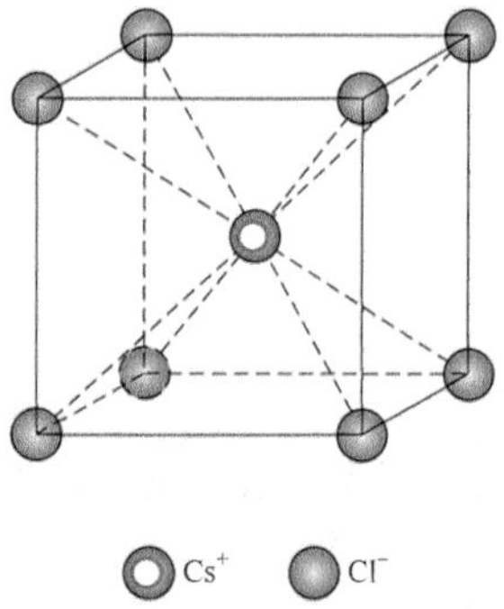

图 1.8 CsCl 晶体结构

如果将一个 Cs 和一个 Cl 作为基元，则基元点阵为简单立方

如上所述，基元可以是单个原子，也可以包含多个不等价的原子。这样由周期排列的基元形成的晶格称为布拉维晶格(Bravais lattice)。法国物理学家布拉维(A. Bravais，1811—1863)于 1845 年提出了三维晶体原子排列的所有 14 种布拉维点阵结构。

布拉维晶格中的每个格点，在几何上都是等价的。可以任意选定一个格点，定义为原点，在其周围找三个不共面的近邻格点，从原点到这三个格点的矢量可以作为基矢 $\boldsymbol{a}$、$\boldsymbol{b}$、$\boldsymbol{c}$，这样点阵中的所有格点都可以表示为三个基矢的线性组合，$\boldsymbol{R}=n_1\boldsymbol{a}+n_2\boldsymbol{b}+n_3\boldsymbol{c}$($n_1$、$n_2$、$n_3$ 为整数)。注意：对于同一点阵，基矢的选取并不是唯一的，可以选择基矢的夹角尽可能为直角，基矢长度 a、b、c 尽量相等，并且晶胞体积最小，这样选取的最理想晶胞称为布拉维晶胞。

需要注意，即使具有相同的布拉维晶格，并不意味着具有相同的晶体结构。因为晶体结构是基元组成的布拉维晶格，即使基元的排列方式相同，但是基元内的原子组成可能并不相同。例如，铜和氯化钠具有同样的面心立方晶格，但是基元组成分别是铜原子和钠-氯离子对。晶体结构包含了基元组成+布拉维点阵结构。

根据点阵的结构参数(a、b、c 及其相互间的三个夹角)，晶体结构可以分为 7 个晶系：立方(cubic)、四方(或称正方，tetragonal)、正交(或称斜方，orthorhombic)、菱方(rhombohedral，或称三方，trigonal)、六方(hexagonal)、单斜(monoclinic)、三斜(triclinic)。每个晶系包含不同的布拉维点阵类型，可以分为四类：简单(primitive，记为 P)点阵、底心(base-centered，记为 C)点阵、体心(body-centered，记为 I)点阵、面心(face-centered，记为 F)点阵(图 1.9)。

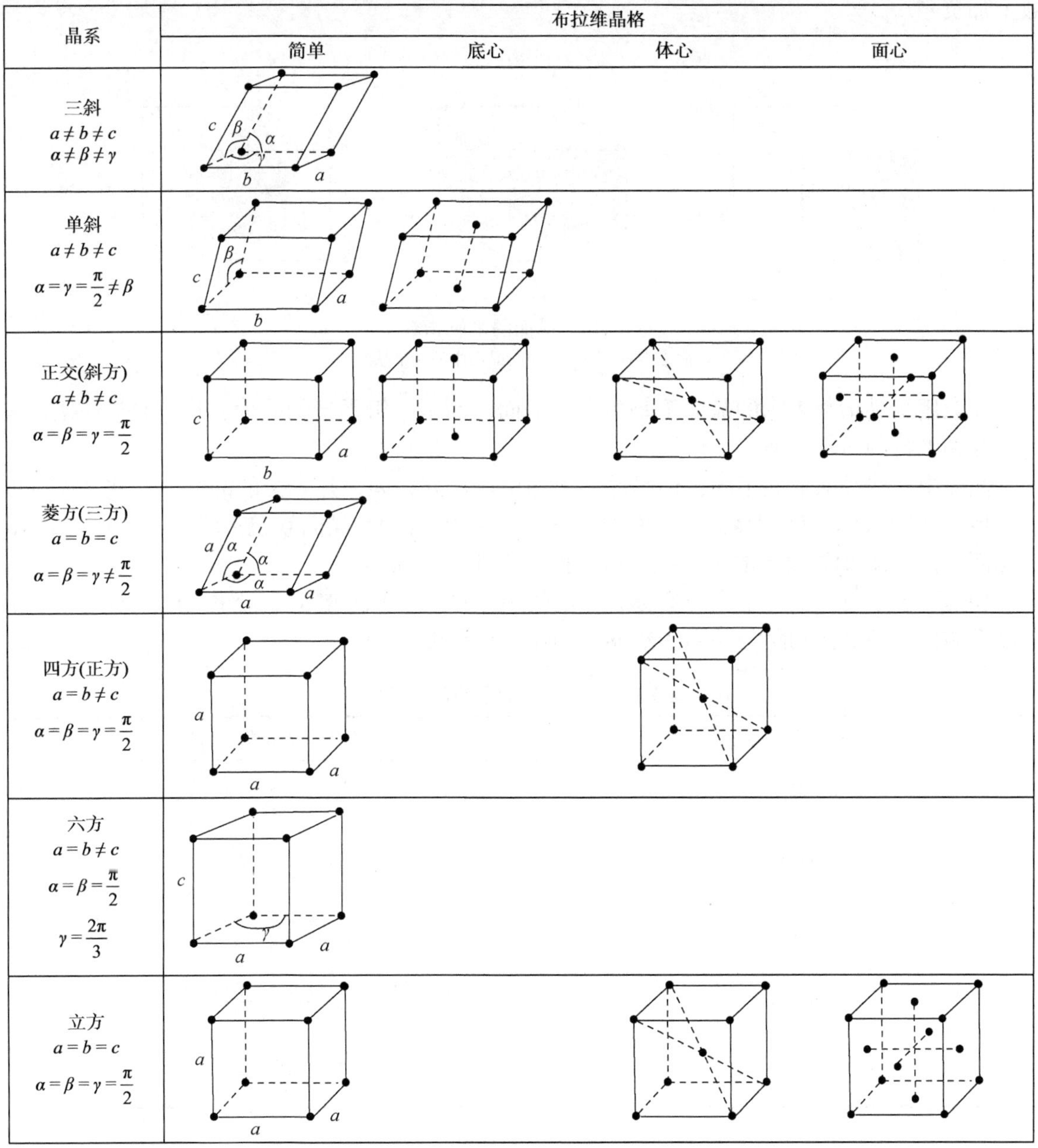

图 1.9 7 个晶系及 14 种布拉维点阵

1.4.2 晶面与晶面指数

布拉维晶格中，在同一个平面上的阵点组成一个点阵面，称为晶面。由于阵点是周期排列的，晶格中存在一系列(无穷多)平行等距的晶面。不同取向的晶面相交形成不同的晶面夹角。如果某个晶面与三个晶轴 $\boldsymbol{a}$、$\boldsymbol{b}$、$\boldsymbol{c}$ 分别相交，截距分别为 x、y、z(分别以三个晶轴的基矢长度为单位)，则取截距的倒数 $1/x$、$1/y$、$1/z$，并约化为互质的整数，表示这个晶面的取向。

如果晶面与某晶轴平行，相当于截距为无穷大，其倒数标记为 0。$1/x$、$1/y$、$1/z$ 转换为一组互质的整数比 h、k、l，该晶面用圆括号(hkl)表示，称为晶面的米勒指数(Miller indices)(图 1.10)。例如，当截距为 2、1、1，则倒数为 1/2、1、1，晶面指数为(122)。如果截距为负，则相应指数上加负号。

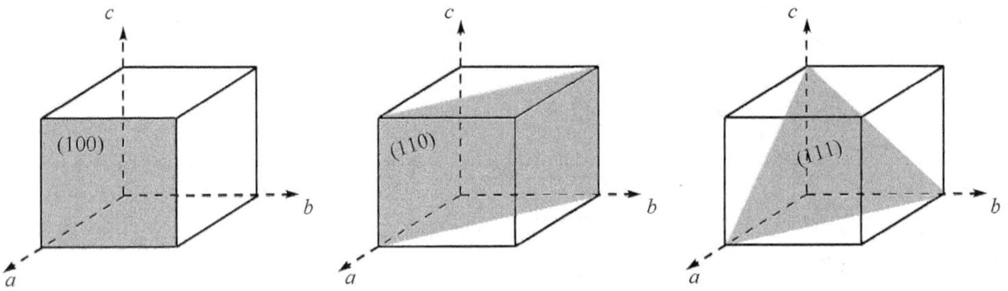

图 1.10　晶面的米勒指数

阴影表示的是一组平行晶面中的一个晶面

注意用米勒指数表示的晶面不是指一个晶面，而是一组平行的晶面，也就是说(hkl)代表的是互相平行的所有晶面。

晶体中有些晶面取向不同，但是晶面上的格点排列相同，是等价的晶面，这些晶面可以用大括号$\{hkl\}$表示，称为晶面族。例如，立方晶系中，{100}晶面族包括(100)、(010)、(001)的晶面，注意(100)等表示的是一组平行晶面，而非一个晶面。

相邻两个平行晶面的垂直距离称为晶面间距，这是 XRD 谱学中最重要的参数之一。部分晶系结构中的晶面间距与晶面指数 hkl 之间的关系见表 1.1。

表 1.1　部分晶系的晶面间距公式

晶系	晶面间距公式(d 表示 d_{hkl})
立方晶系	$\frac{1}{d^2}=\frac{h^2+k^2+l^2}{a^2}$
四方晶系	$\frac{1}{d^2}=\frac{h^2+k^2}{a^2}+\frac{l^2}{c^2}$
正交晶系	$\frac{1}{d^2}=\frac{h^2}{a^2}+\frac{k^2}{b^2}+\frac{l^2}{c^2}$
菱方晶系	$\frac{1}{d^2}=\frac{(h^2+k^2+l^2)\sin^2\alpha+2(hk+kl+lh)(\cos^2\alpha-\cos\alpha)}{\alpha^2(1-3\cos^2\alpha+2\cos^3\alpha)}$
六方晶系	$\frac{1}{d^2}=\frac{4}{3}\frac{h^2+hk+k^2}{a^2}+\frac{l^2}{c^2}$

1.4.3　晶向指数

晶向是晶格点阵中连接一些阵点的直线所代表的方向。三维空间中表示直线方向的方式是选取坐标的原点，即 $\boldsymbol{a}$、$\boldsymbol{b}$、$\boldsymbol{c}$ 晶轴的原点，与另一阵点的矢量方向即为某个晶向，该阵点在 $\boldsymbol{a}$、$\boldsymbol{b}$、$\boldsymbol{c}$ 晶轴的坐标转换成简单整数比，用方括号$[uvw]$表示，称为晶向指数(indices of crystallographic direction)。与$[uvw]$平行的晶向都可以用过原点的晶向表示，或者说$[uvw]$代表了所有平行的晶向(图 1.11)。对称的同等晶向可以表示为$\langle uvw\rangle$，用尖括号表示，称为晶向族。例如，立方晶系中的[001]、[010]、[100]、[$\bar{1}00$]、[$0\bar{1}0$]、[$00\bar{1}$]六个晶向，虽然各自的指向不同，但由于立方晶系的对称性，六个晶向是等价的，可以表示为〈001〉晶向族。

六方晶系的晶面和晶向表示：

六方晶系也可以用 $\boldsymbol{a}$、$\boldsymbol{b}$、$\boldsymbol{c}$ 三轴坐标表示，不过由于六方晶系有特殊的对称性，可以定义一种四轴坐标表示，解读更加方便，相关指数称为米勒-布拉维指数。

六方晶系四个轴中的三个轴在同一平面内，且相互夹角成 120°，表示为 $\boldsymbol{a}_1$、$\boldsymbol{a}_2$、$\boldsymbol{a}_3$，另一个轴垂直于三轴平面，称为 $\boldsymbol{c}$ 轴。晶面指数可以用四个数字表示为($uvtw$)。由于平面上的三轴相互夹角为 120°，某个晶面与两个轴的截距确定，则与第三轴的截距也确定，因此 u、v、t、w 四个指数并不独立，有 $u+v=-t$ 的关系。多一个方程可以约化一个参数，所以六方晶系实际上也是由三个独立自由度来表达。如图 1.12 所示的晶面($\bar{2}110$)，与 $\boldsymbol{a}_1$ 截距为−1/2，与 $\boldsymbol{a}_2$ 截距为 1，与 $\boldsymbol{a}_3$ 截距为 1，与 $\boldsymbol{c}$ 轴截距为无穷大(平行于 $\boldsymbol{c}$ 轴)。

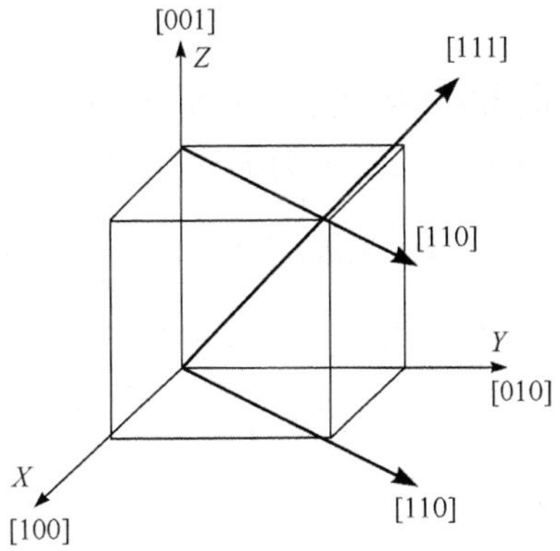

图 1.11　晶向指数示意图

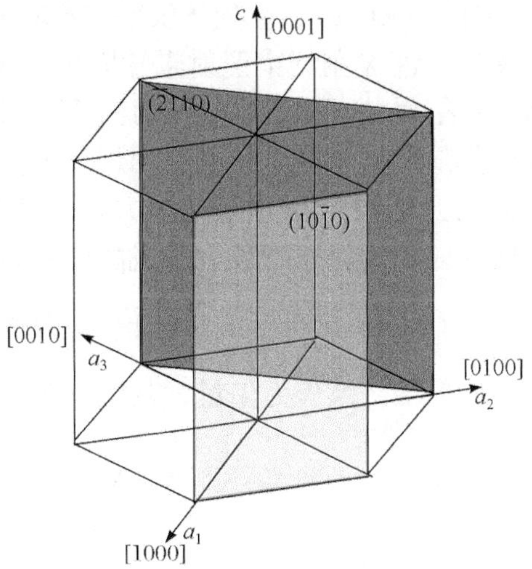

图 1.12　六方晶系的四轴坐标表示

六方晶系的四轴坐标的晶向指数用[$uvtw$]表示，其与三轴坐标的晶向指数[HKL]之间的转换关系为

$$H = u - t;\ \ K = v - t;\ \ L = w$$

$$u = \frac{1}{3}(2H - K);\ \ v = \frac{1}{3}(2K - H);\ \ t = -(u + v) = -\frac{1}{3}(H + K);\ \ w = L$$

1.5　X 射线的衍射

1912 年，劳厄(M. von Laue)在与埃瓦尔德(P. Ewald)的讨论中，了解到晶体中格点的周期尺度大约在可见光波长的千分之一数量级，而此前已经了解了 X 射线的波长也在同样的尺度上。劳厄敏锐地意识到，是否可以用晶体作为光栅观测 X 射线的衍射？劳厄的设想具有划时代的意义，因为如果可以观测到 X 射线在晶体中的衍射，那么既可证实 X 射线的波动性，又可以证实晶体结构中的晶格周期确如埃瓦尔德所说的尺度。根据劳厄的实验创意，得益于慕尼黑大学弗里德里希(W. Friedrich)和克尼平(P. Knipping)的精湛实验技术，他们在 1912 年第一次完成了 X 射线的晶体衍射实验，成功观测到硫酸铜单晶的衍射图样。

劳厄最初的设想是利用 X 射线激发出的特征 X 射线在晶体中进行衍射，因此特意选择包含较重元素的样品(硫酸铜，因为更重元素的特征 X 射线荧光产率更高)。正因如此，劳厄的实验设想起初并未得到实验室负责人索末菲(A. Sommerfeld，1868—1951)的支持。实际上在劳厄衍射实验中，产生衍射的是入射的连续波长 X 射线，而晶体中原子被激发出的 X 射线荧光的方向是随机的，也很难有可以形成干涉的相位关系，所以很难发生衍射。但这丝毫不影响劳厄在晶体 X 射线衍射领域的开创性地位。真正的先驱者的脚步往往是蹒跚的，真正原创的实验往往也会存在误解或瑕疵，不像教科书上展现的那样清晰和完美。

晶体的晶格周期与入射 X 射线的波长相当，因此在特定条件下可以发生衍射。劳厄于 1912 年首次提出用晶体对 X 射线进行衍射，从而开辟了以 X 射线研究晶体结构的新天地，劳厄也因此获得 1914 年诺贝尔物理学奖。1913 年，布拉格父子(H. Bragg 和 W. Bragg)将衍射现象与晶体的晶面结构进行关联，并推导出 X 射线衍射的简洁公式，即布拉格方程。1916 年，德拜(P. Debye)、谢乐(P. Scherrer)及赫尔(A. Hull)各自独立发明了粉末 X 射线衍射法。该方法使用单色 X 射线束照射未知固体的粉末，X 射线在满足布拉格方程($\lambda = 2d\sin\theta$)的特定角度从样品衍射，不同晶体结构的物质可以形成特定位置和强度的衍射谱。粉末 X 射线衍射法至今仍然是材料结构分析中应用最广的方法之一。

劳厄于 1912 年推出了衍射方程。图 1.13 为一维周期原子阵列，晶格周期为 a。一束平行 X 射线入射，相邻原子散射造成的光程差为 $a(\cos\alpha - \cos\alpha_0)$。发生衍射时光程差应为波长的整数倍，有 $a(\cos\alpha - \cos\alpha_0) = h\lambda$，$h$ 为整数。这里引入波矢的概念，波矢 $\boldsymbol{k} = \frac{1}{\lambda}\boldsymbol{n}$，$\boldsymbol{n}$ 为波传播的方向矢量，波矢为矢量，其方向为波的传播方向，模长为波长的倒数。

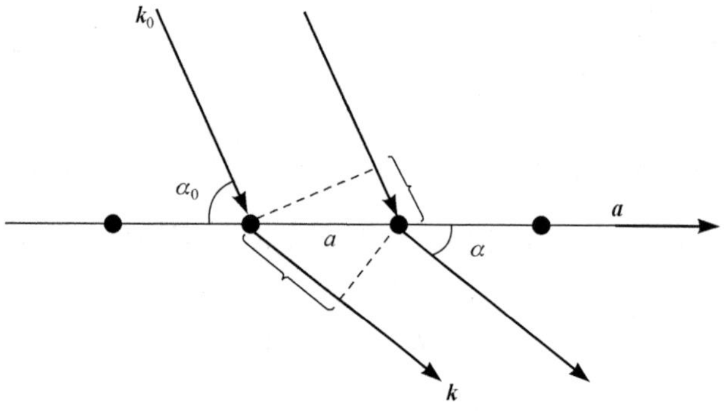

图 1.13 劳厄方程图示

图 1.13 中 $\boldsymbol{k}_0$ 为入射波矢，$\boldsymbol{k}$ 为散射波矢，满足衍射条件时则有

$$\boldsymbol{a}\cdot(\boldsymbol{n}-\boldsymbol{n}_0) = h\lambda \quad 或 \quad \boldsymbol{a}\cdot(\boldsymbol{k}-\boldsymbol{k}_0) = h$$

上式可以推广到三维晶格阵列，对于晶轴 $\boldsymbol{a}$、$\boldsymbol{b}$、$\boldsymbol{c}$，有

$$\begin{cases} \boldsymbol{a}\cdot(\boldsymbol{k}-\boldsymbol{k}_0) = h \\ \boldsymbol{b}\cdot(\boldsymbol{k}-\boldsymbol{k}_0) = k \\ \boldsymbol{c}\cdot(\boldsymbol{k}-\boldsymbol{k}_0) = l \end{cases}$$

上式称为劳厄方程，其中 h、k、l 为整数，衍射发生时三个方程需同时成立。

劳厄的衍射实验引起了布拉格父子的关注。老布拉格是 X 射线粒子学说的支持者，而时年 22 岁的小布拉格很快接受了劳厄的衍射实验，并开展了晶体 X 射线衍射的工作。老布拉格也被小布拉格的实验说服，随后开启了布拉格父子在晶体结构分析工作中的合作。

图 1.14 给出一个布拉格方程的简单推导。相邻两层晶面衍射后的 X 射线光程差为 $2d\sin\theta$，θ 为掠射角，也称布拉格角。只要满足 $2d\sin\theta=n\lambda$，n 为整数，就可以发生衍射，此即布拉格方程。上述证明有个瑕疵，那就是默认了衍射方向与入射方向是镜面反射。原子对 X 射线的散射在各个方向都存在，直接假定衍射方向与晶面的夹角和入射角相同并不严格(虽然衍射发生时确实是一种选择反射)。严格的布拉格方程的证明可以参考杨福家的《原子物理学》一书或其他文献。

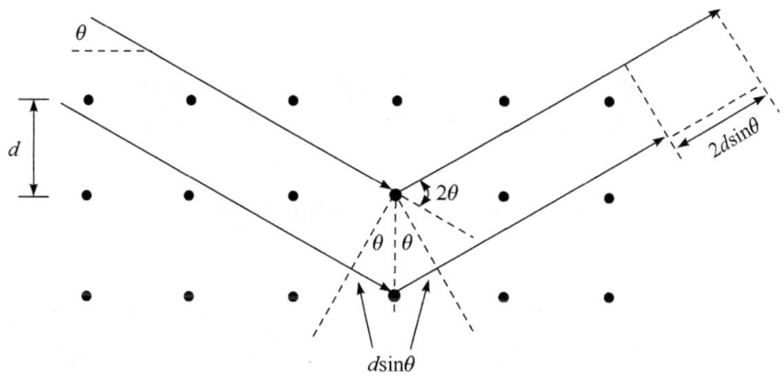

图 1.14　布拉格方程图示

虽然布拉格方程形式简洁，但是内涵深刻，也是 X 射线衍射、电子衍射和中子衍射中最重要的理论依据。布拉格父子因在 X 射线衍射解析晶体结构方面的贡献获得 1915 年诺贝尔物理学奖，时年 25 岁的小布拉格也成为历史上最年轻的诺贝尔奖得主。劳厄的原创思想开辟了两个重要的学科方向，一个是用 X 射线研究晶体结构，另一个是利用已知结构的晶体分析 X 射线谱。

根据布拉格方程，衍射方向看起来是 X 射线在晶面上发生了反射，不过这并不意味着衍射与光线的镜面反射类似，并不是任何入射角的 X 射线都可以发生反射，而是只有满足布拉格方程的衍射角时才成立。

由于布拉格方程中 $\sin\theta \leqslant 1$，因此 $n\lambda \leqslant 2d$，n 最小为 1，可以产生衍射的条件是 $\lambda \leqslant 2d$，也就是说，对于间距 d 的晶面，要满足发生衍射的条件，入射 X 射线波长 λ 需要小于或等于 $2d$。而对于固定入射波长 λ，$d \geqslant \lambda/2$，即晶面间距大于或等于波长一半的晶面，才可以发生衍射。因此，入射 X 射线波长越短，可以发生衍射的晶面越多。

布拉格方程中的 n 称为衍射级数，从 1 级到 n 级。显然，根据 $n \leqslant 2d/\lambda$，对于特定晶面和 X 射线波长，可以发生衍射的级数是有限的。

布拉格方程也可以写为：$(2d/n)\sin\theta = \lambda$，相当于晶面间距 d/n 的一级衍射。间距为 d/n 的晶面不一定真实存在于晶体结构中，也称为虚拟晶面，或称为干涉面，干涉面的面指数称为干涉指数。由于虚拟晶面与(hkl)晶面平行，只是虚拟晶面的面间距变为 d/n，因此该虚拟晶面的晶面指数为(nh, nk, nl)。以简单立方结构为例，(111)晶面的二级衍射，可以视为虚拟晶面(222)的一级衍射。注意：对于不同的虚拟 d/n 晶面或 n 级衍射，布拉格角 θ 都是不同的，或者说不同级数衍射的衍射方向是不一样的(图 1.15)。

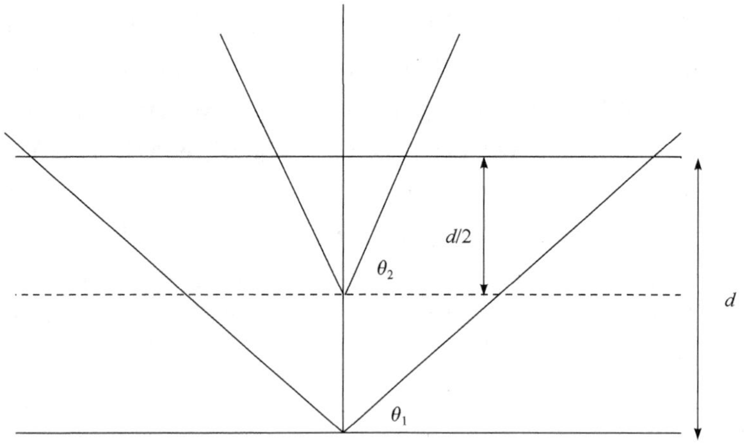

图 1.15 n=1 和 n=2 级衍射对应不同布拉格角

晶面间距为 d，2 级衍射对应的虚拟晶面间距为 $d/2$

1.6 粉末衍射仪法

根据样品不同，X 射线衍射可以分为单晶衍射和粉末多晶衍射。单晶衍射利用单色化的 X 射线，通过倾转单晶样品获得单晶衍射数据，并结合软件分析获取晶体结构。通常要获得亚毫米级单晶样品的难度较高，相比之下，粉末多晶样品更加常见，而粉末衍射仪法是目前应用最普遍的方法，本书只讨论粉末多晶的衍射仪分析方法。

粉末衍射仪通常采用 Bragg-Brentano 衍射几何模式(图 1.16)。X 射线衍射仪采用单色化 X 射线源照射粉末样品，并在不同方向上记录衍射强度变化。X 射线衍射仪主要包含 X 射线源、测角仪、探测器及控制系统。入射角 ω 为入射线与样品表面的夹角，衍射角 2θ 为入射线与探测器的夹角，ω 一直保持为 2θ 的 1/2。衍射仪的工作模式有 θ-2θ 模式，X 射线源固定，样品台以特定角速度倾转，探测器同时以 2 倍角速度转动。现代粉末衍射仪大多采用的是 θ-θ 模式，即在测试过程中样品台固定，X 射线源和探测器都以相同的角速度转动。为避免 X 射线的发散，衍射仪在入射光路及衍射光路上使用不同的狭缝光阑，用以滤除不同方向发散的射线，降低信号背景，减小衍射角测量误差并获得更好的峰形。

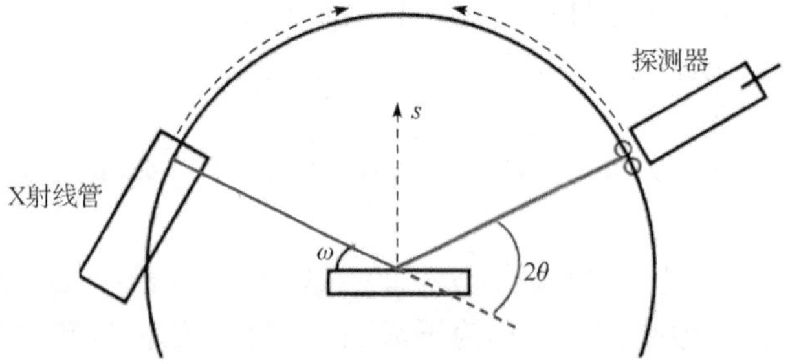

(a) 示意图

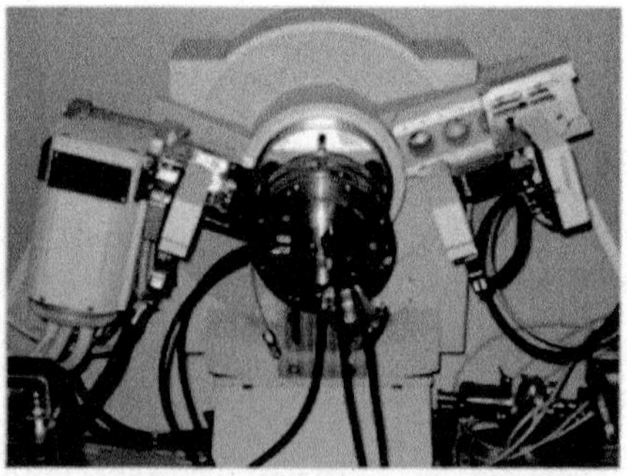

(b) 实物图

图 1.16 粉末衍射仪的 Bragg-Brentano 衍射几何模式

以 θ-θ 模式的粉末衍射仪为例，由于 X 射线管和探测器与样品台平面保持相同的角度，因此在样品台中的粉末晶粒中，衍射仪所探测到的衍射信号只能来自与样品台平面平行晶面的衍射。所以即使在 X 射线束斑的照射范围内，在随机取向的晶粒中，也只有一部分晶粒对衍射信号强度有贡献。

实验室用 XRD 谱仪的射线来自 X 射线管，也就是电子束轰击金属阳极产生的特征 X 射线。阳极靶材多用 Cu，也可以用 Cr、Fe、Ni、Co、Mo、Ag 和 W 等金属，靶材料的金属元素越重，特征 X 射线波长越短，穿透能力越强。X 射线分析常用阳极材料的 K 系特征谱线，用金属过滤片吸收 K_β 线，利用 K_α 线作为测试的 X 射线。更有效的单色化方法是利用晶体的特定晶面进行衍射，可以消除 K_β 线及连续轫致辐射，但是晶体单色器仍然不能消除 $K_{\alpha2}$ 线，如经常使用的 Cu K_α 线，实际包含 Cu 的 $K_{\alpha1}$ 和 $K_{\alpha2}$ 线，其波长接近，强度比为 2∶1，会各自产生衍射信号，在粉末晶体的衍射谱中形成叠加，特别是高衍射角的峰，会呈现对应 $K_{\alpha1}$ 和 $K_{\alpha2}$ 线衍射的双线衍射峰。利用 XRD 分析软件可以将 $K_{\alpha2}$ 线的衍射信号做分离处理。通常 X 射线的束斑为毫米尺度，也可以使用微区束斑，尺度为几十微米见方。

衍射线的强度通过 X 射线探测器转换为与射线强度成正比的电信号。探测器有晶体闪烁计数器、半导体探测器、位敏探测器、电感耦合探测器、阵列探测器等不同种类，具体的探测原理可以参考相关资料，在此不作介绍。

根据测试样品的晶格周期尺度，衍射仪有不同的扫描模式。对于常见的粉末晶体，用广角扫描模式，即一般从 3°～5°开始扫描，2θ 可以达到 145°。对于有序介孔材料，如介孔二氧化硅 MCM-41 等，介观结构的周期为几纳米，因此衍射角很小，一般从 0.5°～1°开始扫描到 5°～10°。

粉末衍射仪测试的主要是粉末样品，也可以是整体成型的金属或非金属(陶瓷)样品，虽然外观是一个整体，但也是由随机取向或择优取向的颗粒晶体堆叠而成(可以理解为压成块状的米花糖)。粉末样品要求颗粒均匀，粒径为数百纳米到数十微米。样品晶粒过大，会影响晶粒的随机空间取向，可能造成衍射晶面数量减少，某些衍射峰信号减弱甚至消失；晶粒太小(小于 10 nm)，会造成衍射信号严重展宽。关于制样需要注意的是，样品槽中的粉末样品一定要平整，因为衍射角是以样品槽的表面方向作为参考，高出样品槽表面或低于样品槽表面(如样品太少)，都会造成衍射角测量的偏差，导致实际的衍射角 2θ 被记录为 $2\theta'$ (图 1.17)。

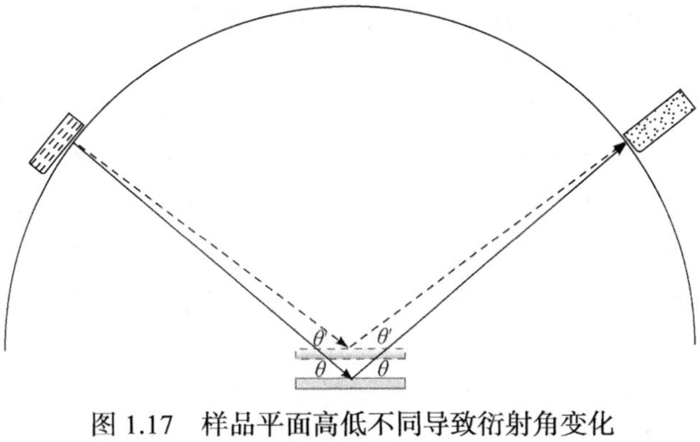

图 1.17　样品平面高低不同导致衍射角变化

虚线表示标准样品表面，图中样品表面高度变化，导致实际的衍射角 θ 被记录为 θ'

如果样品中含有非晶相组分，则 XRD 谱中会出现展宽背景。还有其他非样品原因也会导致谱线产生背景，如光源中存在连续 X 射线、空气散射、样品中被 X 射线激发出的 X 射线荧光等。

XRD 测试过程中样品处于静态，并且 X 射线的穿透能力较好，因此不同厂商还提供高低温台进行原位 XRD 测试，在升(降)温过程中或在某种气氛下直接观测样品(如催化剂)晶体结构的变化，或者原位观测电极材料在工作状态时的晶体结构变化。

1.7 粉末 XRD 谱的定性分析

粉末 XRD 谱的横轴为衍射角 2θ，即布拉格角的 2 倍，纵轴则是对应衍射角方向探测到的衍射强度。不同谱仪或不同测试条件下测试衍射峰的绝对强度并没有更多的意义，通常比较的是谱图中各个衍射峰的相对强度，因此 XRD 谱的纵轴通常标注为相对强度或任意单位(a.u.)。当然，同一系列样品，如不同合成条件得到的沸石分子筛，在同样测试条件下，可以通过衍射强度对比相对结晶度。

粉末 XRD 谱通常用于结晶物相的定性分析。结晶物相既包含化学组成，也包含结构信息。在某些晶体结构中，不同晶面指数的晶面可能有相同的晶面间距，如立方晶系的 Y 分子筛，(511)晶面与(333)晶面的面间距相等，因此这些晶面的衍射峰会出现在相同的衍射角。另外，还要注意同一晶面的不同级数的衍射峰，会出现在不同的衍射角。不同晶面衍射峰的强度与晶体结构、晶胞的原子组成及排列方式等因素有关(更详细的内容稍后讨论)。

晶体的 XRD 谱包含多个衍射峰，每个衍射峰的强度、位置、峰宽及峰形都包含晶体的组成结构信息。晶体结构与其 XRD 谱有很好的对应关系，即使是混合晶相，每种晶相的衍射谱也是简单叠加，不会相互影响。利用已知结构的晶体样品的 XRD 谱，可以构建粉末衍射谱的数据库。通过 XRD 谱图进行物相分析，通常是借助数据库检索及分析软件，将实验谱图与数据库中的标准衍射谱进行比对来确定样品的物相结构。X 射线衍射数据库的构建始于 20 世纪 30 年代，1969 年成立了粉末衍射标准联合委员会(Joint Committee on Powder Diffraction Standard，JCPDS)，负责修订编辑出版粉末衍射数据库，编辑衍射数据卡片[称为 PDF(powder diffraction file)卡，或称 JCPDS 卡]。1978 年，JCPDS 更名为国际衍射数据中心(International Center for Diffraction Data，ICDD)，由 ICDD 编辑出版的标准衍射数据卡片称为 ICDD-PDF 卡片。Materials Data(MDI)公司的 Jade 软件用于粉末 XRD 谱数据处理，是非常通用的软件。

每个 PDF 数据卡有唯一的编号(图 1.18)，包含多种结构信息。卡片的数据来源可能是实验谱，也有理论计算得到模拟谱图。卡片中也包含了物相的化学组成、测试条件、晶型、晶胞参数等结构信息，当然重点是衍射数据表(晶面指数、衍射角及相对衍射强度)。利用 XRD 分析软件，输入实验数据后，进行 PDF 卡片检索对比，是最常见的 XRD 定性分析手段。如果样品的元素组成已知，可以先锁定样品元素组成进行检索。软件检索出的 PDF 卡片数据，通常衍射峰的位置应与实验数据相符，同时强度大致相当，或者因为实际样品自身形貌或制样等，存在择优取向而造成衍射峰的相对强度与卡片数据有明显的差别。如图 1.19 所示，如果晶粒出现晶面的完全择优取向(几乎每个晶粒的晶面取向都一致，并且与样品台平面平行)，则 XRD 谱中只出现择优取向晶面的衍射峰。

15-776 ⑩

①	d	3.39	3.43	2.21	5.39	⑦	$3Al_2O_3 \cdot 2SiO_2$★
②	I/I_1	100	95	60	50	Aluminum Silicate	⑧

	Rad. $CuK_{\alpha 1}$ λ1. 5405 Filler Ni Dis.	d/Å	I/I_1	hkl	d/Å	I/I_1	hkl	
	Cut off I/I_1 Diffractometer							
③	Ref. National Bureau of Standards	5.39	50	110	1.7125	6	240	
	(U.S.) Monograph 25	3.774	8	200	1.7001	14	321	
	Set.3(1964)	3.428	95	120	1.694	10	420	
	Sys. Orthorhombie S.G. Pbam(55)	3.39	100	210	1.5999	20	041	⑨
	a_0 7.5456 b_0 7.6898 c_0 2.8842	2.886	20	001	1.5786	12	401	
④	A 0.98124 C 0.37506	2.694	40	220	1.5644	2	141	
	α β γ Z3/4 Dx 3.170	2.542	50	111	1.5461	2	411	
	Ref. Ibid	2.428	14	130	1.5242	35	331	
	ε α 1.637 n ω β 1.641 ε γ	2.393	<2	310	1.5067	<2	150	
	1.652 Sign	2.308	4	021	1.4811	<2	510	
⑤	2V D mp Color Colorless	2.292	20	201	1.4731	<2	241	
	Ref. Ibid	2.206	60	121	1.4605	8	421	
	Sample was prepared at NBS by C.	2.121	25	230	1.4421	18	002	
	Robbins. Spec. anal. :	2.106	8	320	1.424	4	250	
	0.01 to 0.1 Fe, and 0.001 to 0.01	1.969	2	221	1.4046	8	520	
⑥	each of Ca, Cr, Mg, Mn, Ni, Ti,	1.923	2	040	1.3932	<2	112	
	and Zr.	1.887	8	400	1.3494	} 6	341	
	Pattern was made at 25 ℃.	1.863	<2	140	1.3462		440	
	Chem. Anal Showed 61 .6 Al_2O_3 38	1.841	10	311	1.3356	12	151	
	(mole.)SiO_2	1.7954	<2	330	plus 24	lines	tol.0065	

图 1.18 莫来石的 PDF 卡

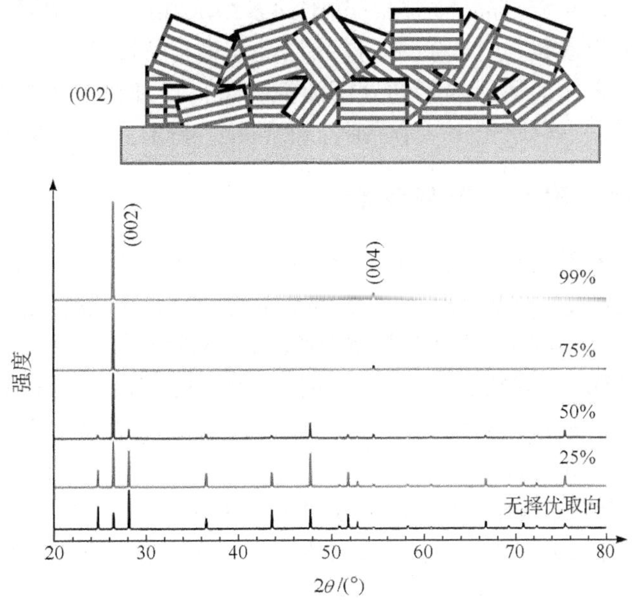

图 1.19 不同比例(002)晶面择优取向导致的衍射强度变化模拟谱(样品为纤锌矿结构 CdS)

物相检索的结果只是对样品的结构做定性分析，实际上实测样品的衍射角及峰强度往往会与 PDF 卡片中的数据存在一些出入。如果要获取更精准的结构数据，需要进行结构精修(稍后作简要介绍)。

以莫来石的 PDF 卡为例，解读卡片中的数据表达。如图 1.18 所示，卡片可以分为以下几个数据栏。

①栏：衍射图中衍射角 2θ 在 90°前的三个最强峰的 d 值，以及样品中最大面间距的峰对应的 d 值。

②栏：上述四个峰的相对强度，最强峰为 100。

③栏：测试条件及参考文献。

④栏：晶体结构数据，晶系，点阵参数，轴比 $A(=a_0/b_0)$，$C(=c_0/b_0)$，Z 为晶胞中原子或化学式单元的数目。

⑤栏：样品的光学性质及熔点等物理参数。

⑥栏：样品制备或来源。

⑦栏：化学式或化学名称，圆括号后数字为晶胞原子数目及点阵类型。C：简单立方；B：体心立方；F：面心立方；U：体心正方；R：简单菱方；H：简单六方；O：简单正交；P：体心正交；Q：底心正交；S：面心正交；M：简单单斜；N：底心单斜；Z：简单三斜。

⑧栏：矿物名称，标有星号的，表示数据可靠度高。

⑨栏：衍射面指数、面间距和相对强度。

⑩栏：PDF 卡编号。

1.8 衍射强度

布拉格方程给出了衍射谱中衍射晶面间距与衍射峰位置的关系，但是并未涉及衍射峰强度、峰宽和峰形，上述参数与晶体结构、晶胞元素组成和原子占位概率等因素有关。另外，衍射强度还与谱仪工作参数、测试条件、样品结晶程度、晶粒尺度、晶格畸变(微观应力)等因素有关。因此，对粉末样品衍射强度的分析模拟，可以更细致地解析晶体结构信息。下面逐级分别讨论一个电子、一个原子、一个晶胞、小晶粒、粉末晶粒对 X 射线的散射(衍射)强度。

1.8.1 一个电子对 X 射线的散射强度

前文已经讲过，X 射线与物质有不同形式的相互作用。原子中包含原子核及核外电子，原子核尺度很小，质量比电子大得多，对 X 射线散射很弱，可以忽略不计，因此原子对 X 射线的散射主要是核外电子的总散射作用。X 射线衍射现象来源于原子中的电子对 X 射线的弹性散射(或汤姆孙散射)。X 射线为电磁波，根据经典电磁理论，电子在 X 射线电场作用下受迫振动，向周围辐射与入射 X 射线同频率的电磁波，即散射 X 射线的波长不变，并且相位恒定，满足相干条件，因此也称为相干散射。

一个电子对 X 射线的散射强度，如果散射电子位置为原点 O，则距离为 R 的位置 P 点处的散射强度为 I_e，其中 2θ 为 PO 连线与入射方向的夹角，由汤姆孙公式，电子的散射强度为

$$I_e = I_0 \frac{e^4}{m^2c^4R^2} \times \frac{1+\cos^2 2\theta}{2}$$

由于我们在讨论衍射强度，因此这个 2θ 角就是某晶面发生衍射时的衍射角。散射在空间所有方向都存在，不过我们关注的是衍射发生(满足布拉格方程)时在 2θ 角方向上所有散射 X 射线强度的叠加。

在 XRD 测试中，R 实际上已经是探测器距离样品的宏观尺度，从上式可以看出，一个电子的散射强度很弱。如果入射 X 射线是非偏振的，但是散射强度在空间的不同方向上并不相

同，而是产生了与 2θ 角度相关的偏振化，与散射角 2θ 相关的加权因子 $1+\cos^2 2\theta$ 称为偏振因子或极化因子(polarization factor)。当 $2\theta=0°$时，散射强度最大；当 $2\theta=90°$时，强度为 $2\theta=0°$时的一半。参考电子散射公式，X 射线的散射强度与粒子质量平方成反比，也可以说明相比电子，原子核对 X 射线的散射非常弱，可以不予考虑。

1.8.2　一个原子对 X 射线的散射强度

一个原子中有若干电子，则原子对 X 射线的散射是原子中全部电子散射的加和。不过电子不是固定在原子中的某个位置上，而是以电子云的形式(或理解为波函数)存在，可以理解为电子在原子核周围存在密度分布(电子云密度的空间分布)。虽然原子的尺度很小，但是每个电子的散射不能直接叠加，还要考虑不同位置电子散射 X 射线造成的相位差。对于 XRD 常用的 X 射线源，如 Cu K_α，波长为 1.54 Å，与原子的尺度数量级相当，因此在一个原子中不同电子散射导致的相位偏差不能忽略。原子的散射强度是将原子中全部电子的散射强度根据电子密度分布进行相位加权。引入一个系数 f，称为原子的散射因子，f 是考虑各个电子散射波的相位差之后散射 X 射线振幅加和的结果。散射因子 f 与散射方向有关，是 $\sin\theta/\lambda$ 的函数，θ 为布拉格角(注意这里是讨论衍射峰的强度，已经默认满足衍射条件)，因此原子的散射因子 f 并非常数，或者称为一个准常数。原子散射因子的数值表示某一方向上原子散射振幅与同样方向上一个电子散射振幅的比值。如果不考虑电子空间分布造成的相位差，则 f 就等于原子中的电子总数(或原子的电荷数 Z)，而实际情况下电子密度分布造成相位差，导致散射振幅小于 Z 个电子散射振幅的直接加和，即 $f < Z$(只有在 $\theta = 0°$的情况下 $f=Z$，但是衍射角不会是 0°)。注意散射强度表示为散射振幅的平方，因此一个原子对 X 射线的散射强度(I_a)为单个电子散射强度(I_e)的 f^2 倍。

不同元素原子(离子)的电子数不同，电子密度的空间分布函数也不同，不同原子的散射因子各不相同(图 1.20)，因而晶体结构中不同元素组成(如晶格的杂原子掺杂)会造成衍射强度

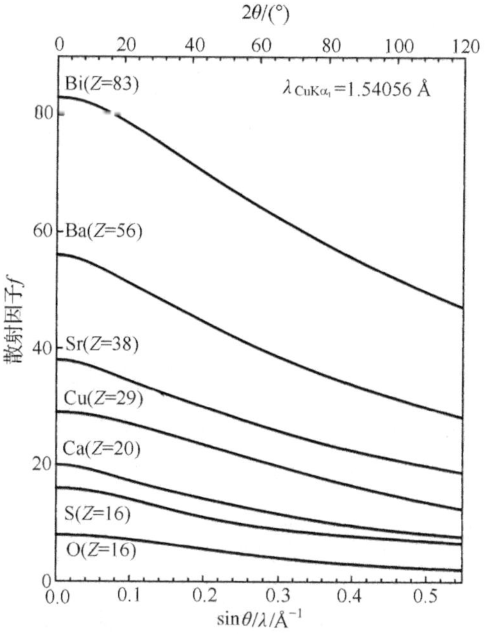

图 1.20　原子的散射因子 f 与衍射角的关系曲线

的变化。如果 X 射线波长在散射原子的吸收边附近(X 射线能量略高于吸收边)，会造成明显的 X 射线能量吸收，导致散射强度降低，此时也需要对原子的散射因子进行修正。

1.8.3 一个晶胞对 X 射线的散射强度

晶体对 X 射线的衍射，本质上是有序排列的原子对 X 射线的散射叠加效应。根据晶胞中原子的种类、个数、位置等结构信息可以计算衍射强度。前文讨论一个原子的散射强度时，即使是在很小的原子尺度上，也需要考虑全部电子的位置不同造成的散射波相位差，那么对于一个晶胞，更需要考虑晶胞中每个原子的位置不同造成的散射振幅的相位差。定义整个晶胞的散射振幅(A_b)与单个电子散射振幅(A_e)的比值为晶胞的结构振幅，$F_{hkl}=\dfrac{A_b}{A_e}$，出现晶面指数 *hkl* 表示所讨论的是与(*hkl*)晶面衍射相关的散射振幅，因为已经默认所讨论的都是在满足衍射条件下的散射振幅。

对结构因子的分析要按照一个电子、包含多电子的一个原子、包含多原子的晶胞的顺序来定量分析。已经讨论过一个原子的散射振幅，现在考虑一个晶胞中各个原子的种类和位置即可。假设一个晶胞中有 n 个原子，各个原子对 X 射线的散射振幅不同，更关键的是各个原子对 X 射线散射波的相位各不相同，因此一个晶胞总体的散射振幅不是晶胞内所有原子散射振幅的直接加和，而是需要考虑 n 个原子的散射因子，以及各个原子散射波的相位差。

设晶胞中有 n 个原子，在(*hkl*)衍射面的衍射方向上(衍射角为 2θ)，各个原子空间位置不同，衍射光程差不同，造成各个散射波的相位不同。如图 1.21 所示，$\boldsymbol{k}_0$ 为入射波矢，$\boldsymbol{k}$ 为散射波矢。如果晶胞的原点为 O，某原子 A_j 的坐标矢量为 $\boldsymbol{r}_j=(x_j, y_j, z_j)$，其散射因子为 f_j，在(*hkl*)衍射方向上，相对于原点 O 的散射，原子 A_j 散射形成的光程差为$(\boldsymbol{k}-\boldsymbol{k}_0)\cdot\boldsymbol{r}_j$，则第 j 个原子的散射波对晶胞散射振幅的贡献为

$$A_e f_j e^{2\pi i(\boldsymbol{k}-\boldsymbol{k}_0)\boldsymbol{r}_j}$$

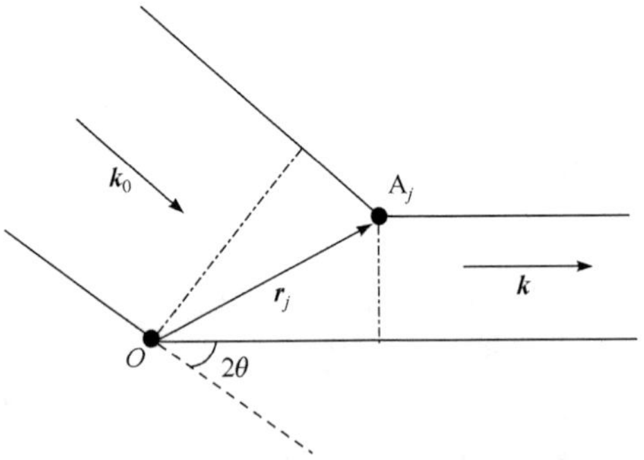

图 1.21 晶胞中原子位置不同造成的散射波相位差图示

这样整个晶胞的结构振幅可由晶胞中各个原子的散射因子(f_j)及各原子坐标参数表示，晶胞的散射振幅是晶胞中所有原子散射波的叠加：

$$F_{hkl}=\frac{A_b}{A_e}=\sum_{j=1}^{n} f_j e^{i\phi_j}=\sum_{j=1}^{n} f_i e^{2\pi i(\boldsymbol{k}-\boldsymbol{k}_0)\boldsymbol{r}_j}=\sum_{j=1}^{n} f_i e^{2\pi i(hx_j+ky_j+lz_j)}$$

上面结构振幅推导中的最后一步借助了劳厄方程，或者也可以借助倒易点阵和倒易矢量的知识，而倒易点阵的内容将在第 7 章电子衍射部分讲到，届时再讨论这个问题。可以看出结

构振幅 F_{hkl} 是复数形式，而由于散射强度正比于散射振幅的平方，则晶面(hkl)的衍射强度 $I_{hkl} \propto F_{hkl}^2$，因此在计算衍射强度时要使用 F_{hkl} 的复数平方，F_{hkl}^2 称为结构因子 。

$$F_{hkl}^2 = F_{hkl}F_{hkl}^* = \left[\sum_{j=1}^{n} f_j \cos 2\pi(hu_j + kv_j + lw_j)\right]^2 + \left[\sum_{j=1}^{n} f_j \sin 2\pi(hu_j + kv_j + lw_j)\right]^2$$

1.8.4 系统消光：点阵消光和结构消光

单个晶胞对 X 射线的散射强度取决于结构振幅，因此对于特定晶体结构的 XRD，如果对应某些衍射面的结构因子 F_{hkl}^2 为零，造成某些晶面的衍射强度为零，这种现象称为系统消光。由晶体的点阵结构造成的消光称为点阵消光。

对于简单点阵，晶胞中只有一个原子，坐标为(0, 0, 0)，结构因子为

$$F_{hkl}^2 = f^2[\cos^2 2\pi(0) + \sin^2 2\pi(0)] = f^2$$

因此简单点阵结构不会出现点阵消光，或者说所有的(hkl)晶面都产生衍射强度。

对于体心点阵，每个晶胞有两个原子，坐标为(0, 0, 0)，$\left(\frac{1}{2},\frac{1}{2},\frac{1}{2}\right)$，则结构因子为

$$\begin{aligned} F_{hkl}^2 &= f^2\left[\cos 2\pi(0) + \cos 2\pi\left(\frac{1}{2}h + \frac{1}{2}k + \frac{1}{2}l\right)\right]^2 + f^2\left[\sin 2\pi(0) + \sin 2\pi\left(\frac{1}{2}h + \frac{1}{2}k + \frac{1}{2}l\right)\right]^2 \\ &= f^2\left[1 + \cos\pi(h+k+l)\right]^2 \end{aligned}$$

当 $h+k+l$ 为偶数时，$F_{hkl}^2 = 4f^2$；当 $h+k+l$ 为奇数时，$F_{hkl}^2 = 0$，即在体心点阵中只有当 $h+k+l$ 为偶数时才能产生衍射。

对于面心点阵，晶胞中有四个原子，坐标分别为(0, 0, 0)、$\left(\frac{1}{2}, \frac{1}{2}, 0\right)$、$\left(\frac{1}{2}, 0, \frac{1}{2}\right)$、$\left(0, 0, \frac{1}{2}\right)$，则结构因子为

$$F_{hkl}^2 = f^2[1 + \cos\pi(h+k) + \cos\pi(h+l) + \cos\pi(k+l)]^2 + f^2[1 + \sin\pi(h+k) + \sin\pi(h+l) + \sin\pi(k+l)]^2$$

因为 $\sin n\pi = 0$，所以

$$F_{hkl}^2 = f^2[1 + \cos\pi(h+k) + \cos\pi(h+l) + \cos\pi(k+l)]^2$$

当 h、k、l 奇偶混杂(非同奇或同偶)时，$h+k$、$h+l$、$k+l$ 中会出现两个奇数和一个偶数，从而造成结构因子=0。不同点阵结构的消光规律见表 1.3。

表 1.3 不同点阵结构的消光规律

布拉维点阵	不为零衍射	消光衍射
简单点阵	全部	无
底心点阵	h、k 全奇或全偶	h、k 奇偶混杂
体心点阵	$h+k+l$=偶数	$h+k+l$=奇数
面心点阵	h、k、l 全奇或全偶	h、k、l 奇偶混杂

上述推导仅考虑点阵结构造成的系统消光，称为点阵消光。而实际上的晶体结构包含点阵结构+基元，基元中原子的排列也可以导致额外的消光条件，称为结构消光。

以金刚石结构为例，金刚石为面心立方结构，晶胞中有 8 个同类原子，坐标为 (0, 0, 0)，$\left(\frac{1}{2},\frac{1}{2},0\right)$，$\left(\frac{1}{2},0,\frac{1}{2}\right)$，$\left(0,\frac{1}{2},\frac{1}{2}\right)$，$\left(\frac{1}{4},\frac{1}{4},\frac{1}{4}\right)$，$\left(\frac{3}{4},\frac{3}{4},\frac{1}{4}\right)$，$\left(\frac{3}{4},\frac{1}{4},\frac{3}{4}\right)$，$\left(\frac{1}{4},\frac{3}{4},\frac{3}{4}\right)$

结构因子可以表述为

$$F_{hkl}^2 = F_F^2\left[2+2\cos\frac{\pi}{2}(h+k+l)\right] = 2F_F^2\left[1+\cos\frac{\pi}{2}(h+k+l)\right]$$

F_F^2为面心立方点阵的结构因子，因此在面心立方点阵消光条件(h、k、l 奇偶混杂)之外，金刚石结构导致$(h+k+l)/2$ 为奇数时，结构因子也等于 0，即造成结构消光。金刚石的系统消光条件与简单立方和面心立方结构的消光对比见表 1.4。

表 1.4 金刚石结构的消光规律

hkl	100	110	111	200	210	211	220	221	310	311	222	320	321	400
简单立方	√	√	√	√	√	√	√	√	√	√	√	√	√	√
面心立方	X	X	√	√	X	X	√	X	X	√	√	X	X	√
金刚石	X	X	√	S	X	X	√	X	X	√	S	X	X	√

注：√. 不消光；X. 点阵消光；S. 结构消光。

本来对于面心立方点阵，只有奇偶混杂时有点阵消光，(200)、(222)面都不应该消光。但是再考虑金刚石的点阵基元原子排列造成额外的结构消光，(200)、(222)面也产生结构消光，因此金刚石的 XRD 谱中可以看到(111)、(220)、(311)、(400)及(331)面的衍射峰，如图 1.22 所示。

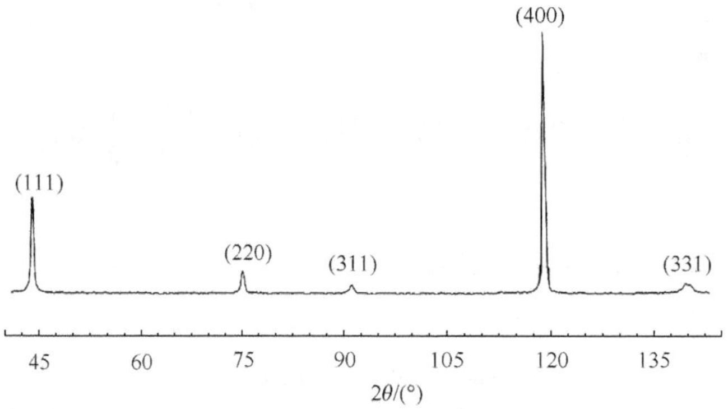

图 1.22 金刚石粉末的 XRD 谱

1.8.5 多重性因子

前面讲到了晶面族的概念，如立方晶系{100}晶面族有(100)、(010)、(001)等，统称为{100}晶面族，因为这些晶面间距相同、晶面上原子排列规律相同，属于等同晶面。注意(100)等表示的并不是一个晶面，而是多个平行晶面的晶面簇。{100}晶面族对 X 射线的衍射是完全等价的，虽然晶面指数不同，但是衍射峰都出现在相同的衍射角，因此对应这个晶面族的衍射强度会增强。参与衍射的晶面个数对衍射强度的影响因子称为多重性因子，用 P 表示。P 表示晶面族中等同晶面的个数，如立方晶系{100}族多重性因子为 6，{111}族多重性因子为 8。不同晶系不同晶面族的 P 值有所不同(表 1.5)，如四方晶系的(100)和(001)面间距不同，所以{100}晶面族的 P 值为 4，(001)晶面的 P 值为 2。

表 1.5　不同晶系不同晶面族的多重性因子

<table>
<tr><th rowspan="3">晶系</th><th colspan="10">晶面指数</th></tr>
<tr><th>$h00$</th><th>$0k0$</th><th>$00l$</th><th>hhh</th><th>$hh0$</th><th>$hk0$</th><th>$0kl$</th><th>$k0l$</th><th>hhl</th><th>hkl</th></tr>
<tr><th colspan="10">P</th></tr>
<tr><td>立方</td><td colspan="3">6</td><td>8</td><td>12</td><td colspan="3">24*</td><td>24</td><td>48*</td></tr>
<tr><td>三方、六方</td><td colspan="2">6</td><td>2</td><td></td><td>6</td><td colspan="4">12*</td><td>24*</td></tr>
<tr><td>四方</td><td colspan="2">4</td><td>2</td><td></td><td>4</td><td>8*</td><td colspan="3">8</td><td>16*</td></tr>
<tr><td>正交</td><td colspan="3">2</td><td colspan="2"></td><td>4</td><td>4</td><td>4</td><td></td><td>8</td></tr>
<tr><td>单斜</td><td colspan="3">2</td><td colspan="2"></td><td>4</td><td>2</td><td>2</td><td></td><td>4</td></tr>
<tr><td>三斜</td><td colspan="3">2</td><td colspan="2"></td><td>2</td><td>2</td><td>2</td><td></td><td>2</td></tr>
</table>

*包含晶面间距相同、结构因子不同、分属不同晶面族的晶面。

1.8.6　角因子

粉末衍射仪的入射光束及衍射光束都存在一定的角度发散，而小晶粒的衍射面也存在一定的取向分布范围，在不同的衍射角条件下，对上述角度发散和晶面取向发散程度的容忍范围是不同的，因此对衍射强度产生角度加权($1/\sin 2\theta$)。

对于粉末多晶样品，由于粉末晶粒的空间随机取向，在不同的 X 射线掠射角下，都只有一部分晶粒的某个晶面可以形成衍射。对应不同的布拉格角 θ，可以参与衍射的小晶粒在全部晶粒中的比例不同，因此对衍射强度产生 θ 角的加权因子($\cos\theta$)。

对于特定入射角度的 X 射线，粉末多晶样品形成的衍射线的方向是一个衍射锥，探测器只能记录衍射环带上固定长度的一小段，对于不同的衍射角，衍射环的周长不同，也对衍射强度的探测产生角度加权($1/\sin 2\theta$)。

将所有对衍射强度的角度加权因子汇总，表示为 $\dfrac{1}{\sin 2\theta}\cos\theta\dfrac{1}{\sin 2\theta}$，称为洛伦兹因子。这样布拉格角为 θ 方向的衍射强度，其角度加权因子需要合并偏振因子和洛伦兹因子，统称为角因子(洛伦兹-偏振因子)，表达式为 $(1+\cos^2 2\theta)/\sin^2\theta\cos\theta$ (图 1.23)。

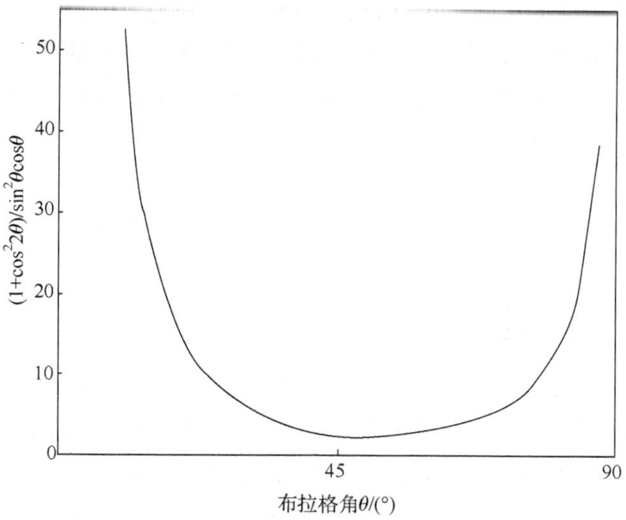

图 1.23　角因子与布拉格角的关系

1.8.7 吸收因子

样品对 X 射线的吸收会影响衍射强度。在粉末衍射仪测试中，对于压平在样品槽中的粉末晶粒，探测器观测到的衍射信号都来自与样品槽平面平行的晶面，吸收效应对所有的衍射峰减弱的加权比例相同。因此，如果考虑各个衍射峰的相对强度，可以忽略吸收因子的影响。

1.8.8 温度因子

晶体中的原子并非静止不动，而是在平衡位置附近振动，称为晶格振动。由于晶格中原子之间的相互作用，晶格振动不是孤立的，而是耦合为集体振动。即使在绝对零度下，晶格振动依然存在，对应的振动能量称为零点能。晶格振动的能量是量子化的，最小能量单位称为声子，在后续的电子能量损失谱部分会再提及。X 射线衍射的重要结构信息是晶面间距，而晶格振动显然对晶面间距产生影响。晶格振动会影响不同原子散射波之间的干涉叠加，从而导致衍射强度衰减。温度升高导致晶格膨胀，即晶面间距增大，从而导致衍射峰位置的移动。显然，对于相对小的晶面间距，即对于高角度的衍射峰，温度的影响会更明显。热振动导致晶格周期性降低，衍射强度降低。同时晶格振动导致更多的非相干散射，造成背景增强。计算衍射强度时要在强度公式中乘上温度因子 e^{-2M}。晶格振动对 X 射线衍射的衰减因子也称为德拜-沃勒因子。M 是 X 射线波长及布拉格角的函数，晶面间距越小(衍射角越大)，温度效应越严重。

以上讨论了影响 XRD 谱衍射强度的各种因素，其中与晶体结构有关的因素包括结构因子和多重性因子，以及与样品状态、测试方法及测试条件有关的角因子、吸收因子和温度因子。衍射强度的解析表示是 XRD 谱图定量分析的理论依据，是全谱结构拟合(Rietveld 精修)分析的重要依据。

在考虑了与衍射强度有关的因素之后，可以得到粉末晶体的晶面(hkl)的衍射强度：

$$I_{(hkl)} = \left(\frac{1}{32\pi R} I_0 \frac{e^4}{m^2c^4}\lambda^3\right)\left(\frac{F_{hkl}^2}{V_0^2} P_{hkl} \frac{1+\cos^2 2\theta}{\sin^2\theta\cos\theta} \mathrm{e}^{-2M}\right)\frac{1}{2\mu}V$$

式中，I_0 为入射 X 射线的强度；λ 为其波长；m 和 e 分别为电子质量和电荷；c 为光速；R 为衍射仪测角台半径(样品与观测位置的距离)；V_0 为晶胞体积；V 为被 X 射线照射的体积；θ 为布拉格角；F_{hkl}^2 为结构因子；P 为反射面的多重性因子；μ 为吸收因子；e^{-2M} 为温度因子；关于 θ 的三角函数分式为角因子(包含偏振因子和洛伦兹因子)。

1.9 XRD 谱图的定量分析

1.9.1 物相含量的定量分析

对于一个含有不同物相组分的混合样品，各物相的衍射峰自成一套，不会混淆，当然也不排除不同物相的某个衍射峰位置正好重叠。虽然 XRD 谱中的衍射强度与含量成正比，但是不同物相对 X 射线的散射及吸收不同，因此不同物相 XRD 的衍射强度并不能直接代表其含量，或者说衍射强度与物相含量之间需要进行额外的加权，如通过外标或内标等。由于 XRD 的衍射强度与 X 射线束斑照射范围内的样品体积相关，不同物相衍射强度取决于该物相在混合样品中所占的体积分数。从前文所讨论的 X 射线衍射强度公式可以看出，不同物相的衍射强度取决于很多因素，包括物相的结构、组成及衍射峰的位置(角因子)等，因此混合物相中的衍射强度与其体积(质量)分数相关，但是并不能直接用来进行定量分析，而是需要用不同的方法，对衍射强度进行不同方式的加权后才可以对比。一些常用的借助衍射强度进行定量分析的方法，其中的代数逻辑只是稍显烦琐，但是都不难理解。

1. 外标法

对于含有两种已知物相组成的混合样品，如果要分析其中物相 X 的含量，可以制备不同物相 X 含量的混合样品并测试 XRD 谱，选取物相 X 的某个衍射强度，画出含量与衍射强度的校准曲线，然后根据实测样品中物相 X 的衍射强度，从校准曲线上读出含量。外标法只能用于分析两种已知物相组成的混合样品。

2. 内标法

如果混合相中包含了更多的物相组分，而需要分析其中某个物相 A 的含量，可以用内标法。制备几个物相 A 含量已知的参考样品，各自加入固定量的参比样(常用的是硅粉)作为内标。测量参考样品的 XRD 谱，根据物相 A 的衍射强度与内标的衍射强度，作出参比曲线。待测样品中也混入同样量的内标，然后测量 XRD 谱，根据测量的物相 A 与内标的衍射强度比，从参比曲线上可以读出物相 A 的含量。

Degussa P25 是一种混合晶型的二氧化钛纳米粉末，在一个 Degussa P25 的纳米晶粒中包含锐钛矿相和金红石相的二氧化钛，以及一定量的非晶相二氧化钛。如图 1.24 所示，Degussa P25 的粉末 XRD 谱中可以分辨出锐钛矿相(A)和金红石相(R)的衍射峰。可以选取明确分开的 A(101)和 R(110)两个衍射峰，利用 NiO 为内标，分别用不同比例的单相锐钛矿和金红石样品与 NiO 混合制备不同比例的参考样品[在混合样品中固定内标 NiO 含量为 20%(质量分数，下同)]，测试 XRD 并记录衍射强度作出参比曲线(图 1.25)，随后制备 NiO(20%)与 Degussa P25 的混合样品测试 XRD，从参比曲线上可以读出锐钛矿相和金红石相的质量分数。实验结果表明，同生产批次的 Degussa P25 中锐钛矿相的质量分数在 80%左右，金红石相在 20%左右，并含有少量的非晶相组分。

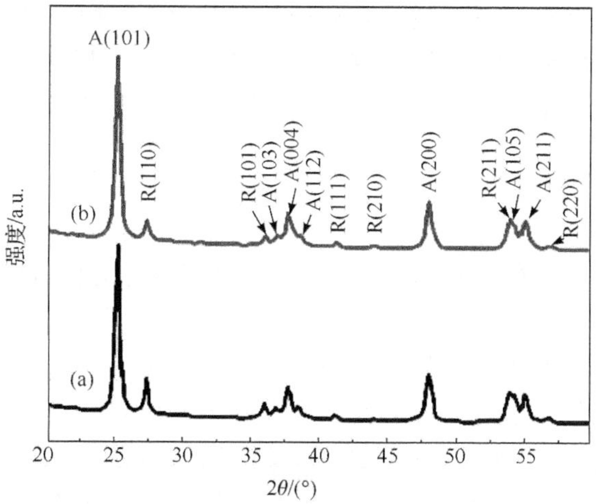

图 1.24　焙烧处理前后 Degussa P25 的 XRD 谱

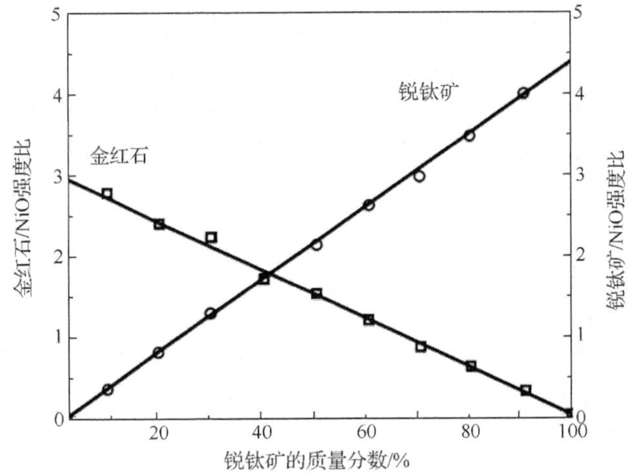

图 1.25 根据不同比例纯锐钛矿和纯金红石与 NiO(20%)内标的混合样品的参比曲线

3. 相对参考强度法

相对参考强度(reference intensity ratio，RIR)法也称 *K* 值法。无论是外标法还是内标法，都需要额外制备参考样品并测试，在实际操作上都不是很方便。相对简单的方法是借助 PDF 卡片上的相对参考强度(RIR)值，该数值表示该物相与标准样(通常是刚玉)质量比 1∶1 的混合物，物相与刚玉 XRD 最强衍射强度的比值，相当于以刚玉作为衍射强度的参考媒介，这样不同物相之间的衍射强度可以进行加权对比。例如，有两相 A 和 B 混合物，物相 A 的最强衍射强度为 5000，B 的最强衍射强度为 3000，A 的 RIR 值=2，B 的 RIR 值=3。通过 RIR 值换算，A 强度对应刚玉强度为 5000/2，B 强度对应刚玉强度为 3000/3，A、B 混合相对应刚玉总量为 2500+1000=3500，则物相 A 占比 2500/3500 ×100% = 71.4%，B 占比 1000/3500×100% = 28.6%。RIR 法比较简洁，不用额外制备参比样品，也适用于多物相混合的样品。

除了物相的质量(含量)，实际上衍射峰的强度还与很多结构和测试因素有关，使用 RIR 法实际上是默认除含量外的其他因素的影响基本相同。但是如果混合物相中含有非晶相，或者混合物相中一个是微米晶粒，另一个是纳米晶粒，由于纳米晶粒的衍射峰有更多的展宽，这种条件下用 RIR 法分析含量会带来更大的偏差。

如果物相组成较为复杂，或者包含非晶相，或者物相晶粒尺度差距较大，或者物相结构中存在杂原子掺杂、缺陷等，要获得较为精准的定量分析，可以通过全谱结构拟合法(Rietveld 精修，见下文)，但全谱精修方法对实验数据的采集有较高的要求。

1.9.2 相对结晶度分析

结晶度表示材料结晶的程度，晶体结构中含非晶相组分，或者晶体中存在结构缺陷，都是影响结晶度的因素。晶体的晶粒越大，结晶程度越完整，则衍射峰更强、更尖锐，反之则衍射峰的强度低而展宽。

结晶度有不同的计算方法，结晶度的数值通常只用于进行相对的比较。积分面积方法是比较常用的一种。结晶相的衍射峰窄而锐，而非晶相的衍射峰呈现宽包，因此衍射峰积分面积与整个衍射信号面积和之比可以作为结晶度。如果有某物质的完全结晶(定义为结晶度 100%)样品，可以测量纯物质的全部衍射峰积分强度，其与测试样品全衍射峰面积的比值作为相对结晶度。如果有 100%非晶相样品，测量非晶相的全部散射强度，扣除样品中的非晶相散射强度，也可以计算结晶峰强度与总散射强度之比作为相对结晶度，这个是计算相对结晶度比较实用的方法。

例如，沸石分子筛的结晶度，可以以某个已知结晶度为 *K*(通常定义为 100%)的样品作为参考标样，用测试样品的衍射峰面积和与标样的衍射峰面积和之比作为相对结晶度(当然要保证相同的测试条件)，这样如果有样品的相对结晶度高于 100%也是很容易理解的。

美国材料与试验协会(ASTM)给出的用 XRD 测试 ZSM-5 分子筛相对结晶度的标准方法[ASTM D5758-01(2021)]如下。选取结晶度良好的样品作为参比样，提供两种测量分子筛相对结晶度的方法。方法 1：获得样品 ZSM-5 和参比 ZSM-5 在衍射角 22.5°～25.0°包含 3 ～ 5 个强峰的综合峰面积(积分面积)，将参比样结晶度定义为 100%，峰面积比值为相对结晶度。方法 2：直接用 24.3°的衍射峰高度的比值作为相对结晶度。相对结晶度也只有相对的意义，或者说仅对于同一系列样品才有参考意义。NaY 分子筛则用(331)、(333)、(660)、(555)四个衍射峰的强度和计算相对结晶度。

1.9.3 未知物相的指标化

对于已知物相，通过检索 PDF 卡片可以直接对各个衍射峰进行归属。而对于新物相，或者说没有检索到对应的 PDF 卡片，则需要对衍射峰进行指标化，判断物相属于哪个晶系、哪种点阵类型，并计算出晶胞参数。需要说明的是，对于未知结构，即使可以从粉末 XRD 归属其点阵结构，但是晶体结构包括点阵和基元结构，因此从粉末 XRD 谱仍然难以解析基元结构，也就难以得到晶体的精确结构。

以立方晶系为例，根据晶面间距公式，有

$$\sin^2\theta = \frac{\lambda^2}{4a^2}\left(h^2 + k^2 + l^2\right)$$

因此$\sin^2\theta$平方项的比例呈现整数序列。根据实验谱图中各衍射峰对应的$\sin^2\theta$，判断是否可以约化成整数的比例关系。如果是面心或体心立方结构，还应该考虑消光规律造成的衍射峰缺失。如果不能将$\sin^2\theta$约化为整数比，可以尝试对称性更低的点阵，如四方和六方晶系。在实际操作中，对于未知物相的指标化可以借助软件(如 Jade)。

1.9.4 晶胞参数修正

晶胞参数是晶体结构的重要参数，晶体结构的变化，如杂原子掺杂、缺陷结构、应力等因素都可以体现在晶胞参数的变化上。对晶胞参数的精准测量可以用于固体相变、热膨胀及缺陷等方面的研究。对于已知结构的多晶粉末，可以通过 XRD 谱获得晶胞参数。

任何测量都会存在误差，对于 XRD 测试，误差来源可能是 X 射线源的波长发散、测角仪误差、粉末样品制样表面高低不平等。可以利用晶胞参数已知的样品作为标准，对仪器误差进行校准。例如，使用硅粉作为参考标样，作为内标(与待测样品混合)或外标(单独测试)在同一台仪器上进行测试，可以对谱仪的衍射角进行校准，然后进行晶胞参数精修处理。

晶胞参数精修的过程：首先对粉末衍射谱进行指标化，标定各衍射峰对应的晶面指数 *hkl*，然后根据布拉格方程计算各衍射峰对应的晶面间距。根据不同晶系的晶面间距与晶面指数 *hkl* 的公式，计算晶胞参数 *a*、*b*、*c*。

对于立方晶系，根据每条衍射线的衍射角都可以计算晶胞参数。而对于其他晶系，需要选择不同晶面衍射线，根据晶面间距公式分别计算 a、b、c。

虽然上述过程可行，但是有一个问题，根据晶面间距与晶面指数关系式，每条衍射线都可以用来计算晶胞参数，而这些计算数值也不会完全相同，那么应该如何修正这些数据以获得更精准的晶胞参数？

晶胞参数是根据晶面间距 d 值计算得出，而计算 d 值的依据是衍射角，因此 d 值的误差取决于衍射角测量的误差。如果对布拉格方程两边进行微分，可以得到 d 值误差与角度误差之间的关系

$$\Delta d = -\cot\theta \Delta\theta \cdot d$$

对于立方晶系，有

$$\frac{\Delta a}{a} = -\cot\theta \Delta\theta$$

显然，当角度 θ 接近 90°(2θ 接近 180°)时，d 值的误差接近于零，因此用高角度衍射峰计算的 d 值更加准确。而在实际的 XRD 谱中，θ 不会达到 90°，因此一般用数据外推法消除测量误差，即通过一个外推函数，外推到 θ=90°时对应的晶胞参数，理论上最接近准确的数值。对于衍射仪法，并没有公认可靠的外推函数，可以用经验公式

$$a = a_0 + a_0 k_1 \frac{\cos^2\theta}{\sin\theta}$$

或 Nelson-Riley 经验公式

$$a = a_0 + a_0 k_2 \left(\frac{\cos^2\theta}{\sin\theta} + \frac{\cos^2\theta}{\theta} \right)$$

根据不同的 θ 计算晶胞参数 a，并以 θ 计算外推函数，以计算的 a 为纵坐标、外推函数值为横坐标，数据点理论上应为直线，该直线与纵轴截距即为 a_0。图 1.26 为利用 Nelson-Riley 经验公式计算不同 Cu_9Al_{14} 合金的晶胞参数的实验数据。

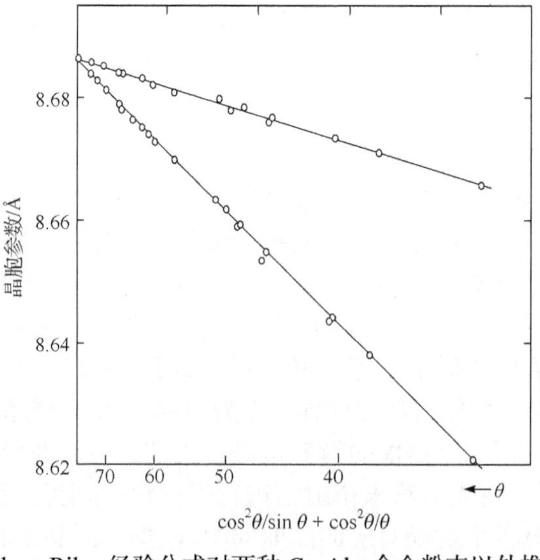

图 1.26 利用 Nelson-Riley 经验公式对两种 Cu_9Al_{14} 合金粉末以外推法测量晶胞参数

在实际数据处理中，获得 XRD 谱后(可以利用外标或内标进行衍射角度校正)，利用数据处理软件(如 Jade)，选择合适的外推函数，外推的处理过程可以由软件完成。晶胞参数修正的基本逻辑就是基于修正后的衍射数据，利用外推函数，借助最小二乘法得到平均误差最小的晶胞参数。

沸石分子筛中硅、铝含量不同，会导致晶胞参数的细微变化。可以利用晶胞参数修正，计算沸石分子筛晶体的硅铝比。计算的依据是晶胞参数与硅铝比变化的经验公式，计算的关键在于晶胞参数的精准测量。例如，对于不同条件脱铝处理的 Y 分子筛，骨架硅铝比可以通过晶胞参数的经验公式计算。Y 分子筛结构为立方晶系，空间群 $Fd\bar{3}m$，晶胞中有 192 个硅或铝原子，384 个氧原子，根据 Fichtner-Schmittler 经验公式，即晶胞中铝原子数=112.4(a_0−24.233)，晶胞参数单位为 Å。通过 XRD 谱计算晶胞参数后，可以估算分子筛的骨架硅铝物质的量比：

$$n(\mathrm{Si})/n(\mathrm{Al}) = \frac{192}{112.4(a_0 - 24.233)} - 1$$

1.9.5　晶粒尺度与衍射峰展宽

如果粉末晶粒尺度适当，且晶体结构完整有序，理论上衍射信号可以呈现很尖锐的衍射峰，而实际中谱仪测量的衍射峰都会呈现一定程度的展宽。一方面，展宽来自仪器本身的测量精度，涉及仪器的硬件参数及测量误差，如 X 射线束斑本身就有一定尺度，其中已经包含一定的衍射角偏差。由仪器及测试方法造成的谱线展宽与测试样品无关。另一方面，样品的晶粒尺度、结构缺陷及微观的晶格应变等都会造成衍射峰的展宽，因此借助衍射峰的展宽可以对晶粒尺度及晶格应变进行分析。

衍射峰的宽度一般可以用半高宽(FWHM)表示，即衍射峰高度一半处的谱宽，单位可以是度或弧度。如果将衍射晶面理解为光栅，则晶面的层数可以理解为光栅的数目。对于纳米尺度的晶粒，由于晶相区域很小，参与衍射的晶面层数受限，因此会造成衍射峰的展宽。图 1.27 为不同尺度的纤锌矿结构 CdS(六方晶系)晶体粉末的模拟 XRD 谱。晶区尺度小于 50 nm 出现展宽，在 10 nm 以下展宽明显，晶区尺度小于 5 nm 的信号展宽严重，导致信噪比很低。

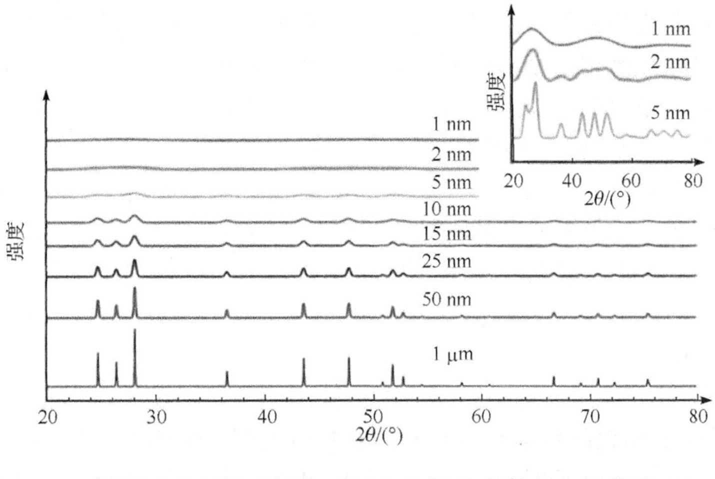

图 1.27　不同尺度的纤锌矿结构 CdS(六方晶系)晶体粉末的模拟 XRD 谱

晶区尺度可以近似用谢乐公式表示：

$$d = \frac{K\lambda}{\beta\cos\theta}$$

式中，K 为常数，通常取值 0.89；θ 为布拉格角(注意不是衍射角 2θ)；β 为衍射峰的半高宽(注意以弧度为单位)；λ 为 X 射线波长。注意 d 为晶区尺度，并不一定就是颗粒尺度(有些多晶样品一个颗粒可以包含多个小晶粒)。从 XRD 估算的尺度数据应该与 TEM 图像对比。即使是完美的大晶粒样品，仪器测量本身也会产生衍射峰展宽，因此纳米晶粒的衍射峰宽要扣除仪器测量本身的系统展宽，$\beta = \beta_{测量} - \beta_{仪器}$，也可以表述为 $\beta^2 = \beta_{测量}^2 - \beta_{仪器}^2$。

在实际测量时如果有对照标准样，可以扣除参考样品的衍射峰展宽(也就是用参考样品的展宽作为仪器展宽)。

在实际测试中，多晶粉末样品的晶粒大小并不均匀，因此根据谢乐公式计算的晶粒尺度只是平均值。另外，晶粒本身也未必三维尺度大小一致，因此根据不同(hkl)晶面衍射峰展宽计算的晶粒平均尺度也会不同。因为难以测量，或者对照标准样不容易获得，所以在很多文献中并未考虑扣除仪器自身展宽的因素。需要明确说明的是，谢乐公式给出的晶粒尺度只是一个较为粗略的估算平均值，因此其数据表达不宜过于精准，如果以纳米为单位，则粒径尺寸不宜保留小数点。晶体中存在微观应力导致晶格畸变，造成衍射面间距不均一、衍射角分散，可以通过公式计算晶格变化，$\Delta d/d=\beta/(4\tan\theta)$。当然，通过衍射峰展宽计算的晶粒尺度及晶格畸变大小都是比较粗略的估算(平均)值。

1.10 全谱结构拟合法简介

对于粉末 XRD 谱，重点关注的是衍射峰的位置和强度，将衍射谱仅当作理想的杆状谱。而实际的 XRD 谱，不同衍射峰的强度、峰形及峰宽包含更多的结构信息。如果借助包含结构参数的解析式获得计算谱，可以对实验谱进行拟合，从而抽提出更丰富的晶体结构信息。

对于 XRD 全谱进行计算拟合分析始于 20 世纪 60 年代。荷兰晶体学家里特沃尔德(H. Rietveld)最早对中子衍射数据进行了计算拟合，相应方法随后应用于 XRD 谱的解析，可以对晶体结构信息进行修正，因此也称为 Rietveld 精修。

在 XRD 谱的定性分析部分已经提过，对于某个已知结构的晶体样品，可以通过粉末衍射结合其元素组成进行物相检索，找到其晶体结构(对应 PDF 卡片)。但是实际上实验谱与 PDF 卡片给出的数据之间仍然存在偏差。例如，衍射峰的位置并不一定每个峰都精准对应，衍射峰的强度也会存在差异。其中一个原因是测试样品的结构与 PDF 卡片上的结构并非完全一致。例如，一些无机材料，阳离子的位置是可以互换的，或者对于某些杂原子掺杂样品，晶胞参数也会发生改变，或者测试样品的晶粒尺度、微观应变等信息与 PDF 卡片上的样品不符等。因此，要获得测试样品精准的晶体结构，就需要对 PDF 卡片给出的结构进行修正。这种修正的前提是根据晶体结构相关的参数，计算出可与实验谱进行对比的模拟谱，通过精准拟合抽提出修正的结构参数。

Rietveld 精修方法需要选择某种已知的晶体结构作为初始结构模型，并引入特定的峰形函数(PDF 卡片仅列出理想的杆状衍射谱)，同时考虑仪器的测试参数及衍射峰位置、积分强度、形状、背景等因素，计算理论衍射谱，利用最小二乘法对解析参数进行拟合，在达到与实验谱的满意符合后，给出各种结构及样品参数。常用的 Rietveld 精修软件有 GSAS、Fullprof 等，可以通过网上教程或者参加相关培训课程进行学习。

全谱拟合的理论要点：

实际的粉末衍射谱不仅包含衍射角及对应衍射强度，并且衍射峰呈现一定的峰形及展宽。用理论计算谱拟合实验谱，不仅需要计算衍射角及衍射强度，还需要将衍射峰表示为一定的峰形。在选定初始的晶体结构后，结合衍射强度公式，并赋予衍射峰以某种峰形函数，则计算谱可以表示为

$$Y_{\mathrm{c}} = S\sum_{k} L_k \left|F_k\right|^2 G_k(2\theta - 2\theta_k) P_k A(\theta) + Y_{\mathrm{b}}$$

式中，Y_{c} 为计算的衍射谱，是所有 k 个(hkl)晶面衍射强度的计算谱的加和；Y_{b} 为衍射谱的背景函数；S 为标度因子或比例因子(当样品中含有不同物相时，每个物相的强度需要一个比例因子，单物相则 S=1)，混合物相样品中，各物相的含量与其比例因子(标度因子)有关，通过精修拟合可以得到比例因子，进而得到物相含量；L_k 为洛伦兹因子、偏振因子和多重性因子的乘积；F_k 为(hkl)晶面衍射的结构因子(包括温度因子在内)；G_k 为峰形函数，也就是(hkl)晶面衍射峰的峰形；$A(\theta)$为试样的吸收因子(通常在样品足够厚的情况下，吸收因子与衍射角无关，因此不影响同一物相各衍射峰的相对强度)；P_k 为择优取向函数(如果样品中存在择优取向)。

(hkl)晶面衍射的结构因子 F_k 可以表示为

$$F_k = \sum_{n=1}^{N} N_n f_n \mathrm{e}^{\mathrm{i}2\pi\left(hx_n + ky_n + lz_n\right)} \mathrm{e}^{-\frac{B_n \sin^2\theta}{\lambda^2}}$$

式中，N_n 为晶胞中第 n 个原子的占位率或占位因子(site occupancy factor，sof)；f_n 为第 n 个原子的散射因子；(x_n, y_n, z_n)为晶胞中第 n 个原子的分数坐标；$B_n = 8\pi^2\langle u_n^2\rangle/3$，$\langle u_n^2\rangle$ 为第 n 个原子偏离其平衡位置的均方位移。注意：原子序数接近的元素，如铁、钴、镍，其散射因子接近，因此很难区分相近元素的掺杂位置。

占位因子表示某个原子位置(x, y, z)被特定原子占据的比例。如果(x, y, z)的等价位置都由同种原子占据，则 sof=1。当有部分位置是空位时，sof<1。如果两种原子都可以占据相同的位置，且该位置没有空位，则两种原子的占位因子之和为 1。占位因子可以表达不同晶胞中原子占位的区别，显然不同的原子占位会影响衍射强度，同时影响晶胞参数。而实验测试的 XRD 谱是晶体中各种不同原子占位晶胞的衍射叠加。

背景函数 Y_{b}：实验测试谱中或多或少都会有背景信号。背景信号的来源很多，如仪器采集信号的噪声、空气散射、样品中的非晶相等。常用的方式是选择谱中的一些背景数据点，然后用高阶多项式进行拟合。

峰形函数 G_{k}：实验谱中的衍射峰都表现出一定的峰形和展宽，要拟合实验谱，不仅需要有衍射峰出现的位置及强度，而且计算的衍射峰也要呈现峰形和展宽，因此要引入峰形函数。峰形函数的选择对于谱图拟合至关重要。实测的衍射谱中的峰形与很多因素有关。样品本身的结构特点，如晶粒大小、晶体结构的缺陷、微观应变、杂原子掺杂等，与衍射峰形直接相关。另外，实验仪器及测试条件也会影响峰形及展宽。由于衍射峰形的相关因素较多，因此并没有统一或最适合的峰形函数。在一般的谱图拟合中，高斯线型或洛伦兹线型较为常用，但是对于 XRD 的衍射峰，单纯的高斯线型或洛伦兹线型难以相符。目前较为通用的峰形函数是 Voigt 函数(VF)、PearsonⅦ(P7)函数和 Pseudo-Voigt(PV)函数。后两者易于进行数学处理，PV 函数实际上是高斯函数和洛伦兹函数的线性组合，可调整两者的比例，使其最好地拟合实

际峰形。上述峰形函数都是对称的，而在实测 XRD 谱中衍射峰可能出现不对称形状，因此可以增加额外的修正函数，产生不对称的峰形。

峰宽函数 H_k：峰形函数的中心位置对应衍射峰的中心位置 θ_k，峰宽 H_k 为半高宽。不同衍射峰的 H_k 并不是统一的，而是衍射角的函数，可以表示为

$$H_k^2 = U\tan^2\theta_k + V\tan\theta_k + W$$

式中，U、V、W 为峰宽参数，也是计算衍射谱的可调参数。有文献认为峰形展宽与吸收相关，并给出经验公式。

从上面的讨论可以看出，粉末 XRD 谱的计算涉及很多参数，但每个衍射峰的拟合(包括衍射峰位置、强度及峰形)都可以理解为一个求解未知参数的方程，一张 XRD 谱包含很多峰，相当于很多包含各种参数的方程，这样原则上可以通过谱图拟合获得优化的各个参数。对每个衍射峰的计算，不同衍射峰需要共用相同的参数，因此相当于约束或校验了某些参数。谱图拟合参数可分为两类：结构参数和峰形参数。结构参数包括晶胞参数、晶胞中的原子坐标及占位因子、原子的温度因子、不同物相的比例因子等。而峰形参数包括峰形函数、半高宽、晶粒尺度及微观应变的宽化等。也就是说，对于一套拟合参数，其计算谱要受到若干个衍射峰(包括位置、强度)以及每个衍射峰的峰形上若干数据点的位置和强度的共同检验。如果可以获得满意的拟合结果，则是对该套拟合参数与实际结构可靠程度的有力支撑。

获得可靠 XRD 谱精修结果的前提是获得高质量的粉末衍射谱。测试应该用步进扫描的方式，衍射峰最高峰的强度计数应在 10^4 数量级。步进扫描的步长至少为半高宽的 1/10，也就是说每个衍射峰的拟合至少应该用 20 个数据点。用于精修的衍射数据，其扫描范围衍射角一般要到 100°，或者更高。对于一些用连续扫描方式测试的谱图，信噪比不够高，不建议进行精修。一般衍射仪的 X 射线中会包含 K_{α_1} 和 K_{α_2} 线，在输入正确的仪器参数后，精修软件会自动包含上述因素。

图 1.28 为 Sm 掺杂 SSZ-13 分子筛沿[100]和[211]方向的结构，图中 T 表示硅或铝。Sm 离子图示中的比例，表示 Sm 离子位并不是完全占据，或者说大多数 Sm 离子位置是空位。对 Sm-SSZ-13(0.3% Sm 掺杂)分子筛的 XRD 谱进行 Rietveld 精修(图 1.29)，得到 Sm 的占位因子为 0.009。

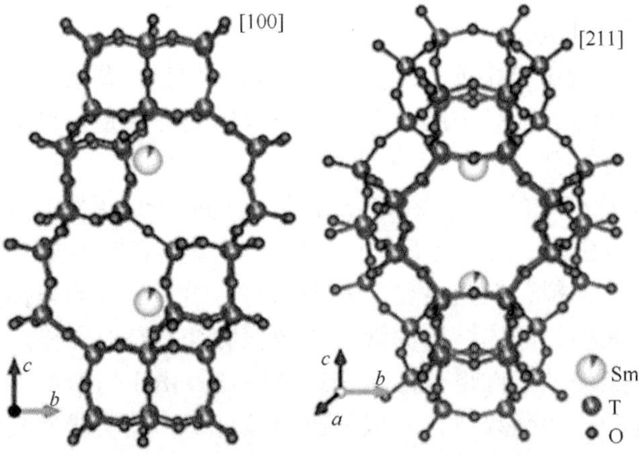

图 1.28 Sm-SSZ-13 分子筛的结构示意图
Sm 离子的扇形阴影图示表示该离子的占位因子小于 1

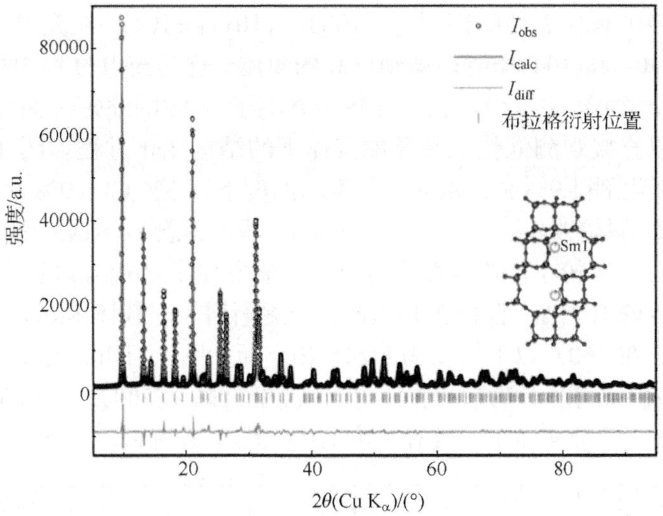

图 1.29　Sm-SSZ-13(0.3% Sm 掺杂)分子筛的 XRD 谱及 Rietveld 精修图

1.11　原位 XRD

对各种材料结构分析方法，原位都是一个关键词。一般来说，与非工作条件(如室温、常压条件)相比，在工作条件下材料的结构往往发生变化。典型的例子就是催化剂，工作在高温、高压并且有反应物分子吸附状态下的结构与其室温常压条件下有所不同。因此，在材料的工作条件下对其结构组成形貌等进行分析表征，对于研究材料的结构与性能关联，以及材料的设计和制备具有重要的意义。不同分析方法的原理和实验技术不同，实现原位条件表征的难度是完全不同的。

XRD 测试中，样品位置有较为充分的可操作空间，可以配置温度、压力调控装置，通入反应气氛或对样品进行充放电等操作。如果工作环境需要密闭，可以使用金属铍或有机薄膜(如聚酰亚胺)作为窗口材料。金属铍是最轻的金属，并且稳定，X 射线容易穿透。目前有仪器厂家根据不同使用需求提供商业原位 XRD 测试配件。

电极材料 $Li_{1.2}Mn_{0.6}Ni_{0.2}O_2$ 在充放电循环中的原位 XRD 谱，用二维谱的方式可以更清晰地观测材料的衍射峰位置在不同充放电电压下的演化趋势。图 1.30 中星号表示电池模具窗口 Be/BeO

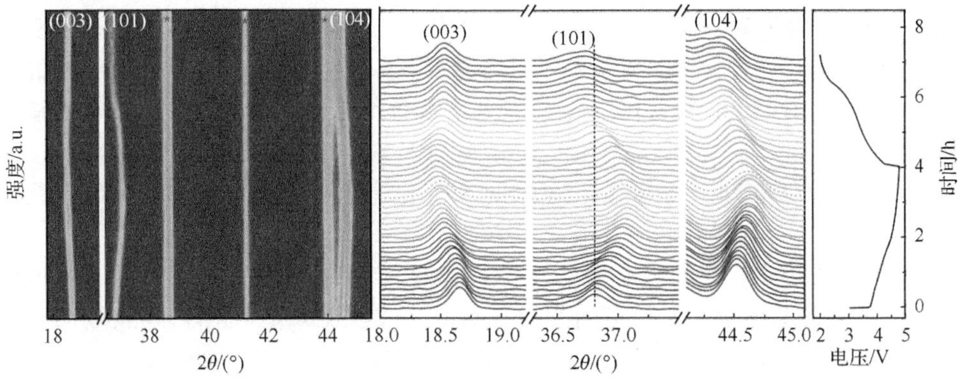

图 1.30　电极材料 $Li_{1.2}Mn_{0.6}Ni_{0.2}O_2$ 在充放电循环中的原位 XRD 谱

的衍射峰。电极材料中有代表性的衍射峰为(003)、(101)和(104)。在充电过程中，(003)峰逐渐向低角度偏移，而(101)和(104)峰值移动到更高的角度。这是充电过程中相邻氧层的静电斥力增强导致晶胞参数 c 增加，以及 Li^{+}脱嵌导致金属离子-氧键的缩短进而导致晶格收缩。

原位 XRD 可以直接观测催化剂在还原气体下的结构变化过程。图 1.31(a)为原位高温反应池中的负载 Ru 催化剂(1.9% Ru-Mo-O_x)在不同温度下以 3% CO_2/9% H_2/N_2 气体处理的原位 XRD 谱。在室温(RT)只能观察到 MoO_3 的衍射峰，没有观测到 RuO_2 衍射峰的原因可能是其晶粒分散较好、晶粒尺度较小。随着温度升高，逐渐出现了 Ru 金属的衍射峰，且强度逐渐增大，这说明还原形成的 Ru 纳米颗粒在升温过程中逐渐增大。载体 MoO_3 本身随着温度升高也发生晶体结构转变，在 350℃以上转变为 MoO_2 相。而如图 1.31(b)所示，对于没有负载 Ru 的 MoO_3，原位 XRD 表明在相同气氛处理下，即使温度升高到 500℃，MoO_3 也几乎没有发生结构转变。原位 XRD 实验证实了 Ru 纳米颗粒上产生的氢溢流可以将 MoO_3 还原为 MoO_2。

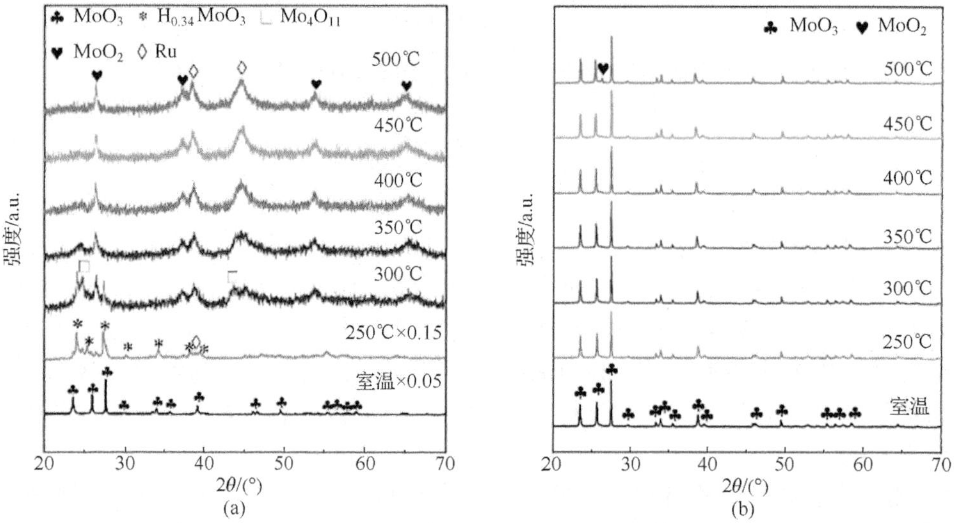

图 1.31　原位高温反应池中的负载 Ru 催化剂(1.9% Ru-Mo-O_x)在不同温度下进行气体处理的原位 XRD 谱

本 章 小 结

本章讨论了粉末晶体的 X 射线衍射谱。X 射线衍射的核心是布拉格方程，布拉格方程体现的是晶体结构(晶面间距)与衍射线方向之间的关系。对样品 XRD 谱图的分析主要基于与标准数据库中 PDF 卡片进行比对，而更精准的晶胞参数、掺杂原子占位因子等结构信息可以通过全谱结构拟合法(Rietveld 精修)获得，前提是要获得衍射角足够大、衍射峰足够强的高质量衍射数据。

晶体的衍射峰可以产生系统消光现象，包含点阵消光和结构消光。晶体的晶粒越小，衍射峰展宽越严重，通过谢乐公式可以估算晶粒尺寸。

XRD 数据的处理分析通常需要借助软件，建议学习并熟练使用相关软件，包括数据分析处理软件及 Rietveld 精修软件，这样可以更有效地利用 XRD 谱学进行晶相材料的结构分析。

第 2 章　X 射线光电子能谱与俄歇电子能谱

毋意、毋必、毋固、毋我。

——《论语·子罕》

2.1　X 射线光电子能谱

2.1.1　光电效应——X 射线的粒子性

在第 1 章讲到，X 射线与物质的相互作用包括弹性散射、光电效应、康普顿散射以及电子偶效应等。在 XPS 谱学中，X 射线源通常为软 X 射线，能量并不太高(如常用的 Al K_α 线的能量为 1.48 keV)，因此只需要考虑光电效应即可。

光电效应(photoelectric effect)现象最早的记录是 1887 年德国物理学家赫兹(H. Hertz)发现紫外光照射在金属电极上可以促进电极放电。电子是 1897 年由英国物理学家汤姆孙(J. Thomson)发现的，随后赫兹的助手莱纳德(P. Lenard)在 1900 年证实了紫外光可以激发金属发射电子。光电效应的理论解释是 1905 年由爱因斯坦给出的量子解释，即光量子的能量被电子吸收而产生电子激发的过程，爱因斯坦也因光电效应的光量子理论解释获得 1921 年诺贝尔物理学奖。

在 XRD 谱学中，将 X 射线视为电磁波，而在光电效应中，光被视为粒子，其最小的能量单元，即光量子的能量为 $h\nu$。光电效应涉及的是一个光量子和一个电子之间的能量守恒关系，电子被光照射后完全吸收光量子的能量(而光子不再存在)，可以被激发跃迁到更高能级，甚至成为具有一定动能的出射光电子。

本章讨论的 X 射线光电子能谱(X-ray photoelectron spectroscopy，XPS)是以 X 射线为激发源照射材料的表面，借助光电效应激发出材料表面原子中的内层电子(称为光电子)，通过探测光电子的动能，获取光电子被激发前所在轨道能级的结合能。由于电子结合能具有元素的指纹特征，根据结合能可以进行材料表面元素的组成及化学态的分析。然后讨论 XPS 作为一种表面分析谱学在材料结构分析中的应用。XPS 的激发过程可以简单理解为一个弹球模型，即光量子牺牲自己将电子从材料表面碰撞飞出的过程。当然，要探测光电子的动能并获得光电子能谱绝非易事，相关的理论、技术和实验方法得益于瑞典物理学家西格巴恩(K. Siegbahn)的重要贡献，他也因此获得 1981 年诺贝尔物理学奖。

2.1.2　光电离

在 X 射线照射下，借助光电效应，材料中原子的电子被光量子激发并产生电子空位，也称为光电离。在这个过程中，一个光量子湮没，其能量传递给所激发的一个电子。那么光量子会激发原子中的哪个电子呢？在光量子能量大于电子结合能的前提下(电子结合能的概念随后讨论)，不同壳层的电子都有可能被激发，只是被激发的概率不同。

已知原子的外层电子排布情况，基于理论和实验的结论，不同壳层的电子被激发的概率

(也称为光电离截面)并不相同。电子光电离的概率与激发源光量子能量、原子序数以及电子所处的轨道如 1s、2p 或 3d 等因素有关(图 2.1)。前文讲过 X 射线的吸收边，在光量子能量大于电子电离阈值的前提下，光量子能量越接近电子电离阈值，光电离的概率越大。如果光量子能量继续增加，则光电离的概率逐渐下降。对于特定入射光量子能量，外层电子发生电离的概率小于内层电子，特别是价电子，对于激发 X 射线源来说几乎是“透明”的。

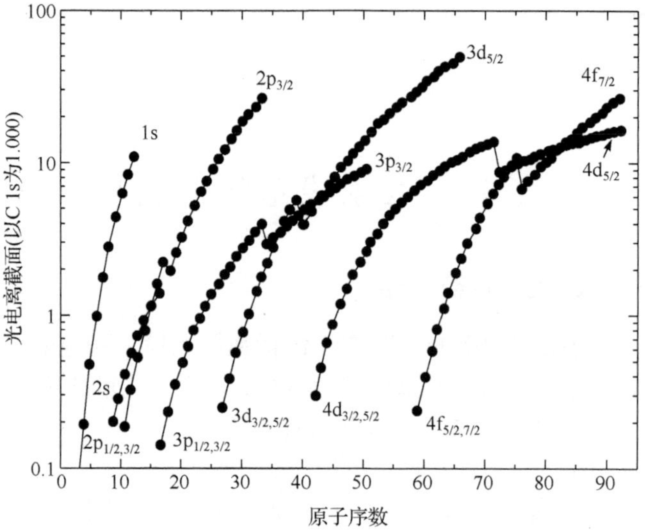

图 2.1　以 Al K_α线为入射源(对应光子能量 1486.6 eV)时，不同元素不同壳层电子的光电离截面的理论计算值(相对于 C 1s 电子的光电离截面为 1.000)

2.1.3　电子结合能与材料的表面功函数

1. 电子能级的标识

图 2.2 为核外电子的能级排布，无论是 X 射线激发还是 XPS，以及后文将讲到的 X 射线吸收谱(XAS)和电子能量损失谱(EELS)等，都会经常涉及，应熟悉并掌握。电子的自旋-轨道耦合作用造成 p、d 和 f 轨道电子能级分裂为双能级，标记为 $p_{1/2}$、$p_{3/2}$、$d_{3/2}$、$d_{5/2}$、$f_{5/2}$、$f_{7/2}$，半整数下标为综合电子的角量子数(l)和自旋量子数($s = 1/2$)而得到的内量子数($j = l \pm 1/2$)。在 XPS 中，习惯以 s、p、d、f 标识电子轨道，而在俄歇电子能谱，以及后文将讲到的 X 射线吸收谱中，则习惯以 K、L、M 标识电子轨道，更低能级的电子(更内层电子)受到原子核的束缚作用更强。

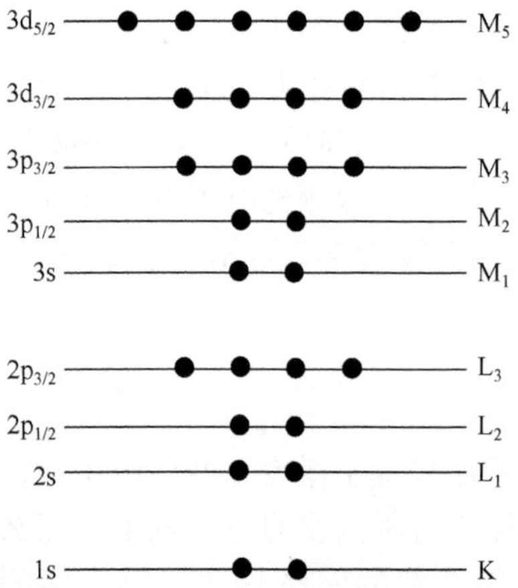

图 2.2　电子能级的标识及满壳层电子排布

X 射线的光量子能量，一部分需要用来克服原子核的束缚作用，剩余的可以作为光电子的动能。对于一个孤立的原子，如果一个电子被电离而刚好脱离了原子核的束缚，即刚刚成为一个自由电子，其势能称为电子的真空能级，可以作为电子势能的参考零点。而激发束缚态电子到真空能级所需的能量，或者说可以电离某束缚电子成为自由电子所需的最小能量，即为该电子的结合能。

不同轨道上电子的结合能是不同的，而且更重要的一点是，不同元素的原子中，不同轨道上电子的结合能是特征性的，或者说可以列出一个结合能的表，如果可以通过实验测量某个电子的结合能，就可以直接知道这个电子来自某元素的某个轨道，即电子结合能的元素指纹特征，这是可以用 XPS 进行元素分析的基础。

2. 终态效应

在光电离发生前，由电子自旋-轨道耦合造成的电子能级分裂，或者被激发原子与其他原子成键造成的化学环境变化，以及周围原子电负性的影响等，即在光电离发生之前可能对电子结合能产生影响的因素，可以统称为初态效应，顾名思义，就是被 X 射线激发成为光电子之前电子所处化学环境的状态。

终态效应指的是在光电效应激发过程后，带有内层电子空位的原子(激发态原子)回到基态所发生的电子结构调整，即电子弛豫过程，对光电子的动能带来的影响。由于内层电子存在空位，处于激发态的原子可以对光电子产生瞬时的静电效应，同时由于激发态原子中存在未成对电子，还可以对光电子产生瞬时的磁场效应。激发态原子的寿命很短(约 10^{-15} s，fs)，因此激发态原子的电子弛豫过程可以在光电子激发时间尺度内发生，从而对光电子的动能产生更多的影响，形成额外的光电子信号，如震激峰、震离峰、多重分裂、俄歇电子峰等。

3. 表面功函数

对于孤立的原子，激发一个内层电子完全脱离原子核束缚所需的最小能量就是该电子的结合能(binding energy)。因此，电子结合能可以表示为

$$E_B = h\nu - E_K$$

式中，$h\nu$ 为入射光量子能量；E_K 为光电子的动能(kinetic energy)。

孤立的原子毕竟是一种假设，而真实的样品是由众多原子(分子)组成的。当其中某个原子中的内层电子被激发而脱离了原子核的束缚，并不意味着该电子已经逃离了样品表面。即使光电子脱离了原子核的束缚，还是会受到样品中其他原子势场的影响，以及样品表面势场的额外束缚作用。显然，后两者的束缚作用与电子轨道的结合能无关。

固体表面存在束缚电子的势垒，将一个电子从固体内部刚刚移出此物体的表面所需的最小能量称为功函数。功函数是材料的表面性质，而非体相性质。同样的材料，暴露的晶面不同，或者表面缺陷都可以造成不同的表面功函数。影响表面功函数的因素包括材料组成、暴露晶面、表面缺陷、表面台阶密度等，其中材料组成是影响表面功函数的主要因素。

对于固体样品，激发光电子不仅要克服电子的结合能，还要克服样品表面的功函数，因此电子的结合能应表示为(图 2.3)

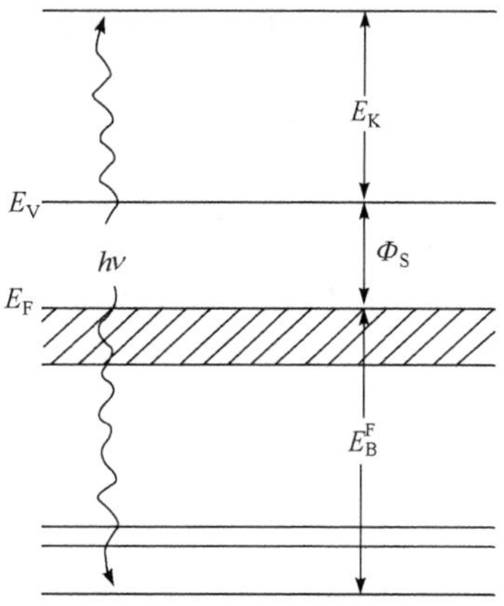

图 2.3　金属中的费米能级、表面功函数、光电子动能关系图

$$E_B^F = h\nu - E_K - \Phi_S$$

式中，Φ_S 为材料的表面功函数；E_B^F 为以费米能级为结合能零点的电子结合能。图中，E_V 表示电子真空能级，可以理解为光电子恰好可以克服功函数而脱离材料表面束缚的能态，此时的光电子为动能为零的自由电子。

因此，对于实际样品，需要知道其表面功函数，才可以计算出电子的结合能。但是，对于未知样品，其功函数实际上是未知的，这样电子的结合能无法利用上述公式算出，这个问题稍后再讨论。

4. 电子结合能

为了方便理解结合能的概念，以金属样品为例。金属的费米能级是 0 K 温度下金属中的电子占据的最高能级，也就是所有电子中能级排布最高的，或者说受到原子核的束缚作用最小的电子所处的能级。如果可以将电子激发到费米能级以外，则视为电子脱离了原子核的束缚，因此可以定义电子的结合能为费米能级与电子轨道能级之差，或者说结合能是将内层电子从其轨道激发到费米能级所需要的能量。而处于费米能级的电子要离开金属表面，还需要再额外克服金属的表面功函数。如果可以测出金属的表面功函数(测试方法在后文紫外光电子能谱部分讨论)，原则上可以通过测量光电子的动能计算电子的结合能。

在 XPS 测试中，对于金属样品，可以将其置于金属样品台(一般为不锈钢，功函数已知)上，形成良好的导电接触，这样两种金属之间由于功函数的差别(假设 $W_1<W_2$)，费米能级达成一致，金属中的电子流向金属样品台，由此在金属样品表面形成接触电势(V_{12})，其与二者功函数之差的关系为 $V_{12}=(W_2-W_1)/e$(图 2.4)，或者说相当于金属表面的功函数发生变化。如图 2.5 所示，在导电样品的能谱测试中，由于导电样品与金属样品台接触，形成接触电势 $V_c=(\Phi_{SP}-\Phi_{SA})/e$，因此导电样品的表面功函数发生变化，由 Φ_{SA} 变成 $\Phi_{SA}+(\Phi_{SP}-\Phi_{SA})=\Phi_{SP}$，即等于金属样品台的功函数。因此，对于不同的金属样品(或导体)，不必知道其功函数，用谱仪金属样品台的功函数(通过测量已知)即可计算结合能：

$$E_B^F=h\nu-E_K-(\Phi_{SA}+eV_c)=h\nu-E_K-[\Phi_{SA}+(\Phi_{SP}-\Phi_{SA})]=h\nu-E_K-\Phi_{SP}$$

式中，Φ_{SA} 为样品功函数；Φ_{SP} 为谱仪的功函数；V_c 为样品与谱仪样品台的接触电势。

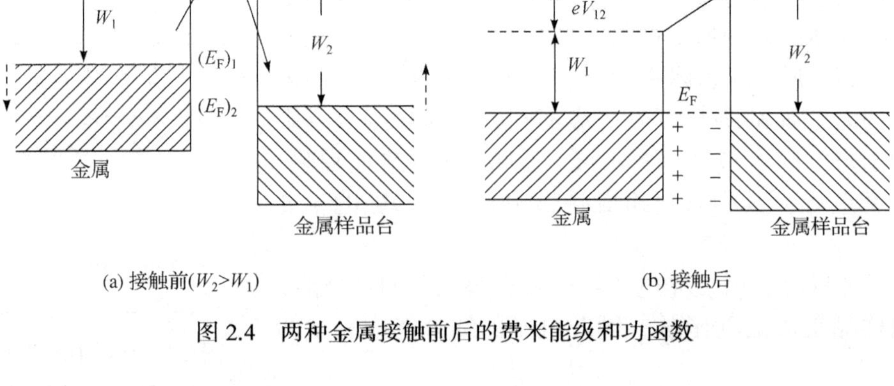

图 2.4 两种金属接触前后的费米能级和功函数

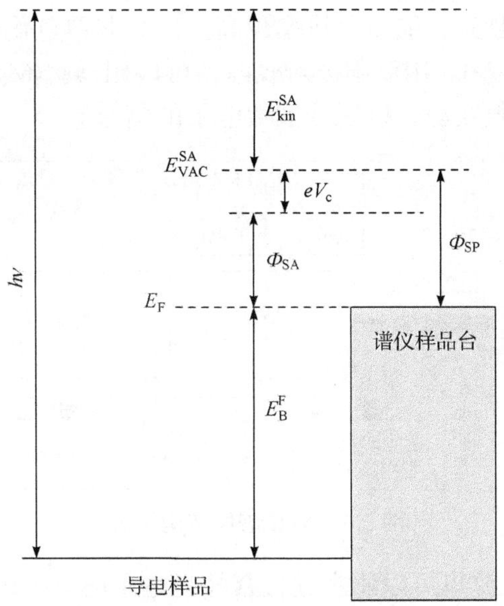

图 2.5 导电样品能谱测试中，样品与金属样品台接触而形成接触电势 $V_{\rm c}$，则样品表面功函数由 $\Phi_{\rm SA}$ 变成 $\Phi_{\rm SA}+eV_{\rm c}=\Phi_{\rm SA}+(\Phi_{\rm SP}-\Phi_{\rm SA})=\Phi_{\rm SP}$

对于半导体或绝缘体，上述导电样品的结合能公式并不成立，如何确定结合能有待进一步讨论。

2.1.4 光电子的逃逸深度——XPS 与表面分析

X 射线对于物质有一定的穿透深度(取决于射线的能量和物质的组成)，如 XPS 常用的 Al $\rm K_\alpha$射线，对物质的穿透深度为微米尺度，因此在 X 射线穿透范围内的原子也可以被激发出光电子。但是这些光电子在逃逸过程中，会受到材料中其他原子(电子及原子核)的非弹性散射，从而逐渐损失动能。在 XPS 中，只有能够逃逸出材料表面的光电子才可以被检测到，因此有电子逃逸深度的概念。光电子的非弹性散射平均自由程(λ)表示光电子在不损失动能的前提下可以逃逸的路程。一般样品的取样深度为 3λ，对金属是 0.5～3 nm，对氧化物是 2～4 nm，对有机小分子和高分子是 4～10 nm，都在纳米尺度上，也就是说只有在表面下几纳米的深度范围被激发的光电子才可以逃逸出样品表面而被探测到，因此 XPS 被认为是一种表面研究手段。此时需注意两个问题，第一个问题，逃逸出来的光电子一部分经历了非弹性散射损失了部分动能。而人们真正感兴趣的是只发生弹性散射(甚至是没有被散射)的光电子，因为动能没有损失，才可以得到真实的结合能信息。第二个问题是对表面的定义，对于一个宏观物体，几微米深度可以算是表面。而对于微米尺度的物体，几纳米也可以算是表面(XPS 的探测深度)。但是对于某种材料，如金属氧化物催化剂，可以发生吸附和催化反应的表面仅是几个原子层的绝对表面。此时，用 XPS 的探测结果表达参与反应的表面信息需谨慎，若用几纳米深度的平均信息代表材料表面下几个原子层的信息，所得信息可能会有偏差。

2.1.5 XPS 谱仪的基本结构

XPS 谱仪主要包括激发源、能量分析器、电子检测器及真空系统(图 2.6)。射线源可以是非单色化的 X 射线源(镁-铝双阳极)，以及单色化的 X 射线源(常用 Al $\rm K_\alpha$线，能量 1486.6 eV)。

显然，X 射线源的单色化越好，能量分辨率越高。但是非单色化的光源强度高，因此得到的谱图信号更强(但分辨率稍差)。用双阳极射线源，可以用镁靶(Mg K_α 线，能量 1253.6 eV)或铝靶获得两种不同能量的射线源，以区分俄歇电子的信号。

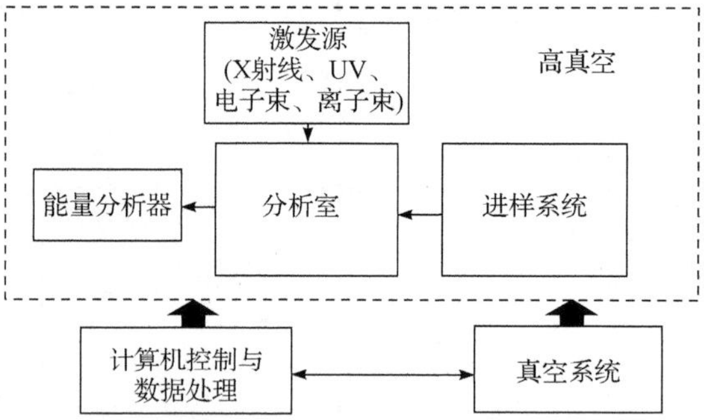

图 2.6 XPS 谱仪结构示意图

除了 X 射线，紫外光源也可以用来进行紫外光电子能谱(UPS)的测量，当然紫外光只能激发价电子和外层电子，适用于研究价带电子结构，也可以测金属的功函数。典型的紫外光源利用稀有气体放电的辐射能量，常用的氦气可以产生 He Ⅰ(21.22 eV)和 He Ⅱ(40.81 eV)紫外光，穿透深度比 X 射线更浅。

如果配备了电子枪，用电子束作为激发源，可以在 XPS 谱仪中配置俄歇电子能谱功能。

超高真空系统是 XPS 谱仪最重要的组件，也是谱仪构造设计复杂和价格昂贵的主要原因。因为 XPS 的检测对象是光电子，而在光电子的分析检测过程中要避免其他气体介质干扰，所以必须在高真空系统中进行。真空系统一般可以达到 10^{-10}～10^{-9} Torr(1 Torr = 1.33322×10^2 Pa)。在 XRD 中不需要真空系统，因为检测对象是 X 射线。

关于能量分析器、电子检测器、X 射线源的具体构造等可以参考 XPS 的专业参考书，在不影响理解原理和谱学分析的基础上本书不再详述。

2.1.6 样品测试要求

关于制样可以参考专业教科书及实验手册，这里简略讲述关于样品的几点重要事项，这些问题是测试中常见的问题，稍不注意就会给谱仪带来严重影响。XPS 通常情况下只能对固体样品进行分析，挥发性材料可能在测试中挥发或升华，造成在谱仪系统中的沉积污染。为了提高 XPS 的检测灵敏度，高端的 XPS 往往会采用电磁透镜技术增加光电子的采集效率，带有较强磁性的材料如果在测试中将颗粒残留在谱仪中，会影响电磁透镜的功能。

2.1.7 认识 XPS 谱图

1. XPS 谱图的横轴和纵轴

初识一张 XPS 谱图(图 2.7)。横轴为结合能(单位 eV)，纵轴为光电子的计数率(每秒检测到某种结合能的光电子的数量，可以理解为光电子谱的信号强度)。注意 XPS 测试中测量的是光电子的动能，结合能是用 X 光量子能量(光源决定)减去光电子动能(能量分析器测量数值)，再减去功函数(通常用谱仪功函数)计算得到，但是对于不导电样品，这样计算出来的结合能会存在偏差。后续将讨论不导电样品的结合能定标问题。

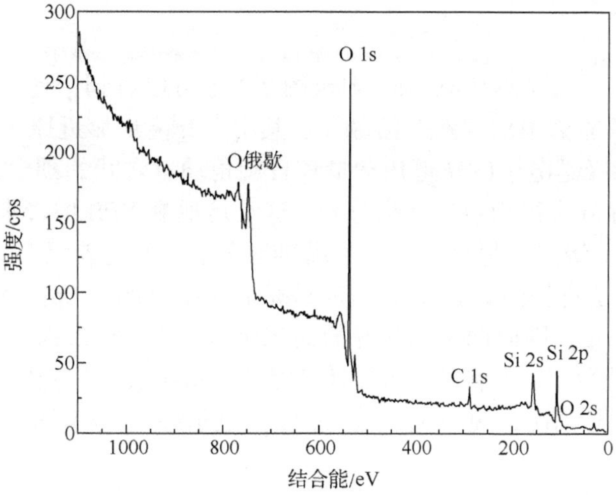

图 2.7　典型的 XPS 全谱

出现在不同结合能位置的信号峰，可以对照结合能数据表(谱仪的软件自带)，指认该光电子来自某元素的某电子轨道。XPS 谱中光电子谱峰叠加在由非弹性散射光电子产生的背景上，谱图的基线并不是平直的，甚至基线的强度已经强于某些信号，这并不奇怪。如前文所述，X 射线激发光电子，光电子在逃逸出材料表面的过程中与其他原子发生非弹性散射并损失能量，因此谱仪可以接收到的光电子中大多数发生了能量损失，从而形成动能的弥散，只能作为谱图信号的背景。背景信号中也包括部分光电子与原子中的电子碰撞散射而产生的二次电子(secondary electron)。只有没有被碰撞损失动能的光电子才可以保持一致的动能，从而形成一个明确的信号峰，被能量分析器探测到。

图 2.7 的 XPS 谱中横轴的结合能范围为 0～1200 eV，几乎覆盖了 Al K_α可以激发的光电子的动能范围。从图中可以看到样品中不同元素、不同轨道电子的信号峰，此种谱图称为 XPS 宽谱或全谱，用来概览样品中的元素组成。为了提高信号的分辨率，在收集光电子时，也可以专门收集对应某个元素某个轨道电子结合能附近的一段能谱，称为窄谱，比全谱有更高的分辨率(图 2.8)。

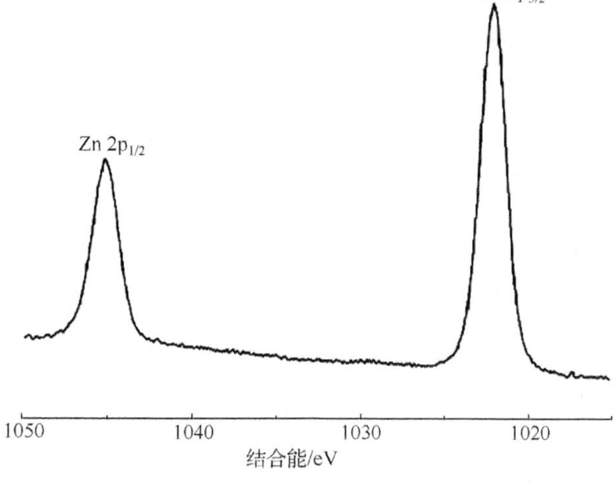

图 2.8　Zn 2p XPS 窄谱

2. 自旋轨道分裂

对于 2p 轨道的电子，显然从电子能级图(图 2.2)上可以看到，有来自 $2p_{1/2}$ 和 $2p_{3/2}$ 能级上的电子，因此 2p 电子能谱中出现两个信号峰。其中，$2p_{1/2}$ 更靠近原子核，有更高的结合能。2p 轨道分裂为双重能级是电子的轨道角动量和自旋角动量之间的耦合造成的，因此也将 XPS 中对应 2p 能级的双峰分裂称为自旋轨道分裂。这不是观测 XPS 谱带来的，因为 2p 电子本身就排布在两个分裂的能级上。另外，在电子满排情况下，$2p_{1/2}$ 能级有 2 个电子，$2p_{3/2}$ 能级有 4 个电子，假定 2p 电子有相同的激发概率(应该是非常接近的)，$2p_{1/2}$ 和 $2p_{3/2}$ 能级被激发的光电子数之比应该是 1：2，因此两个信号峰的面积比为 1：2(图 2.8)。对于 s 轨道电子，角量子数 l=0，轨道角动量为零，当然没有自旋轨道耦合，也不会产生能级分裂，因此 s 轨道电子峰通常为单峰(也有例外情况，见下文)，如 N 1s 光电子峰为单峰(图 2.9)。

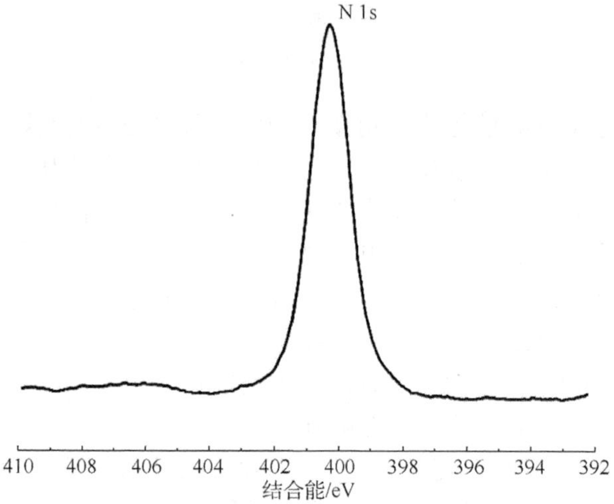

图 2.9 N 1s XPS 窄谱

同理，3d 电子的谱峰也会发生分裂，形成 $3d_{3/2}$ 和 $3d_{5/2}$ 两个光电子峰，峰面积比为两个能级上的电子数之比 4：6(2：3)，如图 2.10 所示。4f 电子的 XPS 谱同样发生分裂，形成 $4f_{5/2}$ 和 $4f_{7/2}$ 两个光电子峰，峰面积之比为 6：8(3：4)，如图 2.11 所示。

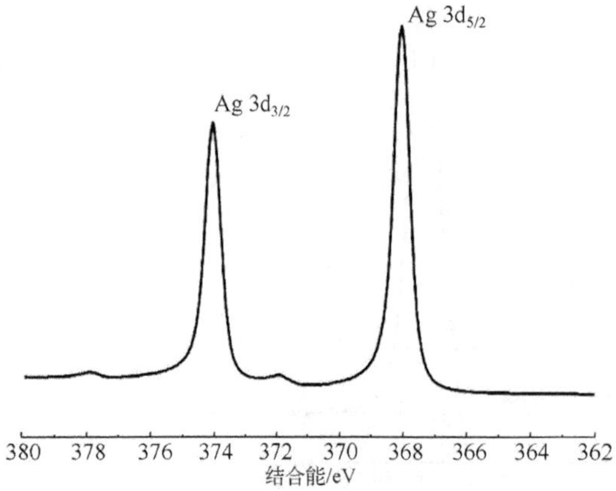

图 2.10 Ag 3d XPS 窄谱

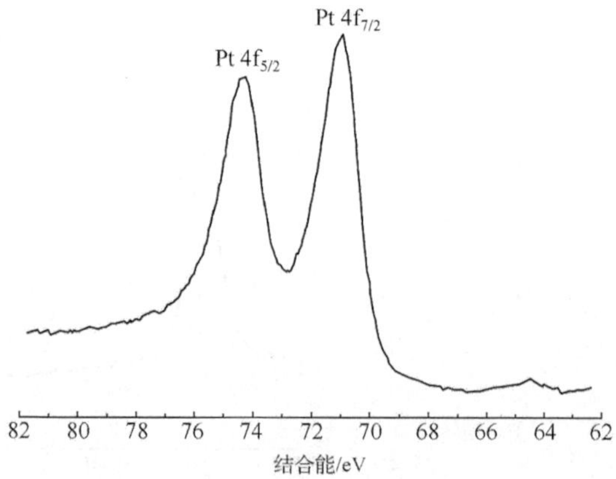

图 2.11 Pt 4f XPS 窄谱

有些元素，如 Al，其 2p 能级的分裂能比较小(约 0.44 eV)，而一般的光电子能谱仪的能量分辨率约为 0.5 eV，因此 Al 2p 经常只能观测到没有分裂的信号(图 2.12)。这里有一个问题，如果用 Al K_α射线源测 Al 的 XPS，是否可以观测到 Al 1s 的信号？

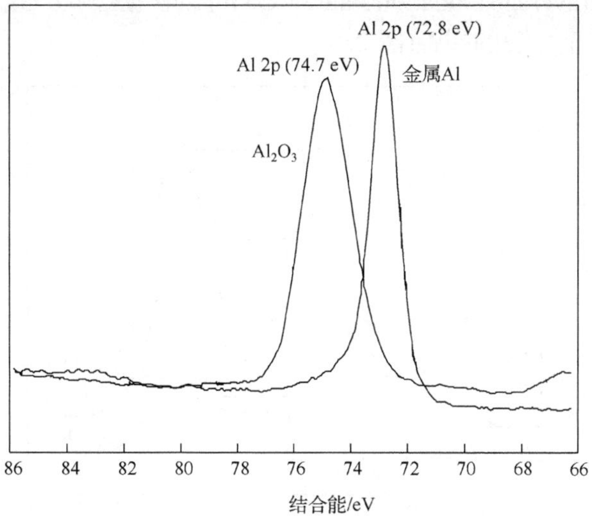

图 2.12　金属 Al 和 Al_2O_3 的 Al 2p XPS 谱

如果可以检测到某元素不同轨道能级的光电子峰，则选择峰强度最高的信号进行分析。还有一种情况，如果某元素某轨道的谱峰与另一元素某轨道的谱峰位置重叠，为了避免混淆，可以选择元素其他轨道能级的信号。例如，氧化铝载体上负载的 Pt，Pt 4f 与 Al 2p 信号会出现结合能位置的部分重叠。如果可以分辨出 Pt $4f_{7/2}$ 的信号，则可以根据 3∶4 的比例关系以及相应化学态的 Pt $4f_{7/2}$ 与 Pt $4f_{5/2}$ 的分裂间距确定 Pt $4f_{5/2}$ 的信号，继而拆分出 Al 2p 的信号。也可以选择检测 Pt 4d 的信号，该信号强度弱一些。对于 Al，也可以选择观测 Al 2s 信号。

3. 多重分裂

对于 s 轨道的光电子谱峰，因为 s 轨道能级没有自旋轨道分裂，所以应为单峰。当某元素的外层出现未成对电子时，即外层出现非零的自旋磁矩，如过渡金属中的 3d 壳层，Mn^{2+}外层电子结构 $3d^5 4s^0$，这样当 s 轨道的一个电子被激发后，s 轨道上剩余单电子的磁矩与 d 轨道电子磁矩产生耦合(图 2.13)。不同自旋取向的 3s 与 3d 电子耦合会形成两种不同能量的终态，

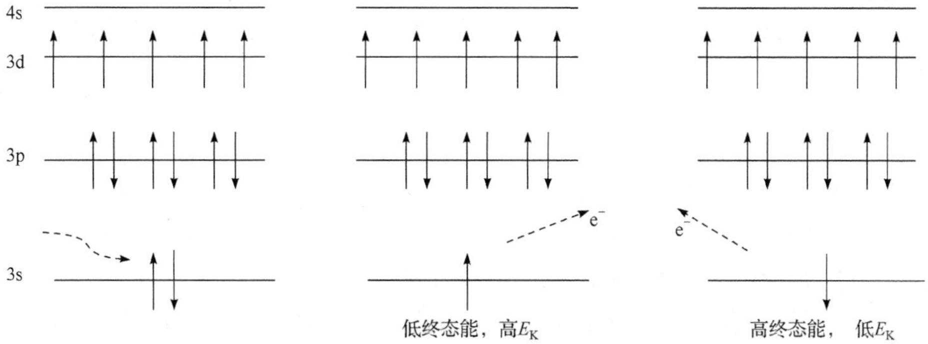

图 2.13　Mn^{2+}外层电子结构 $3d^5 4s^0$

Mn^{2+}的 3s 电子激发后形成高、低能量的两种终态，对应不同终态能，因而产生不同动能的 3s 光电子

根据能量守恒，不同终态对应的光电子的动能也有两种，于是 Mn 3s 峰不再是对称的单峰，而是发生分裂，称为多重分裂(multiplet splitting)。

对于过渡金属，利用 3s 光电子峰的多重分裂的裂距可以分析其不同的氧化态。例如，对于 Mn 3s，平均氧化态(average oxidation state，AOS)可以根据经验公式 $AOS = 8.956-1.126\times\Delta E$ 计算，ΔE 为 Mn 3s 多重分裂的裂距(图 2.14)。

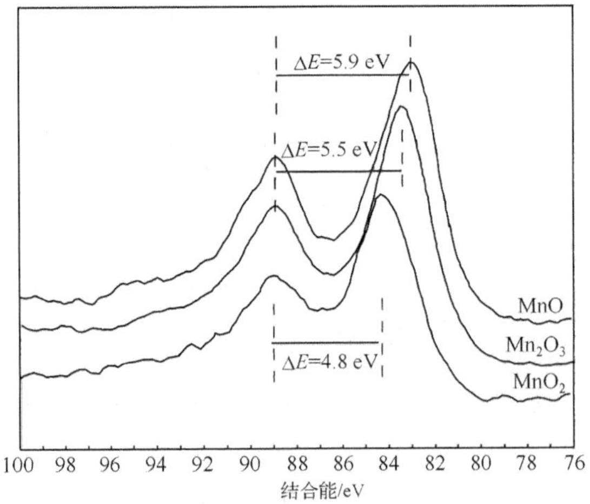

图 2.14 不同锰氧化物的 Mn 3s XPS 谱

3d 壳层的未成对电子是否会影响 2p 谱的信号？对 2p 信号的影响是肯定的，只是受影响的程度较 3s 稍小。2p 轨道电子信号已经分裂为两个峰，多重分裂效应没有自旋轨道分裂的效应大，因此可能导致 2p 谱呈现不对称峰形。在实际的谱图分析中，在理解多重分裂原理的基础上，应该参考相关的标准数据库和正确的文献来分析处理数据。

4. 俄歇电子峰

原子中某一内层(如 K 层)电子电离而形成空位，该电离原子的去激发有两种方式：①一个能量较高态的电子填充该空位，同时发出特征 X 射线，即辐射跃迁；②一个较高能量的电子跃迁到空位，同时另一个电子被激发发射，这是一个无辐射跃迁过程，这一过程称为俄歇效应，被激发发射的电子称为俄歇电子。

俄歇电子的产生过程与光电子不同，但是从检测的角度没有分别，因为它们都是具有一定动能的电子。光电子的动能来自光量子的能量，俄歇电子的动能取决于俄歇过程中涉及的三个电子轨道的结合能。XPS 谱仪软件同样可以标识俄歇峰。俄歇线多以谱线群方式出现，将在下文详述。

5. 卫星峰

内层电子被激发后形成内层电子空位，原子(离子)处于激发态，从而引起核外电子的弛豫过程，可以导致特定外层价电子的重新排布，如可能发生价电子被激发跃迁到高能态的未占据轨道，这个过程称为震激(shake up)。震激过程会消耗部分能量，因此一部分光电子的动能会稍减少，于是这部分光电子在能谱上出现在结合能升高的一侧，这类信号称为震激峰。如果价电子被激发过度形成电离，称为震离(shake off)，同理这个过程将比震激过程消耗更多的光电子动能，这部分光电子的信号称为震离峰，不过震离峰的信号更加宽而弥散，往往与非弹性光电子混在一起形成能谱的背景信号。也有文献称震激峰、震离峰为卫星(satellite)峰，或者称为携上峰。一些过渡金属和稀土金属离子在 3d 或 4f 轨道中存在未成对电子，XPS 谱中会形成较强的震激峰。图 2.15 为 Cu、CuO 和 Cu_2O 的 Cu 2p XPS 谱。Cu、CuO 和 Cu_2O 的 2p 结合能差距不大，不太容易区分。而 Cu 和 Cu_2O 的 2p 谱线没有明显的震激峰，CuO 有明显的震激峰。

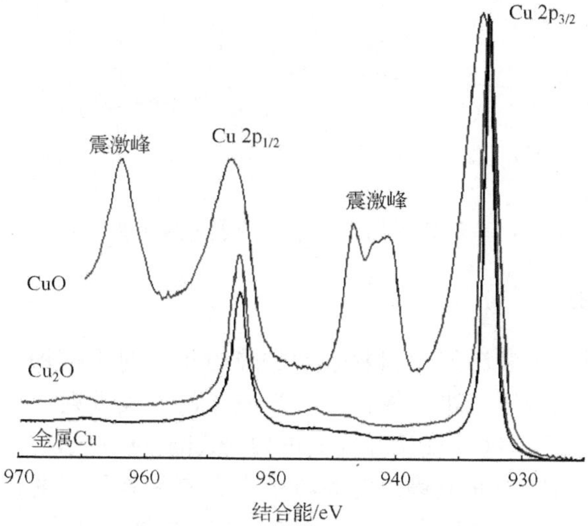

图 2.15 金属 Cu、CuO 和 Cu_2O 的 Cu 2p XPS 谱

注意 XPS 谱中的震激峰所对应的光电子并非核外电子弛豫过程中被激发跃迁的价电子，而仍然是被光量子激发的内层电子，只是损失了部分动能，被震激的价电子只是跃迁到高能态，并未离开材料。在定量分析时应将震激峰信号与相应光电子峰信号合并计数。

6. 能量损失峰

金属(或导体)中存在大量自由电子(价电子)，可以看作是在离子实(原子核+内层芯电子，由于不计价电子而带正电)背景上的自由电子气。如果将自由电子气看作一个集体，将周期排列的离子实作为另一个集体，两个集体之间存在电荷作用而保持电荷密度的平衡态。当体系由于高能电子碰撞而传递能量，则局部的电荷密度平衡被打破，从而引起自由电子气和离子实之间的集体振荡，即金属中的等离子体振荡。这种集体振荡的能量是量子化的，其能量子可以表示为 $h\omega_p$(ω_p 为等离子体振荡频率)，称为等离激元(plasmon)。等离激元的能量子并不是类似光子或电子的实体粒子，而是一种准粒子(quasiparticle)。

在金属样品的 XPS 谱中，除了光电子峰，还可以看到在光电子峰的高结合能侧出现若干小峰，其间距保持一致(图 2.16)。其原因是部分光电子在逃逸过程中与自由电子发生碰撞而激发了等离子体振荡，损失了部分动能(等于等离激元能量的整倍数)，因此信号出现在高结合能一侧，与光电子峰的能量差距为等离激元能量。有的光电子可以激发多次等离子体振荡，从而损失 n 倍的等离激元能量，因此出现等间距的多个信号。在第 8 章会再次讲到类似机制的电子束等离激元能量损失。图 2.16 为单晶硅的 XPS 谱，单晶硅具有准金属的物理性质，有较弱的导电性，谱中出现了等间距的等离激元能量损失峰。

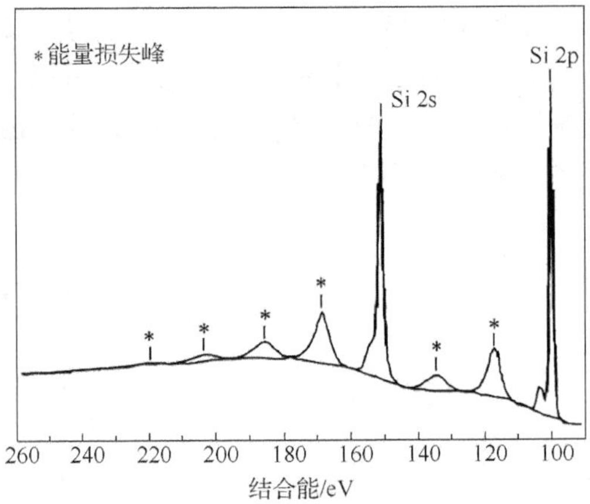

图 2.16 单晶硅 2s、2p 谱中的等离激元能量损失峰

2.1.8 荷电效应与中和

XPS 实验中，X 射线不断激发出材料表面的光电子。对于接地的金属或导体样品，可以得到电子的补充。对于绝缘体或半导体，由于光电子的连续发射而得不到足够的电子补充，样品表面出现电子“亏损”，这种现象称为荷电效应(charge effect)。

荷电效应将使样品出现表面电势，对光电子逃离有额外的束缚作用，造成光电子额外损失部分动能，带来结合能分析的偏差。另一个严重的问题是这种表面束缚作用可能并不均匀，造成光电子动能的损失和弥散，因此谱图中的信号会出现偏移和展宽，降低了能量分辨率(图 2.17)。

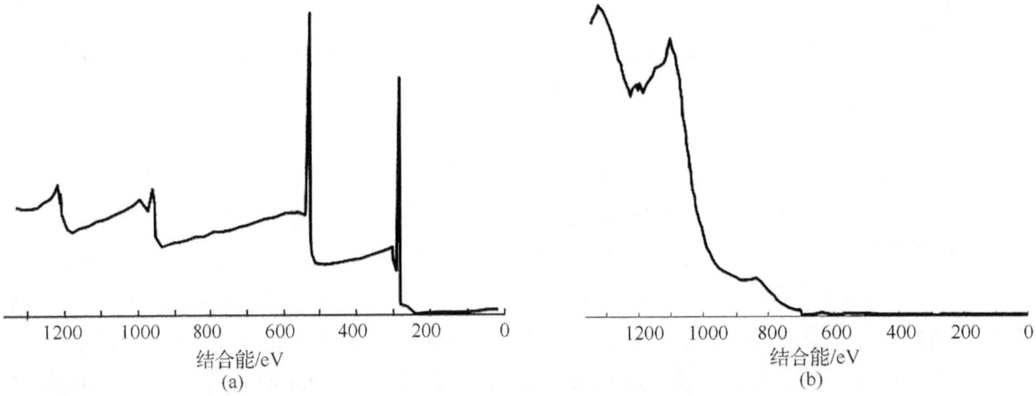

图 2.17 导电样品的 XPS 谱(a)及不导电样品荷电效应造成的谱线展宽和分辨率下降(b)

荷电效应产生的原因是样品的导电性能差，荷电效应产生的表面势场变化与样品组成、结构及 X 射线源强度等因素有关。荷电效应是样品表面的正电荷积累，因此可以在 X 射线激发的同时用低能电子束照射样品表面，以补偿表面电子损失，相应的设备在谱仪上称为电子中和枪。有的商用谱仪同时使用低能电子束和氩离子束进行电子和正电荷的补偿。目前 XPS 商用谱仪的中和技术已经可以解决绝大多数绝缘样品的荷电效应问题。

2.1.9 关于结合能的定标问题

对于导电样品，如果与金属样品台之间保持良好电接触，则在计算结合能时只与样品台的功函数有关，不用考虑样品的功函数。但是对于半导体或绝缘样品，与金属样品台之间不存在导电接触，只能用如下公式计算结合能：

$$E_B^F = h\nu - E_K - \Phi_{SA}$$

但是样品的功函数 Φ_{SA} 未知，所以结合能的计算不准确(图 2.18)。

关于结合能的校准问题一直贯穿 XPS 的发展历程。20 世纪 60 年代，XPS 谱学奠基人西格巴恩曾提出，利用样品表面吸附的污染碳(又称外来碳，adventitious carbon，AdC)的 C 1s 峰作为测试谱图中的内标，来标定其他光电子峰的结合能。污染碳可以认为是测试中谱仪真空系统的少量泵油吸附在样品表面上形成的污染。

目前最常用的 XPS 谱图校准方法是通过测试污染碳的信号来标定光电子峰的化学位移，并借助污染碳 C 1s 峰进行结合能定标。这些污染碳被认为是来源于泵油中的碳氢组分，或者认为污染碳是因为样品表面接触空气而沉积的，无论如何，污染碳的主要组成是聚合碳氢组分，其 C 1s 的结合能定位为 284.6 eV 或 284.8 eV(不同仪器厂家的标准有所差异)。这种定标方式在 XPS 测试中非常方便，因此也最为常用。不同的吸附污染碳是否都应该有统一的 C1s 结合能？如果不同，由此定标其他元素的结合能是否会存在问题？

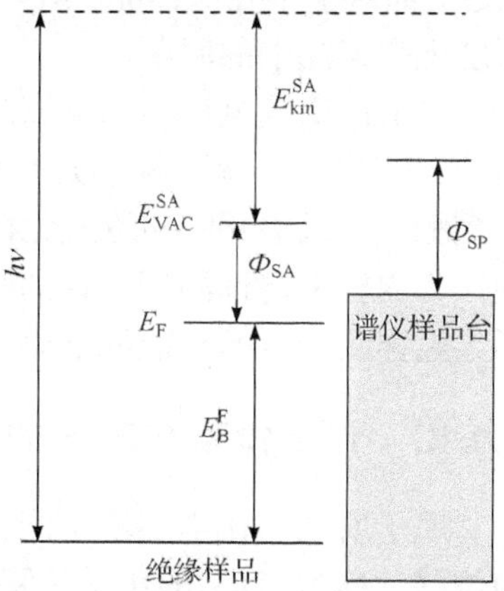

图 2.18 不导电样品的结合能与功函数示意图

Φ_{SA}：样品功函数；Φ_{SP}：金属样品台功函数

关于用污染碳 C 1s 信号作为结合能内标的方法在 XPS 领域也一直有争议。特别是最近有学者利用金属的费米边作为结合能的零点(图 2.19，谱图动能最大值对应金属费米边，标记为结合能零点，即对应费米能级上的电子)，检测吸附在不同金属上污染碳的 C 1s 信号，发现其结合能并不统一，这是质疑利用 C 1s 定标结合能的极强的实验证据。实测 C 1s 结合能为 284.08～286.74 eV。2.66 eV 的浮动范围还是相当大的，说明以 C 1s 作为内标给谱图的解析带来的误差相当大。虽然提出了不同的解决方案(如先测定每个样品的功函数，但是对于不导电或粉末样品误差很大)，但是过于烦琐，较难在实际测试中使用。

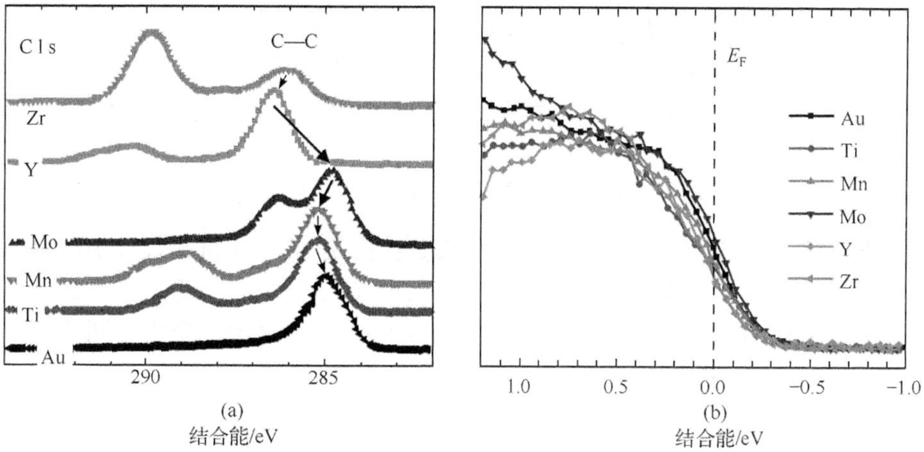

图 2.19 不同金属的 XPS 谱

以金属费米边(对应能谱中结合能的最大边)为结合能的零点，校准谱图结合能后，不同金属上污染碳的 C 1s 结合能并不一致

也有其他结合能定标的方法，如将金溅射到样品表面一部分，利用 Au $4f_{7/2}$ 谱线给结合能定标。或者向样品注入 Ar 作内标物，因为 Ar 具有很好的化学稳定性，可以选用 Ar $2p_{3/2}$ 谱线进行结合能校正。不过与污染碳内标法相比，上述方法通用性不高，测试中也会有新的问题，如对于不导电样品，溅射在表面的金是否可以与样品有良好的电接触，或者 Ar 的注入深度也是定标中的问题。

之前讨论导电样品的测试时，提到将导电样品与金属样品台形成电接触。而当前较为通用的 XPS 测试，无论样品是否导电，都是粘在绝缘胶带上测试的，也就是与金属样品台没有电接触。测试中开中和枪避免荷电效应，并用 C 1s 定标结合能。对于不导电样品，使用污染碳作为内标来定标测试元素的结合能目前仍是简便通用的方法，但也要具体问题具体分析。不导电样品元素结合能的准确定标仍然是需要解决的重要问题。

2.1.10 化学位移与原子的化学态

原子所处的化学环境不同，可以引起内层电子结合能的变化，在 XPS 谱图上表现为谱峰的位移，称为 XPS 的化学位移。借助 XPS 化学位移，不仅可以分析样品表面的元素组成，还可以分析元素化学态的变化。如图 2.20 所示，聚对苯二甲酸乙二酯[poly(ethylene terephthalate)，PET]薄膜的 C 1s 和 O 1s 谱中，三种不同化学环境的碳和两种不同化学环境的氧均表现出不同的结合能。

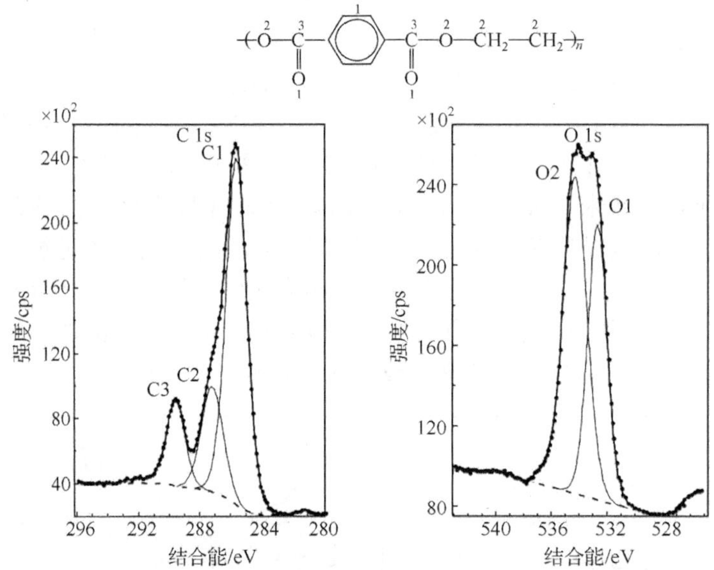

图 2.20 聚对苯二甲酸乙二酯的 C 1s 和 O 1s XPS 谱

通过化学位移，可以区分一些金属的化学态，这也是 XPS 在材料表征中的用途之一。通常情况下，原子外层如果失去电子，内层电子的结合能会升高，因此一般情况下高的结合能对应高的氧化态。如图 2.21 所示，不同氧化态的 Fe 2p XPS 谱中表现出不同的结合能。

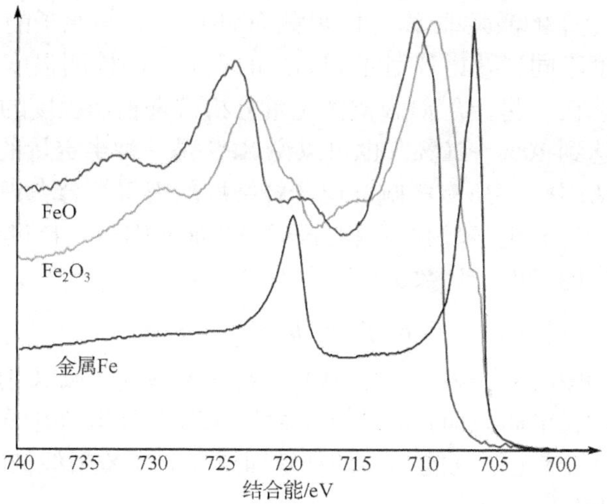

图 2.21　金属 Fe、FeO、Fe_2O_3 的 Fe 2p XPS 谱

有些元素即使化学态不同，但是结合能的差别仍然很小，或者说 XPS 不足以分辨。因此，在分析具体谱图时要参考标准图数据手册或足够可信的文献，避免参考错误的文献而得到错误的结论。对于某些元素，XPS 中的俄歇峰可以表现出更明显的化学位移，如零价铜和一价铜的结合能几乎相同(图 2.15)，但是其俄歇峰位置有约 1 eV 的差别，可以明确分开(图 2.22)。另外，还可以从震激峰的强弱来区分 Cu^{2+}(图 2.15)。

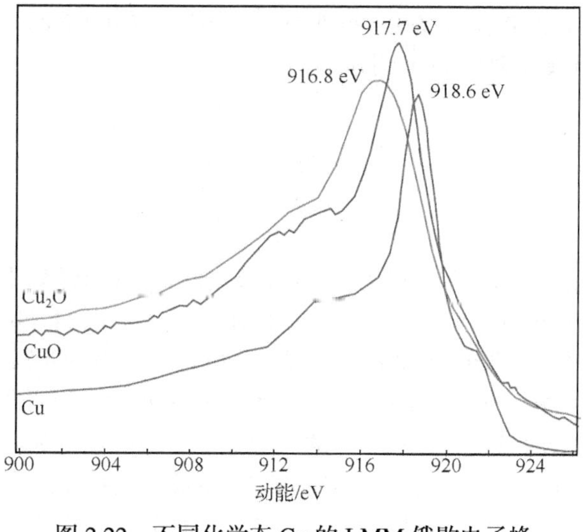

图 2.22　不同化学态 Cu 的 LMM 俄歇电子峰

关于化学位移，有些文献上对比的不同结合能差别过小，如只有 0.1～0.2 eV 甚至更小。对 XPS 谱仪来说，这样小的结合能差别有可能来自制样或测试误差，而不一定是样品本身的化学态变化，因此要谨慎解读 XPS 谱中小于 0.2 eV 的谱峰位移。

2.1.11　定性与定量分析

利用 XPS 谱图中的光电子峰信号，可以进行元素组成分析及化学态的分析，也可以比较不同元素光电子峰的面积，对表面组成进行定量分析。当然，有几个问题必须注意，如：

①不同元素不同轨道电子的激发概率(光电离截面)不同，并与原子的化学态相关；②不同动能的光电子的逃逸深度不同；③谱仪对不同动能的光电子的检测强度也有差别。所有影响光电子峰强度的因素汇总在一起，给 XPS 谱的定量分析带来相当程度的不确定涨落，因此 XPS 的定量分析误差可以达到 10%～20%，也可以说 XPS 是一种半定量的实验方法。

在 XPS 谱定量分析中，将所有影响光电子峰强度的因素综合考虑，合并定义为原子的相对灵敏度因子，作为相应光电子峰强度(积分面积)的加权因子，再进行比较得到相对的定量信息。特定光电子峰中的光电子计数 I 与以下因素相关：

$$I=n\cdot f\cdot \sigma\cdot \theta\cdot y\cdot \lambda\cdot A\cdot T$$

式中，n 为样品单位体积中所含被测元素的原子数；f 为测试区域 X 射线照射强度；σ 为所测试的光电子所在轨道的光电离截面；θ 为与 X 射线入射方向和光电子能量分析器之间方位角有关的加权因子；y 为与光电子动能相关的加权因子；λ 为 X 射线波长；A 为 X 射线照射面积；T 为光电子的检测效率。

$$n=I/(f\cdot \sigma\cdot \theta\cdot y\cdot \lambda\cdot A\cdot T)$$

定义上式中的分母为相对灵敏度因子 S，即

$$S=f\cdot\sigma\cdot\theta\cdot y\cdot\lambda\cdot A\cdot T$$

相对灵敏度因子可以基于理论计算，也可以基于对大量已知组成实际样品的测试结果平均，形成元素灵敏度因子数据库，不同仪器厂家的谱仪或谱图分析软件选用不同的灵敏度因子数据库。如果谱图中对应某元素某轨道电子的峰强度(峰面积)为 I，对应该信号的灵敏度因子为 S，则该元素加权后的含量 $n=I/S$。两种不同元素的物质的量比为 $n_1 : n_2=(I_1/S_1) : (I_2/S_2)$。

某种元素在全部组成元素中的比例为

$$c_x=\frac{n_x}{\sum_i n_i}=\frac{\frac{I_x}{S_x}}{\sum_i \frac{I_i}{S_i}}$$

关于 XPS 谱的定量分析，需注意以下问题：①探测区域的样品组成应具有代表性，因为 XPS 分析的只是局部微米尺度区域的表面信息；②对于过渡金属，不同的化学态有可能导致不同的灵敏度因子；③XPS 方法本身的定量系统误差，可以达到 10%～20%。对于不同化学态的同种元素的定量分析，它们的相对灵敏度因子比较接近，比不同元素之间的定量分析更准确。

元素定量分析的数据来源是 XPS 谱峰的积分面积。XPS 谱通常有较高的背景，因此谱峰本身的基线并不是平直的，这样计算积分面积时需要做背景扣除。在 XPS 数据处理软件中，有不同的背景扣除方式，最简单的是线性背景扣除，即选取谱峰两侧两个点作直线为背景。其他常用的方法有 Shirley 和 Tougaard 等背景函数，也是在谱峰两侧取两点，用非线性的不同模型函数曲线作为背景(图 2.23)。Shirley 背景假设背景强度的变化与背景上方的峰值强度成正比，而 Tougaard 背景是从非弹性散射截面计算背景。从图 2.23 中可以看出，不同的背景函数会影响谱峰的积分面积定量。而 XPS 峰形的拟合也并非都使用对称的高斯线型或洛伦兹线型拟合，有时需要用不对称的峰形进行拟合。

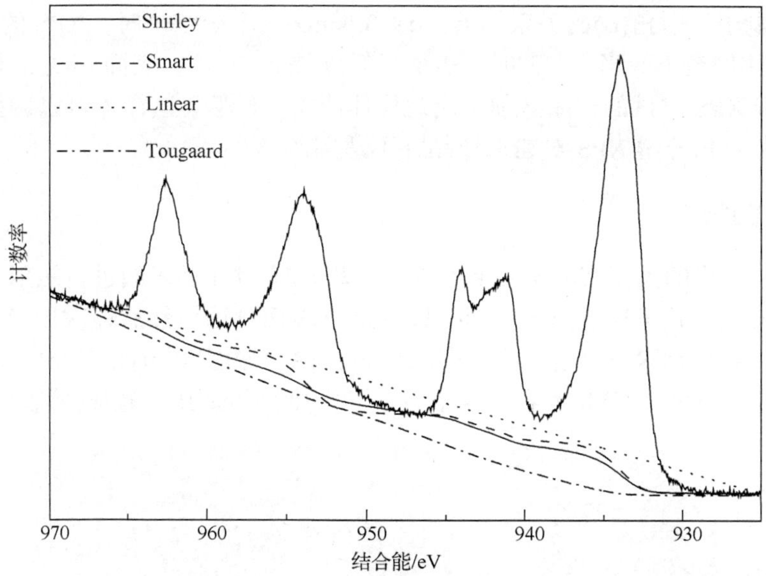

图 2.23　拟合 XPS 谱图使用的不同背景函数

2.1.12　角分辨技术

XPS 可以探测表面几纳米的结构信息，利用样品与入射 X 射线和检测器方向的角度调整，可以进一步获得更近表面的信息，称为角分辨或变角度 XPS(angle-resolved XPS，ARXPS)。变角度 XPS 深度分析是一种非破坏性的深度分析技术，可以用来表征 1～5 nm 表面层的信息。利用 XPS 的取样深度与样品表面出射的光电子发射角的正弦关系，可以获得元素浓度与深度的关系(图 2.24)。如图 2.25 所示，Si_3N_4 表面 SiO_2 污染层的 Si 2p 角分辨 XPS 谱中，取

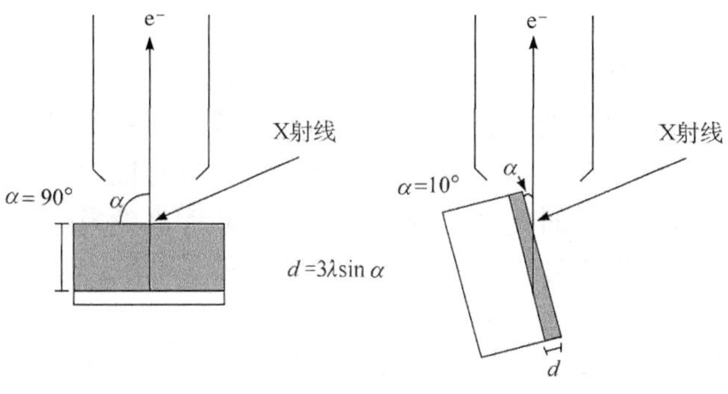

图 2.24　角分辨 XPS 原理示意图
d 为取样深度，*λ* 为电子非弹性散射平均自由程

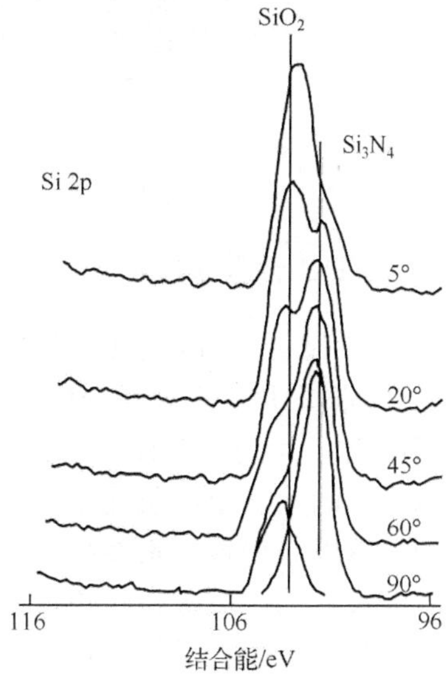

图 2.25　Si_3N_4 表面 SiO_2 污染层的 Si 2p 角分辨 XPS 谱

样深度(d)与光电子发射角(α)的关系如下：$d = 3\lambda\sin\alpha$，当 $\alpha = 90°$时，XPS 的取样深度最大，表面 SiO_2 信号比例最小。当 $\alpha = 5°$时，表面灵敏度提高 10 倍，表面 SiO_2 的信号比例明显增强。进行角分辨 XPS 测试的样品必须是宏观块体或宏观薄膜，这样才可以调控样品表面与能量分析器的倾角，角分辨 XPS 对粉末样品并不适用。

2.1.13 深度剖析

利用离子枪发出的离子束(0.5～5 keV 的 Ar 离子源)对样品表面进行溅射剥离，可以清洁表面的吸附污染物，并可通过离子碰撞对样品进行表面刻蚀，然后逐次用 XPS 分析表面成分，这样就可以获得元素成分沿深度方向的分布，称为深度剖析(图 2.26)。用于深度剖析的离子束斑面积应比 XPS 的分析面积大 4 倍以上。深度剖析适用于整体(薄膜)表面样品。

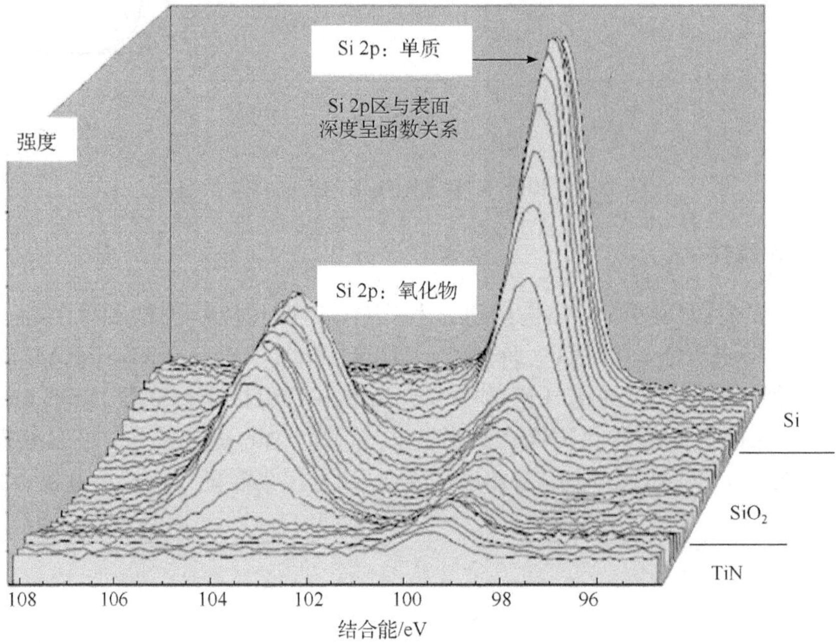

图 2.26 Si 片上 TiN/SiO_2 薄膜的深度剖析 Si 2p 谱

2.1.14 XPS 元素成像

XPS 不仅可以进行表面结构的谱学研究，还可以进行表面的元素分布成像，甚至可以对同种元素不同的化学态表面分布进行成像。商用谱仪的 X 射线照射束斑最小可以达到约 10 μm，如果用小束斑 X 射线对样品表面进行逐点扫描测谱，可以获得表面每个点的完整能谱，从而获得每个点的元素组成及化学态的信息。如果将平面每个检测点中某元素的能谱峰强度以颜色标记，可以获得该元素在检测表面范围内的强弱分布信息。如果谱仪配备了电磁透镜，则可以对大束斑的区域进行较快速的并行成像。XPS 成像的空间分辨率在几微米尺度，对于研究纳米材料的表面，成像分辨率还远远不够。不过可以用来研究微米尺度的器件，如集成电路板等，或者研究微米尺度相分离的合金断面的元素分布等。图 2.27 为某合金样品的元素分布成像，注意标尺的单位为毫米。

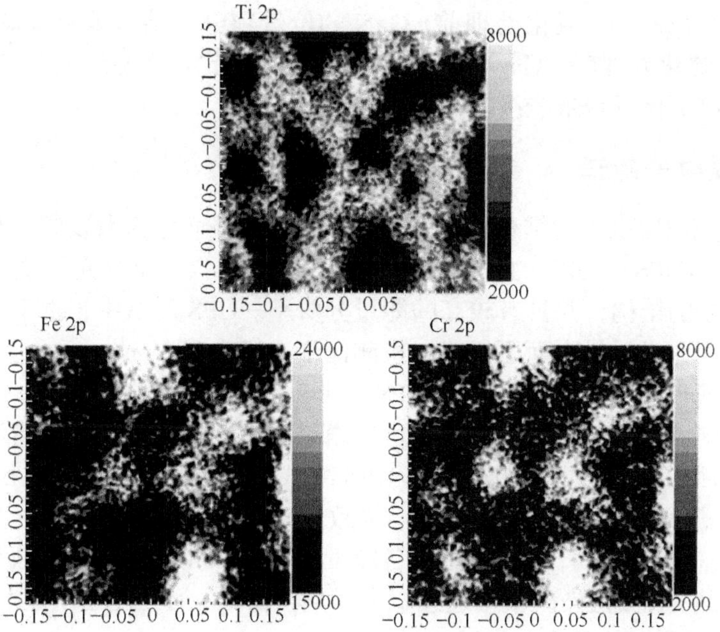

图 2.27　XPS 元素分布成像

2.1.15　XPS 价带谱

XPS 研究对象主要是内层电子，而对于外层价电子，X 射线的激发概率(光电离截面)低得多。XPS 谱上在低结合能端(0～35 eV)有较弱或信噪比较差的光电子信号，对应被激发的价电子信号，也称为价带谱(valence band spectrum)。价电子的结合能没有元素指纹特征，但可以反映固体材料的价带结构信息，因此对价带谱的分析更适合对同系列样品的价带谱变化进行对照研究，并与材料的能带结构理论计算相结合。图 2.28 中，结合能零点对应 GaN 的费米能级，可以从价带谱中获得价带顶(valence band maximum，VBM)电子结合能与费米能级的能量

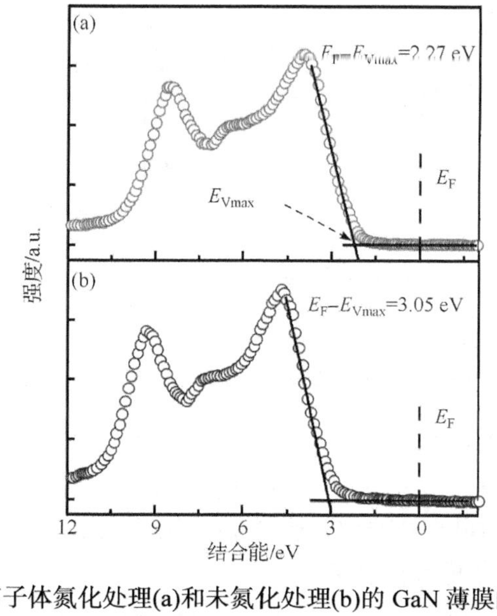

图 2.28　等离子体氮化处理(a)和未氮化处理(b)的 GaN 薄膜的 XPS 价带谱

结合能零点为费米能级，E_{Vmax} 对应价带顶的电子结合能

差。从图中对比可以看出，氮化处理前，GaN 的价带顶电子结合能 E_{Vmax} 比费米能级 E_F 低 3.05 eV，在进行氮化处理后，GaN 的价带顶电子结合能比费米能级低 2.27 eV，说明排布在价带顶的电子能级更接近费米能级。

2.1.16 紫外光电子能谱

XPS 主要研究内层电子的结合能信息。如果使用紫外光作为激发源，相应的电子能谱称为紫外光电子能谱(UPS)。UPS 的工作原理与 XPS 类似，只是紫外光能量远小于 X 射线，因此可以研究价电子的结构，并具有较高的能量分辨率。UPS 测试中，由于光电子的动能小而逃逸深度更浅，因此对材料表面更敏感，检测深度一般小于 3 nm。

由于样品表面很容易受到污染，而 UPS 又是非常浅表面的分析方法，因此 UPS 更适用于分析整体式的薄膜样品。因为这类样品可以通过氩离子刻蚀进行表面清洁，否则探测的信号往往来源于表面污染碳，产生错误结论。UPS 测试中不建议使用电子中和枪消除荷电效应，因为入射低能电子束会干扰表面的电子态，导致谱图失真，因此 UPS 的样品最好是导电样品或低带隙半导体。对于绝缘样品，尽量制备厚度小于 10 nm 的薄膜，以减少荷电效应。对于不导电的粉末样品，表面污染碳很难通过氩离子刻蚀清洁，加上样品不导电产生的荷电效应，都会造成 UPS 谱图分析的困难。

一般 UPS 光源利用稀有气体放电实现，常用氦气，紫外光能量为 21.2 eV (He Ⅰ 线)或 40.8 eV(He Ⅱ 线)。材料的价带谱既可以通过 XPS 技术获得，即 XPS 价带谱，也可以通过 UPS 技术获得。如图 2.29 所示，银片的 XPS 价带谱信号强度较弱(因为 X 射线激发价电子的概率低)，需要长时间累加。UPS 价带谱强度高 3～4 个数量级，这是因为低结合能的价电子相对于 He Ⅰ 光源(21.2 eV 光量子)有更大的光电离截面，UPS 价带谱的分辨率也更高。

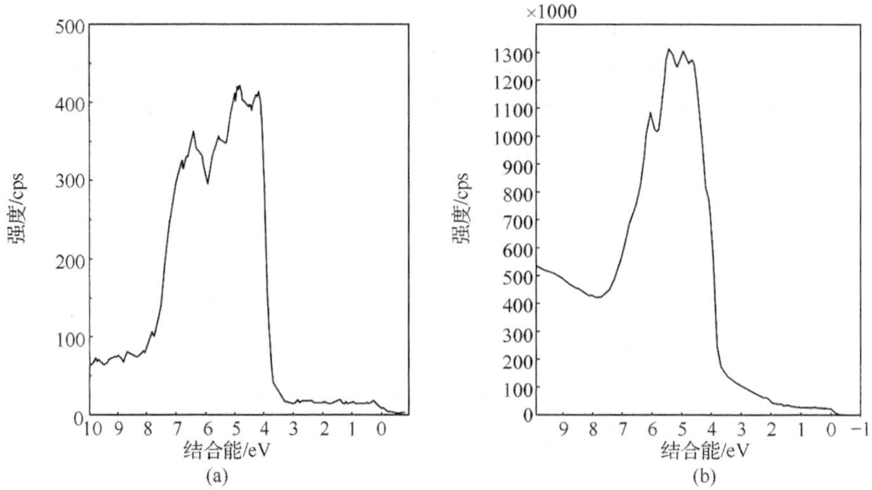

图 2.29 银片的 XPS 价带谱(a)和 UPS 价带谱(b)

用 UPS 可以测试金属或导体的表面功函数(图 2.30)。光电子动能的最大端(结合能最小端，即费米能级 E_F)称为费米边。光电子动能的最小端(结合能最大端)称为截止边，也就是紫外光能量可以激发的电子的最高结合能。图 2.30 中分别放大了截止边和费米边处的 UPS 谱。从图 2.31 可以看出，金的表面功函数 Φ：

$$\Phi = h\nu - (E_{截止} - E_F) = 21.22 - 16.1 = 5.1(\text{eV})$$

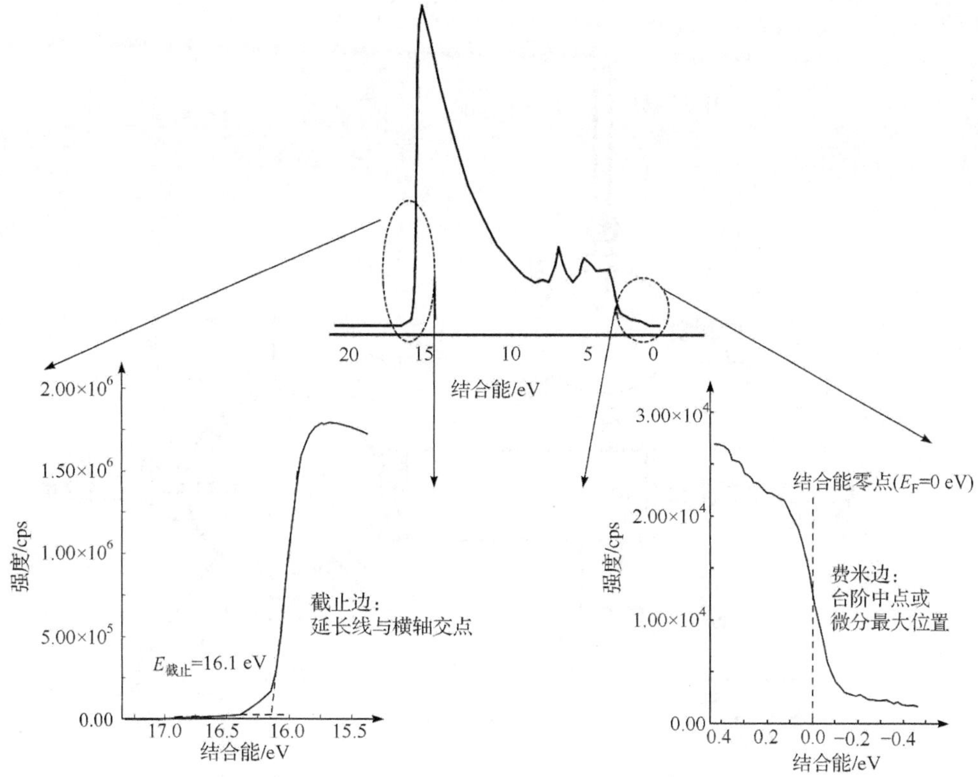

图 2.30　用 He Ⅰ 光源 UPS 测量金片的表面功函数

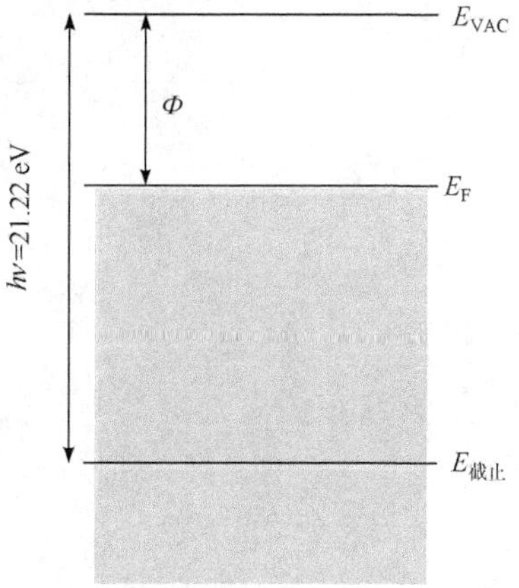

图 2.31　金片费米能级附近的电子能级图

2.1.17　准原位与近常压 XPS

原位 XPS 谱学在催化研究中对反应状态的催化表面及表面吸附的中间产物的表征非常重要。但是 XPS 测试需要在超高真空下进行，因此原位测试是 XPS 谱学技术的难点。

有两种原位 XPS 技术，一种可以称为准原位技术。用一个独立的反应腔室，称为原位池，在催化剂存在下进行高温高压下的催化反应。停止反应后，样品可以在真空状态下直接转移到分析室进行 XPS 测试，随后再次转移到原位池，继续进行反应(图 2.32)。2007 年诺贝尔化学奖获得者埃特尔(G. Ertl)教授曾用这种准原位的方法，研究了合成氨催化剂的表面结构及反应中间产物。

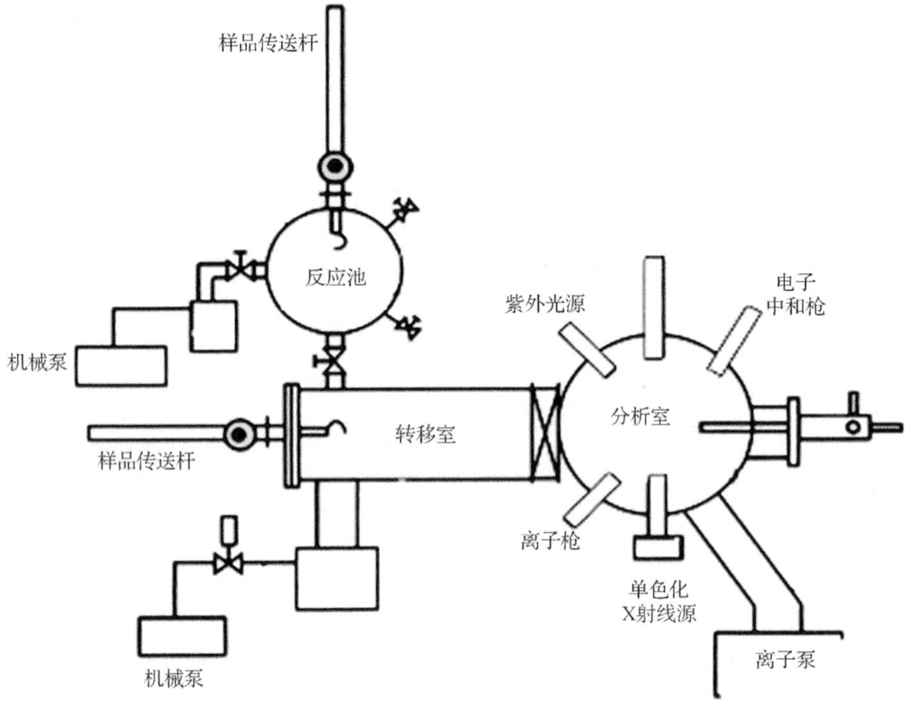

(a)

(b)

图 2.32　准原位 XPS 装置示意图(a)及实物照片(b)

准原位 XPS 并不是真正的原位条件测试，因此当前发展了近常压的原位 XPS 谱仪(ambient pressure XPS，AP-XPS)。根据不同的仪器设计，样品可以在一定的环境压力下直接进行 XPS 测试，环境压力可以达到 25 mbar(1 bar=10^5 Pa)或更高。虽然称为近常压，但是工作气体压力仍然远低于大气压(1013 mbar)。近常压 XPS 仅在催化剂表面保持气体压力，然后通过多级差分真空系统，将激发的光电子传输到高真空系统中(图 2.33)。由于催化剂表面存在反应气体，因此近常压 XPS 的信号强度和分辨率显然比常规 XPS 差。如图 2.34 所示，催化剂表面吸附不同压力 CO，导致 Pt 表面发生原子重构，Pt 4f 和 O 1s XPS 谱中随吸附压力升高-降低出现可逆的新信号(图中箭头所指)。

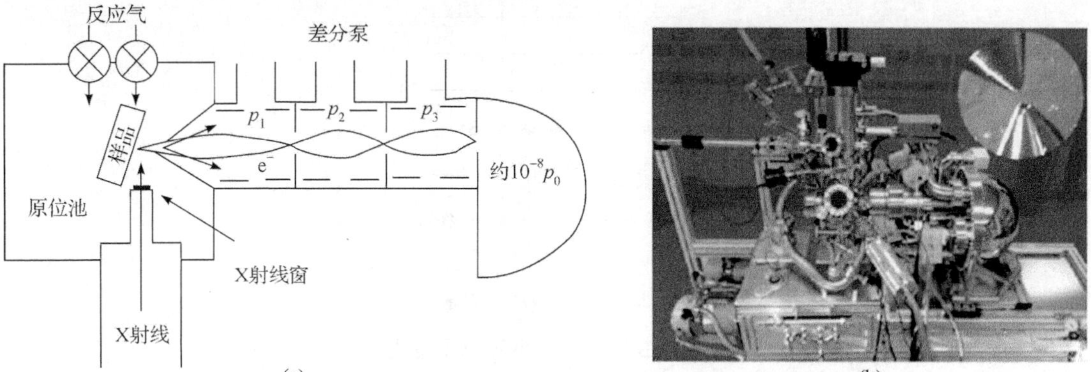

(a)　(b)

图 2.33　近常压原位 XPS 装置示意图(a)及实物照片(b)

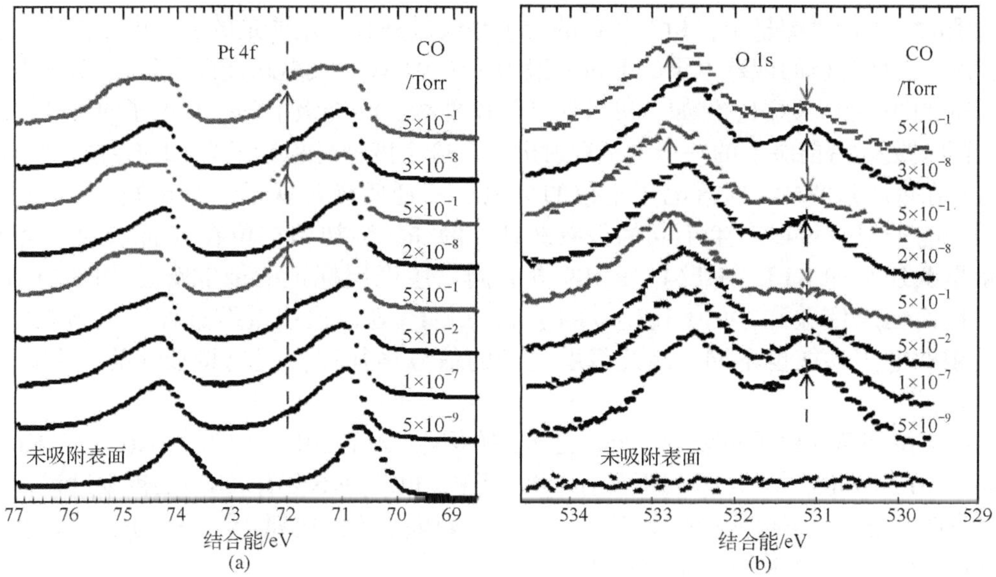

(a)　(b)

图 2.34　Pt 催化剂表面吸附不同压力 CO 后的 Pt 4f(a)和 O 1s(b)XPS 谱

2.2　俄歇电子能谱

2.2.1 俄歇效应

俄歇效应的命名来自法国物理学家俄歇(P. Auger)，不过奥地利物理学家迈特纳(L. Meitner)也曾报道了该效应，因此学术界有人曾提议更名为 Auger-Meitner 效应，并在科研论文中使用了 AM 效应的命名。俄歇电子过程如图 2.35 所示，在原子内某一内层电子被电离而形成空位，随后较高能级的电子跃迁到空位，同时另一个能级电子被激发发射，成为俄歇电子。

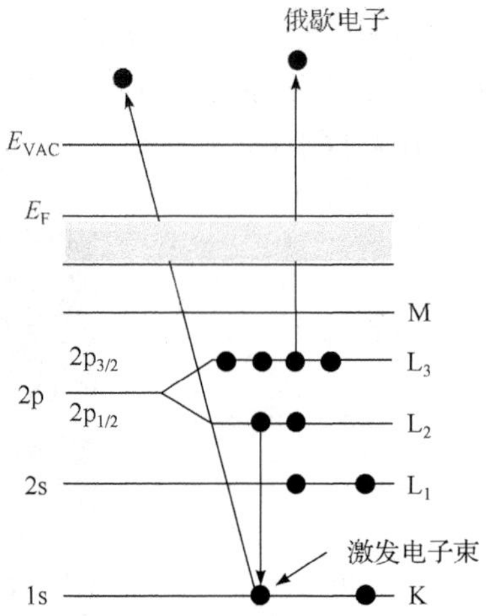

图 2.35 KL_2L_3 俄歇电子过程

2.2.2 电子束激发的俄歇电子

在俄歇电子能谱测量中，初态空位的产生是通过具有一定能量的电子束轰击样品表面实现的，用于表面分析的俄歇电子的能量一般为 1～10 keV。俄歇跃迁以空位、 跃迁电子、发射电子所在的能级来标识。例如，初态空位在 K 能级，L_2 能级上的一个电子向下跃迁填充 K 空位，同时激发 L_3 能级上的一个电子发射出去，这个俄歇过程标记为 KL_2L_3(图 2.35)。

注意在俄歇过程中，回落电子空位的单电子跃迁要满足跃迁选择定则，$\Delta l=\pm1$，$\Delta j=0$，±1。同一电子空位可以产生不同的俄歇跃迁。例如，当初始空位在 K 能级时，会出现 K 系列俄歇跃迁，如 KLL、KLM、KMN 等。同一主壳层标记的俄歇跃迁(如 KLL)还因次壳层不同而构成俄歇群，如 KL_2L_2、KL_2L_1、KL_2L_3 等，这些俄歇过程发生的概率不同，产生的俄歇电子动能也不同，因此俄歇电子的信号峰往往呈现出特征性的一套峰，而非单个峰。

初始空位和填充电子可以处于同一主壳层的不同次壳层中，称为 C-K(Coster-Kronig)跃迁，如 LLM、MMN 等。K 系列不会有 C-K 跃迁，也就是不会有 KKL 的俄歇过程，因为 K 轨道只有两个电子，不可能产生 K-K 电子填充。如果三个能级属于同一个主壳层，就称为超 C-K 跃迁，如 LLL、MMM 俄歇过程等。

俄歇电子产额或跃迁概率决定了俄歇谱峰强度，直接关系到元素的定量分析。激发俄歇电子与发射特征 X 射线是两个互相关联和竞争的过程。俄歇电子产额与原子序数相关，随着元素的原子序数增大，产生俄歇电子的概率逐渐下降，而产生 X 射线荧光的概率上升。当 $Z<33$(对应元素砷)，产生俄歇电子的概率占优势。对于 $Z\leqslant 14$ 的元素，可以观测 KLL 俄歇电子；$14<Z<42$ 的元素，适合观测 LMM 俄歇电子；当 $Z\geqslant 42$ 时，可以观测 MNN 和 MNO 俄歇电子。字母 V 表示跃迁电子来自价层，如 LVV。

2.2.3 俄歇电子的动能

俄歇电子的产生与三个电子能级相关，激发俄歇电子发射的能量来源于高能级电子(结合能 E_w)回填低能级空位(结合能 E_x)的能量差 E_w-E_x，用以克服俄歇电子所在能级的结合能(E_y)，这样俄歇电子的动能为 $E_k=(E_w-E_x)-E_y-\Phi$，俄歇电子要逃逸出材料的表面，也需要克服表面

功函数 Φ。俄歇电子和光电子产生的原因不同，虽然本质上都是具有动能的电子，但是其动能的来源有本质的区别。光电子的动能取决于激发 X 射线的能量，而俄歇电子的动能取决于相关的三个电子能级的结合能，与产生初始电子空位的激发源无关。前面讲到在 XPS 谱中也会出现俄歇电子峰，判断某个信号对应光电子还是俄歇电子，可以更换不同能量的 X 射线源(如选择双阳极的镁靶和铝靶)，谱图中动能(注意是动能)改变的是光电子信号，不变的是俄歇电子信号。如果谱图横轴用结合能表示，则结合能不变的是光电子信号，改变的是俄歇电子信号。

与光电子的结合能类似，俄歇电子的动能也具有元素指纹特征，可以用来标识该俄歇电子来自何种元素(图 2.36)。俄歇电子能谱(AES)定性分析的方法是将采集到的俄歇电子能谱图与标准谱图进行对比，通过俄歇电子动能标识分析区域内的元素种类。

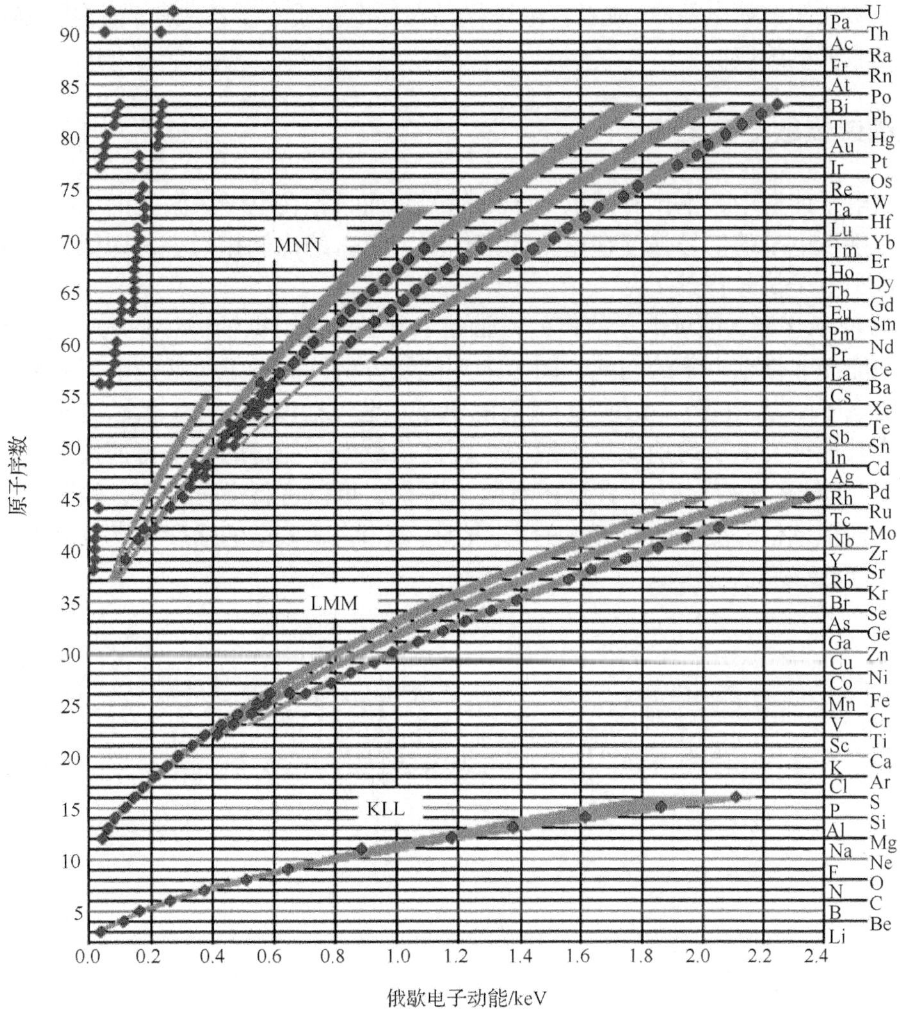

图 2.36　各种原子不同系列的俄歇电子能量(动能)

每种元素的俄歇电子能量是识别该元素的重要依据

AES 谱仪的构造与 XPS 基本一致(通常是共用一套真空和能量分析系统)，因为都是检测电子的动能并计数。商用谱仪中，往往同时配备了 X 射线源和电子枪激发源。当然，要检测电子的动能，高真空是必需的。AES 用电子枪发出的电子束作为激发源，可以会聚为纳米尺度的束斑，而 X 射线的最小束斑在 15 μm 左右，因此 AES 具有更优越的空间分辨率，这是使用 AES 而非 XPS 来表征微纳结构样品的一个重要原因。

2.2.4 俄歇电子能谱仪的分辨率和灵敏度

AES 的能量分辨率为 5～10 eV，低于 XPS 的能量分辨率(约 0.5 eV)。因为激发源为电子束，AES 测试中样品表面的电子累积较严重，对于非导电样品可能造成较严重的荷电效应。考虑到荷电效应的影响，在通常情况下 AES 更适合分析固体导电样品。对于绝缘样品，可以通过在分析点周围镀金的方法来解决荷电问题。此外，还有用带小窗口的 Al、Sn、Cu 箔等包覆样品等方法缓解荷电效应。或者将绝缘样品在导电基质上制备成薄膜(厚度 100 nm 以下)，也有助于克服荷电效应。

2.2.5 认识俄歇电子能谱

在俄歇电子能谱中，不仅有俄歇电子的信号，而且存在电子束激发的二次电子和散射电子等，因此俄歇电子的信号强度在整个能谱信号中所占的比例相当小，即俄歇电子能谱图中有强大的各类电子信号背景。

与 XPS 有所区别，俄歇电子能谱的横轴是电子的动能，纵轴仍然是电子的计数率。注意是电子的动能而非俄歇电子的动能，因为来到能量分析器的电子包括被电子束激发出来的轨道电子和价电子(二次电子)、被(多重)散射的电子，也包括俄歇电子。俄歇电子带有指纹特征的动能，而其他种类电子的动能是弥散的，因此俄歇电子能谱的一个特征是在起伏很大的背景上的窄信号峰(图 2.37)。为了让谱图看起来平整，可以进行微分处理，较为平缓的起伏背景被压平，而俄歇信号变成微分形式的谱图(图 2.37)，微分谱的强度用微分峰的峰尖和峰底距离(peak to peak)标记。

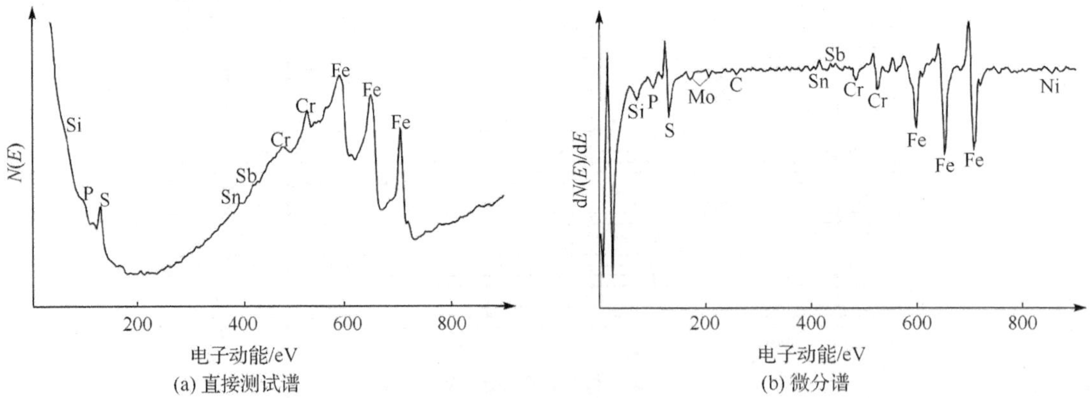

图 2.37 俄歇电子能谱

AES 的另一个特征是某元素的俄歇峰往往不是单一信号，而是呈现出一套组合信号。前文已经讲到，对于 KLL，由于 L 轨道包括 L_1、L_2、L_3，因此会出现系列的 KLL 信号，这些俄歇电子的动能不同，但是相差不大，在谱图中呈现出一套俄歇峰。通常是选其中最强的信号(峰尖和峰底的距离最大)对应的动能作为该套俄歇峰的动能标识(图 2.38)，如 C KLL 的动能标记为 272 eV。图 2.39 为带表面氧化层 Mo 的 AES 谱，包含 Mo MNN，以及 C KLL、O KLL 和 N KLL 俄歇峰。

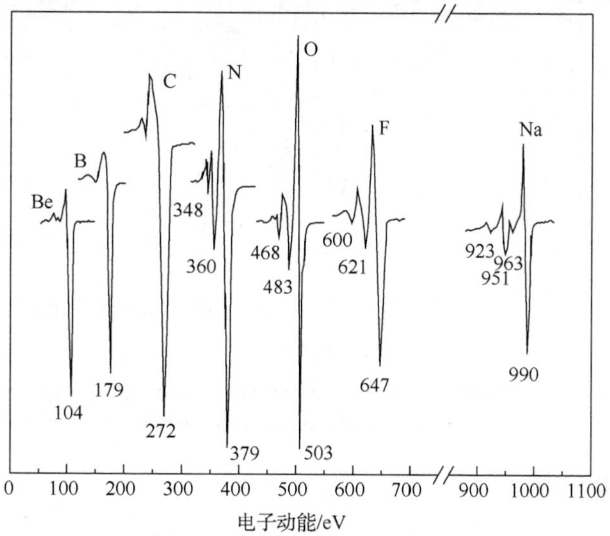

图 2.38　以元素一套俄歇峰中最强的微分线信号标记俄歇峰

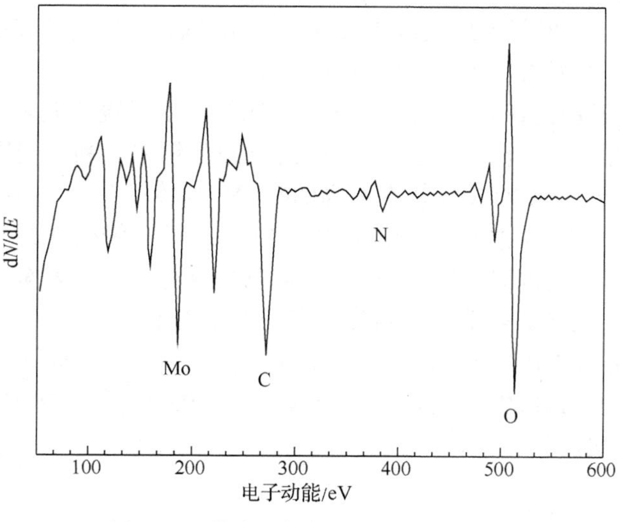

图 2.39　带表面氧化层 Mo 的 AES 谱

样品表面元素的化学状态(如氧化态)或化学环境的变化可以通过俄歇峰的位置、强度和形状的变化进行分析。如图 2.40 所示，不同化学环境的 C KLL 俄歇峰，虽然最强峰的位置基本一致，但是峰形表现出明显的区别。用标准样品测得的峰形可以作为参照来判断未知结构中相应元素的化学态。虽然俄歇电子动能也与原子的化学环境有关，但是 AES 的分辨率较低且化学位移涉及三个能级，所以通常来说 AES 的优势并不是区分元素的化学态，相比之下 XPS 则广泛用于区分元素的化学态。

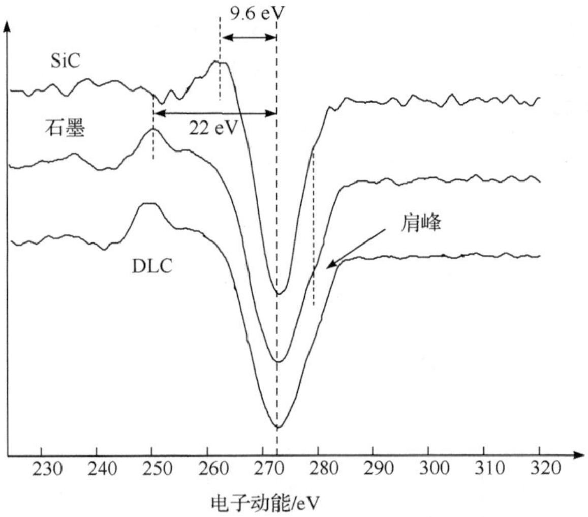

图 2.40 类金刚石碳(DLC)、石墨和碳化硅(SiC)的 C KLL 俄歇峰
不同化学环境的碳展示了不同的峰形

2.2.6 定性与定量分析

大多数元素在 50～1000 eV 都有产额较高的俄歇电子，它们的有效激发体积(空间分辨率)取决于入射电子束的束斑直径和俄歇电子的发射深度。能够保持特征能量(没有能量损失)而逸出表面的俄歇电子，发射深度仅限于表面下 2 nm 以内，相当于表面几个原子层，且发射(逸出)深度与俄歇电子的能量及材料元素组成有关。

用电子束作为激发源的优点，一是电子束的强度比 X 射线源大多个数量级，更重要的是电子束斑可以聚焦到纳米尺度，因此具有很高的空间分辨率。利用扫描电子束激发俄歇电子可以进行表面成像分析，比 XPS 成像有更高的空间分辨率。但 XPS 中 X 射线激发的俄歇电子峰也有很多优点，如 XPS 中的二次电子背景比 AES 低，俄歇峰具有更高的信噪比；X 射线激发的俄歇电子峰具有较高的能量分辨率；X 射线束对样品的表面损伤比电子束小得多。与 XPS 相比，AES 的优势是获得高空间分辨率的电子能谱。

AES 的定量分析与 XPS 类似，需要用俄歇灵敏度因子对不同元素的俄歇峰强度进行加权处理。定量分析不是 AES 的优势，其定量准确度比 XPS 更低，误差甚至可以到 20%～30%，也是一种半定量的方法。

2.2.7 扫描俄歇微探针

与 X 射线相比，利用电子束作为激发源的优势是电子束可以会聚为纳米尺度的束斑，具有很高的空间分辨率。扫描俄歇微探针(scanning Auger microprobe，SAM)是利用俄歇电子能谱研究表面二维元素分布的一项技术。SAM 利用电子纳米束斑在样品表面扫描测试 AES，同时选取某元素的俄歇电子峰的能量，结合空间位置对该元素进行俄歇电子元素成像。SAM 不仅可以探测样品表面的元素种类、含量，还可以获得元素在表面的分布情况。SAM 可以分为选点分析、线扫描分析和面扫描分析，都是俄歇电子能谱在微电子器件研究中最常用的方法，也是纳米材料研究的常用手段。图 2.41 为清洁 Rh(110)表面经含铁、含钛化合物沉积后的铁、钛元素分布图。

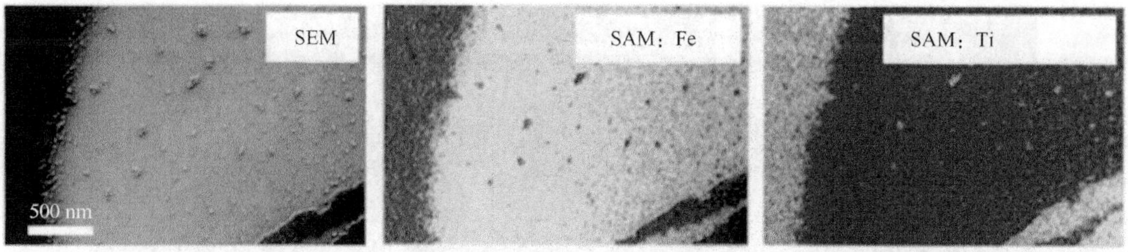

(a) SEM图　(b) 铁元素分布的SAM图　(c) 钛元素分布的SAM图

图 2.41　清洁 Rh(110)表面经含铁、含钛化合物沉积后的铁、钛元素分布图

2.2.8　俄歇电子能谱的应用

俄歇电子能谱的优势在于高空间分辨率，可以对材料表面进行纳米尺度的组成分析，适用于微电子器件、刻蚀技术领域的微区分析(图 2.42)。从金属合金的断面可以分析合金中的晶粒区间(图 2.43)。对于纳米材料，如纳米催化剂，也可以用俄歇电子能谱进行高空间分辨率的表面元素分析。前文已经讲过，使用电子束为探束研究不导电材料会带来严重的荷电效应，导致谱峰偏移和畸变，因此测试时需要特定的样品制备技术来减轻荷电效应。图 2.44 为亚微米尺度氧化铝颗粒上负载银催化剂在使用前后的 SEM 图和俄歇电子能谱元素成像。可以看出使用后的催化剂上出现了明显的银的聚集。

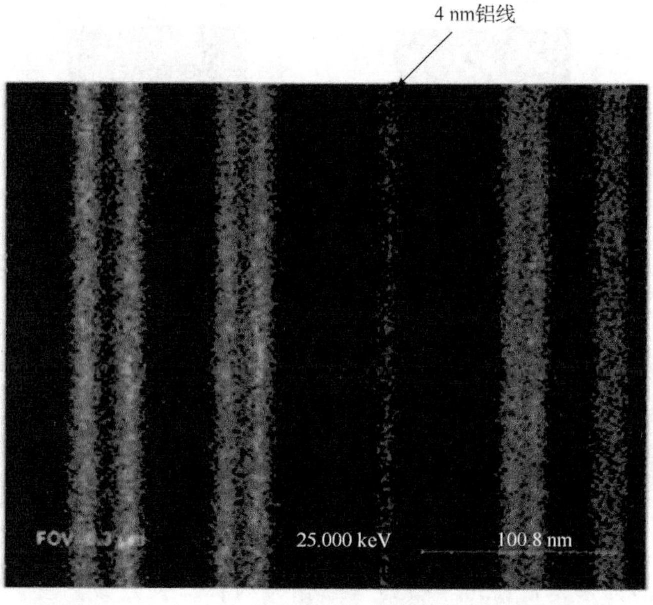

图 2.42　AlGaAs/GaAs 器件表面上的铝纳米线条分布

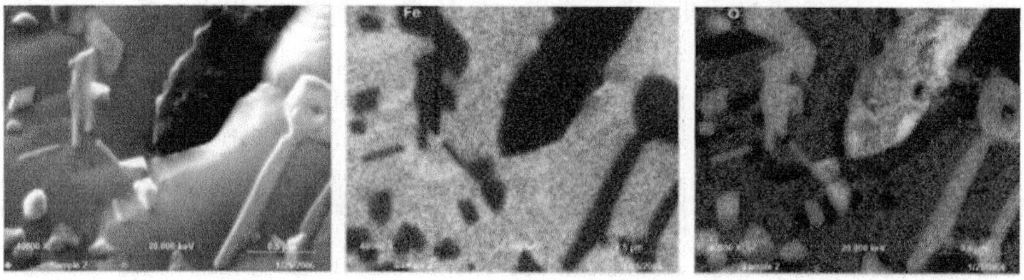

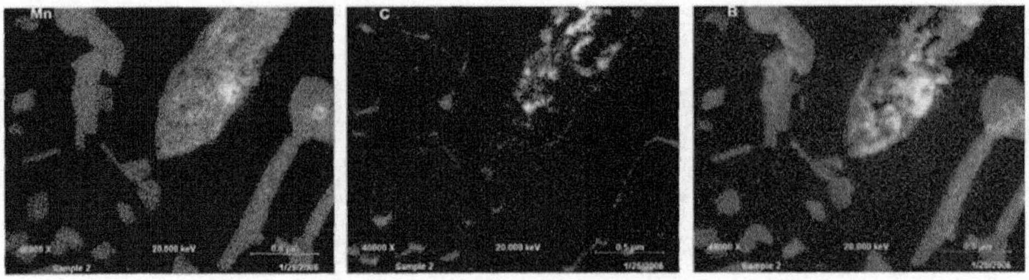

图 2.43 退火合金断面的 SEM 图与 Fe、O、Mn、C 和 B 元素的俄歇电子能谱成像研究表明 Mn 和 B 迁移到了富氧的区域

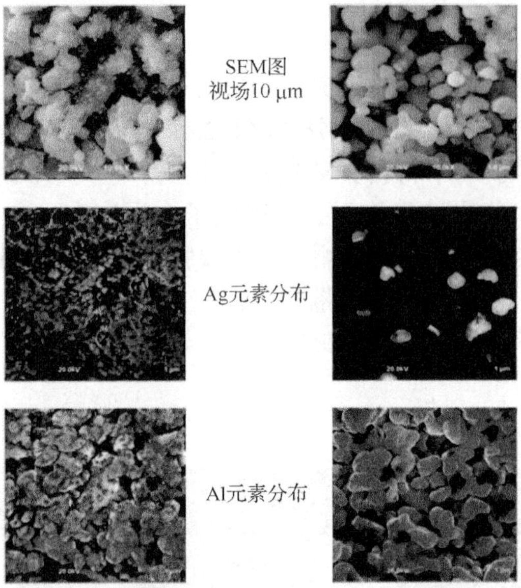

(a) 使用前 (b) 使用后

图 2.44 氧化铝负载的银催化剂使用前后的 SEM 图和俄歇电子能谱元素成像

本章小结

XPS 的物理机制是光电效应。由于被 X 射线激发的光电子的逃逸深度为纳米尺度，因此 XPS 方法是一种表面分析手段。XPS 探测的目标是电子的结合能，由于电子结合能具有元素指纹特征，因此 XPS 可以对材料表面元素组成进行定性分析。

XPS 谱中会出现自旋轨道分裂峰、多重分裂、震激峰、震离峰、俄歇电子峰、能量损失峰等多种电子信号，需要了解不同类型信号的产生机制并在实际谱图分析中谨慎辨识。XPS 结合能定标最常用的方法是借助污染碳的信号作为内标，但是该方法仍然存在争议。对于不导电样品的荷电效应，需要利用电子束(及离子束)进行中和补偿。

俄歇电子能谱利用会聚电子束作为激发源，与 X 射线源相比，用电子束作为激发源具有更高的空间分辨率，这也是 AES 相比 XPS 的优势。俄歇电子峰通常不是单峰，而是成套出现。无论 XPS 还是 AES 方法，其定量结果往往存在一定程度的涨落，通常被认为是半定量的方法。

XPS 和 AES 方法均要求很高的真空度，因此给原位谱学方法带来了很大的难度。准原位方法可以进行高温、高压反应，但是谱图测试时已经偏离了真实的反应条件。近常压 XPS 方法可以在一定程度上模拟真实反应条件，但是对真空技术要求较高，并且信号强度较低。不同的原位方法应根据具体的实验条件进行选取。

第 3 章　X 射线吸收精细结构

在科学研究中，不仅要探寻新的现象，更重要的是提出理解这些现象的新思想。

——布拉格

在第 2 章中，所用的 X 射线源是单色化的(如 Al K_α源)，研究对象是光电效应过程激发并逃逸出材料表面的内层电子，而对于作为激发源的 X 射线本身并没有太多的关注。前文讲到了光电离截面，也就是内层电子被激发的概率，即如果可以激发光电子，意味着发生 X 射线光子的吸收。实际上，内层电子被激发的概率，或者说 X 射线光子被吸收的概率，与入射 X 射线的波长密切相关。在入射光子的能量比电子电离能高的前提下，其能量越接近电离能，光电离截面越大。本章中的 X 射线吸收谱(X-ray absorption spectroscopy，XAS)，也经常称为 X 射线吸收精细结构(X-ray absorption fine structure，XAFS)，将关注的对象转向入射 X 射线的吸收，通过连续改变入射 X 射线的能量(波长)，考察样品在不同波长 X 射线激发时吸收系数的变化，继而获取材料的结构信息。

3.1　X 射线的吸收

3.1.1　光子与物质作用

本章的主角依然是 X 射线。简略回顾一下 X 射线与物质(或者说与材料)相互作用的几种形式：弹性散射，光子能量不变，这是 XRD 可以进行的基础；发生光电效应过程，这是 XPS 可以进行的基础；康普顿散射，光子能量损失；电子偶效应，光子的能量大于电子的静止能量的两倍(1.02 MeV)时，光子在原子核场附近可将全部能量转化为正、负电子对。

前文曾提到，X 射线吸收谱主要是用同步辐射光源进行测试(现在也有了小型实验室用台式 X 射线吸收谱仪)。这里简单介绍一下同步辐射光源(图 3.1)。韧致辐射是电子在减速中发出的连续 X 射线。在同步加速器上做高速圆周运动的电子由向心加速而产生的沿切向的电磁波辐射称为同步辐射。同步辐射光源的波长范围广(从远红外光到 γ 射线)，亮度高。同步辐射软 X 射线可以会聚到约 30 nm，甚至有报道可以达到约 10 nm 的束斑，可以进行高空间分辨率的谱学研究。X 射线吸收谱主要利用同步辐射 X 射线源，光子能量范围为数百到数万电子伏，因此其与物质的作用还是以光电效应过程为主，这一点与 XPS 中的物理机制相同。

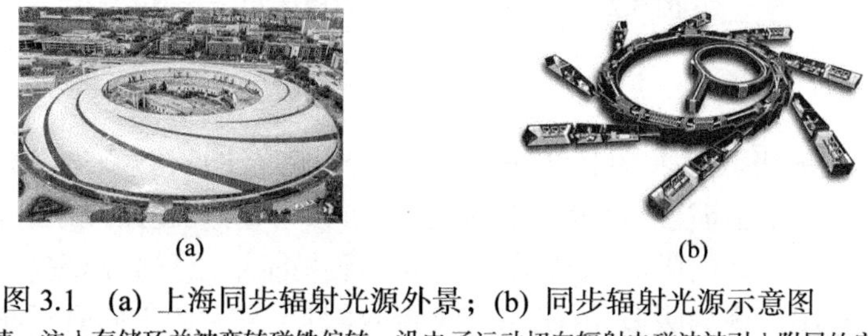

(a)　　(b)

图 3.1　(a) 上海同步辐射光源外景；(b) 同步辐射光源示意图

电子被加速，注入存储环并被弯转磁铁偏转，沿电子运动切向辐射电磁波被引入附属的实验站

3.1.2 X 射线吸收系数

一束强度为 I_0 的 X 射线入射物质，如果透过厚度 dt，光强度减小为 dI，则 dI 与厚度 dt 和光强度成正比，可以表示为

$$-\mathrm{d}I = \mu I(t)\mathrm{d}t$$

积分后 $I = I_0 e^{-\mu t}$，t 为 X 射线的透射厚度；μ 为吸收系数。这是我们比较熟悉的朗伯-比尔(Lambert-Beer)定律。

XAFS 测量所用的同步辐射 X 射线的强度可以通过电离室测量。电离室中的气体可被 X 射线电离，形成离子和电子，通过电场分离、收集并进行定量分析，可以测量 X 射线的强度。X 射线穿透物质时，其透射强度与物质厚度呈指数衰减，吸收系数 μ 不仅与样品的密度、组成元素有关，也与 X 射线的光子能量(X 射线的频率或波长)相关。根据上述公式，通过测量入射和透射光强度，也可以直接得到吸收系数

$$\mu(E) \propto \ln(I_0 / I)$$

在 X 射线吸收谱中，横轴是 X 射线的光量子能量($E=h\nu$)，是连续变化的。测量的是样品对 X 射线的吸收系数，是光子能量(X 射线频率)的函数，用$\mu(E)$表示，$\mu(E)$-E 谱图就是我们说的吸收谱。注意上式中没有保留样品厚度 t，这是因为我们只关注吸收系数与能量之间的函数关系，而不是绝对的吸收率，而厚度 t 只是这个曲线的比例系数(让吸收系数看起来高一些或低一些)，不影响曲线的函数关系。

除了上述的透射模式测吸收系数，还可以用荧光模式。样品被 X 射线激发出特征 X 射线荧光，由于荧光发射强度与该物质吸收 X 射线的概率成正比，即与吸收系数成正比，因而对于荧光测量模式，吸收系数可表示为

$$\mu(E) \propto I_f / I_0$$

除了透射模式和荧光模式(图 3.2)，还有电子产额模式(也称非辐射法)，即通过测试 X 射线激发的光电子和俄歇电子等在导电样品中形成的电流，也可以记录 X 射线的吸收。

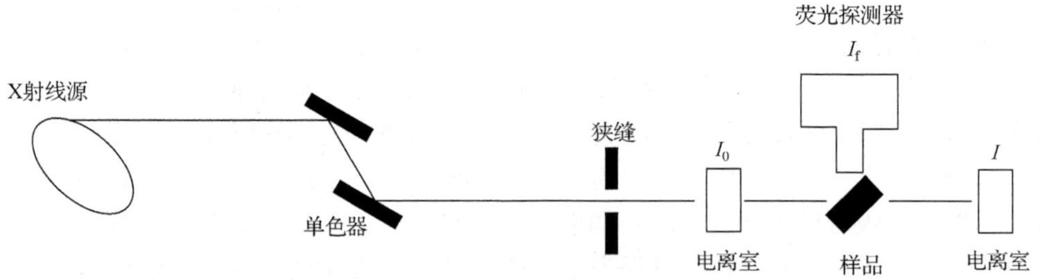

图 3.2 X 射线吸收的透射模式和荧光模式

3.1.3 吸收边

材料对 X 射线的吸收系数随其波长而改变，X 射线波长越短，穿透力越强，吸收系数越小，因此吸收系数在整个波段范围随 X 射线能量(频率)增大逐渐减小。图 3.3 是纳米金的 X 射线吸收谱，在单调衰减的吸收谱背景上，对应某些能量位置会出现吸收系数的跳跃升高，看起来像陡峭的悬崖，称为吸收边(edge，或吸收限)，这才是我们真正感兴趣的信息。

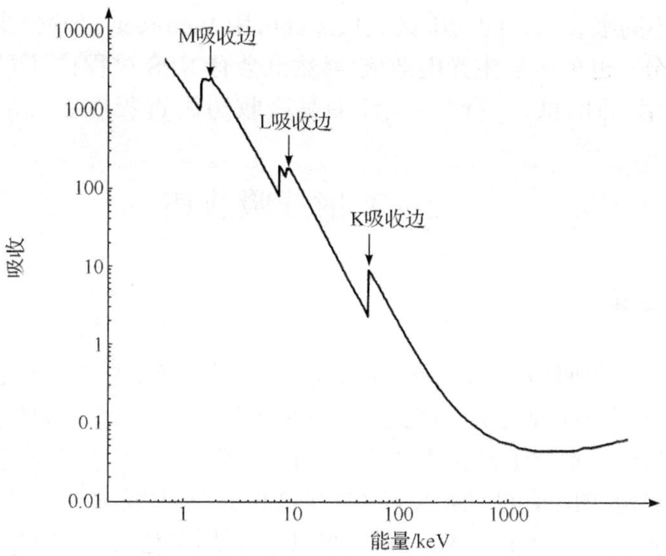

图 3.3 纳米金的 X 射线吸收谱中的吸收边

出现吸收边的原因是当入射 X 射线的能量等于被照射样品中某元素内层电子电离能时，发生光量子能量的共振吸收，因而吸收系数突然升高，内层电子被激发跃迁至外层的空轨道，或者直接电离为光电子。某元素(如铁)的 K 层电子(1s 电子)被激发形成的吸收边称为 K 吸收边，L 层电子被激发形成的吸收边称为 L 吸收边，L 层包含三个亚层，因此 L 吸收边包含三个跳跃边，激发 2s 电子对应 L_1(或 L_I)吸收边，激发 $2p_{1/2}$ 电子对应 L_2(或 L_{II})吸收边，激发 $2p_{3/2}$ 电子对应 L_3(或 L_{III})吸收边(图 3.4)。各元素的 K 吸收边、L 吸收边在吸收谱中对应不同的 X 射线能量，很容易分开，因此在测量吸收谱时，可以选择某元素某个吸收边附近一定能量范围内进行，如 Fe 元素的 K 边吸收谱或 Pt 元素的 L 边吸收谱。

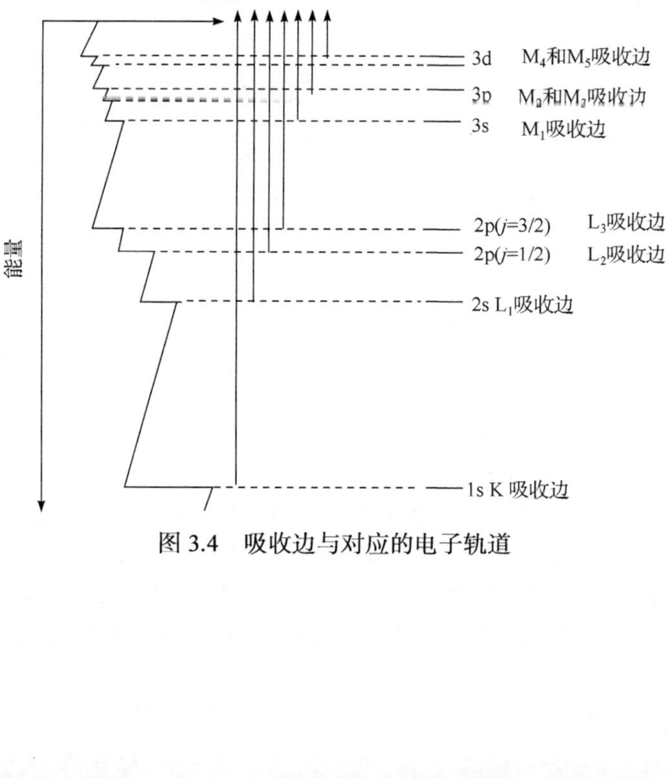

图 3.4 吸收边与对应的电子轨道

吸收谱中，在不同吸收边之间的单调衰减部分可用 Victoreen 经验公式表示，$\mu = C\lambda^3 - D\lambda^4$。在吸收系数平缓部分，也可以发生光电效应(当然也会有 XPS 过程)，不过单调平缓变化的吸收谱并不能提供太多的信息，我们更关注的是吸收边附近吸收系数的跳跃变化。

3.2 X 射线吸收谱

3.2.1 初识 XAFS 谱

在 XAFS 中，某元素吸收边的位置对应该能级内层电子的电离能，这样在吸收谱中，不同元素的吸收边位置可以明显区分。因此，XAFS 谱与 XPS 类似，吸收边位置也具有元素指纹特征。这并不是巧合，本质上两种方法有共同的物理机制，即光电效应。不过 XPS 中只关注那些逃逸出来的光电子的动能，而 XAFS 中关注的是 X 射线本身的能量吸收，考察的是 X 射线光子能量与吸收概率之间的关系。在 XPS 中，利用单色的 X 射线获得元素内层电子结合能的元素指纹信息；在 AES 中，利用电子束激发俄歇电子动能体现元素指纹特征；而在 XAFS 中，借助连续变化光子能量(波长)的 X 射线扫描，通过吸收边的位置体现元素指纹特征。

在 XPS 中已经了解，内层电子的结合能不仅可以定性分析元素，其化学位移也携带着元素化学环境的信息。同理，XAFS 的吸收边位置也具有化学位移的特征。如果继续放大吸收边(图 3.5)，可以发现更加精细的吸收系数的振荡结构，这就是 X 射线吸收谱又称为 X 射线吸收精细结构的原因。这种吸收系数振荡的精细结构才是我们关注的重点。

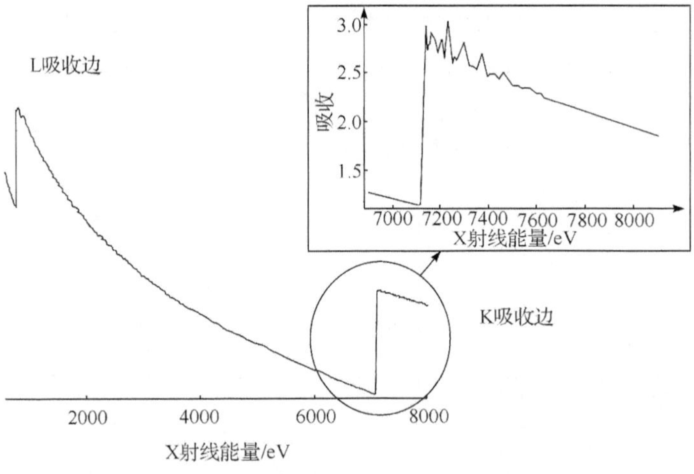

图 3.5 铁片的吸收谱及放大的 Fe K 吸收边

XAFS 的实验谱如图 3.6 所示，实验是比较早期的单质 Cu 的 XAFS，一条使用常规 X 射线光源(用时 2 周)，另一条使用同步辐射光源(用时 20 min)。显然，用亮度更高的同步辐射光源，谱图采集用时更短。谱图的横轴为 X 射线的能量，纵轴为 Cu 样品吸收系数。有两点需要注意，第一，不要按照以前的 XRD 或 XPS 谱图“信号峰”的逻辑去解读吸收谱，显然不能将谱图中的吸收系数高低振荡视为“信号峰”。当然也不能看作 AES 的“微分谱”，虽然看起来有点微分谱的影子。这只是吸收系数的高低振荡曲线，而不是通常意义上的“峰”。第二，虽然谱图中吸收系数的振荡看起来有点类似其他谱图的“噪声背景”，但是对比两个谱图可以发现，每个振荡都是完全重复的。这说明这些振荡信号是相关的，或者说不是随机的噪声，而是有确定的原因。本章所讲的吸收谱的解析目标就是要从吸收系数对光子能量的振荡关系中解析样品的结构特征。

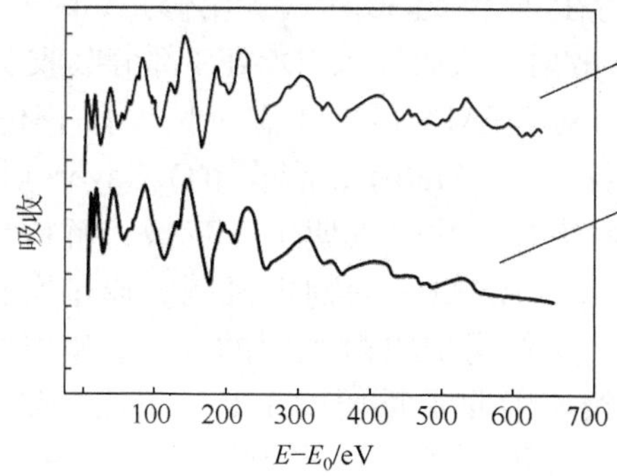

图 3.6　单质 Cu 的 X 射线吸收谱

3.2.2　XAFS 的两个部分：XANES 和 EXAFS

FeO 的 Fe K 边吸收谱如图 3.7 所示，也就是吸收 X 射线并跃迁的电子来自 Fe 1s 轨道，Fe 称为吸收原子或中心原子。

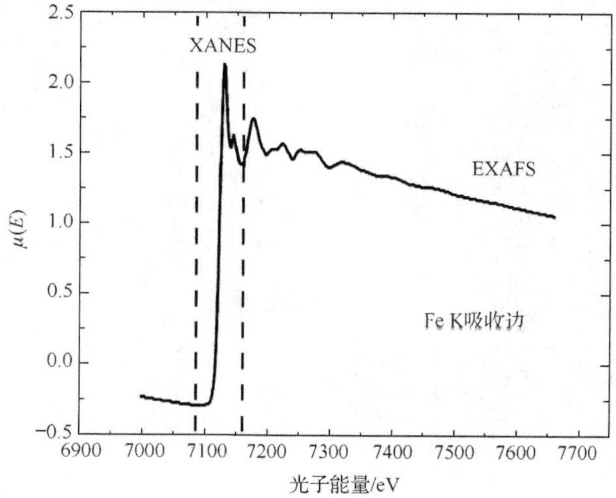

图 3.7　FeO 的 Fe K 边吸收谱

在 7111 eV 附近时，吸收系数突然跳跃，形成吸收边。将吸收边前约 20 eV 到吸收边后约 50 eV 范围的吸收谱称为 X 射线吸收近边结构(X-ray absorption near edge structure, XANES)，对应内层电子激发跃迁到外层空轨道的能量吸收。近边结构的特点是吸收系数连续的强振荡，通过对近边结构的分析，可获得吸收原子价态、与周围原子的配位构型等定性信息。吸收边后 50～1000 eV 的吸收谱称为扩展 X 射线吸收精细结构(extended X-ray absorption fine structure，EXAFS)，特点是吸收系数连续缓慢的弱振荡。通过对 EXAFS 谱图的定量分析拟合，可以得到吸收原子的配位数和原子距离等结构信息。

XANES 最早也称为 Kossel 结构。20 世纪 20 年代，德国物理学家科塞尔(W. Kossel)对

XANES 做出解读，认为近边结构中的吸收系数振荡对应吸收原子的内层电子激发跃迁到外层未占据轨道，这也基本上是人们现在对 XANES 的认知。而对于 EXAFS 部分的认知过程更加曲折而漫长。EXAFS 最早也称为 Kronig 结构，德国物理学家克罗尼格(R. Kronig)曾提出 EXAFS 中吸收系数的振荡是由晶体的周期结构引起的，即长程有序理论。不过由于无定形结构的吸收谱也存在 EXAFS，克罗尼格随后在 20 世纪 30 年代提出修正，认为吸收原子的内层电子激发为光电子后，被周围的近邻原子散射，从而导致 EXAFS 部分吸收系数的缓慢振荡，称为短程有序理论。在随后的 40 多年中，对 EXAFS 的产生源于长程有序还是短程有序一直存在争议。1971 年，莱特尔(F. Lytle)、斯特恩(E. Stern)和赛耶斯(D. Sayers)(图 3.8)基于单电子的单次散射理论推出了 EXAFS 理论表达式，并引入傅里叶变换，解析出吸收原子周围的配位原子层距离和配位数等信息，阐明了 EXAFS 的物理机制，通过实验证实了短程有序理论的正确性。从 20 世纪 70 年代起，随着同步辐射光源的发展，X 射线吸收谱的研究蓬勃发展，目前已经成为材料结构研究领域中非常重要的工具。下面分别讨论 XANES 和 EXAFS。

图 3.8 在 EXAFS 理论分析领域做出重要贡献的三位科学家：莱特尔(右)、斯特恩(左)和赛耶斯(中)

3.3 X 射线吸收近边结构

3.3.1 XANES 简介

XANES(X-ray absorption near edge structure) 也可以写成 NEXAFS(near-edge X-ray absorption fine structure)，和 EXAFS 看起来有点像，注意不要混淆。XANES 和 NEXAFS 两个名称是等效的，但后者多用于轻元素，如碳、氮、氧等吸收谱的近边结构。

X 射线吸收谱的物理机制是光电效应，即内层电子吸收光量子的能量并跃迁的过程。随着 X 射线能量增加，内层电子首先激发跃迁到外层空轨道或更高能级的连续空态，直至脱离原子的束缚，成为具有一定动能的光电子。如果电子激发跃迁至外层空轨道，首先应有未占据的空轨道存在，其次这个电子跃迁需要服从跃迁规则(选择定则)：$\Delta l = \pm 1$，$\Delta j = 0, \pm 1$(电偶极跃迁选择定则)。例如，1s 电子(K 吸收边)、2s 电子(L_1 吸收边)向 p 轨道(如 4p)的跃迁是允许的，而向 d 轨道(如 5d)的跃迁是禁止的(确切地说是跃迁概率很低，但并非严格禁阻)；而对于 $2p_{1/2}$ 电子(L_2 吸收边)，向 $nd_{3/2}$ 轨道的跃迁是允许的，但是不能跃迁到 $nd_{5/2}$。$2p_{3/2}$ 电子(L_3 吸收边)则可以跃迁到 $nd_{3/2}$ 或 $nd_{5/2}$。

对于元素的 K 吸收边，考虑跃迁选择定则，对应的是 1s 电子跃迁到 p 轨道(多数情况下为 4p 空轨道)，在光子能量接近 1s 电子电离能时，发生共振吸收，跃迁概率最大，因此出现吸收系数的跳跃(K 吸收边)。FeO 的 K 吸收边(图 3.7)实际上是一个从约 7100 eV 到约 7130 eV 的斜坡，通常将这一段的微分最大值对应的能量(吸收边上升最陡的位置)标记为吸收边的能量位置。

Cr K 边吸收谱的例子如图 3.9 所示。对于六价铬，首先确定吸收边的位置大约在 6008 eV，对应 1s 到 4p 的跃迁。注意在 5995 eV，还有另一个明确的峰，称为边前峰(pre-edge)，因为它出现在吸收边之前。这也是 1s 电子的激发跃迁，对应 1s 电子到 3d 空轨道的跃迁(Cr 的外层电子排布为 $3d^5 4s^1$，Cr^{6+}的 3d 轨道是空的)。1s 到 3d 的跃迁显然与选择定则不符，但是为什么会出现 1s 到 3d 跃迁对应的吸收峰(边前峰)呢？这与 Cr 周围的氧配位状态有关。Cr^{6+}有四个氧原子配位，呈现四面体结构。这个非对称的配位构型可以形成 3d-4p 轨道杂化(orbital hybridization)，因此 1s 电子跃迁到 3d-4p 杂化轨道不被选择定则所禁阻。而 Cr^{3+}与六个氧形成八面体中心对称的配位构型，这种构型不会形成轨道杂化，因而也不会出现边前峰。当然也可以看到一个非常小的边前峰，前文讲过，1s 到 3d 的跃迁并不是完全禁阻的，只是跃迁概率很小，所以出现很小的边前峰可以理解，但是与六价铬的边前峰强度完全不可相提并论。

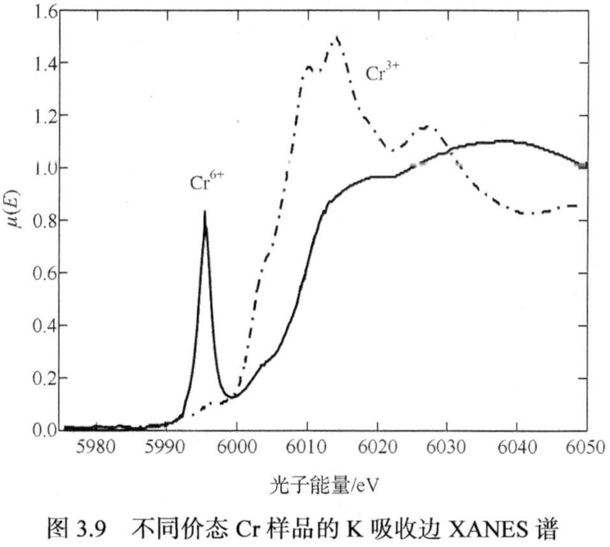

图 3.9　不同价态 Cr 样品的 K 吸收边 XANES 谱

对于 XANES，通过是否出现边前峰或边前峰的强弱，可以对吸收原子配位构型的对称性进行定性的对比分析。例如，不同氧配位的 Ti K 吸收边，六个氧配位(八面体)的钛，边前峰很小；而四个氧配位(四面体)的钛，边前峰很强(图 3.10)。

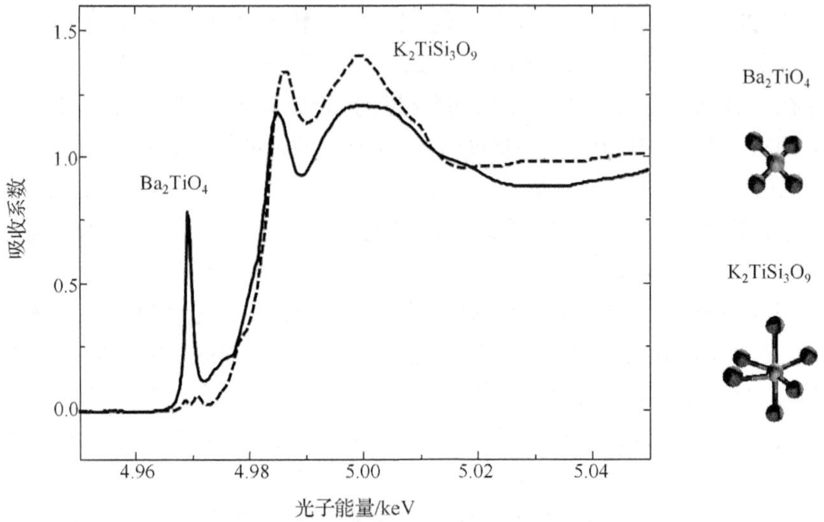

图 3.10 不同氧配位的 Ti K 吸收边 XANES 谱

3.3.2 吸收边与价态

XANES 中吸收边对应的光量子能量与相应内层电子的电离能相当。在 XPS 中可以通过内层电子结合能的化学位移对照分析元素的价态。同样，元素 XANES 吸收边的位置(一般是 K 吸收边)通常与元素的氧化态相关(注意说通常，就说明会有例外)。例如，在图 3.11 中可以看到单质铁、二价铁和三价铁的吸收边位置依次向高能量偏移，四氧化三铁的吸收边在氧化铁和氧化亚铁之间。这与在 XPS 研究中的解释一致，因为价态越高，内层电子电离需要的能量越高。另一个例子是锰的价态与吸收边的关系(图 3.12)，锰的价态越高，对应的吸收边位置能量越高。类似的例子还有硫的价态与吸收边的关系(图 3.13)。

价态与吸收边的关系也有例外情况。例如，FeF_3、$FeCl_3$、$FeBr_3$，同样都是 Fe^{3+}，同价态但不同的化学态，近邻原子的电负性显然对结合能有影响，因此吸收边位置也不同，氟的电负性最大，FeF_3 吸收边的能量最高(图 3.14)。

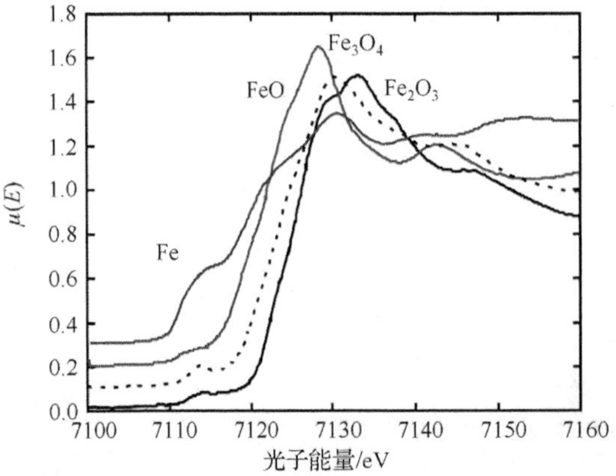

图 3.11 不同价态铁的 K 吸收边 XANES 谱

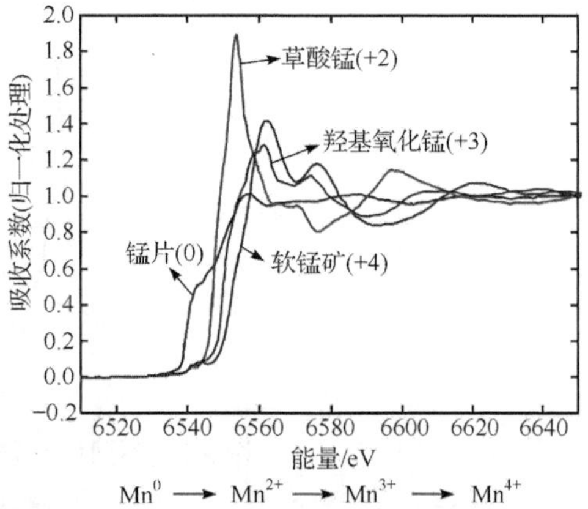

图 3.12 不同价态锰的 K 吸收边 XANES 谱

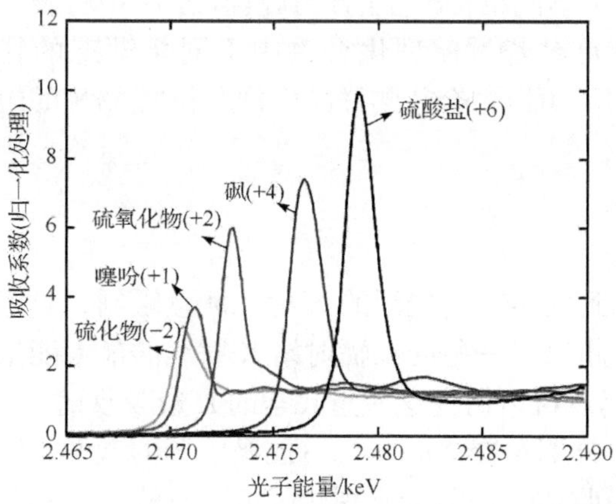

图 3.13　不同价态硫的 K 吸收边 XANES 谱

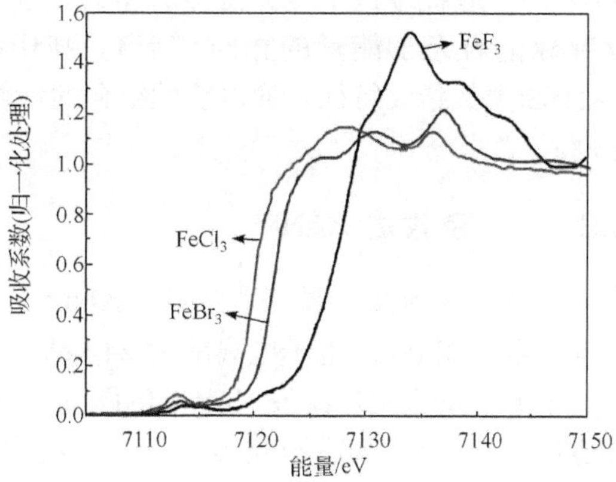

图 3.14　FeF_3、$FeCl_3$、$FeBr_3$ 的 Fe K 吸收边 XANES 谱

XANES 谱中吸收边之后的部分称为边后(post-edge)，是从吸收边开始到吸收边后约 50 eV 谱段的精细结构。在边后谱段，内层电子已经被激发到连续的电子能级空态。之前在 XPS 中定义电子的结合能，以费米能级为结合能零点，连续空态的能级已经高于费米能级，因此被激发的电子已经成为脱离中心原子束缚的光电子，并被近邻配位原子多重散射，于是边后部分的精细结构包含了中心原子与周围原子的配位环境信息。目前有定量拟合 XANES 谱的程序 MXAN，通过计算模拟实验谱可以解析吸收原子周围的局域配位信息。图 3.15 为某单原子

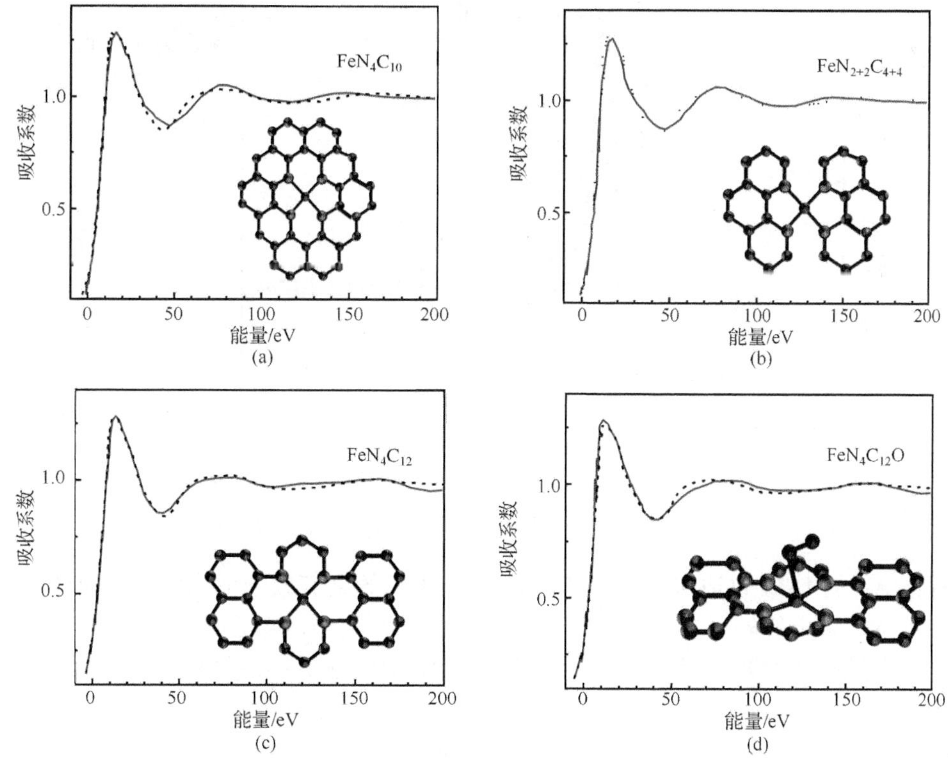

图 3.15　Fe 掺杂碳催化剂的 Fe K 吸收边 XANES 的实验谱(虚线)和根据不同理论结构的 MXAN 软件模拟谱(实线)

FeN_4/碳催化剂的 Fe K 吸收边 XANES 的实验谱及不同结构模型的计算模拟谱(图中将吸收边位置标记为光子能量的相对零点)。利用检测元素若干模型化合物中不同化学态的特征 XANES(类似指纹特征)，通过线性组合的计算分析，可以拟合待测样品中价态和/或物相的组成比例。

3.3.3 L 吸收边 XANES

上面讨论的都是 K 吸收边的 XANES。考虑到同步辐射光源的 X 射线能量限制，对于一些重元素，如 Pd K 电子电离能为 24 keV，已经超出了一些同步辐射站 X 射线的最大能量，光量子的能量不足以激发 K 电子的跃迁，不过仍然可以研究这些重元素的 L 边吸收谱。L 吸收边包含 L_1、L_2 和 L_3 吸收边，而 L_2、L_3 吸收边分别对应 $2p_{1/2}$、$2p_{3/2}$ 能级电子的激发，激发到 4d 或 5d 空轨道的跃迁满足选择定则，因此吸收边上通常会出现较强的吸收峰，也称为白线峰(whiteline，这是习惯说法，早期的 X 射线强度用感光胶片记录，强吸收导致底片曝光量少而显示为白色，因此称为白线峰(K 吸收边的吸收峰也可以称为白线峰，只是通常没有 L 吸收边的白线峰明显)。

先观察元素 Re 的 L_3 吸收边 XANES(图 3.16)，由于 5d 层存在空轨道，因此吸收边出现强的白线峰。不同价态的 Re 吸收边虽然位置变化很小，但是对于高价态的 Re，5d 层的空轨道更多，$2p_{3/2}$ 能级电子被激发跃迁到空轨道的概率更大，对 X 射线的吸收也更多，因此有更强的白线峰，所以从 L 吸收边的白线峰强弱可以判断元素的氧化态。

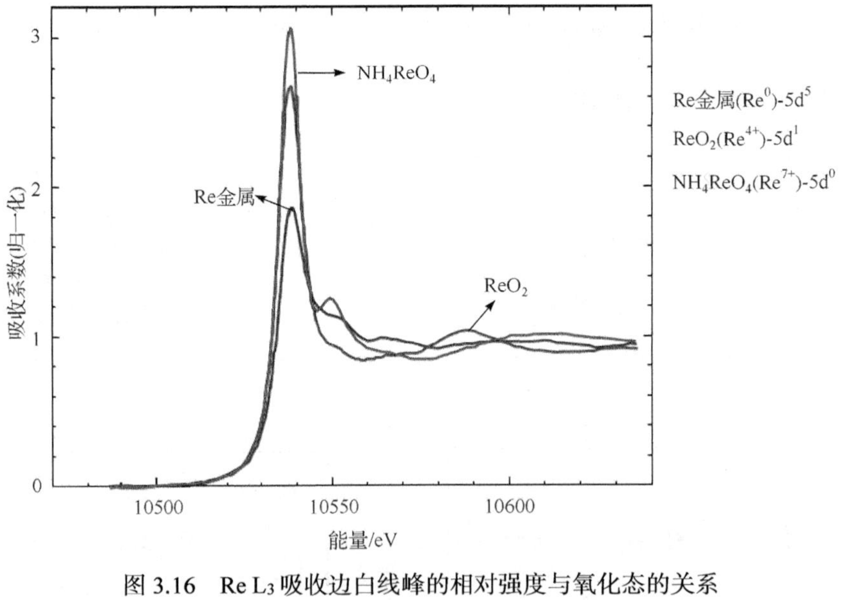

图 3.16 Re L_3 吸收边白线峰的相对强度与氧化态的关系

再观察 Au 的 L_3 吸收边 XANES(图 3.17)，氧化态的金有较强的白线峰，而金属态金没有白线峰，因为单质金的外层电子排布为 $5d^{10}$，已经排满电子，电子可以激发跃迁到 5d 轨道的概率变小，自然也不会形成吸收系数的一个显著跳跃(明显的白线峰)。

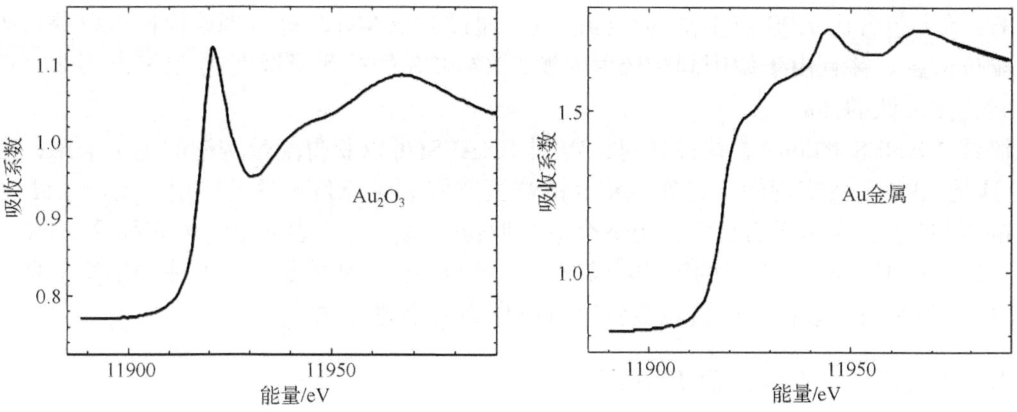

图 3.17 Au 的 L_3 吸收边 XANES 谱
白线峰强度反映 d 轨道存在空位

在进一步分析 Pt 的 L_2 和 L_3 吸收边之前，有必要先探讨一个问题，L_2 吸收边和 L_3 吸收边中哪个吸收边对应的能量更高？图 3.18 中为了对照方便，将 L_2 吸收边的信号平移到 L_3 吸收边的位置(是从低能端还是高能端平移来的？)。可以看到 L_3 吸收边有强的白线峰，而 L_2 吸收边没有。Pt 单质的外层电子排布为 $5d^96s^1$，$5d_{3/2}$ 轨道 4 个电子已经排满，$5d_{5/2}$ 轨道有 5 个电子，尚未排满，电子仍然可以从 L_3 激发到 $5d_{5/2}$ 轨道(满足选择定则$\Delta j=0$，±1)，因此出现吸收系数白线峰。对 L_2 吸收边，$2p_{1/2}$ 到 $5d_{5/2}$ 的跃迁被禁阻，因此没有明显的白线峰。

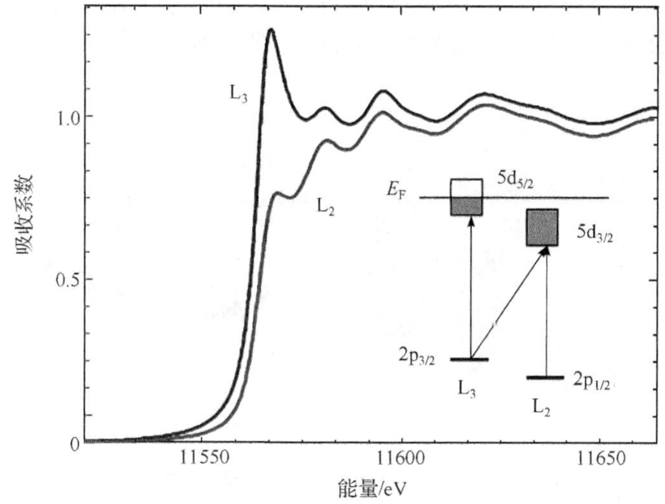

图 3.18 Pt 的 L_2、L_3 吸收边 XANES 谱

3.3.4 XANES 与 XPS 的对比

通过吸收边的位置，可以分析吸收原子的化学态。XPS 也常用于元素的价态分析，虽然 XANES 和 XPS 的物理机制都是光电效应，但 XPS 检测的是被激发且能逃逸出材料表面的光电子，是内层电子直接电离为光电子的过程。而 XANES 中，由于 X 射线能量是连续变化的，因此可以看到内层电子被激发跃迁到可能的杂化空轨道(如通过边前峰判断配位构型)，或者跃迁到连续空态能级(如可以分析吸收原子与配位原子形成的电子能态密度)，直至成为完全电离为光电子的连续过程，也就是说 XANES 包含了比 XPS 更多的电子激发过程，因此

XANES 谱中包含比 XPS 更丰富的结构信息。通过对 XANES 进行理论模拟可以获得吸收原子的配位信息。并且由于使用同步辐射光源，XANES 的检测灵敏度比 XPS 高得多，可以分析元素含量很低的样品。

测试 XANES 的同时，往往还可以得到 EXAFS(可以获得配位构型的定量信息，后面讨论)，这是 XPS 无法实现的。另外，XPS 的高真空限制了原位条件的应用，而对于硬 X 射线激发的 XANES，检测无需真空，更适合进行原位表征。对于表面信息的表征是 XPS 的优势所在，因为一般来说 X 射线的穿透深度较深，XANES 表征的是材料的体相结构信息。那么 XANES 是不是可以表征表面信息呢？这可以作为一个思考题。

3.3.5 扫描透射 X 射线显微分析

对于 AES，与 X 射线相比，使用电子束作为激发源的优势在于电子束可以用电磁透镜会聚到纳米尺度束斑，从而获得高空间分辨率的谱学数据。对于 XPS，即使是小束斑 X 射线，其尺度也在 15 μm 左右，因此 XPS 在纳米尺度上的空间分辨能力远远不及 AES。与 X 射线管光源相比，同步辐射软 X 射线源具有更多优势，不仅亮度高，而且相干性好，可以通过波带片会聚到约 30 nm(甚至更小)的束斑，虽然相比电子束斑还有不少差距，但是对于表征亚微米尺度的空间信息已经够用了。有了会聚软 X 射线源，就可以对样品进行透射式的微区成像研究，称为扫描透射 X 射线显微分析(scanning transmission X-ray microscopy，STXM)。用 X 射线束斑在样品上进行逐行逐点地透射并采集每个束斑微区的吸收谱，可以记录材料在亚纳米区域中的元素组成及不同价态的空间分布信息。结合原位工作条件，可以得到高空间分辨率的成像及谱学信息(图 3.19)。STXM 使用软 X 射线，能量较低，与会聚电子束相比对样品的辐射损伤较小。

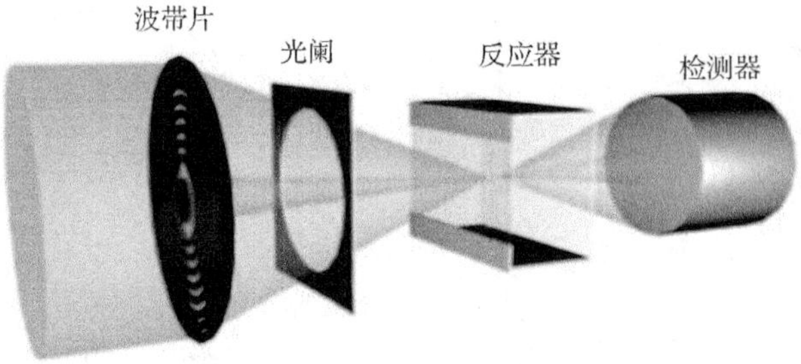

图 3.19 原位 STXM 实验示意图

图 3.20 为某负载铁催化剂的原位 STXM 图，记录了氧化铁纳米颗粒在不同温度下氢气还原处理中的价态变化。用聚焦 X 射线对一个样品颗粒进行逐点逐行扫描，测试 XANES 谱，单质铁和离子铁的 XANES 谱有明显的区别，主要是不同价态铁的 L_2 和 L_3 吸收边的强度比不同，且吸收边的谱型也不同。因此，通过逐点测 XANES，可以判断每个点上铁的化学态，并标以不同的颜色，即可获得样品颗粒中不同化学态铁的空间分布状况。俄歇电子探针也可以进行空间元素成像，虽然分辨率为纳米尺度，但是检测对象是俄歇电子，因此需要在高真空系统中检测电子动能。而这个实例中使用的是 1 bar 氢气压力下，350℃高温氢气处理的原位条件。由于使用同步辐射光源，STXM 的另一个优势是信号的灵敏度高得多，对于低含量元素的测量非常有优势。由于 Fe 的 L_2 和 L_3 吸收边能量接近，因此它们出现在一张谱图中。图 3.20 中的 L_2 和 L_3 吸收边与图中的信号如何对应归属？可以回忆一下 Fe 2p XPS 谱中 $2p_{1/2}$、

$2p_{3/2}$ 信号的归属。

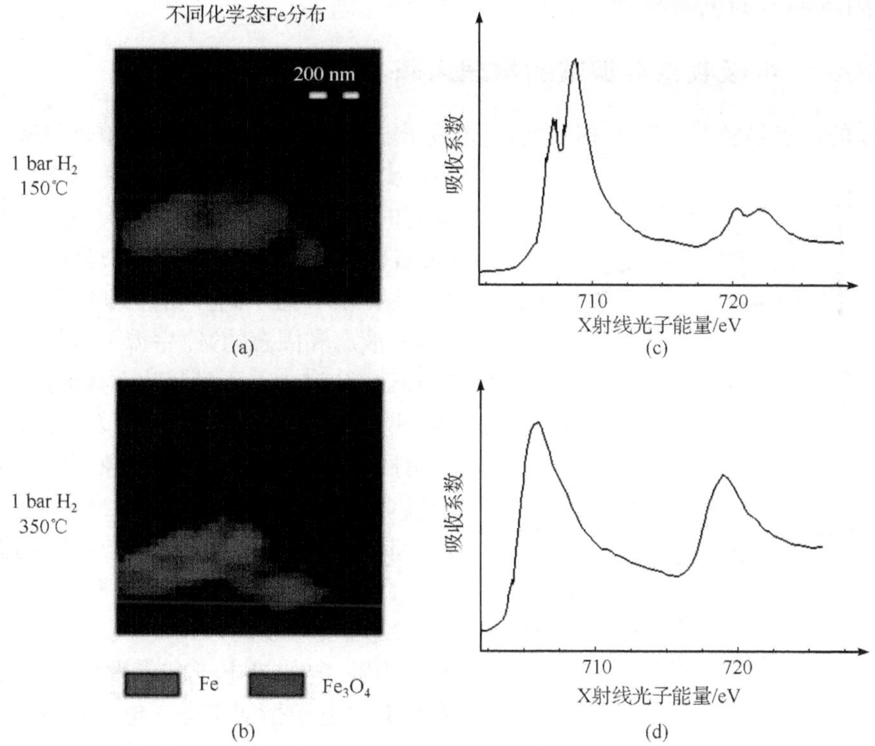

图 3.20　铁基负载催化剂经过不同条件处理后的原位 STXM 图

(a)、(b)不同化学态铁的分布，350℃氢气还原后出现零价铁；(c)、(d)不同化学态铁的 L_2 和 L_3 吸收边 XANES 谱

3.4　扩展 X 射线吸收精细结构

3.4.1　EXAFS 简介

XAFS 包含 XANES 和 EXAFS 两部分。EXAFS 是吸收边后 50～1000 eV 的吸收谱，特点是吸收系数连续缓慢的弱振荡。当然，上述能量区间并不是绝对的，只是一个大致的范围。X 射线吸收谱的吸收边意味着内层电子被光量子激发到外层连续空态的起始，如果光量子的能量高于吸收边 50 eV 左右，可以理解为内层电子被激发到连续空态之外，成为离开原子核束缚并具有一定动能的光电子。注意并不是所有光电子都可以逃逸出材料的表面。根据光电效应，能量为 E 的光量子，激发的光电子动能可以粗略估算为($E-E_0$)，E_0 为吸收边的能量位置，意味着电子吸收能量 E_0 刚刚可以激发为光电子。注意：这里的光电子仍然在材料的体相中。当然，不排除有近表面处的光电子可以克服表面功函数而逃逸出材料的表面。离开吸收原子的光电子在逃逸过程中会立即碰到吸收原子周围的第一层近邻配位原子，随后是距离更远的第二层(次近邻)原子。EXAFS 中吸收系数随着 X 射线光子能量而发生的缓慢振荡就是光电子被吸收原子周围的配位原子散射的结果。

前文提到，EXAFS 的理论解释从 20 世纪 30 年代开始，经历了 40 多年的探索、争议及修正，足见对 EXAFS 进行理论分析的复杂程度。直到 1971 年，莱特尔、斯特恩和赛耶斯提出了单电子的单次散射机制，引入傅里叶变换，将吸收系数的振荡与中心原子的配位层原子距离关联在一起，解释了 EXAFS 的物理内涵。该分析结果与实验相符，也表明了用短程有序理论解释 EXAFS 的正确性。

3.4.2 EXAFS 中吸收系数振荡的物理内涵

EXAFS 的特点是随着入射 X 射线波长(光量子能量)的改变，吸收系数不是单调上升或下降，而是出现时高时低的缓慢振荡。如何从理论上解释振荡的原因、如何对振荡信号进行定量分析，是 EXAFS 发展历程中困扰了物理学家 40 多年的难题。图 3.21 为不同温度下氪的吸收谱，分别对应气态、液态和固态的氪。室温下氪气为单原子分子，在 EXAFS 谱中看不到吸收系数的振荡。对应液态氪，吸收谱出现了弱的振荡；对应固态氪，则出现了明显的吸收系数的振荡现象。因此可以推测，对于孤立的原子，EXAFS 谱中没有振荡，而当原子处于凝聚状态时才会发生吸收系数的振荡。

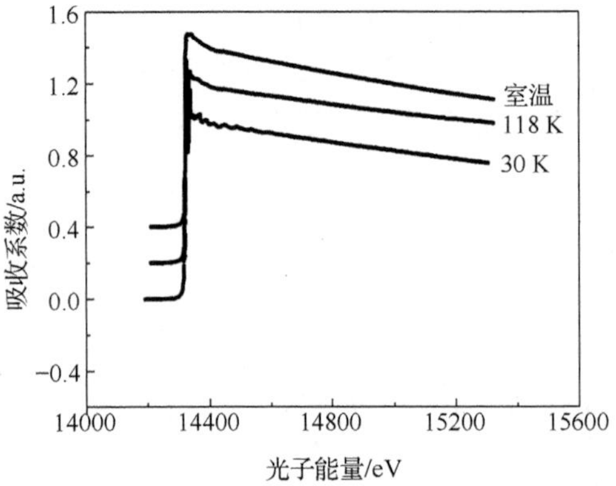

图 3.21　氪在室温、118 K(液态)和 30 K(固态)下的 EXAFS 谱

在 XRD 中，X 射线被视为电磁波；在 XPS 中，X 射线又被视为光量子。电子在多数情况下被视为粒子(如光电子和俄歇电子等)，而在本书随后讲的电子衍射部分，电子被理解为德布罗意波。在 EXAFS 中，同样要将被激发的光电子理解为从中心原子向外传播的电子德布罗意波(可以形象地理解为池塘水面投入石头后产生的波动，图 3.22)。吸收边 E_0 对应光量子能量刚好可以激发出光电子，对于能量为 E 的光量子，其激发出的光电子的动能为$(E-E_0)$。如果理解为德布罗意波，电子的波长表示为 $\lambda=h/p$，p 为光电子动量，于是有

$$\lambda=\frac{h}{p}=\frac{h}{\sqrt{2m\left(E-E_0\right)}}$$

也就是说，被激发光电子的德布罗意波长取决于入射光量子的能量。

(a)　　　(b)

图 3.22　(a) 可以将 X 射线激发的光电子理解为从吸收原子发出的电子德布罗意波；(b) 当出射电子波碰到近邻原子时发生散射，出射波与散射波之间发生干涉效应

既然要讨论吸收系数的振荡，就要知道吸收系数是由哪些因素决定的，换言之，吸收原子在什么情况下对 X 射线的吸收系数高(或低)。X 射线吸收的过程，也就是激发电子跃迁或电离成光电子的过程，可以理解为 X 射线的电磁场与吸收原子体系之间的相互作用，而光子吸收则对应电子从被激发前的状态(初态)到被激发后的状态(终态)之间的跃迁过程。这样，X 射线的吸收系数实际上对应(或正比于)内层电子从初态(被激发前)跃迁到终态(被激发后)的跃迁速率(单位时间的跃迁概率)。

根据量子力学的电子跃迁费米黄金定则，对应能量为 E 的 X 射线，电子跃迁速率 P 可以表示为

$$P \propto \left|\langle f|\boldsymbol{H}|i\rangle\right|^2 \rho\left(E_{\mathrm{f}}\right)$$

式中，$\boldsymbol{H}$ 为 X 射线的电磁场与吸收原子体系之间的相互作用算符；$|i\rangle$ 为初态波函数，对应未激发原子的电子态；$\rho(E_{\mathrm{f}})$为吸收原子终态的电子态密度，由于激发的光电子已经视为离开了吸收原子，因此随着 X 光波长变化，终态的态密度仅呈现渐变，是单调变化函数，即 $\rho(E_{\mathrm{f}})$ 本身不会出现高低振荡变化；$|f\rangle$ 为终态波函数，为光电子激发后原子的终态，显然终态波函数与被激发出的光电子的动能($E-E_0$)直接相关。因此，吸收系数取决于在 X 射线作用下，吸收原子从初态到终态的跃迁速率 P。从上式中可以看出，初态波函数$|i\rangle$ 是固定的，因此影响跃迁速率 P 的只能是终态波函数$|f\rangle$，即跃迁速率 P 与终态波函数振幅的平方直接相关。结论：吸收系数的大小由被激发电子的跃迁速率 P 决定，而跃迁速率 P 正比于吸收原子体系终态波函数振幅的平方。

对吸收系数高低的解读，现在演变为对 X 射线激发后终态波函数的分析。激发出的光电子可以理解为一个向外传播的球面波，其德布罗意波长 $\lambda=h/p$，p 为光电子的动量。波矢 $\boldsymbol{k}=\frac{2\pi}{\lambda}\boldsymbol{n}$，$\boldsymbol{n}$ 为波传播的方向矢量(考虑表述习惯，这里的波矢 $\boldsymbol{k}$ 沿用了固体物理学的形式，即包含了 2π)。因此，波矢 $\boldsymbol{k}$ 的数值为

$$k=\sqrt{\frac{2m\left(E-E_0\right)}{\hbar^2}}$$

对于孤立的原子，激发出的光电子可以作为一个出射波来处理(图 3.23)。但如果吸收原子周围存在其他配位原子时，这个出射波将被中心原子周围的配位原子散射(反射)。反射波回到中心原子位置，并与出射波干涉叠加，形成终态波函数，因此终态波函数振幅是由光电子出射波与散射波的相干叠加决定的。故吸收系数的大小实际上取决于光电子波与近邻原子散射波之间的干涉状况。

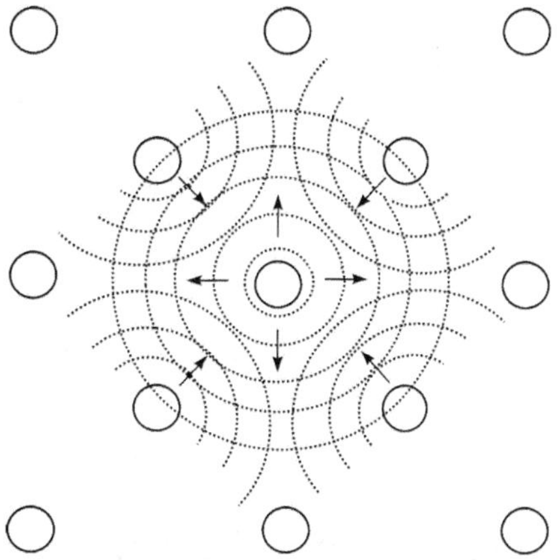

图 3.23 出射电子波与近邻原子散射波之间的干涉效应

光电子的出射波与反射波的波长相同，但是具有不同的相位，而相位差取决于光电子德布罗意波长及反射原子与中心原子的距离。如图 3.24 所示，材料中中心原子与配位原子的距离是固定的，因此对应不同波长的入射 X 射线(不同的能量)，激发出

的光电子具有不同的德布罗意波长，相应的出射波与反射波可以出现相长干涉或相消干涉，造成终态波函数振幅的增大或减小，从而导致 X 射线的吸收速率(对应吸收系数)出现相应的涨落变化，这就是 EXAFS 中吸收系数振荡的物理机制。这样也可以理解为什么固态氪的 EXAFS 出现吸收系数的振荡，因为中心原子周围存在其他近邻配位原子，可以形成反射波并与出射波发生干涉。

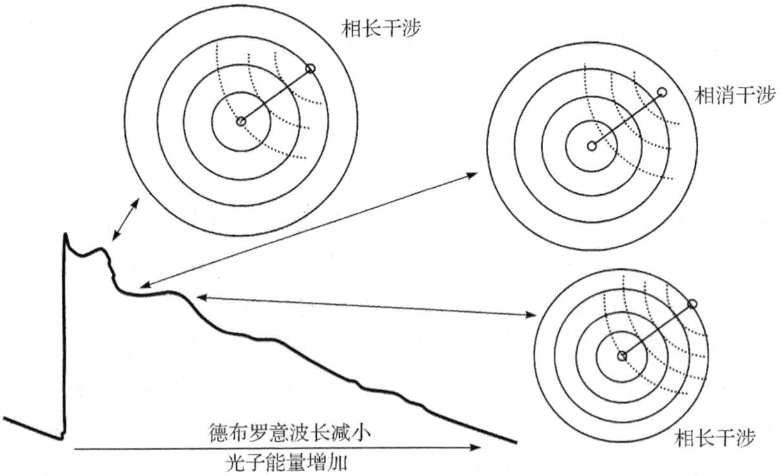

图 3.24　取决于出射电子波的波长，出射电子波与反射电子波可以发生相长或相消干涉

对于不同结构的材料，吸收原子周围的配位原子的种类、数量及其与吸收原子的距离都各不相同，因此不同结构材料的 EXAFS 振荡曲线也各不相同。如图 3.25 所示，以 Fe 元素为吸收原子的吸收谱，其 EXAFS 振荡波形与 Fe 元素周围的近邻环境(铁原子周围原子的配位距离、配位数、原子种类等)密切相关。

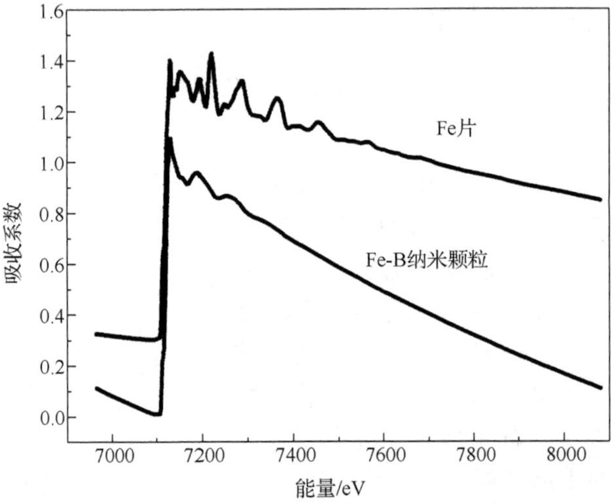

图 3.25　Fe 片和 Fe-B 纳米颗粒的 EXAFS 谱对比

由于 EXAFS 来源于光电子与周围配位原子散射的干涉现象，因此吸收原子的 EXAFS 谱与周围原子的存在形式有关：

(1) 周围原子与吸收 X 光子的原子之间的距离。距离不同，反射波与初始波的相位差不同，造成不同的干涉结果，因此 EXAFS 振荡与吸收原子和反射原子间距相关。

(2) 周围原子的个数。原子个数不同，反射波的强度不同，造成 EXAFS 振荡的幅度不同。

(3) 周围原子的种类。原子种类不同，在此原子上发生的反射波的强度和相移不同，导致 EXAFS 振荡的幅度发生变化。

由于 EXAFS 谱与上述结构因素有关，通过 EXAFS 谱的定量分析可以解析出样品中吸收原子周围的原子配位情况，包括配位距离、配位数及配位原子种类。

3.4.3　EXAFS 的定量分析

实验测量的 EXAFS 谱为 $\mu(E)$，包含一个单调下降的吸收曲线基底，同时叠加吸收系数的振荡信息。前文提到，如果是孤立的吸收原子，吸收系数随着光子能量单调下降，但是不会有振荡信息。通过上述对 EXAFS 振荡的分析可知，只有吸收系数的振荡信息对解析配位结构有价值，因此需要将振荡信息单独提取出来。

首先需要将 $\mu(E)$的实验曲线扣除孤立原子的吸收曲线，称为 $\mu_0(E)$。$\mu_0(E)$是孤立原子对应的吸收系数，即不考虑配位原子散射效应的平滑背景函数。实际中孤立原子的样品并不存在(单原子分子的稀有气体除外)，$\mu_0(E)$无法通过实验得到。但是可以借助经验公式，对实验数据进行曲线拟合估算出 $\mu_0(E)$(在随后的数据处理部分详细讨论)，然后从 $\mu(E)$中扣除 $\mu_0(E)$。

EXAFS 谱中通过扣除孤立原子的吸收曲线提取出来的吸收系数的振荡部分称为 EXAFS 函数 $\chi(E)$：

$$\chi(E)=\frac{\mu(E)-\mu_0(E)}{\mu_0(E)}$$

$\chi(E)$曲线是仅考虑近邻原子的散射作用后的吸收系数与光子能量的关系曲线。

在前面的讨论中，EXAFS 振荡性质起源于光电子的波动与干涉。因此，可以将 $\chi(E)$函数的横轴变量由光子能量 E 转换为光电子的波矢 k(波矢 k 本身是矢量，这里指的是波矢的模长)。如果 E_0 为吸收边电离阈能(吸收边 E_0 一般是对 XANES 的吸收边求导，取导数极大处所对应的能量为相对零点)，E 为入射 X 射线的光量子能量，则光电子波矢模长

$$k=\sqrt{\frac{2m(E-E_0)}{\hbar^2}}$$

$\chi(E)$函数的横轴可以从能量 E 根据上式的关系转换为 k

$$\chi(k)=\frac{\mu(k)-\mu_0(k)}{\mu_0(k)}$$

即 EXAFS 函数由 $\chi(E)$转换为 $\chi(k)$，成为光电子波矢 k 的函数(图 3.26)。注意 $\chi(k)$依然是通过实验测量得到的数据。

EXAFS 函数 $\chi(k)$的理论公式是基于光电子波被配位原子散射的物理模型推演发展来的，这里直接给出理论公式：

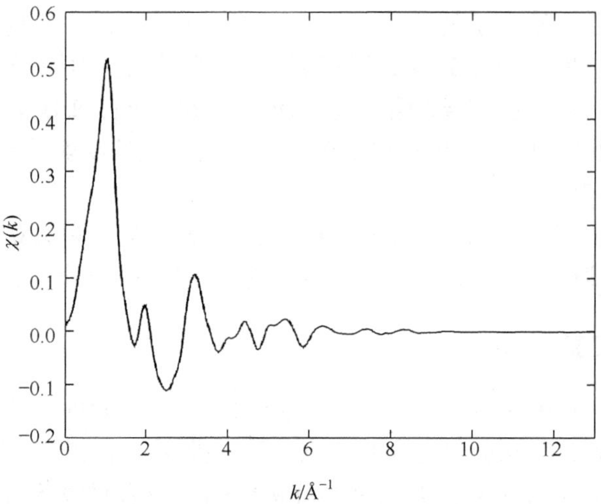

图 3.26 从吸收谱经过孤立原子吸收背景扣除和横坐标转换为波矢 k 的 EXAFS 函数$\chi(k)$，样品为 FeO

$$\chi(k)=\sum_j \frac{N_j S_0^2 F_j(k) e^{-2k^2\sigma_j^2} e^{-\frac{2R_j}{\lambda(k)}}}{kR_j^2}\sin\left[2kR_j+\delta_j(k)\right]$$

这是几代科学家 40 多年的积累，虽然这是一个非常复杂的公式，我们还是应该理解公式中每一项的物理意义。

首先上式是一个多层求和的形式，对于中心吸收原子，可以将与之距离一致的配位原子视为一个配位层，这样中心原子可以有若干个不同的配位层。出射电子波可以分别被不同配位层的原子散射并与出射波干涉，从而形成每个配位原子层的 EXAFS 函数，即吸收系数振荡 $\chi_j(k)$。因此，有几个配位层，可以将 j 个配位层的 EXAFS 函数叠加求和(图 3.27)。

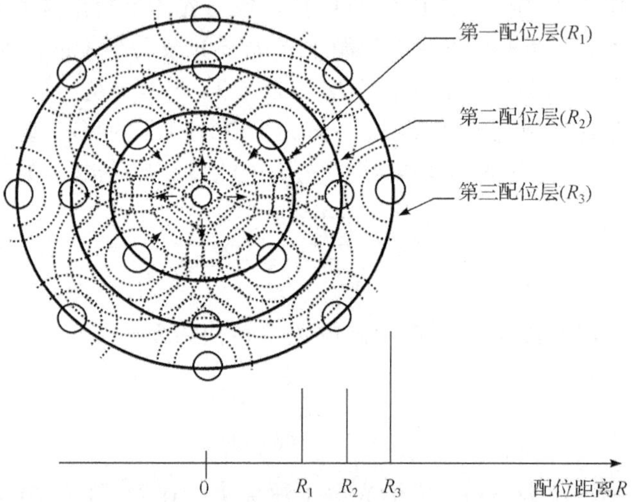

图 3.27 EXAFS 函数可以表示为中心吸收原子的每个配位层对吸收系数贡献的叠加

每一层配位原子 $\chi_j(k)$的表示形式。对于固体样品，通常情况下其结构已经固定，式中，R_j 为第 j 原子配位层中配位原子的(平均)距离。因此，对于每个配位层，$\chi_j(k)$形成振荡信息取决于函数 $\sin(2kR_j)/kR_j^2$，变量是波矢 k(之前已经讲过 EXAFS 函数的横轴变量由能量 E 转换

为波矢 k)。$\chi_j(k)$基本函数形式是一个调制振幅的正弦函数曲线，周期取决于 $2R_j$，还有其他参数调制这个正弦函数的振幅，如下所示。

N_j：吸收原子周围的第 j 个近邻配位原子层中，同种原子的个数。理论公式中认为每个配位原子的散射对吸收系数的影响相同，因此配位层有 N_j 个原子的贡献则直接以 N_j 乘积的形式表示。

S_0^2：当原子中的一个内层电子被电离，其他电子的能量会发生调整，称为弛豫过程。在 X 射线吸收过程中，弛豫过程中电子状态的变化对终态波函数有影响，从而影响 X 射线的吸收系数，即对振荡函数的振幅产生调制。S_0^2 因子(< 1)只与吸收原子的种类有关，而对原子的化学环境不敏感，在实际拟合数据中可以通过对标样的拟合获得。S_0^2 因子作用的结果是 EXAFS 振幅减小，即电子弛豫对 EXAFS 振幅有衰减作用。

$F_j(k)$：代表散射振幅，即配位原子对光电子波的散射波振幅，与散射原子序数有关，也是入射 X 光波矢 k 的函数。这是一个区分不同配位元素的因子，可通过计算或标样比对获得。有一点需要注意，对于原子序数相近(如 ±2)的元素，$F(k)$比较接近而无法区分。例如，同配位层(同等距离)的原子是碳、氮或氧，在 EXAFS 数据的分析中是无法区分的。

σ_j^2：如果一个配位层中的原子与中心原子距离完全一致，则是理想的情况。但是实际结构中，由于结构无序和热振动，同一配位层的原子与中心原子的距离存在一定程度的涨落，这些距离的偏差显然会对 EXAFS 的振幅产生衰减调制作用。σ_j 为第 j 个配位层中 N_j 个原子与中心原子平均距离 R_j 的均方根偏差。σ_j^2 称为 Debye-Waller 因子，相关指数项表示热振动或配位层距离不一致对振幅的衰减。如果一个配位层中的原子与吸收原子的距离不完全相同，则这些原子对 EXAFS 的贡献并非完全同相位叠加，从而导致 EXAFS 振荡的额外衰减，振幅调制系数为 $e^{-2k^2\sigma_j^2}$。理想状态下 σ_j=0，则振幅衰减系数=1，即不产生振幅衰减。而对实际样品，无论如何都会产生一定的衰减。

λ：表示光电子的平均自由程，或者理解为光电子的平均寿命。EXAFS 振荡是光电子的散射波与出射波的干涉造成的，如果光电子的平均自由程太短，显然会造成散射波振幅的衰减，从而导致 EXAFS 振荡幅度的衰减。光电子的平均自由程 λ 对 $\chi(k)$的振幅调制系数为 $e^{-\frac{2R_j}{\lambda(k)}}$。如果 λ 非常小，则该振幅调制系数也很小。显然，距离中心原子越远的配位层(R_j 越大)，其对 EXAFS 函数的振幅贡献也越小，因此多数情况下只考虑两个配位层即可。光电子的平均自由程与波矢 k 的关系可通过计算或标样比对获得。

δ_j：如果在吸收原子和散射原子附近存在势垒，则光电子波受到该势场的影响，散射波产生额外的相移 δ_j，可通过计算或标样比对获得。

EXAFS 理论公式中，S_0^2、F_j、λ、δ_j 可以通过计算或测量标准样品(参考样品)校正，虽然标样与实际样品的结构不同，但是上述实验参数都基于原子本身的性质，对所处化学环境不敏感，因此从标样中获得的参数可以用于具有不同化学环境样品的分析中。也就是说，通过已知结构标样的 EXAFS 函数进行拟合并结合理论计算，得到的 S_0^2、F_j、λ、δ_j 可以作为理论公式中的已知参数。

通过对标样的 EXAFS 拟合分析获得上述四个参数后，EXAFS 函数分析的任务就是对比实验数据与理论计算的曲线(或者说用理论计算的曲线拟合实验数据)，从而得到 N_j、R_j 和 σ_j。也就是吸收原子的配位层有几个原子，距离有多远，距离是否均匀一致(距离偏差的均方差有多大)。当然，我们不能对样品的组成信息一无所知，实际上可以通过对中心原子的配位元素进行设定(或者假定)，根据预设结构计算 EXAFS 函数，并与实验数据进行反复比对修正预设参数，获得最佳拟合，找到优化的 N_j、R_j、σ_j，获得合理的拟合结果。

3.4.4 傅里叶变换——径向结构函数

根据上面的分析，可以将 EXAFS 函数表示为

$$\chi(k)=\sum_j \chi_j(k)=\sum_j \mathrm{A}_j(k)\sin\left(2R_j k+\delta_j\right)$$

上式表明 $\chi(k)$是不同 R_j 各配位层原子对吸收系数影响的加和，或者说 $\chi(k)$是多个不同“频率”的正弦函数的叠加，而不同“频率”取决于各配位层的距离 R_j。为了从 $\chi(k)$中分离出各配位层的信息，莱特尔、斯特恩和赛耶斯提出的思路是对 $\chi(k)$振荡进行傅里叶变换，得到 R_j 为变量的径向结构函数(radial structure function，RSF)(图 3.28)：

$$\rho(R)=\int \chi(k)\mathrm{e}^{-2\mathrm{i}kR}\mathrm{d}k$$

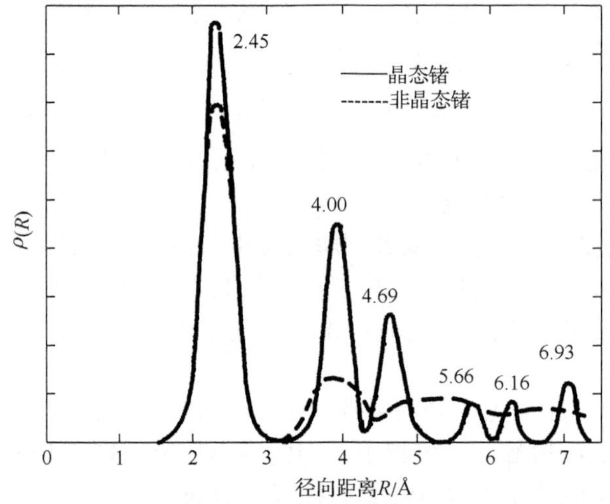

图 3.28 1971 年莱特尔、斯特恩和赛耶斯首次引入傅里叶变换方法，得到的晶态锗和非晶态锗的径向结构函数

在 $\rho(R)$-R 图中，横轴为配位距离 R，可以看到对应不同 R_j 的多个高斯峰，R_j 对应配位距离。注意随后会讲到，R_j 的精准数据应通过拟合获得，而非从径向结构函数中读取，峰面积对应第 j 层配位数原子个数 N，同样配位数也要通过拟合获得，而不是径向结构函数中 R_j 对应峰的积分面积。

3.4.5 EXAFS 数据处理分析

分析 EXAFS 数据的目的是从 EXAFS 公式中求出我们感兴趣的未知物理量，即 R_j、N_j 和 σ_j。其他几个重要的物理量，S_0^2 因子、散射振幅 $F_j(k)$、相移函数 $\delta_j(k)$及电子平均自由程 λ，可通过软件计算或与已知结构的模型化合物的数据比对得到。

XAFS 的数据分析常用的软件是 Demeter，是由拉威尔(B. Ravel)教授等创作的免费数据处理软件，包括 Athena、Artemis 和 Hephaestus。Hephaestus 是与同步辐射实验相关的数据库；Athena 的主要功能是对实验数据进行校准、归一化和坐标变换等处理；Artemis 是对 XAFS 数据进行拟合得到配位数等一系列信息。下面以 FeO 的 K 吸收边 EXAFS 谱为例，简要介绍 EXAFS 数据的分析过程，使用的是 Demeter 软件包中的 Athena 和 Artemis。数据处理主要包括以下步骤。

1. 能量校准和归一化处理

由于光源硬件系统，同步辐射光源的波长数值有少许涨落，可以用已知吸收边能量的标准样品(如测铁元素吸收谱的标准样品是铁片)进行能量的校准，然后整个吸收谱的横轴根据校准值进行平移。

EXAFS 谱的吸收背景源于铁原子除 K 边外其他边的吸收，以及样品中其他元素的吸收。应用 Victoreen 经验公式 $\mu(\lambda) = C\lambda^3 - D\lambda^4$ 拟合吸收边前的吸收曲线，进行背景扣除(图 3.29)，并进行强度归一化(将 EXAFS 谱的平滑末端设定为 1.0)。以能量为横轴的 EXAFS 实验数据习惯上称为 E 空间数据或能量空间数据。

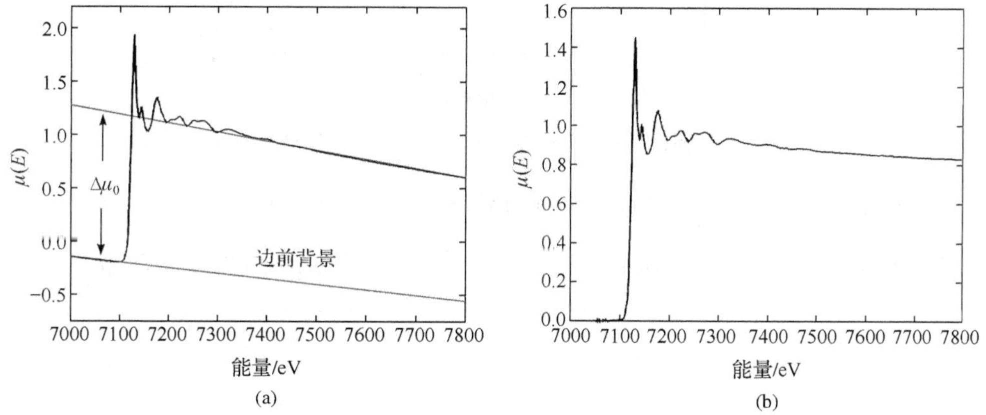

图 3.29 FeO 的 XAFS 谱(a)及基线校准后[(b)，该图没有进行强度归一化]

2. 扣除 $\mu_0(E)$

$\mu_0(E)$是孤立原子对应的吸收系数，即不考虑散射效应的平滑背景函数。$\mu_0(E)$无法通过实验得到，可以通过对实验数据的拟合确定：用一条通过各振荡中点的平滑曲线，扣除 $\mu_0(E)$后可以从实验谱 $\mu(E)$中提取 EXAFS 的振荡部分(图 3.30)。

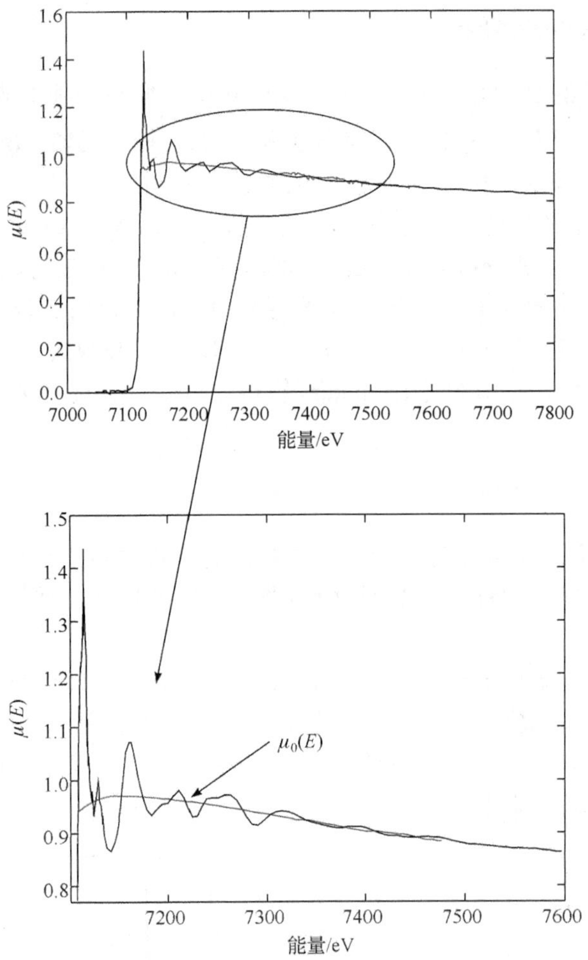

图 3.30　扣除$\mu_0(E)$后可以从实验谱$\mu(E)$中提取 EXAFS 的振荡部分

3. EXAFS 振荡信号由能量空间函数 $\chi(E)$变换到波矢空间 $\chi(k)$

以波矢 k 为变量的 $\chi(k)$，习惯上称为 k 空间数据或动量空间数据(图 3.31)。

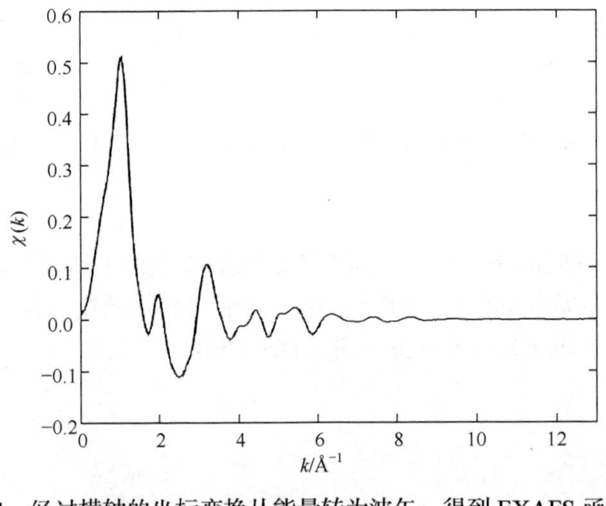

图 3.31　经过横轴的坐标变换从能量转为波矢，得到 EXAFS 函数$\chi(k)$

EXAFS 信号的振幅随着 k 的增加衰减得很快，这对高 k 部分的数据处理非常不利。得到 $\chi(k)$之后，还要对其进行加权变换。

4. 加权处理 k 空间

EXAFS 的振幅随着 k 的增加而衰减。为补偿振幅衰减，以权重因子 $k^n(n=1, 2, 3)$乘以 $\chi(k)$，可以使 $\chi(k)$函数在 k 值较大时仍然有足够的信号强度，呈现较为均匀的振幅(图 3.32)。

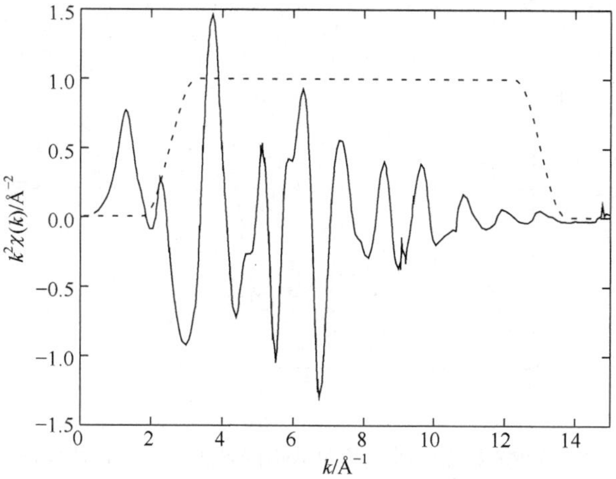

图 3.32　k^2 加权后的$\chi(k)$及窗函数(图中虚线所示)

有研究者建议在原子序数 $Z<36$、$36<Z<57$ 及 $Z>57$ 三种情况下，n 分别取 3、2、1。也有研究者建议当 $Z<36$ 时，应取 k^n 的 $n=1$；$Z>36$ 时，取 $n=2$。实际上，多数情况下 n 取 2 或 3。此外，EXAFS 受 XANES 边后部分的影响主要表现在低 k 部分，加权可以在很大程度上消除这种影响的效果。也许有读者会产生疑问，这是否有修改数据之嫌？当然不是，在对 $\chi(k)$进行 k^n 加权处理的同时，相应的理论公式计算中也同样进行 k^n 加权即可

$$k^n\chi(k)=k^n\sum_j\frac{N_jS_0^2F_j(k)\mathrm{e}^{-2k^2\sigma_j^2}\mathrm{e}^{-\frac{2R_j}{\lambda(k)}}}{kR_j^2}\sin\left[2kR_j+\delta_j(k)\right]$$

5. 傅里叶变换

傅里叶变换法具有频谱分析的功能，可以很好地将 $\chi(k)$从波矢空间变换为横轴为距离量纲的函数(也称 R 空间数据)，得到径向结构函数，从而显示出中心原子的不同配位层的距离和配位数。当然，R 空间的函数只是配位层和配位数的定性参考，要获得定量数据，则必须通过计算拟合。

傅里叶变换可以有实部和虚部，而通常只看变换的模(magnitude，为[实部 ^{2}+虚部 ^{2}]$^{1/2}$)。按照傅里叶变换的定义，变换应当在$-\infty$～∞的范围内进行，但实验数据不可能达到这个要求。如果将 $\chi(k)$两端强行设置为 0，会给傅里叶变换带来边瓣(变换后出现在信号峰两侧的小振荡信号)，形成假的信号，因此要在变换中加入一个窗函数 $\omega(k)$，使其两端缓慢变为 0，减少干扰(图 3.32)。

傅里叶变换后的数据如图 3.33 所示，横轴为距离，称为径向结构函数，也称为 R 空间数

据。各主峰分别表征了 FeO 的不同配位层。FeO 中，中心原子铁的第一配位层原子是氧(Fe-O)，第二配位层原子是铁(Fe-Fe)。FeO 中 Fe-O 距离为 2.14 Å，但是图中第一峰位于 1.6 Å，这种峰位移动是由散射相位偏移引起的，典型的相移量为 0.2～0.5 Å。在上述数据处理中没有进行相位校准，所以 R 空间数据的横轴与真实的配位距离有偏差。

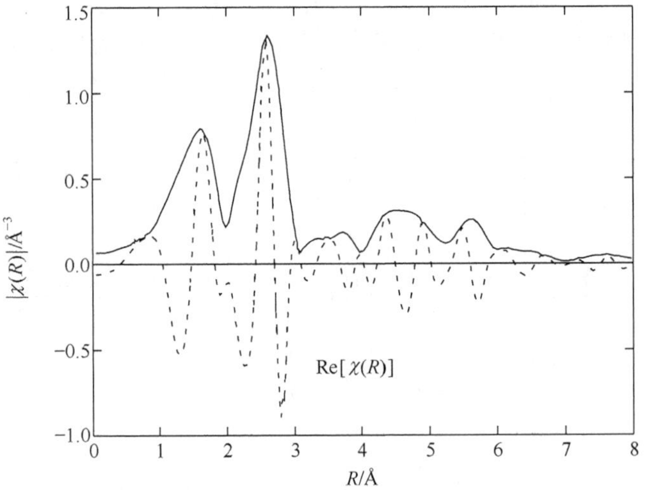

图 3.33 傅里叶变换后得到的径向结构函数的模(实线)及变换实部(虚线)

对 FeO 第一配位层(Fe-O)及第二配位层(Fe-Fe)同时进行拟合。拟合数据可以表示在 R 空间[图 3.34(a)，虚线为模拟谱]，也可以表示在 k 空间[图 3.34(b)，模拟谱为 Fe-O 和 Fe-Fe 配位层的加权 EXAFS 函数的叠加]。R 空间和 k 空间数据的表示是等价的，只是互为傅里叶变换的关系(图 3.34)。

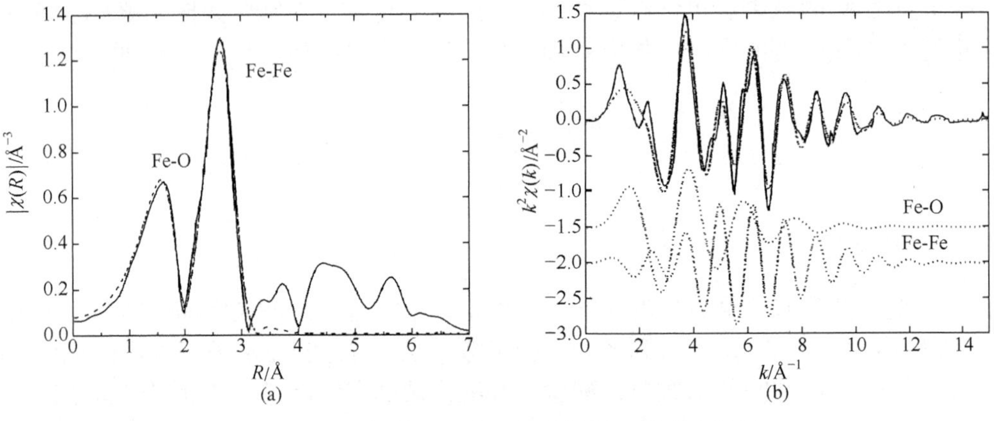

图 3.34 R 空间数据(a)和 k 空间数据(b)的拟合结果

第一配位层(Fe-O)拟合的结果：

$$N = 6.0 \pm 1.0$$

$$R = (2.10 \pm 0.02)\text{Å}$$

$$\sigma^2 = (0.015 \pm 0.005)\text{Å}^2$$

式中，N 为配位数(配位层中的原子个数)；R 为配位距离；σ^2 为 N 个配位原子与中心原子距离的均方差。

第二配位层(Fe-Fe)拟合的结果：

$$N = 11.7 \pm 1.3$$

$$R = (3.05 \pm 0.02)\text{Å}$$

$$\sigma^2 = (0.014 \pm 0.002)\text{Å}^2$$

氧化亚铁属于立方晶系，每个铁原子周围连接 6 个氧原子形成八面体型配位，即第一配位层的理论配位数为 6。铁原子的第二配位层是 12 个铁原子，即第二配位层的理论配位数为 12。可以看到，FeO 的 EXAFS 拟合后获得的配位数与真实结构符合得非常不错。另外注意，拟合的 Fe-O 和 Fe-Fe 配位距离分别是 2.10 Å 和 3.05 Å，与傅里叶变换后的 R 空间两个峰的位置并不一致。一般情况下，R 空间的数据是没有经过相位校准的，即使进行了相位校准，从 R 空间直接读取的也只是较为粗略的估值。因此，不要从 R 空间读取配位距离的具体数据，而应根据软件拟合数据获得配位距离 R。

3.4.6　小波分析

在 R 空间中只能看到有几个配位层以及峰的高低，但无法知道某个配位层中可能对应何种配位元素。不同的配位元素有不同的 k 空间振荡模式，对于较轻的元素，其 k 空间的最强振荡出现在较低的波数，而较重的元素其 k 空间的最强振荡出现在较高的波数。与傅里叶变换得到的 R 空间中的二维信息不同，小波分析(wavelet analysis)可以将 R 空间与 k 空间结合，通过分析比较不同 R 位置峰对应的 k 值，判断配位原子的轻重。

举例说明：如图 3.35(a)所示，某含单原子铁氮碳催化剂，R 空间数据表明铁原子分别在 1.5 Å 和 2.2 Å 有两个配位层(注意 R 空间未经相位校准，因此并不代表真实的配位距离)。1.5 Å 的峰对应的是 Fe-N 或 Fe-O 的配位，在 EXAFS 解析中，相近元素的散射接近，因此原则上不能区分 N 和 O。但是 2.2 Å 的信号(黑色箭头所指)与 Fe-Fe 配位距离接近，因此不能排除是 Fe-Fe 配位，也就无法证明 Fe 为单原子状态。在小波变换图[图 3.35(b)]中，可以看到分别对应不同 R 值 1.5 Å、2.2 Å 的两个信号，从 k 值对比，可以看出第二配位层(2.2 Å 处小信号，白色箭头所指)对应 k 值约为 4。通过与标样 FeS_2 和铁单质的小波变换图对比[图 3.35(c)、(d)]，Fe-S 配位信号的 k 值出现在 6 附近，Fe-Fe 配位信号的 k 值出现在 8 附近。这说明图 3.35(b)的小波变换图中，2.2 Å 处小信号对应的 Fe 是与比 S 轻的元素配位，根据材料具体的制备过程和组成分析，应该是 Fe-C 的配位信号，这样通过小波变换图可以排除 Fe-Fe 配位信号，证实铁为单原子状态。

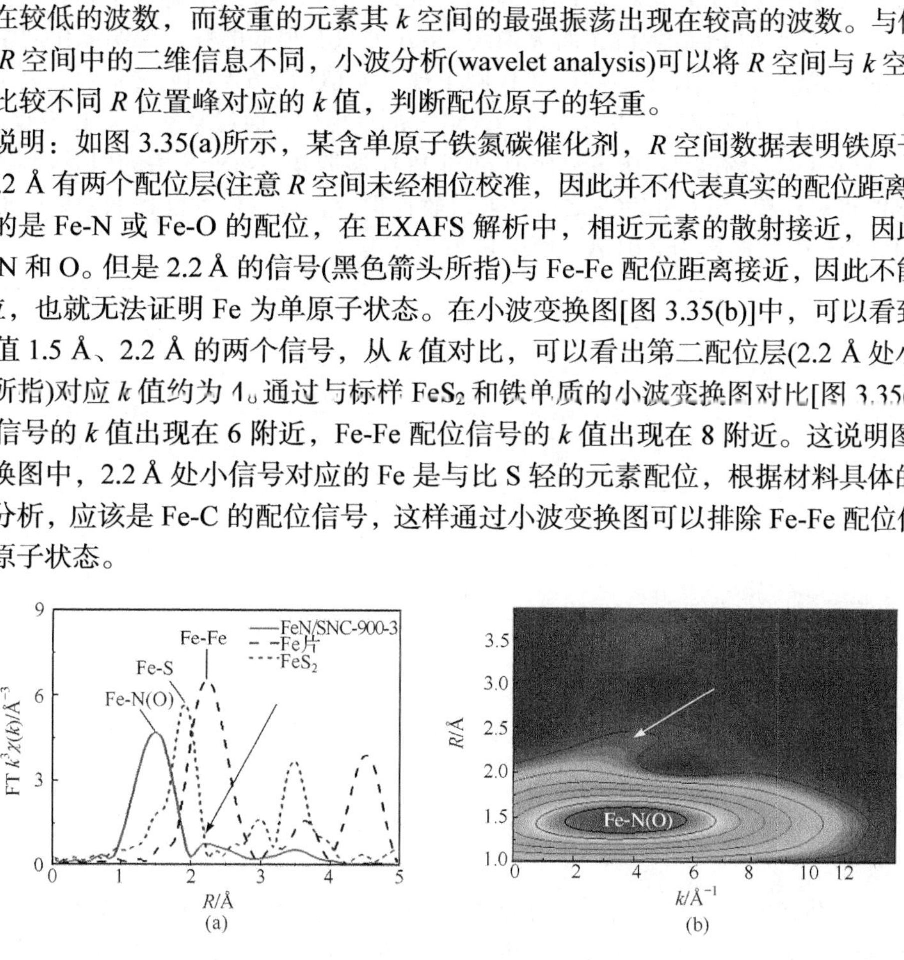

(a)　　(b)

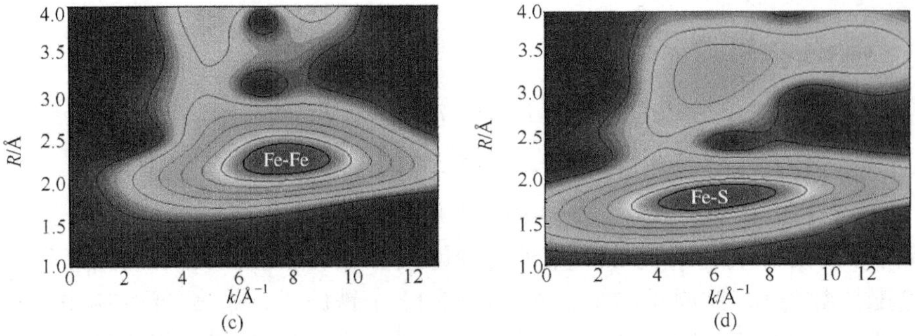

图 3.35　单原子 FeN_x 催化剂的 R 空间数据(a)和催化剂(b)、Fe 片(c)、FeS_2(d)的小波变换图

3.4.7　EXAFS 的应用实例

2011 年，张涛、李隽和刘景月共同提出了“单原子催化”的概念，随后单原子催化剂成为热点研究领域。单原子催化剂中的负载金属以单个原子的形式与其他原子成键，而不是同种原子的近邻聚集态。EXAFS 方法是单原子催化剂研究中排除同种金属原子近邻配位的必备手段，同时结合球差电子显微镜，可以给出单原子存在的明确证据。

图 3.36 为某负载 Pt 催化剂的 EXAFS 谱。在图 3.36(a)的 R 空间数据中，标样 Pt 片主要信号出现在 R 值约 2.6 Å 处，对应 Pt-Pt 配位。通过与 Pt 片和 PtO_2 标样的对比，催化剂 A 在 R 值约 1.7 Å 的峰对应 Pt-O 配位，而 R 值约 2.6 Å 处只有很弱的峰，说明催化剂中的 Pt 主要以单原子的形式负载于载体上。催化剂 B 则出现了 R 值约 2.6 Å 的肩峰信号，表示存在 Pt-Pt 邻近关系，说明 Pt 为非单原子状态。在 XANES 部分提到，通过某些元素 L 吸收边白线峰的强度可以分析氧化态的高低。图 3.36(b)中通过 Pt L_3 吸收边 XANES 谱的白线峰强度，可以判断催化剂的价态在单质 Pt 和 PtO_2 之间。通过软件拟合，可以得到催化剂中单原子 Pt 与氧的配位信息，Pt—O 键键长为 2.01 Å，氧配位数为 3.9。

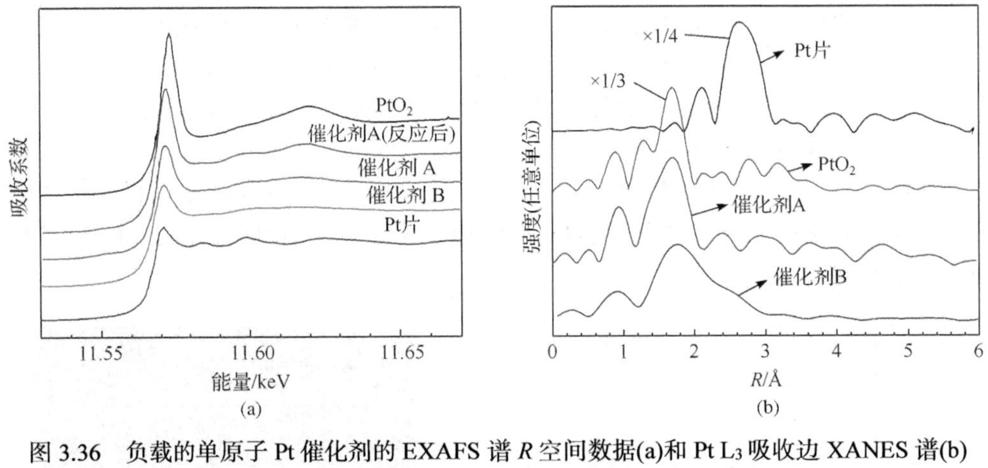

图 3.36　负载的单原子 Pt 催化剂的 EXAFS 谱 R 空间数据(a)和 Pt L_3 吸收边 XANES 谱(b)

本 章 小 结

无论是晶体还是非晶体，都适合用 XAFS 方法研究。XAFS 可以对不同元素分别研究，有助于获得自洽的结构信息。由于同步辐射光源的高亮度，XAFS 的灵敏度很高，可以研究

元素浓度非常低的样品，也相对适用于原位条件实验。

XANES 谱特征峰可以用来判断化合物电子结构，与外层未占据的空轨道密切相关。XANES 方法可以提供关于内层电子(1s、2s、2p)向 nd、$(n+1)$s、$(n+1)$p 空轨道跃迁的证据及配位信息。XANES 样品一般不需特殊的制备或预处理，不过 XANES 难以处理较复杂的多价态元素的混合样品体系。

EXAFS 能够以原子分辨率提供吸收原子周围的局域结构信息，对样品的状态无特殊要求，可以是晶体和非晶体，因为 EXAFS 表达的是原子的近邻结构。

EXAFS 方法也有很多局限性，首先需要同步辐射光源；其次，对 EXAFS 数据分析的主观性较强，同样的数据可能产生不同的解释及不同的结果。此外，EXAFS 只能给出平均结构信息，对于配位结构不均匀的样品，如样品中吸收原子既有三配位结构又有五配位结构，EXAFS 可能会给出四配位结构的信息。EXAFS 也只能给出平面的平均配位结构，如当配位数为 4 时，很难区分是平面四边形、四面体或四棱锥，这是因为 EXAFS 信号来源于单原子背散射信号，无法提供立体配位信息。EXAFS 不能分辨相近元素，如无法区分配位原子是碳、氮或氧，此时需要结合其他表征方法。EXAFS 有时不能给出结构的细微变化，配位数分析误差可达 20%。当然，一种表征方法只能反映样品某个侧面的信息，需要综合不同方法的表征数据，才可以获得更完整、自洽的结构信息。

第 4 章　固体核磁共振波谱

没有任何实验愚蠢到不值得一试。

——格拉赫

核磁共振(nuclear magnetic resonance，NMR)已经是一个普及程度相当高的科技词汇了，这完全得益于磁共振医学成像的广泛普及。核磁共振虽然涉及"核"，但不过是普通的原子核，与"核衰变""核辐射"完全没有关系。多年的核磁共振实践已经证明，无论是静磁场还是射频电磁场，对人体都无伤害，因此磁共振谱学及成像技术都是安全的，这也正是这项技术可以用来研究活体大脑功能的原因。脑功能磁共振成像(图 4.1)研究发现了大脑中脑脊液清洗的过程，在睡眠时大脑可以被脑脊液清洗。如果不睡觉，大脑没有机会清除代谢毒素，研究的结论就是熬夜会变傻。正电子发射断层扫描(PET，见第 11 章)与磁共振成像结合，已经发展成为一种高灵敏度、高准确性的诊断技术。

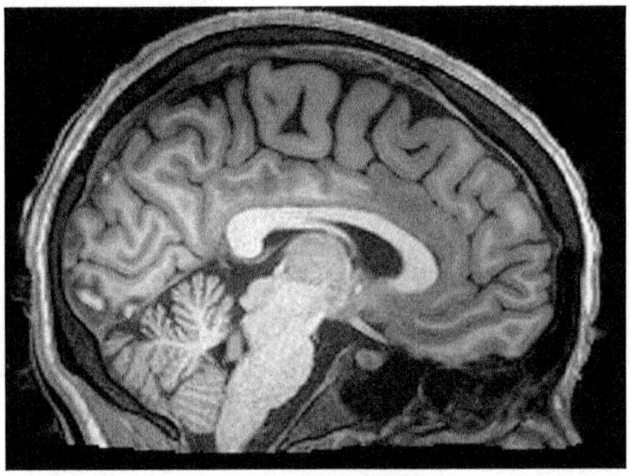

图 4.1　脑功能磁共振成像

红色是血液，蓝色是脑脊液。活体研究发现脑脊液在血液流出大脑的间隙进入大脑清除代谢毒素

核磁共振方法是量子力学理论发展的衍生产物，围绕核磁共振的研究已经五次获得了诺贝尔奖。核磁共振的研究领域非常广泛，方法也丰富多样，如液体高分辨、固体高分辨、生物大分子和成像研究等，本章主要介绍材料研究中常用的固体核磁共振方法。

4.1　核磁共振的基本原理

4.1.1　角动量取向空间量子化

核磁共振的研究对象是原子核，所以先从原子的核式结构说起。原子的核式结构模型是 1911 年由卢瑟福在 α 粒子散射实验的基础上提出的。原子的尺度约为 10^{-10} m，原子核的尺度只有原子的万分之一(10^{-15} m，即飞米)，带正电荷并占据绝大部分原子质量。原子的其他部分是电子的波函数，不同位置有不同概率，可以理解为电子云的概念。从经典物理学的角度，卢瑟福的核式结构有点不可思议。因为电子绕原子核的圆周运动是加速运动，而带电粒子的加速运动会不断辐射能量，这样电子会不断损失能量并缩小半径而落到原子核上，也就是说电子不能保持稳定绕核运动状态。这个理论困难也启发了玻尔，其在 1913 年提出了大胆的假设，电子的轨道是分立的，即量子化的。电子绕原子核做圆周运动，电子能量保持不变，处于稳态而不再辐射能量。如果要辐射能量，只能在不同的轨道之间跃迁。

本章中会多次讲到角动量及磁矩的概念，为方便理解，先从经典物理学的角度了解电子的轨道角动量与磁矩的关系。

载流线圈产生的磁矩可以表示为闭合电流大小与电流所围面积的乘积，方向垂直于该平面。在原子中，电子绕原子核旋转，也可以理解为闭合电流，因此也必定产生磁矩。电子绕核运动也存在角动量。因为电子的运动方向与电流方向相反，所以电子的轨道磁矩与角动量方向相反(图 4.2)。

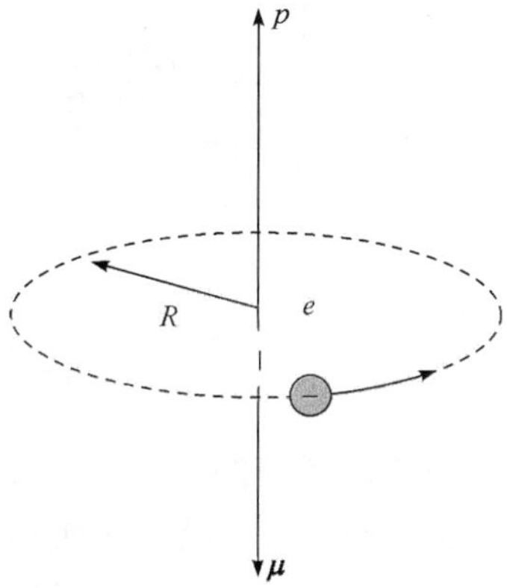

图 4.2　电子的轨道角动量与磁矩的关系

电子的轨道磁矩 $\boldsymbol{\mu}$ 可以表示为(公式中省略了矢量方向，仅表示数值大小，负号表示电子的运动方向与电流方向相反)

$$\mu = i \cdot S = -\frac{e}{T}S$$

$$\frac{1}{T} = f = \frac{\omega}{2\pi}$$

$$\mu = -\frac{e}{T} \cdot S = -e\frac{\omega}{2\pi}\pi R^2 = -\frac{1}{2}e\omega R^2$$

式中，R 为电子轨道半径；ω 为电子运动的角频率；S 为电子环流面积；e 为电子电量；T 为电子绕轨道一周的时间，则 $i=-e/T$，表示电子轨道运动形成的电流。

电子的轨道角动量 p 可表示为

$$p = R \times mv = R \cdot mR\omega = m\omega R^2$$

因此可得

$$\mu = -\frac{e}{2m}p = -\gamma p$$

式中，$\gamma = e/2m$ 为电子的轨道角动量与磁矩之间的比例系数，称为磁旋比(magnetogyric ratio)或旋磁比。进行上述的简单推导，旨在阐明两个要点，其一是带电粒子的角动量与磁矩方向相同(带正电)或相反(带负电)；其二是角动量与磁矩之间存在比例关系，即磁旋比，当然磁旋比并不是固定的常数。

德国物理学家索末菲在玻尔理论的基础上将电子的圆周轨道拓展为椭圆轨道，并提出电子轨道角动量的取向量子化概念，角动量在空间任意方向上的投影都不是连续的，而是分立的(量子化的)，即角动量在空间的取向不能是任意的。例如，在磁场(或电场)中，电子的轨道角动量相对于磁场方向只能有分立的几个取向，而不能随意取向(图 4.3)。这个概念的德文原文为 richtungsquantelung，意思是“取向量子化”，而翻译为英文为 space quantization，即“空间量子化”，这也是现在常用的说法，当然这个空间实际上指的是角动量的空间取向。

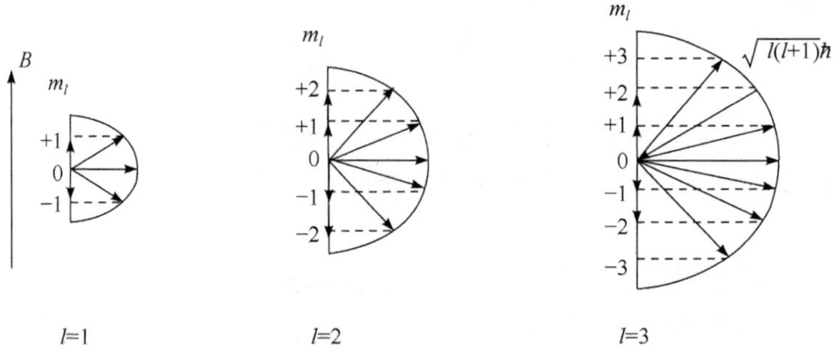

图 4.3 磁场中的电子角动量取向的空间量子化

对于原子中的电子，可以用四个量子数来约束，即主量子数 n、角量子数 l、磁量子数 m_l、自旋量子数 m_s。如图 4.3 所示，对于角量子数 l，在外磁场方向的取向不连续，存在由磁量子数 $m_l = 0, \pm1, \pm2, \pm3, \cdots, \pm l$ 确定的$(2l+1)$个分立投影值。如果角动量在磁场中取向是空间量子化的，那么与角动量对应的磁矩在磁场中的取向也是空间量子化的。角动量是一个难以测量的物理量，相对来说磁矩的测量就容易多了。

4.1.2 施特恩-格拉赫实验——原子磁矩取向的空间量子化

从经典物理学的角度，角动量取向的空间量子化让人难以理解，甚至劳厄和施特恩(O. Stern)都曾认真地讲，如果这种荒唐的说法成立，他们就不再研究物理。为了验证角动量取向量子化，施特恩构想了一个实验，做完这个实验，就可以确定空间量子化的理念是否成立。施特恩与格拉赫(W. Gerlach)于 1922 年合作完成了实验，这就是物理学史上非常著名的施特恩-格拉赫实验。如果原子具有磁矩(实际上是电子的磁矩)，在梯度磁场中，磁矩会受力。如果磁矩在磁场中有不同的取向，会受到不同大小的力，则不同的磁矩取向会造成不同的原子受力，导致不同的运动路径，从而出现分裂的轨迹，于是从宏观的观测结果就能判断空间量子化理念的真伪(图 4.4)。

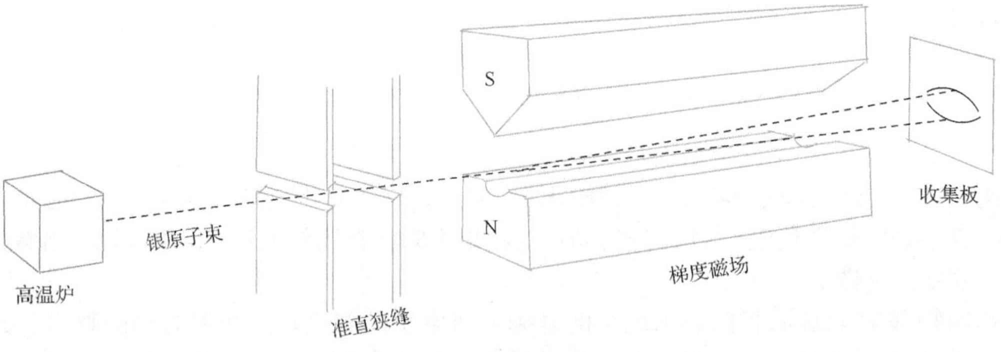

图 4.4 施特恩-格拉赫实验装置示意图

施特恩-格拉赫实验从开始就不被看好，不过格拉赫有句名言：没有任何实验愚蠢到不值得一试。实验看似简单，但是难度很大，对装置的精度要求非常高。他们用加热生成的银原子蒸气通过梯度磁场，在历尽艰辛甚至几乎放弃的情况下，终于有一天格拉赫观察到了银原子轨迹的分裂。格拉赫非常兴奋，给施特恩发了一封电报，上面只有一句话，“玻尔是对的”。格拉赫还给玻尔寄了一张明信片，内容是他们的实验图(图 4.5)。这个实验结果很震撼，角动量(磁矩)取向的空间量子化是正确的，而且已经通过实验得到了明确的观测证据。有的书上说施特恩-格拉赫实验验证了电子存在自旋，这个说法并不恰当。因为施特恩-格拉赫实验完成于 1922 年，而电子自旋的概念是 1925 年才提出的。现在我们知道，银原子的外层电子排布为 $4d^{10}5s^1$，原子的磁矩就是 $5s^1$ 电子的磁矩，自旋角动量为 $\hbar/2$，在磁场方向的投影只有 2 个值(在施特恩-格拉赫实验中分裂为 2 束)。当时施特恩对于实验结果的解释，将银原子的磁矩认为是来自电子的轨道磁矩，在理论分析上存在瑕疵，但是并不影响这个实验的伟大。施特恩-格拉赫实验第一次将量子世界的规律在宏观世界展示，对近代物理发展具有史诗般的贡献。

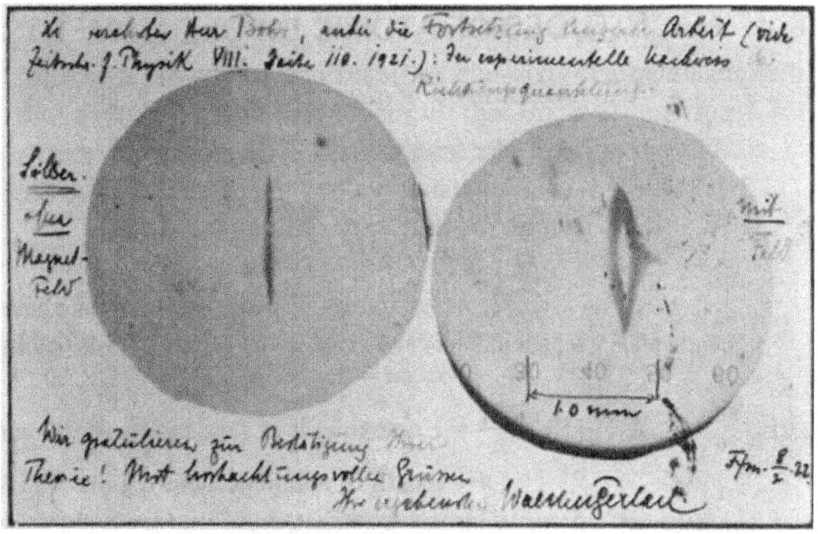

图 4.5 格拉赫在实验成功后给玻尔寄出的实验结果明信片

4.1.3 磁场中的核自旋

1924 年，泡利提出原子核具有自旋角动量。1925 年荷兰的乌伦贝克(G. Uhlenbeck)和古德斯密特(S. Goudsmit)提出了电子自旋的概念。关于自旋的概念，人们称其为内禀物理量，没有经典物理学的对应物，更不能简单理解为一个球体的自转。原子核或电子具有自旋角动量，也具有对应原子核或电子的自旋磁矩。

原子核的自旋量子数与质量数及原子序数的关系见表 4.1。原子核的核自旋量子数(一般用 I 表示)表示其自旋角动量最大投影值是 $I\hbar$，而对应的自旋磁矩则是角动量乘以磁旋比(不同原子核的磁旋比不同，需要通过实验测量)。对于核自旋量子数为零的原子核，可以说其自旋角动量为零，而不能说其没有自旋。既然原子核具有自旋角动量和磁矩，则核自旋的角动量和磁矩也具有空间量子化的特性。对于核自旋量子数 I，在磁场中其角动量有 $I, I-1, \cdots, -I$，共 $2I+1$ 个投影值，同样核自旋磁矩也具有 $2I+1$ 个投影值，就是施特恩-格拉赫实验所证实的空间量子化效应。

表 4.1 原子核的自旋量子数(I)与质量数(A)及原子序数(Z)的关系

质量数(A)	原子序数(Z)	自旋量子数(I)	举例
奇数	奇数或偶数	半整数(1/2, 3/2, 5/2,…)	^{13}C, ^{1}H, ^{19}F, ^{31}P, ^{15}N, ^{17}O, ^{35}Cl, ^{79}Br, ^{125}I
偶数	偶数	零	^{12}C, ^{16}O, ^{32}S
偶数	奇数	整数(1, 2, 3,…)	^{2}H, ^{14}N

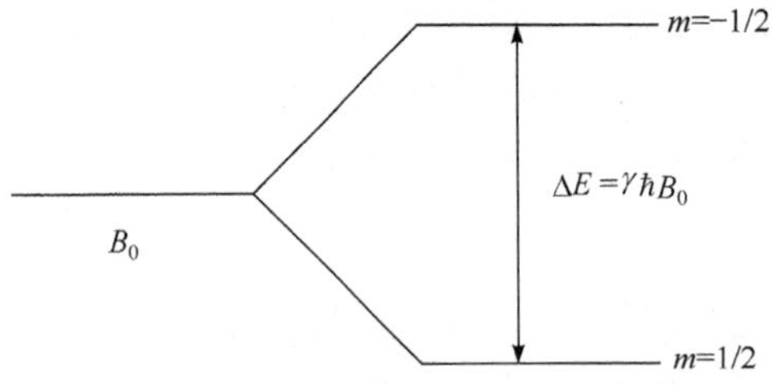

图 4.6 I=1/2 核在磁场中的能级分裂

为了便于理解，选 I=1/2 的核自旋为例(图 4.6)。原子核在磁感应强度 $\boldsymbol{B}_0$ 的静磁场中，由于空间量子化效应，核磁矩只能有 $2I+1=2$ 个取向，分别对应磁量子数 m=1/2 和 m=−1/2。核磁矩在静磁场中的势能 $E=-\boldsymbol{\mu}\cdot\boldsymbol{B}_0$ 则会形成两个核自旋的能级：

$$E_{-1/2} = -\mu \cdot B_0 = -\gamma p B_0 = \frac{1}{2}\gamma\hbar B_0$$

$$E_{1/2} = -\mu \cdot B_0 = -\gamma p B_0 = -\frac{1}{2}\gamma\hbar B_0$$

其能级差为 $\gamma\hbar B_0$。如果有垂直于 $\boldsymbol{B}_0$ 的外加射频电磁场的能量子($h\nu_0$)等于不同取向自旋能级差时，则发生射频能量的共振吸收，也就是核磁共振现象。

$$\Delta E = h\nu_0 = \gamma\hbar B_0$$

共振频率

$$\nu_0 = \frac{\gamma}{2\pi} B_0$$

核磁共振过程之所以可以发生，本质上是磁场中核磁矩的量子化取向，即空间量子化效应。如果核磁矩在磁场中可以随意取向，只能形成连续的能级，这样特定的共振吸收频率也就无从谈起了。

4.1.4 第一个核磁共振实验

下面介绍由美国物理学家拉比(I. Rabi)完成的第一个核磁共振实验。拉比曾是施特恩的博士后，仍然延续了分子束实验方法。拉比的实验完成于 1938 年，一些原子核具有自旋角动量和磁矩的事实已经清晰，难题在于如何精准测量原子核的磁矩。拉比在施特恩-格拉赫实验的基础上第一次引入了共振吸收的概念(实验简要示意如图 4.7 所示)。拉比使用的分子束是氯化锂的蒸气，研究的原子核是 ^{7}Li。实验装置有两个梯度磁场区域，且梯度磁场大小相等但方向相反。氯化锂分子进入梯度磁场区域，由于核自旋空间量子化，核磁矩发生分立取向，并受到梯度磁场的力作用，做抛物轨迹运动。当分子进入另一个对称梯度磁场区域，由于梯度方向相反，则受到反方向的力，运动轨迹改变。选择合适的检测器的位置，可以接收到穿过磁场区域的分子束。此时，在 C 区的静磁场区域(无磁场梯度)，分子束不受力，但是如果引入特定频率的射频电磁场，当其频率可以产生核磁共振时，核自旋吸收能量并发生取向翻转。这样在 B 区，磁矩取向翻转导致原来的受力方向发生改变，分子束运动轨迹随之发生改变而偏离检测器。通过扫描调变电磁铁的磁场，找到对应共振频率，因共振轨迹偏离检测器而造成分子束信号损失(图 4.7)。拉比因首次完成核磁共振实验获得 1944 年诺贝尔物理学奖。

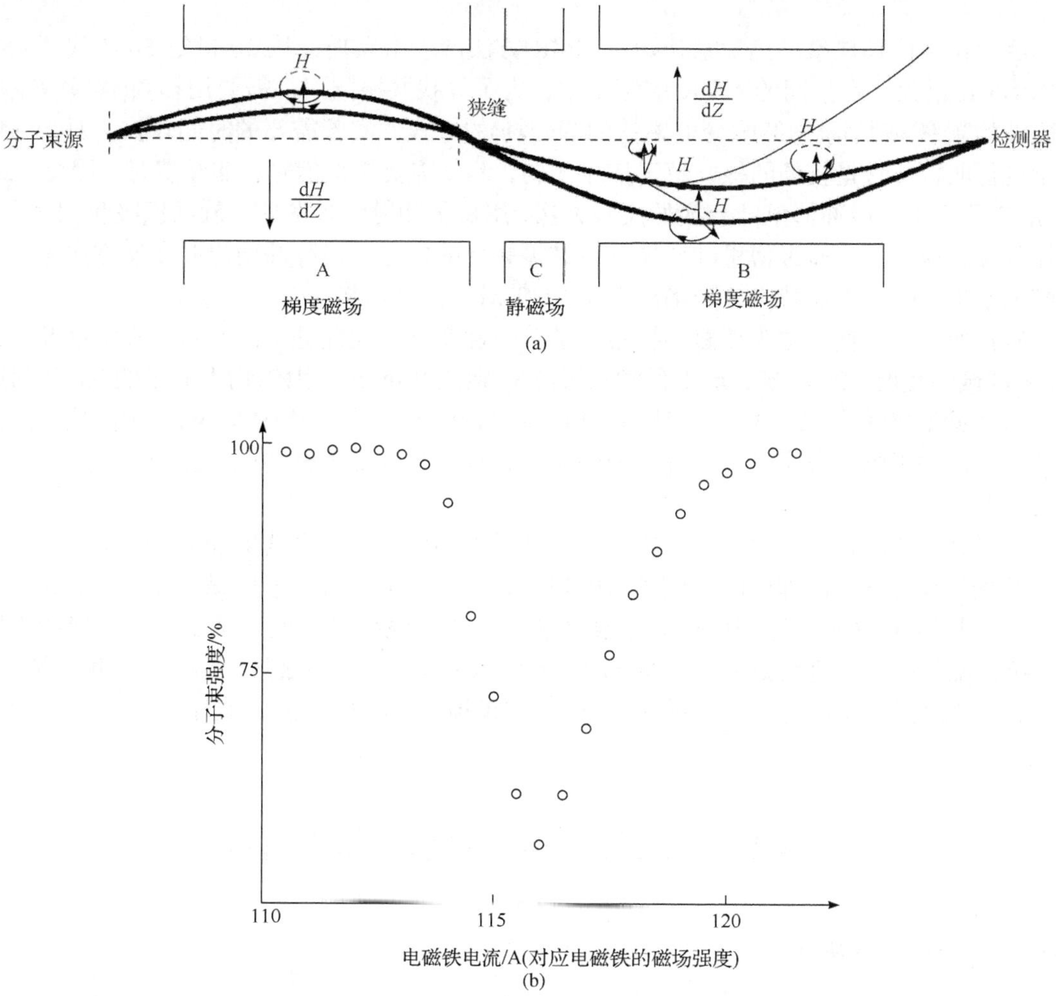

图 4.7　拉比的分子束磁共振实验装置(a)及第一张核磁共振实验图(b)

分子束共振方法的成功开创了核磁共振方法的先河。但是用分子束做实验不是很方便，也不是什么物质都可以获得分子束。1945 年，美国物理学家布洛赫(F. Bloch)和珀塞尔(E. Purcell)的研究组各自独立实现了宏观(体相)样品的核磁共振信号观测，并因此分享了 1952 年诺贝尔物理学奖。布洛赫和珀塞尔的实验方法原理一致，只是检测方法不同，这里不再详述。需要特别指出的是，布洛赫采用的核感应检测方法，即通过样品中被测核的磁矩取向变化，在探测线圈中产生磁通量变化进而形成感应电动势，目前仍然在 NMR 谱仪上沿用。

4.1.5　化学位移

磁场中核自旋的共振频率受到其核外化学环境的影响而发生变化，称为化学位移现象。同样是质子，在不同的化合物中可以有不同的共振频率，这样化学家可以用 NMR 方法研究分子结构。化学位移现象由美国物理学家普罗科特和中国科学家虞福春于 1950 年首次发现。虞福春先生于 1951 年归国，是中国核物理教育的主要奠基人之一，中国物理学教育的一代名师。

4.1.6 脉冲傅里叶变换核磁共振

因为化学位移现象，化学家开始对 NMR 方法产生了兴趣，从 20 世纪 50 年代开始有了商用 NMR 谱仪。在早期的 NMR 谱测量中，为了寻找共振频率，需要用扫频(连续改变照射电磁波的频率)或扫场(连续改变电磁铁的静磁场)的方式，实验需要的时间较长。对于一些天然丰度低的核或含量较低的核，由于信号太弱，测试需要累加信号，非常费时。因此，20 世纪 60 年代提出了脉冲傅里叶变换的实验方法，用短脉冲射频激发核自旋共振吸收，随后观测时域的磁感应信号，通过傅里叶变换获得共振频率的信号。对脉冲傅里叶变换方法做出杰出贡献的瑞士科学家恩斯特(R. Ernst)获得 1991 年诺贝尔化学奖。

脉冲傅里叶变换方法为核磁共振带来的革命性变化大大促进了高分辨、多维谱及成像等 NMR 领域的发展。2002 年，瑞士科学家维特里希(K. Wüthrich)因生物大分子的 NMR 研究方法获得诺贝尔化学奖。2003 年，劳特伯(P. Lauterbur)和曼斯菲尔德(P. Mansfield)因核磁共振成像技术方面的贡献获得诺贝尔生理学或医学奖，这也是围绕核磁共振方法的研究第五次获得诺贝尔奖。

核磁共振所获得的五次诺贝尔奖，从物理学奖到化学奖，再到生理学或医学奖，标志着核磁共振的理念从基础理论向应用领域的发展过程。拉比的第一个核磁共振实验，其实可以溯源到施特恩-格拉赫实验对空间量子化的验道，所以说核磁共振是量子力学发展的直接产物。拉比晚年时住院进行磁共振成像检查，随后感叹道，他从未想过当初他发明的方法，居然可以变成现在的样子。一个原创的思想，如果插上技术的翅膀，真不知道可以飞到多高多远。

4.2 核磁共振实验的基本物理过程

4.2.1 核磁共振谱仪

从用户的角度，我们不必深入了解谱仪的硬件技术细节，所以只是从逻辑框架的角度介绍核磁共振谱仪的基本组成(图 4.8)。核磁共振，顾名思义，核是要检测的核自旋，也就是所测量的样品。磁就是磁体[超导或电(永)磁铁]，产生恒定磁场。磁场越强，信号的灵敏度越高(见下文)，因此现代核磁共振谱仪都使用超导磁体。超导磁体的磁场强度来源于超导线圈中的环电流。使用超导材料线圈可以加载更大的电流来产生更强的磁场，并且超导线圈的零电阻可以避免大电流的发热，但是线圈必须维持在超导材料工作的低温区。目前商用仪器使用的是液氦温区的低温超导材料，因此必须用液氦来维持工作温度。为了减缓液氦的挥发，在液氦层之外是液氮层。液氮和液氦都需要定期补充，这也是核磁共振谱仪维持运行的必需费用。共振需要有射频线圈及射频发生单元以发射不同频率的射频波。射频发射及信号检测可以共用线圈。另外，需要检测线圈及信号检测系统，检测共振激发的核自旋磁矩产生的磁通量变化感生出来的电流。样品可以放在样品管(液体)或转子(固体)中，而样品管要放入检测线圈之内。包含射频线圈和检测线圈的装置也称为探头，显然探头必须放入磁场的空腔中。谱仪还包括射频发射、信号接收及数据处理系统。

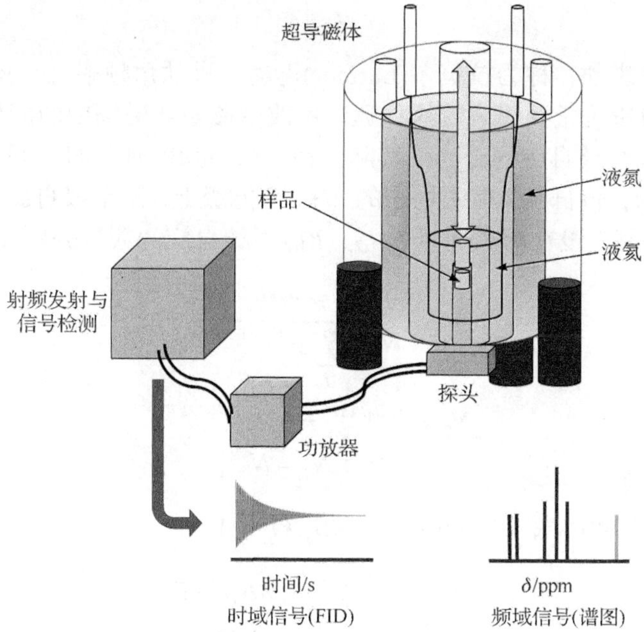

图 4.8 核磁共振谱仪基本构造示意图

4.2.2 核自旋磁化的经典力学模型

前文已述，核磁共振现象源于核自旋空间量子化效应，并通过磁场中核自旋能级分裂和共振吸收跃迁等方式进行了描述。不过从实验的角度，用经典力学来描述核自旋体系更直观，也更容易理解。

为简单起见，仍然以 I=1/2 核为例，如图 4.9 所示，考察一个孤立的核磁矩在恒定磁场中的运动情况。

磁矩在磁场中受到力矩 $\boldsymbol{\tau}=\boldsymbol{\mu}\times\boldsymbol{B}$，此力矩使核的自旋角动量改变：

$$\mathrm{d}\boldsymbol{p}/\mathrm{d}t=\boldsymbol{\tau}=\boldsymbol{\mu}\times\boldsymbol{B}$$

由 $\boldsymbol{\mu}=\gamma\boldsymbol{p}$，有

$$\mathrm{d}\boldsymbol{\mu}/\mathrm{d}t=\gamma\boldsymbol{\mu}\times\boldsymbol{B}$$

设磁场沿着 z 方向，则 $B_z=B$, $B_x=B_y=0$，有

$$\mathrm{d}\mu_x/\mathrm{d}t=\gamma B\mu_y=\omega\mu_y$$

$$\mathrm{d}\mu_y/\mathrm{d}t=-\gamma B\mu_x=-\omega\mu_x$$

$$\mathrm{d}\mu_z/\mathrm{d}t=0$$

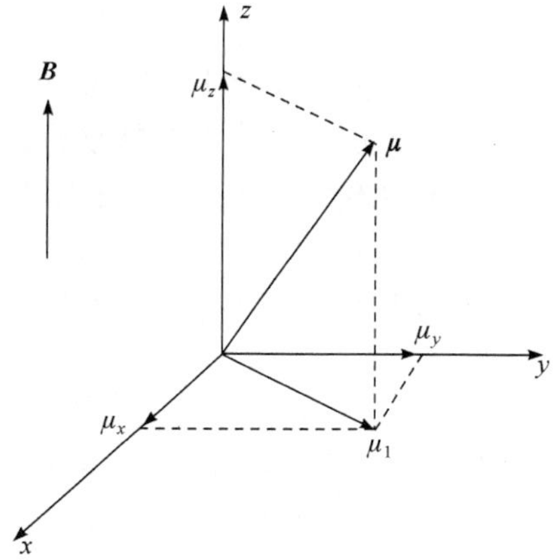

图 4.9 实验室坐标系中的核磁矩

解微分方程可得

$$\mu_x = \mu_1 \cos(\omega t + \varphi)$$
$$\mu_y = -\mu_1 \sin(\omega t + \varphi)$$
$$\mu_z = c$$

上式表示磁矩绕 z 轴进动，称为拉莫尔(Larmor)进动，进动角频率 $\omega = \gamma B$。

磁矩在 z 方向投影为常数，表明这种运动不改变磁矩在磁场中的能量。

上面只讨论了单个核自旋的行为，实际上在观察 NMR 现象时，观察的是含有大量核的宏观体系的平均行为，核自旋 I 在磁场中的 $2I+1$ 个能级上，N 个核自旋布居数服从玻尔兹曼分布。以 $I=1/2$ 核为例，设在两个能级 $E_{-1/2}$、$E_{1/2}$ 上核自旋的数目分别为 N_2、N_1，则有

$$\frac{N_i}{N} = \frac{\mathrm{e}^{-E_i/kT}}{\sum_j \mathrm{e}^{-E_j/kT}}$$
$$N_2/\mathrm{e}^{-\gamma\hbar B_0/2kT} = N_1/\mathrm{e}^{\gamma\hbar B_0/2kT}$$
$$N_1 + N_2 = N$$

式中，γ约为10^6；h约为10^{-34}；k约为10^{-23}；$\gamma\hbar B_0/kT \ll 1$。

$$\mathrm{e}^{-\gamma\hbar B_0/2kT} \approx 1 - \gamma\hbar B_0/2kT$$
$$\mathrm{e}^{\gamma\hbar B_0/2kT} \approx 1 + \gamma\hbar B_0/2kT$$

$$N_2 = \frac{N}{2}\left(1 - \gamma\hbar B_0 / 2kT\right)$$
$$N_1 = \frac{N}{2}\left(1 + \gamma\hbar B_0 / 2kT\right)$$

上、下能级粒子数之差 n(布居数差)：

$$n = N_1 - N_2 = N\gamma\hbar B_0 / 2kT$$
$$n / N = \gamma\hbar B_0 / 2kT$$

假如磁场强度=1 T，T=300 K，可以估算 $n/N \approx 3.4 \times 10^{-6}$，也就是说高低两个能级上的自旋布居数之差只有核自旋总数的百万分之几数量级,或者说如果有百万个核自旋放到磁场中，达到平衡后绝大多数核自旋磁矩都因为取向相反而互相抵消，总磁矩只是几个核自旋磁矩的贡献，这就是 NMR 信号灵敏度低的原因。

达到平衡时 N 个核的总磁矩 M_0：

$$M_0 = n \cdot \gamma\hbar / 2 = N\gamma\hbar B_0 / 2kT \cdot \gamma\hbar / 2 = N\gamma^2\hbar^2 B_0/4kT$$

磁场中样品的净磁化磁矩取决于以下几方面。

N：核自旋的数目(提高样品的量有利于增强信号强度)。

γ：磁旋比(核自旋的固有参数，取决于不同的核)。

B_0：磁感应强度 (提高磁场强度有利于增强信号强度)。2022 年，中国科学院合肥物质科学研究院强磁场科学中心的混合磁体可以产生 45.22 T 的稳态磁场，创造了稳态强磁场的新世界纪录。

T：温度(降低体系温度有利于增强信号强度)。

当样品放入磁场中，样品中全部核自旋的磁矩在两个分量上(假定 I=1/2)的布居数不同，这样相当大的核自旋的磁矩由于取向相反而抵消，只有布居数差值部分的核自旋的磁矩保留部分下来，在磁场方向(z 方向)上形成总磁矩 $\boldsymbol{M}_0$，称为磁化矢量(图 4.10)。由于在 z 方向不同取向核自旋布居数之差只有总核数的百万分之几，因此在 z 方向剩余总磁矩 $\boldsymbol{M}_0$ 是很小的。而在 x 或 y 方向，由于每个核自旋的进动相位随机，横向的总磁矩平均为零。可以想象，由于总磁化矢量很小，磁化矢量可以在接收线圈内感应出的电流信号非常弱，因此核磁共振方法的检测灵敏度很低。

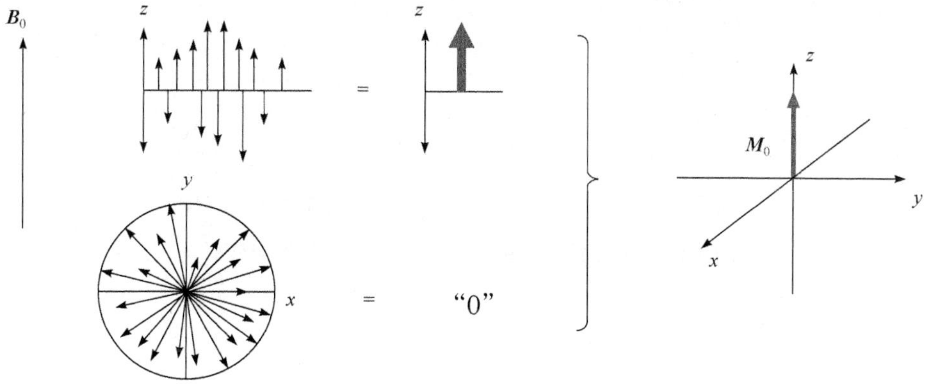

图 4.10　磁化矢量的纵向和横向分量

4.2.3　旋转坐标系、脉冲宽度和扳转角

从经典物理学的角度，核自旋磁矩在磁场中做拉莫尔进动，进动的角频率与磁场强度成正比。这是样品的磁化过程，即有了“核与磁”。现在可以开始“共振”的过程了。通过发射线圈中的交变电流，可以产生一个交变磁场(当然也是电磁场)。这个交变磁场的方向垂直于静磁场的方向(z)，可以表示为沿着 x 方向(图 4.11)。默认所讨论的体系满足共振条件，因此所施加的交变磁场的角频率与拉莫尔频率相同。线圈中施加的是一个线偏振的磁场，可以看作左、右旋的两个圆偏振磁场的叠加。而在 NMR 中，选择与进动方向一致的圆偏振磁场，而忽略方向相反的圆偏振(可以理解为其与核磁矩的进动步调不一致，不参与共振。实际上这个圆偏振理论上使共振频率发生小的偏移)。

这样，在实验室坐标系中可以看到进动的核磁矩，如果想象可以有一个绕 z 轴旋转的坐标系(坐标轴表示为 u，v，z)，旋转角频为 ω。当处于旋转坐标系中观察核自旋的进动，会发现进动的角频率变慢了。由于进动角频率与静磁场成正比，在旋转坐标系中判断是核自旋感受到的静磁场变小了。而当旋转坐标系的角频率与拉莫尔频率相同时，核自旋不再进动，相当于静磁场=0(注意这是在旋转坐标系中的认知)。

此时，如果施加交变磁场 B_1，其频率也是 ω，即等于旋转坐标系的角频率，则在旋转坐标系中，B_1 可以看作是沿着 u 轴保持不变的磁场。根据之前的力学分析，对于 z 方向的总磁化矢量，在施加 B_1 之后，则要绕 B_1 方向开始进动，称为磁化矢量的扳转(图 4.12)。

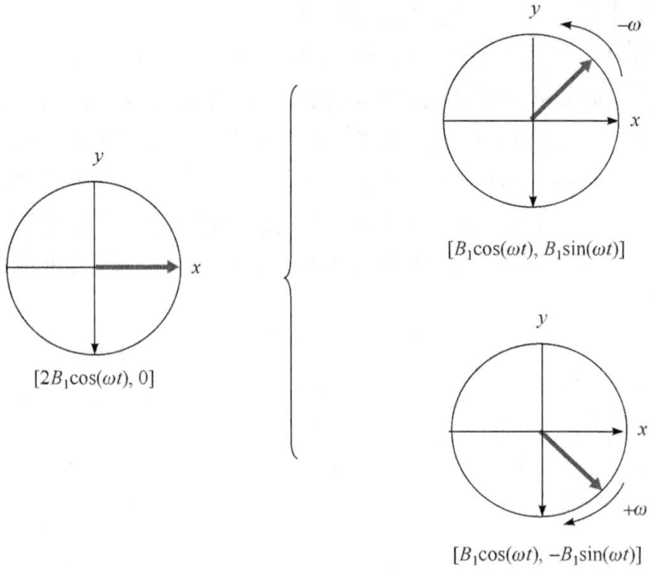

图 4.11 线偏振交变磁场分解为两个圆偏振交变磁场

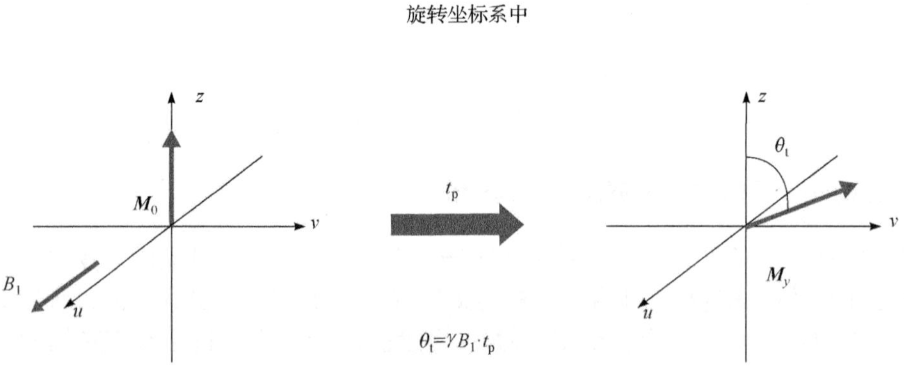

图 4.12 旋转坐标系中的脉冲与扳转角

实际情况下，这个射频场 B_1 不是一直持续，而是短脉冲的形式，持续时间 t_p。如前所述，在静磁场 B_0 作用下，磁化矢量的绕磁场的进动频率为γB_0。现在考虑旋转坐标系中，在磁场 B_1 的作用下，磁化矢量的旋转频率为γB_1，这样在 t_p 时间内转过的角度为$\gamma B_1 t_p$，称为磁化矢量的扳转角。如果 t_p 的时长刚好可以将磁化矢量扳转 90°，则称这个时长的脉冲为 90°脉冲(图 4.13)。也可以有 180°、270°脉冲，这在 NMR 实验中是比较常见的脉冲，扳转角也可以是任意的。

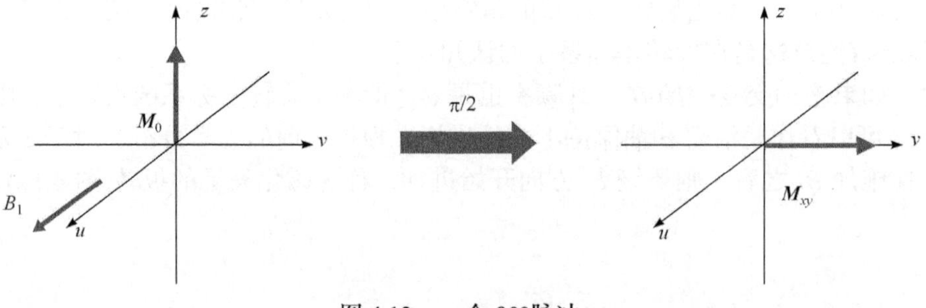

图 4.13 一个 90°脉冲

将磁化矢量扳转的意义是什么呢？如果此时再回到实验室坐标系，可以发现原来水平方向为零的磁化矢量通过脉冲的扳转，产生了水平方向的分量，变成绕 z 方向以 ω 角频率进动。如果在实验室坐标系中水平方向有检测线圈，则磁化矢量的水平分量在线圈中产生感应电动势，这就是要检测的核磁共振吸收的信号。如图 4.14 所示，假设检测线圈沿着 y 轴方向，当扳转角为 90°时，磁化矢量的水平分量，即 y 方向上检测到的 FID 信号可以表示为

$$M_y(t)=M_0\mathrm{e}^{-t/T_2}\sin(\omega t+\varphi)$$

上式表示随时间衰减的磁化矢量振荡信号，称为自由感应衰减(free induction decay，FID)。这是一个在脉冲结束之后，随时间逐渐衰减的振荡信号。参与共振的核磁矩横向分量的总和形成了磁化矢量的水平分量，由于核磁矩所处化学环境不同，或者由于核磁矩之间相互作用等因素，其所处磁场不均匀，造成核磁矩进动频率的涨落，则磁矩横向分量相互抵消，因而总磁化矢量的水平分量会逐渐衰减，这种指数形式衰减的时间系数 T_2 称为横向弛豫时间(关于弛豫时间的概念稍后讨论)。

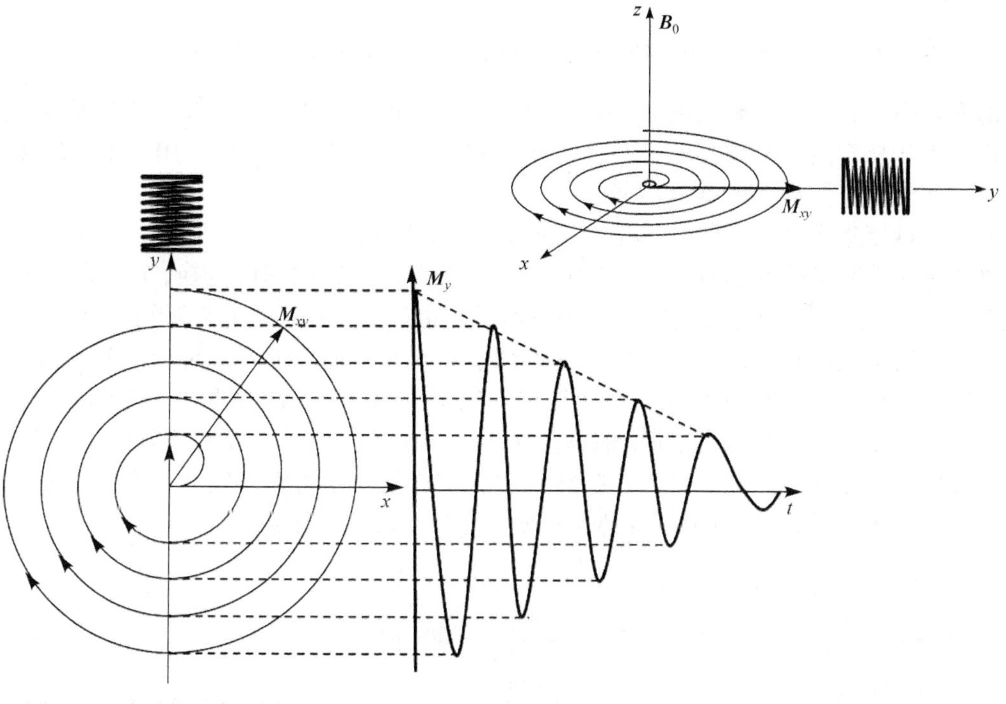

图 4.14　实验室坐标系中的磁化矢量扳转 90°到 xy 平面后，横向分量在线圈中的感应信号

实际上，脉冲关闭之后，总磁化矢量在 xy 平面的分量由于各核自旋的进动散相逐渐各向平均抵消而趋向于零，同时 z 方向的分量逐渐趋于脉冲之前的平衡态，因此 z 方向分量逐渐恢复，水平分量逐渐减少。因此，可看到一个一边绕 z 轴进动，水平分量一边收缩的磁化矢量(为清晰起见，在图 4.14 中并没有画出磁化矢量在 z 方向的恢复过程)。

如果样品中的核自旋由于存在化学位移而有若干个不同的共振频率，则总磁化矢量可以表示为每个共振频率对应的 FID 的叠加：

$$\sum M_{yi}(t)=\sum_{i} M_{0} \mathrm{e}^{-t/T_{2i}} \sin(\omega_{i} t+\varphi_{i})$$

这样线圈中检测到的 FID 包含若干不同频率的衰减振荡信号。如果想解析出 FID 信号中包含的振荡频率ω_i，则对 FID 的时域信号进行傅里叶变换，可以得到频域的函数 $f(\omega)$，即以共振频率为变量的谱图，就是谱仪测试的核磁共振谱(图 4.15)。

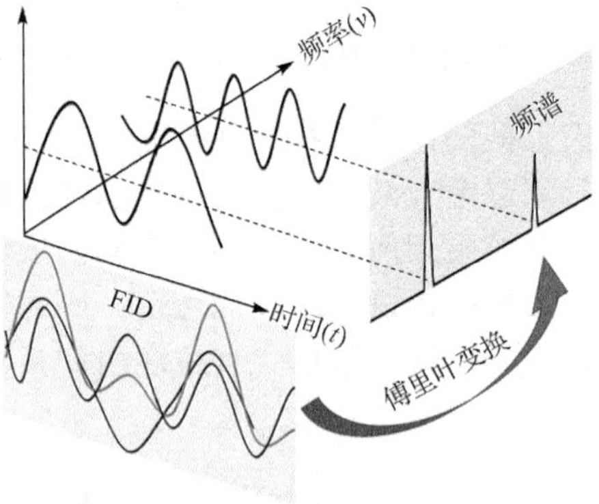

图 4.15 包含若干振荡频率的非周期时域信号(FID)通过傅里叶变换为频域信号(谱图)

前文曾提及，射频电磁场的频率要与核自旋共振频率一致，才能发生共振吸收。但是，如果样品中的核自旋因化学位移产生不同的能级差(不同的共振频率)，用一个固定频率的射频脉冲如何激发不同频率的共振信号？

回顾时域函数和频域函数的傅里叶变换关系。如图 4.16 所示，对于一个频率 ω 的振荡信号，如果其持续时间很短 t_p(称为短脉冲)，对这个短脉冲进行傅里叶变换，得到的频域函数实际包含了以 ω 为中心、$2/t_p$ 宽度的一个频段信号，也就是说用一个短脉冲可以激发以 ω 为中心的一个频段的共振信号。或者也可以从海森伯不确定原理来理解。对于一个射频脉冲，其时间的不确定范围为脉冲宽度 Δt，对于能量不确定范围 $\Delta E=h\Delta\nu$，即对应脉冲频率变化范围为 $\Delta\nu$。根据 $\Delta E\cdot\Delta t\geqslant\hbar/2$，可以简单估算，对于 1 μs 的脉冲($\Delta t$=1 μs)，其频率的不确定范围约为 100 kHz 数量级。因此，短射频脉冲激发的 FID 信号中可以激发一定宽度的频谱范围，其中可以包含不同共振频率的信号(共振频率要在这个频谱范围内)。

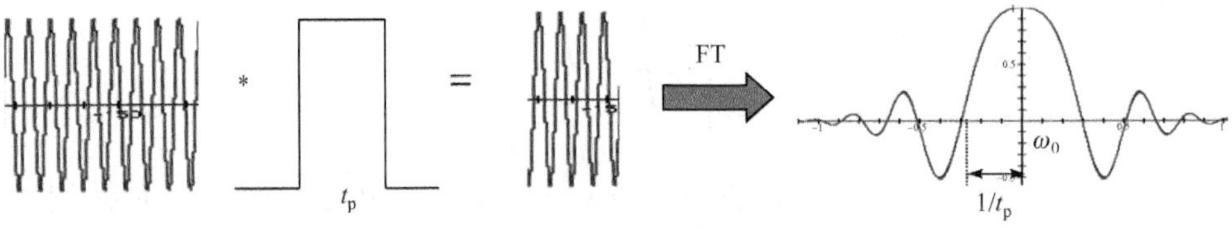

图 4.16 一个短射频脉冲可以覆盖的一个频段

关于脉冲的扳转角，90°脉冲可以将磁化矢量扳转到 xy 平面，而检测线圈在 xy 平面，因此可以检测到最大信号(图 4.17)。一个短脉冲包含其持续时间(脉冲宽度)，另一个参数是脉冲的强度，称为脉冲的射频功率，就是实验中施加的射频电磁场的磁场强度(振幅)。从前文可知，磁化矢量的扳转角

$$\theta_t = \gamma B_1 \times t_p = \omega_1 \times t_p$$

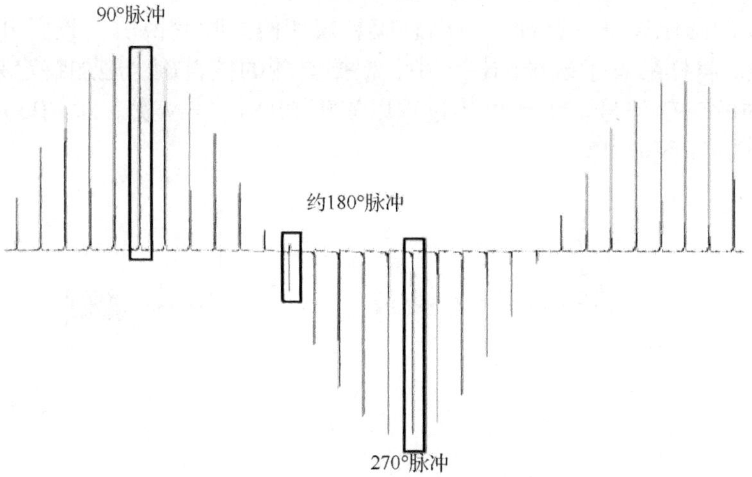

图 4.17 90°、180°、270°脉冲激发的信号强度

若 90°脉冲为 10 μs，则有$\pi/2 = \omega_1 \times 10$ μs，即 $\omega_1/2\pi$ =25 kHz，这样称脉冲的射频功率为 25 kHz，也就是用磁化矢量扳转的(角)频率表达射频脉冲的强弱。

4.2.4 自旋-晶格弛豫

核磁矩受到射频电磁场照射，可以发生共振吸收跃迁到高能态。在射频脉冲关闭之后，高能级的核自旋要恢复到低能级。能级之间的自发发射系数与对应跃迁频率的三次方成正比，由于核自旋之间的能级差很小，因此核自旋高能级到低能级的跃迁概率很低，不用考虑。也就是说，核自旋被激发跃迁后，并不主要以辐射电磁波的方式释放能量。这与我们经常遇到的电子从激发态的高能级跃迁到低能级，同时辐射电磁波的方式完全不同。核自旋体系的能量释放是通过热振动的形式传递给核自旋周围的晶格，这个过程也称为自旋-晶格弛豫过程。自旋-晶格弛豫讨论的是核自旋体系的纵向磁化矢量的恢复，因此也称为纵向弛豫。恢复过程的时间尺度称为自旋-晶格弛豫时间或纵向弛豫时间，一般用 T_1 表示。T_1 也可以理解为核自旋被射频激发到高能级的平均寿命。

磁化矢量被脉冲扳转后，逐渐恢复到 z 方向平衡态。因此，如果需要反复多次累加脉冲扳转的 FID 信号，必须等待磁化矢量复原，也就是等待的时间长于 T_1。这个等待时间在核磁共振实验中称为循环延迟时间。

4.2.5 自旋-自旋弛豫

核磁共振的信号检测线圈在 xy 平面，因此检测的是磁化矢量在 xy 平面的分量，即横向分量。横向分量的加和是每个进动的核磁矩的横向分量的矢量和，脉冲作用扳转磁化矢量，形成横向分量，而脉冲之后，由于每个核自旋所处位置的磁场不均匀性(即使静磁场可以做得很均匀，但是每个核自旋因近邻核自旋的微小磁场的影响而导致磁场不均匀)，每个核自旋的进动频率步调并不一致，造成在 xy 平面内的投影散相，从而横向分量逐渐趋于零。横向分量逐渐衰减的时间尺度称为横向弛豫时间或自旋-自旋弛豫时间，用 T_2 表示。

4.2.6 完成一个最基本的 NMR 实验

在了解样品的磁化矢量、脉冲、自由感应衰减和傅里叶变换后，我们可以完成一个最基本的 NMR 实验。将样品置于磁场的探头中，根据要测的核自旋，施加特定频率的射频脉冲，随后采集线圈中的 FID 信号。重复上述过程以累积 FID 信号 N 次。对 FID 进行傅里叶变换，即可得到 NMR 谱图(图 4.18)。

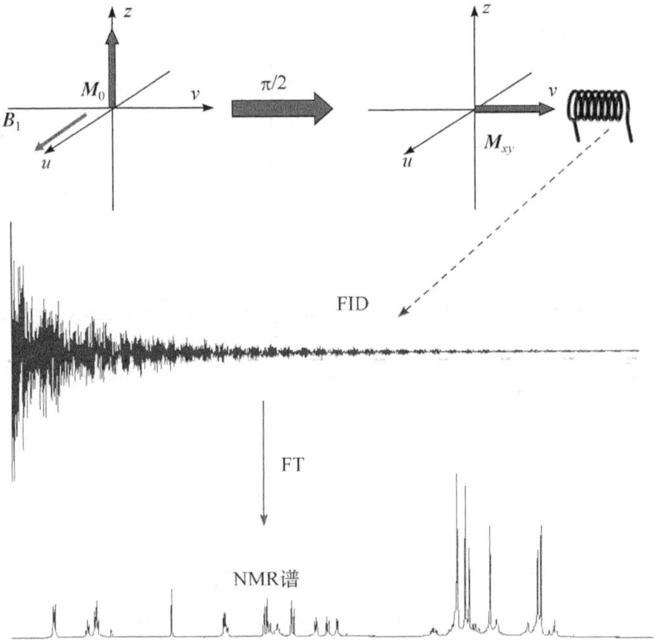

图 4.18 完成一个最基本的 NMR 实验

经过傅里叶变换后的 NMR 谱，横轴为频率，纵轴为对应的信号强度。核自旋的共振频率与磁场强度成正比，同样的样品在不同磁场的谱仪上测试，得到谱图横轴的共振频率不同，这给实验谱图的比较与分析带来诸多不便。因此，核磁共振谱更常用相对的化学位移来标识信号。选一个通用的样品作为参照标准，在同一台仪器上，以(样品共振频率–标准样共振频率)/标准样共振频率×10^{-6}作为横轴，称为化学位移。用化学位移作为谱图的横轴，不同磁场强度谱仪下测试的谱图可以进行对照。化学位移量纲为一，常用 ppm(10^{-6})表示。因此，在展示 NMR 谱图时，要说明是用哪种样品作为化学位移定标的参照。大多数参比标样是共识性的，如 ^{1}H 化学位移以四甲基硅烷的信号定标化学位移为 0 ppm，^{27}Al 化学位移以硝酸铝溶液的信号定标化学位移为 0 ppm。

4.3 固体中的核自旋相互作用

核磁共振的样品主要是液体和固体，也有介于液体和固体之间可以称为软物质的样品，如高分子浓溶液、液晶、凝胶或橡胶。

对于液体样品，分子无规翻滚的频率(约 10^{12} Hz)比 NMR 共振频率(约 10^{9} Hz)大得多，相当于核自旋对射频电磁波的响应速率跟不上分子的翻滚，因此在进行 NMR 观测时，只能看到分子翻滚的时间平均效应。分子快速运动平均掉各向异性作用(关于各向异性作用稍后提及)，共振峰谱线可以很窄，获得高分辨谱。关于液体高分辨 NMR 可以参考其他教科书，本书不再讨论。

本书讨论的是固体样品 NMR 谱学的基础内容。对于固体样品的 NMR，与液体相比，分子或原子的位置固定，核自旋不再快速翻滚，因此固体中各种相互作用无法平均，造成谱线严重展宽，信号的分辨率下降。固体 NMR 谱所携带的信息太多，以至于难以辨析。而固体 NMR 的一个重要内容就是结构信息的分离与取舍，以提高谱的分辨率。

固体中的核自旋相互作用包括

$$H = H_Z + H_{CS} + H_Q + H_D + H_J$$

H_Z：核自旋体系与外磁场的相互作用，即塞曼(Zeeman)作用，10^8 Hz 数量级，是核磁共振的主要作用项。

H_{CS}：化学位移作用，10^3 Hz 数量级，由核外电子云屏蔽效应引起。

H_Q：核电四极相互作用，10^5～10^7 Hz 数量级，源于四极核($I>1/2$)非球对称电荷分布。

H_D：偶极-偶极相互作用(dipole-dipole interaction)，核磁矩之间的直接耦合，10^4 Hz 数量级，重要但不一定总是存在。

H_J：自旋-自旋间接耦合，也称 J 耦合。10^1～10^2 Hz 数量级，在固体中不重要，是液体中的主要作用。

下面逐一讨论这些相互作用。

4.3.1　偶极-偶极相互作用

之前多次讲到磁矩，磁矩也可以称为磁偶极矩(因为不存在磁单极)。顾名思义，偶极-偶极相互作用是两个核自旋的磁偶极矩之间的作用。显然，如果两个核自旋距离很远，就不用考虑其相互作用。偶极-偶极相互作用一定是两个核自旋距离很近的结果。这个距离通常就是一个(或两个)化学键的距离，如一个水分子中的两个氢核。

一个核磁矩 A(可以理解为一个小磁针)会在其周围产生磁场。如果附近有另一个核磁矩 X，除 NMR 谱仪的静磁场外，也会感受到近邻核磁矩的弱磁场。这样由于近邻 A 核的影响，X 核感受的磁场(磁感应强度)发生变化，从而共振频率发生变化。A 核的磁矩在空间某点 r 产生的磁感应强度与 r^3 成反比，并且与 AX 连线和静磁场方向的夹角 θ 有关(图 4.19)。因此，偶极-偶极相互作用与两核的距离非常敏感，利用固体 NMR 谱对偶极-偶极相互作用进行观测，可以计算两个核的间距。

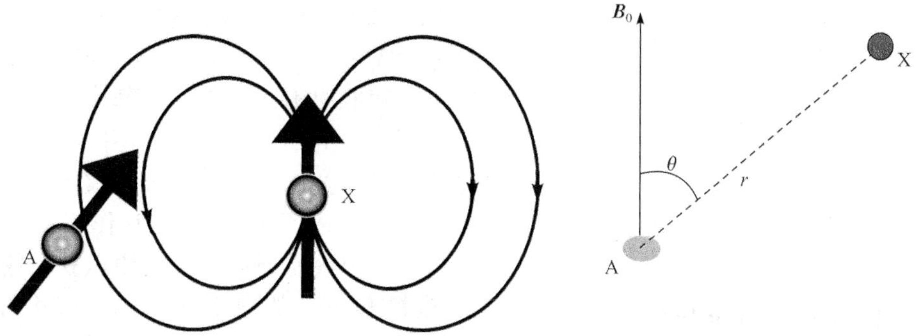

图 4.19　一个核磁矩的磁场对近邻核磁矩的影响

以质子-质子偶极作用为例，称为同核偶极-偶极作用(碳氢之间称为异核偶极-偶极作用)。由于空间量子化效应，质子磁矩在磁场中有两个取向(在 z 方向有两个投影)，对于近邻质子对 AX，质子 A 在质子 X 处形成的磁场可以有两个不同的方向，导致 X 核感受到的磁场比静磁场高一点或低一点。如果 X 核原本的共振频率为 ω_0，在考虑与 A 核的偶极作用后，原本的共振频率 ω_0 变成了两个共振信号。

对于核自旋 $I=1/2$ 的双同核体系(如质子-质子)，由于偶极-偶极作用，共振频率从 ω_0 变为

$$\omega = \omega_0 \pm \frac{3}{4}R\left(3\cos^2\theta - 1\right)$$

式中，R 为偶极作用常数，$R = \dfrac{\mu_0\gamma^2 h}{16\pi^3 r^3}$，其中 μ_0 为真空磁导率；θ 为两个核位置的连线与磁场之间的夹角。

谱线分裂的间距为 $\dfrac{3}{2}R\left(3\cos^2\theta - 1\right)$，与两核距离的三次方成反比，并与两核连线与磁场方向夹角有关(图 4.20)。

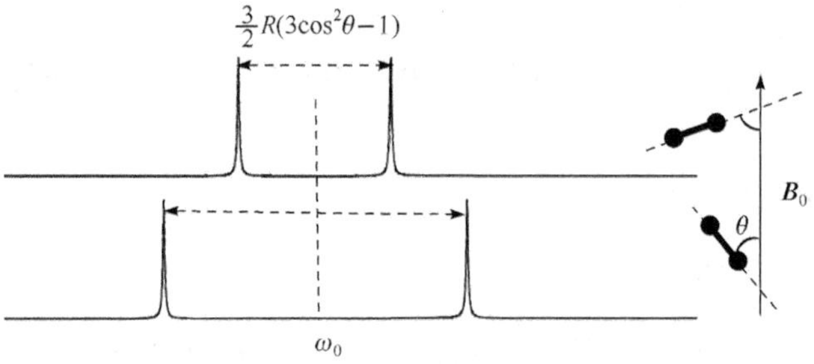

图 4.20　两个质子连线方向不同造成不同的谱峰分裂间距

偶极-偶极相互作用包含了两个信息，一是两个核之间的距离，二是两核连线与静磁场的夹角。在一个固体单晶样品中，如果存在两个近邻的核(如晶体中的结晶水)，其距离是固定的。如果单晶在磁场中的摆放方向改变，两核连线与磁场的夹角会发生变化。因此，不同的摆放位置会造成双线分裂间距的变化，也就是 NMR 信号与单晶在磁场中的取向有关。在固体 NMR 中，这是非常普遍的现象，统称为各向异性作用(核自旋相互作用与单晶和磁场方向的相对取向有关)。通常固体样品多为粉末样品，可以视为小晶体的粉末，每个小晶粒的空间随机取向。如果每个空间取向不同的小晶粒都形成一对信号峰，则不同取向的小晶粒产生的不同频率信号叠加，导致信号展宽，称为粉末展宽效应。

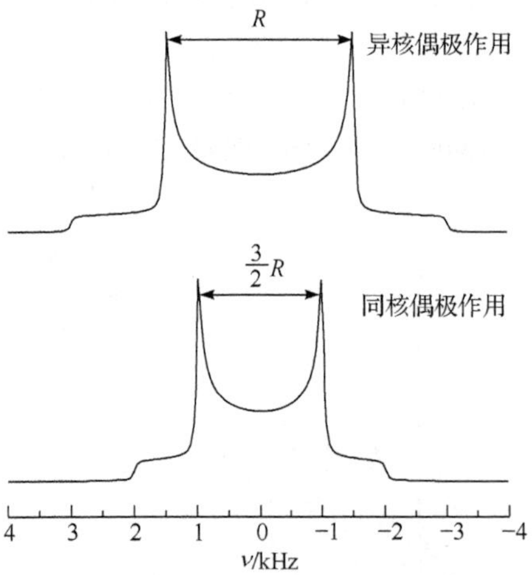

图 4.21　偶极-偶极相互作用导致的粉末谱型(计算模拟谱)

根据上述偶极-偶极相互作用造成的信号分裂公式，很容易通过计算机模拟获得粉末样品的谱图(粉末谱)，如图 4.21 所示。虽然粉末样品的信号展宽严重，但是仍然可以看到谱线表现出特

定的轮廓，称为粉末谱型(powder pattern)。将计算的粉末谱型与实验粉末谱进行对比拟合，可以获得偶极作用常数 R。偶极作用常数与距离的三次方成反比，据此可以计算出两个偶极核之间的距离。早在 1948 年，Pake 就通过测量石膏单晶中结晶水的质子-质子偶极作用造成的分裂间距，计算出两个质子之间的距离为 1.58 Å。

4.3.2 化学位移作用

前文已提及，如果没有化学位移，相同核自旋的共振频率全都一样，核磁共振对化学家就没有意义了。虽然核磁共振的研究对象是核自旋，但是我们真正感兴趣的是材料中原子的化学环境，而核自旋只是探知原子化学态的媒介。

化学位移的本质是核外电子的屏蔽作用，这很容易理解。电子屏蔽作用导致核自旋所感受的磁感应强度发生变化，因而造成共振频率的变化。本章我们更关注电子云的屏蔽作用对固体样品，特别是固体粉末样品带来的影响。

化学位移来源于原子核外的电子云在磁场下产生的屏蔽作用所形成的额外的弱磁场。原子核受到的屏蔽效应程度不同，造成磁场大小变化，从而导致共振频率的偏移，在核磁共振谱不同位置产生不同的信号(图 4.22)。影响化学位移的因素很多，如核自旋周围原子的电负性、化学键、芳环电流、氢键、溶剂效应等。

电子云屏蔽效应产生的磁场和分子和外磁场的相对取向有关，也不一定与外磁场(反)平行(图 4.23)。由于外磁场相对很强，因此只考虑与磁场方向(反)平行的作用项，而忽略屏蔽效应造成的横向弱磁场，这称为高场近似。

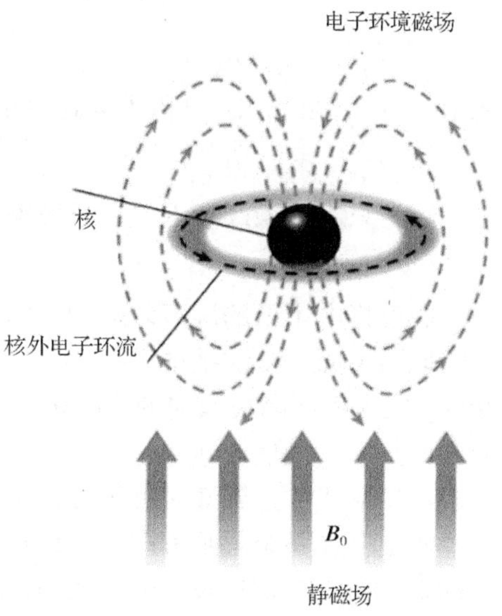

图 4.22　化学位移来源于核外电子云的屏蔽效应导致的磁场变化

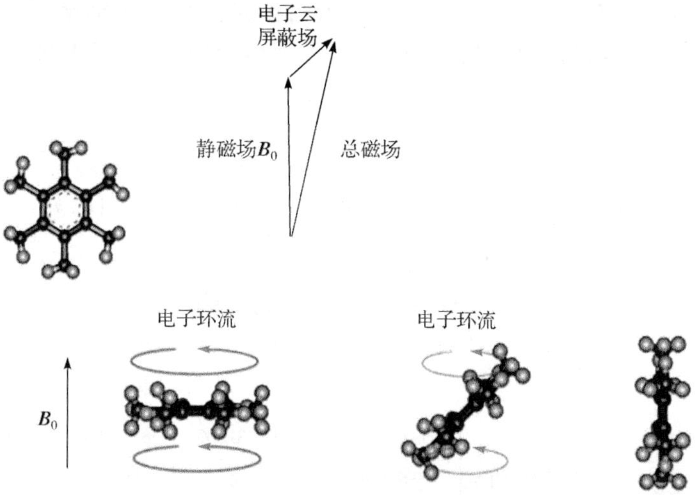

图 4.23　六甲苯分子相对磁场不同的取向会导致不同的屏蔽效应

假定电子云屏蔽效应产生的局部磁场为 $\boldsymbol{B}_{\mathrm{i}}$，则核自旋的局域磁场变为

$$\boldsymbol{B}_{\mathrm{loc}}=\boldsymbol{B}_0+\boldsymbol{B}_{\mathrm{i}}$$

虽然只考虑屏蔽效应在 z 方向的磁场变化，但是实际上屏蔽效应也会产生横向方向的磁场。如果将 z 方向的静磁场写成向量的形式，$(0\ 0\ B_0)$，因为 $\boldsymbol{B}_{\mathrm{i}}$ 可能出现 x、y、z 三个方向的分量，所以化学位移屏蔽效应形成的磁场可以表示为

$$\begin{pmatrix} B_{\mathrm{i}x} \\ B_{\mathrm{i}y} \\ B_{\mathrm{i}z} \end{pmatrix} = -\begin{pmatrix} \sigma_{xx} & \sigma_{xy} & \sigma_{xz} \\ \sigma_{yx} & \sigma_{yy} & \sigma_{yz} \\ \sigma_{zx} & \sigma_{zy} & \sigma_{zz} \end{pmatrix}\begin{pmatrix} 0 \\ 0 \\ B_0 \end{pmatrix} = \begin{pmatrix} \sigma_{xz} \\ \sigma_{yz} \\ \sigma_{zz} \end{pmatrix} B_0$$

式中，$\begin{pmatrix} \sigma_{xx} & \sigma_{xy} & \sigma_{xz} \\ \sigma_{yx} & \sigma_{yy} & \sigma_{yz} \\ \sigma_{zx} & \sigma_{zy} & \sigma_{zz} \end{pmatrix}$称为屏蔽张量(shielding tensor)或化学位移张量(chemical shift tensor)。

因为只需要做高场近似，只考虑化学位移屏蔽张量作用后，z 方向上的磁场，即

$$B_{\mathrm{i}z}=-\sigma_{zz}B_0$$

假设将电子云的屏蔽效应理解为一把雨伞，如果样品是固体粉末，则不同小晶粒相对磁场的取向不同，即这把雨伞在 xyz 空间的朝向不同，形成的屏蔽矩阵也不同。这样会有一些麻烦，因为不同晶粒取向的屏蔽矩阵并不一致，会造成不同的屏蔽磁场 $-\sigma_{zz}B_0$，也会形成不同的共振频率。既然屏蔽张量都来自同一把雨伞，假定雨伞在某个方向上，屏蔽张量矩阵可以写成对角形式。这到底是哪个方向呢？我们先达成一致，这个方向一定存在。

假定存在某个屏蔽方向，可以使屏蔽张量为对角矩阵，则称这个坐标系为化学位移主轴坐标系(principal axis system，PAS)，屏蔽矩阵写为

$$\sigma^{\mathrm{PAS}}=\begin{pmatrix} \sigma_x & 0 & 0 \\ 0 & \sigma_y & 0 \\ 0 & 0 & \sigma_z \end{pmatrix}$$

将这个主轴坐标系定义为一个初始位置，或者说是雨伞的主轴坐标系，那么空间任何方向都可以从主轴坐标系通过两个旋转角 θ、ϕ 进行旋转变换得到(图 4.24)。任意取向的屏蔽张量可以表示为σ^{PAS}的旋转变换

$$\begin{pmatrix} \sigma_{xx} & \sigma_{xy} & \sigma_{xz} \\ \sigma_{yx} & \sigma_{yy} & \sigma_{yz} \\ \sigma_{zx} & \sigma_{zy} & \sigma_{zz} \end{pmatrix} = R(\theta,\phi)\begin{pmatrix} \sigma_x & 0 & 0 \\ 0 & \sigma_y & 0 \\ 0 & 0 & \sigma_z \end{pmatrix}R^{-1}(\theta,\phi)$$

$$R(\theta,\phi)=\begin{pmatrix} \cos\theta\cos\phi & -\sin\phi & \sin\theta\cos\phi \\ \cos\theta\sin\phi & \cos\phi & \sin\theta\sin\phi \\ -\sin\theta & 0 & \cos\theta \end{pmatrix}$$

$$R^{-1}(\theta,\phi)=\begin{pmatrix} \cos\theta\cos\phi & \cos\theta\sin\phi & -\sin\theta \\ -\sin\phi & \cos\phi & 0 \\ \sin\theta\cos\phi & \sin\theta\sin\phi & \cos\theta \end{pmatrix}$$

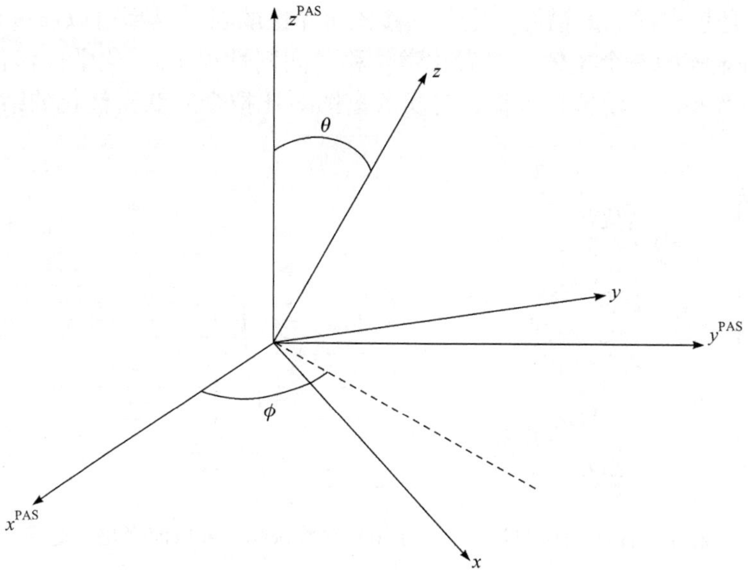

图 4.24 任意坐标系与化学位移张量主轴坐标系之间的旋转变换关系

由于我们只对$-\sigma_{zz}B_0$感兴趣，因此上式的矩阵乘积中

$$\sigma_{zz}(\theta,\phi)=\sigma_x\sin^2\theta\cos^2\phi+\sigma_y\sin^2\theta\sin^2\phi+\sigma_z\cos^2\theta$$

再进行一次变量转换，假定$\sigma_z\geqslant\sigma_y\geqslant\sigma_x$，令

$$\sigma_{\text{iso}}=\frac{1}{3}(\sigma_x+\sigma_y+\sigma_z),\ \ \delta=\sigma_z-\sigma_{\text{iso}},\ \ \eta=(\sigma_y-\sigma_x)/(\sigma_z-\sigma_{\text{iso}})$$

式中，σ_{iso}为化学位移各向同性项；δ为化学位移各向异性项；η为屏蔽张量不对称系数。则上式可以写为

$$\sigma_{zz}(\theta,\phi)=\sigma_{\text{iso}}+(\delta/2)\left[(3\cos^2\theta-1)+\eta(\sin^2\theta\cos2\phi)\right]$$

因此，任意屏蔽方向造成的磁场变化可以表示为

$$B_{\text{loc}}=B_0+B_{\text{i}}=B_0-\sigma_{zz}(\theta,\phi)B_0$$

则化学位移带来的共振频率偏移为

$$\omega_{\text{cs}}(\theta,\phi)=-\omega_0\left\{\sigma_{\text{iso}}+(\delta/2)\left[(3\cos^2\theta-1)-\eta(\sin^2\theta\cos2\phi)\right]\right\}$$

式中，ω_0为不考虑化学位移作用时的共振频率。对于粉末样品，小晶粒在空间随机取向，也就是θ、ϕ取值包括空间任一方向。因此，不同取向的小晶粒中核自旋的共振频率各不相同，称为化学位移各向异性作用，随机取向晶粒的信号叠加，形成展宽的粉末谱(图 4.25)。

以六甲苯分子为例(图 4.26)。对于芳环上的碳，芳环上有环流电子，可以形成屏蔽效应。但是，六甲苯分子相对于磁场可以有不同的取向(分子相对磁场的摆放位置)，因此电子云的屏蔽效应会随着分子与磁场之间的取向而改变，即使是同样的分子结构，但是相对于磁场的取向不同，也会导致不同的屏蔽效应，从而引起共振频率的变化。将空间所有取向的共振频率叠加起来，就是粉末样品的谱图。化学位移各向异性的粉末谱型可以通过设定结构参数(化学屏蔽张量对角矩阵的三个主值，或者化学位移各向同性项σ_{iso}、化学位移各向异性项δ及屏蔽张量不对称系数η)计算模拟粉末谱，与实验谱图对比拟合后获得优化的结构参数。

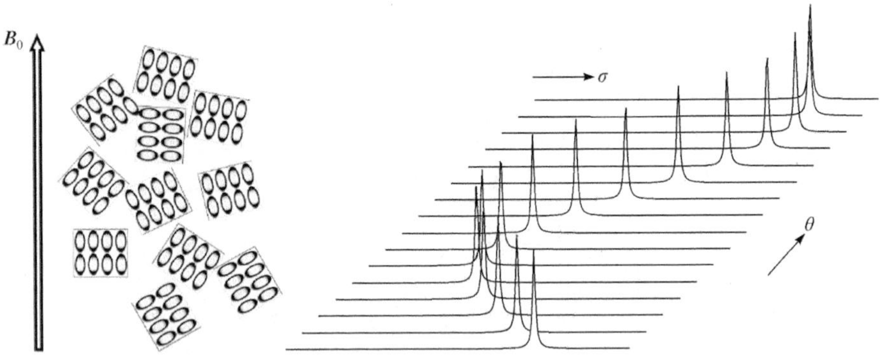

图 4.25 粉末样品小晶粒的各向异性作用导致共振频率随取向变化，造成粉末展宽

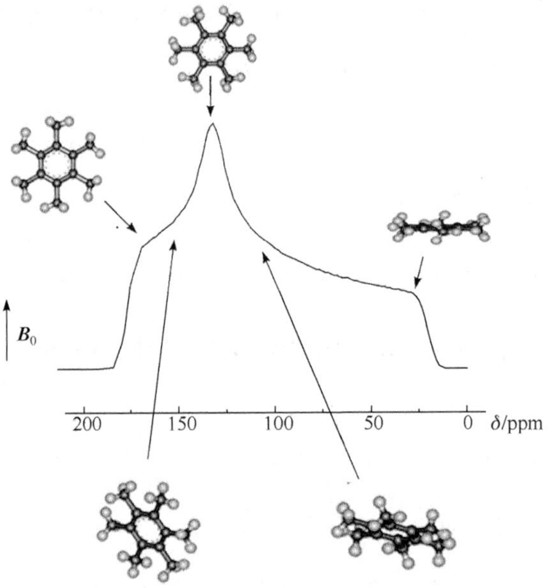

图 4.26 六甲苯芳香碳的化学位移粉末谱型

4.3.3 核电四极相互作用

核自旋量子数大于 1/2 的核称为四极核，包括整数四极核(^{2}H、^{14}N 等)和半整数四极核(^{11}B、^{23}Na、^{27}Al 等)。前文已述，原子核非常小，但即便如此，原子核上也具有电荷分布。I=1/2 核的电荷分布为球对称，而四极核的电荷呈现长椭球或扁椭球对称分布。

原子核外有电子云分布，同时所处材料中周围存在电荷分布，因此原子核所在位置存在电场。由于空间量子化效应，磁场中的核自旋形成分立的能级。作为一个带电球体，原子核与电场的作用产生电势能，因此在分立的能级上附加一个小的能量偏移。核磁共振研究的是能级之间的吸收跃迁，能级发生偏移可能导致能级差的改变，从而导致共振频率的改变。

对于 I=1/2 核，正电荷分布为球对称，对于每个能级的附加偏移量都一致，相当于能级的平移，这样并不会改变能级差(也就是共振频率)，因此不存在类似四极核的核电四极相互作用(quadrupole interaction)。

对于四极核，由于空间量子化效应，不同取向的椭球核导致不同的电荷分布，在同样的电场环境下造成能级不同的能量偏移，因此需要额外考虑核电四极相互作用对共振频率的影响。

四极核的电荷分布为椭球对称，如图 4.27 所示，选取一个自旋坐标系 x', y', z'，坐标原点为原子核中心，z'为椭球核的对称轴。虽然原子核的尺度非常小(飞米尺度)，这里仍然将其视为一个椭球体，假设核的电荷分布为 $\rho(x', y', z')$。电荷空间分布为旋转椭球对称，如果核电荷之外的电荷在核电荷体积元 $d\tau_n$ 处所产生的电势为 $V(x', y', z')$，则核电荷的静电相互作用能 W_Q 可以表示为

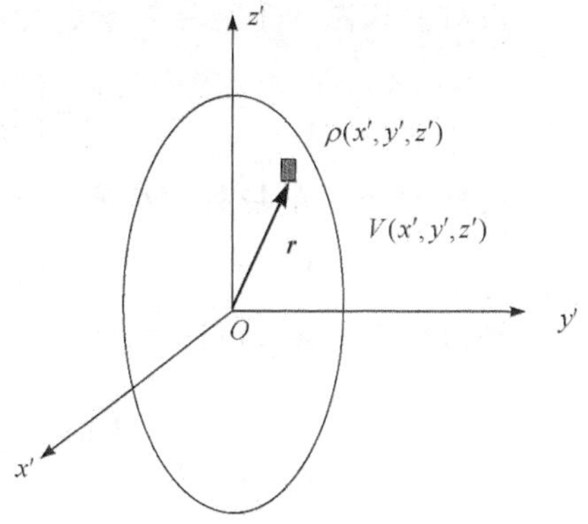

图 4.27 四极核的电荷分布

$$W_Q = \int_{\tau_n} \rho(x',y',z') V(x',y',z') \mathrm{d}\tau_n$$

将电势 V 做幂级数展开

$$\begin{aligned}
V(x',y',z') = & V_0 + \left(\frac{\partial V}{\partial x'}\right)_0 x' + \left(\frac{\partial V}{\partial y'}\right)_0 y' + \left(\frac{\partial V}{\partial z'}\right)_0 z' \\
& + \frac{1}{2}\left[\left(\frac{\partial^2 V}{\partial x'^2}\right)_0 x'^2 + \left(\frac{\partial^2 V}{\partial x' \partial y'}\right)_0 x'y' + \left(\frac{\partial^2 V}{\partial x' \partial z'}\right)_0 x'z' \right. \\
& + \left(\frac{\partial^2 V}{\partial y'^2}\right)_0 y'^2 + \left(\frac{\partial^2 V}{\partial y' \partial x'}\right)_0 y'x' + \left(\frac{\partial^2 V}{\partial y' \partial z'}\right)_0 y'z' \\
& \left. + \left(\frac{\partial^2 V}{\partial z'^2}\right)_0 z'^2 + \left(\frac{\partial^2 V}{\partial z' \partial x'}\right)_0 y'x' + \left(\frac{\partial^2 V}{\partial z' \partial y'}\right)_0 z'y' \right] + \cdots
\end{aligned}$$

角标 0 表示相关函数在坐标原点 O 处的值。将上式拆分成 x', y', z'的零次、一次和二次项，分别记为 W_{Q1}、W_{Q2} 和 W_{Q3}

$$W_{Q1} = \int_{\tau_n} \rho(x',y',z') V_0 \mathrm{d}\tau_n = Z_0 V_0$$

上式为 W_Q 的第一项，表示将核作为原点的一个点电荷在静电场中的势能(Z_0 为核电荷)，与取向无关，不影响核自旋能级的能级差，因此对 NMR 无贡献。

$$\begin{aligned}
W_{Q2} = & \int_{\tau_n} \rho(x',y',z') \left[\left(\frac{\partial V}{\partial x'}\right)_0 x' + \left(\frac{\partial V}{\partial y'}\right)_0 y' + \left(\frac{\partial V}{\partial z'}\right)_0 z'\right] \mathrm{d}\tau_n \\
= & \left(\frac{\partial V}{\partial x'}\right)_0 \int_{\tau_n} \rho(x',y',z') x' \mathrm{d}\tau_n + \left(\frac{\partial V}{\partial y'}\right)_0 \int_{\tau_n} \rho(x',y',z') y' \mathrm{d}\tau_n + \left(\frac{\partial V}{\partial z'}\right)_0 \int_{\tau_n} \rho(x',y',z') z' \mathrm{d}\tau_n
\end{aligned}$$

上式为 W_Q 的第二项，表示原子核沿 x', y', z'方向的电偶极矩，由于核电荷的空间对称性，各方向的电偶极矩均为 0，因此 $W_{Q2} = 0$。

同理，W_{Q3} 中的所有交叉项均为 0，剩余项为

$$W_{Q3}=\frac{1}{2}\int_{\tau_n}\rho(x',y',z')\left(\frac{\partial^2 V}{\partial x'^2}\right)x'^2\mathrm{d}\tau_n+\int_{\tau_n}\rho(x',y',z')\left(\frac{\partial^2 V}{\partial y'^2}\right)y'^2\mathrm{d}\tau_n+\int_{\tau_n}\rho(x',y',z')\left(\frac{\partial^2 V}{\partial z'^2}\right)z'^2\mathrm{d}\tau_n$$

再对上式做一个符号处理，令

$$V'_{xx}=\left(\frac{\partial^2 V}{\partial x'^2}\right)_0 \quad V'_{yy}=\left(\frac{\partial^2 V}{\partial y'^2}\right)_0 \quad V'_{zz}=\left(\frac{\partial^2 V}{\partial z'^2}\right)_0$$

根据 O 点处的核外电荷密度为零$(\rho=0,\ \nabla\cdot E=0)$，有

$$(\nabla^2 V)_0=V'_{xx}+V'_{yy}+V'_{zz}=0$$

经过整理，W_{Q3} 可以写为

$$W_{Q3}=\frac{1}{4}V'_{zz}\int_{\tau_n}\rho(x',y',z')\left(3z'^2-r'^2\right)\mathrm{d}\tau_n$$

$$r'^2=x'^2+y'^2+z'^2$$

定义 Q 为表征核电荷分布的一个内禀物理量，称为核电四极矩。

$$Q=\frac{1}{e}\int_{\tau_n}\rho(x',y',z')\left(3z'^2-r'^2\right)\mathrm{d}\tau_n$$

如果原子核的电荷分布是均匀的，Z_0 为原子核的核电荷数，V_Q 为四极核体积，$\rho V_Q=Z_0 e$，则电四极矩为

$$Q=\frac{1}{e}\int_{\tau_n}\rho\left(3z'^2-r'^2\right)\mathrm{d}\tau_n=\frac{Z_0}{V_Q}\int_{\tau_n}\left(3z'^2-r'^2\right)\mathrm{d}\tau_n$$

如果椭球对称轴的一个半轴为 c，另两个半轴为 a，则电四极矩可以表示为

$$Q=\frac{2}{5}Z_0\left(c^2-a^2\right)$$

当 $c=a$ 时，$Q=0$，即球形核的电四极矩等于零(对应 I=1/2 核)；当 $c>a$ 时，$Q>0$，即长椭球核的电四极矩大于零；当 $c<a$ 时，$Q<0$，即扁椭球核的电四极矩小于零(图 4.28)。

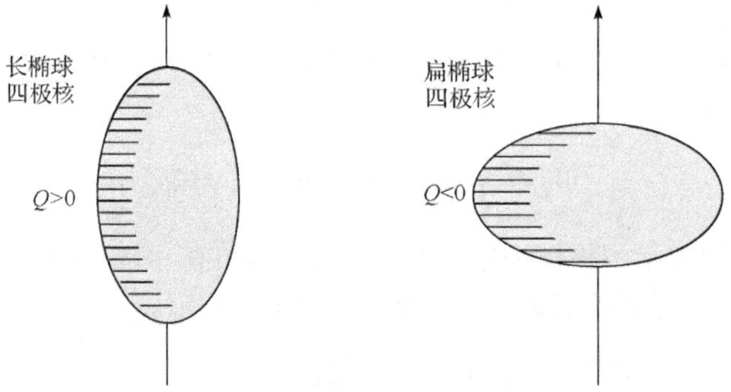

图 4.28 长椭球和扁椭球对称四极核

因此，核电荷与电势的作用能 W_{Q3} 可以表示为核电四极矩与电场梯度之间的作用

$$W_{Q3}=\frac{1}{4}V'_{zz}\int_{\tau_n}\rho\left(3z'^2-r'^2\right)\mathrm{d}\tau_n=\frac{1}{4}V'_{zz}eQ$$

V 是电势，为标量，其对空间坐标的一次微分(或者说梯度)为电场强度，为矢量。二次微分则表示电场梯度，为二阶张量，称为电场梯度张量。电四极矩是四极核的内禀物理量，对于不同的四极核为不同的固定常数。而 V'_{zz} 是在椭球核坐标系(x',y',z')中核位置原点处的电场梯度

张量。z'方向是沿着四极核椭球的对称轴向，而由于空间量子化，四极核椭球在磁场中的取向只能有固定角度的几个分立方向(可以用磁量子数 m 表达)，因此可以说 V'_{zz} 与磁量子数 m 相关。

实验室坐标系中的电场梯度张量可以表示为

$$\begin{pmatrix} V_{xx} & V_{xy} & V_{xz} \\ V_{yx} & V_{yy} & V_{yz} \\ V_{zx} & V_{zy} & V_{zz} \end{pmatrix}$$

因此，V'_{zz} 实际上是从实验室坐标系进行旋转变换得到的，这样 V'_{zz} 可以表述为自旋量子数 I、磁量子数 m，以及实验室坐标系中电场梯度的综合函数。现在的问题是，如何得到实验室坐标系的张量矩阵？

与处理化学位移张量类似，仍然假定存在某个方向，使得电场梯度张量为一个对角矩阵，这样的坐标系称为电场梯度张量主轴坐标系，电场梯度张量可以表示为

$$V^{\mathrm{PAS}} = \begin{pmatrix} V_x & 0 & 0 \\ 0 & V_y & 0 \\ 0 & 0 & V_z \end{pmatrix}$$

其中 $|V_z| \geqslant |V_y| \geqslant |V_x|$。实验室坐标系和张量主轴坐标系的关系参考图 4.24。实验室坐标系中任意取向的电场梯度张量可以由 V^{PAS} 通过旋转变换获得

$$\begin{pmatrix} V_{xx} & V_{xy} & V_{xz} \\ V_{yx} & V_{yy} & V_{yz} \\ V_{zx} & V_{zy} & V_{zz} \end{pmatrix} = R(\theta,\phi) \begin{pmatrix} V_x & 0 & 0 \\ 0 & V_y & 0 \\ 0 & 0 & V_z \end{pmatrix} R^{-1}(\theta,\phi)$$

$$R(\theta,\phi) = \begin{pmatrix} \cos\theta\cos\phi & -\sin\phi & \sin\theta\cos\phi \\ \cos\theta\sin\phi & \cos\phi & \sin\theta\sin\phi \\ -\sin\theta & 0 & \cos\theta \end{pmatrix}$$

$$R^{-1}(\theta,\phi) = \begin{pmatrix} \cos\theta\cos\phi & \cos\theta\sin\phi & -\sin\theta \\ -\sin\phi & \cos\phi & 0 \\ \sin\theta\cos\phi & \sin\theta\sin\phi & \cos\theta \end{pmatrix}$$

在解析了电四极矩与电场梯度相互作用的电势能后，可以写出核电四极相互作用的哈密顿算符，作为塞曼作用的微扰项，可以推导出核电四极相互作用给核自旋能级差带来的影响。对于核自旋量子数 I 的四极核，核电四极相互作用(H_Q)与核自旋在磁场中的取向(磁量子数 m)相关。H_Q 作为微扰处理，这里回避复杂的推导，直接给出核电四极相互作用对核能级之间的跃迁频率的一阶微扰项为

$$\nu^{(1)}_{m,m-1} = (2m-1)\nu_Q$$

$$\nu_Q = \frac{3C_Q}{8I(2I-1)}\left(3\cos^2\theta - 1 + \eta\sin^2\theta\cos 2\phi\right)$$

式中，C_Q 为四极耦合常数，是核电四极矩与电场梯度张量主轴坐标系 z 分量的乘积，表示核电四极相互作用的大小；$\eta = |(V_x - V_y)/V_z|$，为电场梯度不对称参数。对于 I 为整数的四极核，如 ^2H、^{14}N，核电四极相互作用考虑一阶微扰项即可，理论模拟的粉末谱如图 4.29 所示。

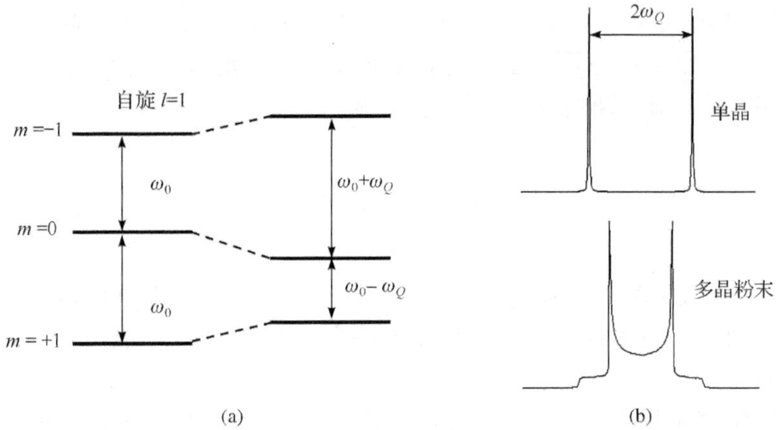

图 4.29 I=1 核的能级分裂(a)及核电四极相互作用导致的单晶谱和粉末谱型(b)

而对于半整数四极核(图 4.30，以 I=3/2 为例)的中心跃迁(1/2, −1/2)，核电四极相互作用的一阶微扰项为 0，则需要考虑二阶项，即

$$\nu^{(2)}_{-\frac{1}{2},\frac{1}{2}}=-\frac{1}{6\nu_0}\left[\frac{3C_0}{2I(2I-1)}\right]^2\left[I(I+1)-\frac{3}{4}\right]\left[A(\phi,\eta)\cos^4\theta+B(\phi,\eta)\cos^2\theta+C(\phi,\eta)\right]$$

$$A(\phi,\eta)=-\frac{27}{8}+\frac{9}{4}\eta\cos2\phi-\frac{3}{8}(\eta\cos2\phi)^2$$

$$B(\phi,\eta)=\frac{30}{8}-\frac{1}{2}\eta^2-2\eta\cos2\phi+\frac{3}{4}(\eta\cos2\phi)^2$$

$$C(\phi,\eta)=-\frac{3}{8}+\frac{1}{3}\eta^2-\frac{1}{4}\eta\cos2\phi-\frac{3}{8}(\eta\cos2\phi)^2$$

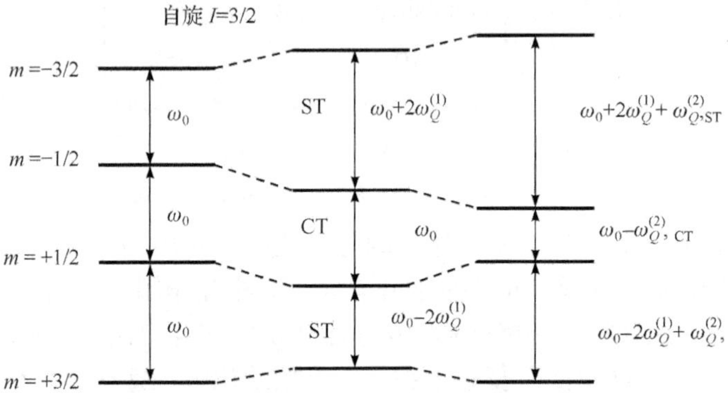

图 4.30 I=3/2 核的能级

CT：中心跃迁(central transition)；ST：伴线跃迁(satellite transition)

这个解析式形式虽然比较复杂，但仍然在表达核电四极相互作用的各向异性，即共振频率与小晶粒的取向角 θ、φ 之间的依赖关系。对于粉末样品，小晶粒在空间随机取向，形成展宽的粉末谱型。而基于上述公式对所有空间取向角的各向异性进行加和，可以得到理论计算的核电四极相互作用粉末谱型(图 4.31)，并通过与实验谱进行对比拟合，获得四极耦合常数 C_Q 及电场梯度不对称参数η。注意图 4.31 中的所有谱型都对应一种化学环境的 ^{27}Al 核，而不能将谱型中的尖峰和肩峰视为不同化学环境的 ^{27}Al 信号，这是不熟悉四极核粉末谱型最容易出现的错误。

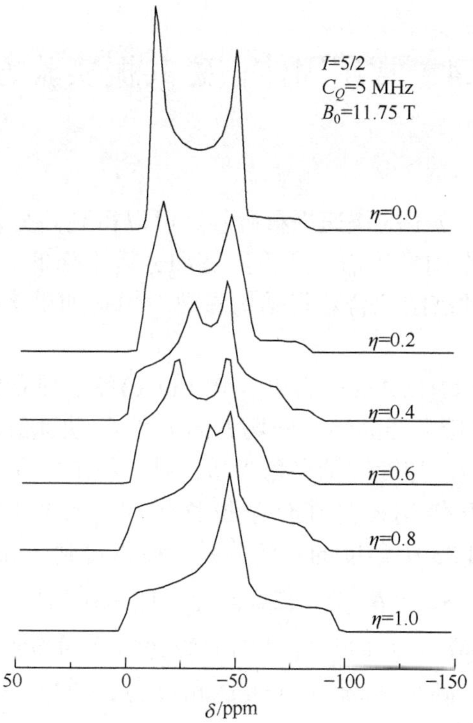

图 4.31　半整数四极核(以 ^{27}Al，I=5/2 为例)的二阶四极作用粉末谱型模拟谱(根据设定参数的理论模拟谱)

图 4.32 展示的是不同磁场强度的谱仪在相同的四极耦合常数及电场梯度不对称参数(η=0.6)下的 ^{27}Al 模拟谱型，可以看出谱型保持不变，但随着磁场强度增大，谱宽逐渐变窄，即高场谱仪可以获得更窄的谱，有更高的分辨率。

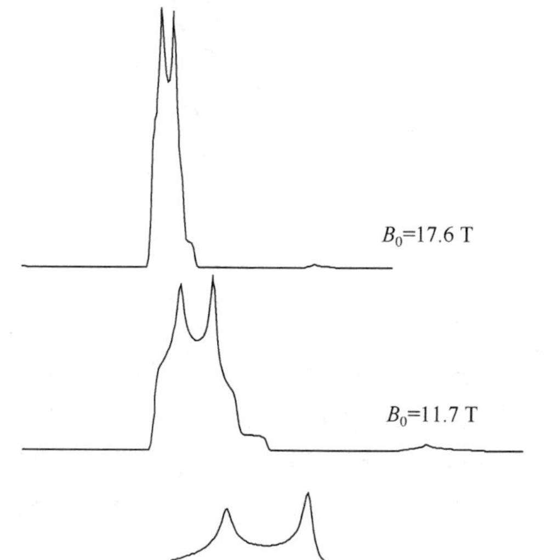

图 4.32　不同磁场强度下半整数四极核(^{27}Al)的粉末谱型模拟谱(η=0.6)

4.4 常用固体核磁共振实验方法

4.4.1 魔角旋转

前文已述，液体中由于分子的快速平移翻转，可以得到高分辨谱。但是对于固体样品(粉末样品)，前述的各向异性作用导致信号严重展宽和分辨率降低。对于某些构成简单样品的固体粉末谱的谱型，可以通过谱图拟合获得结构参数。但是如果多个信号发生重叠，将给粉末谱型拟合带来很大的难度。

20 世纪 50 年代，安德鲁(E. Andrew)和洛(R. Lowe)各自独立提出了魔角旋转(magic angle spinning)的方法，即使固体粉末样品绕与磁场方向夹角 θ_R 快速旋转。图 4.33 中示意某个小晶粒的取向与磁场的夹角为 θ，与旋转轴夹角为 β，对于粉末样品，θ 和 β 都是空间随机取向的。无论在偶极-偶极相互作用还是在化学位移各向异性作用的表达式中，都存在关于 $3\cos^2\theta-1$ 的形式。根据图 4.33 中角度的几何关系，可以得到 $3\cos^2\theta-1$ 的平均值：

$$\langle 3\cos^2\theta-1\rangle \propto \left(3\cos^2\theta_R-1\right)\left(3\cos^2\beta-1\right)$$

即上式中 $3\cos^2\theta-1$ 的平均值可以通过 θ_R 的高速旋转而平均为零，相当于将空间取向角相关的各向异性作用平均为零。满足 $3\cos^2\theta_R-1=0$ 的角度为 54.73°，该角度因此称为魔角。

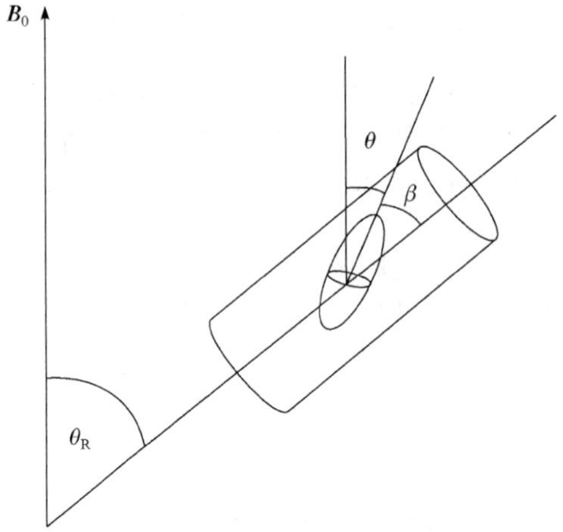

图 4.33 魔角旋转中的几何关系

要实现魔角旋转，需要一些硬件装置(图 4.34)。装填样品的空管称为转子。转子的盖子带有齿轮，可以通过高速气体驱动旋转。目前魔角旋转的转速一般在 10 kHz(10000 r/s)以上，高速的魔角转速甚至可以达到 100 kHz。转速越快，转子的直径越小，则装填样品量越少，信号灵敏度也会降低。固体魔角旋转探头中定子的角度已经固定在魔角附近(借助标样的测试信号可以精准调整魔角)。

魔角旋转可以有效地平均偶极-偶极相互作用及化学位移各向异性展宽，对提升谱图分辨率非常有效。在魔角旋转实验中，如果转速不够高，会出现旋转边带信号(图 4.35)。旋转边带是旋转调制的 FID 经过傅里叶变换形成的，并不是真正的样品信号，谱图中旋转边带之间的频率距离等于魔角旋转的转速，调整转速后旋转边带的位置会发生相应的改变，因此可以通过改变转速来判断真正的信号与旋转边带。

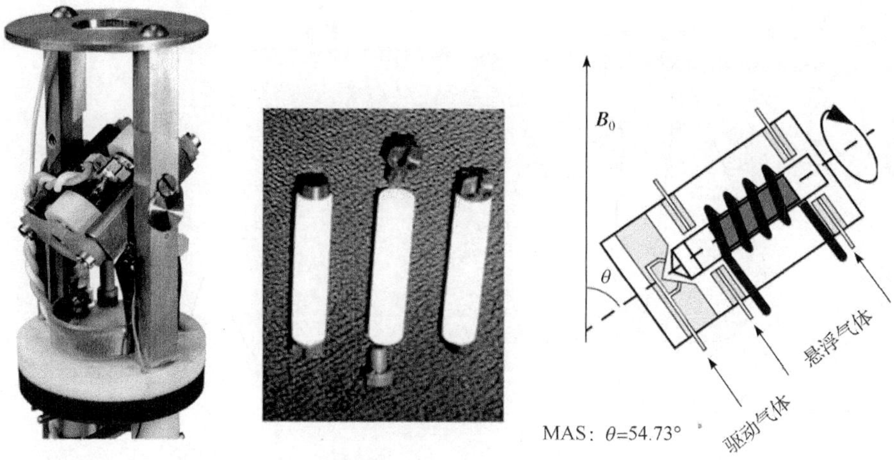

魔角旋转探头　　　　转子(样品管)

图 4.34 魔角旋转探头及转子

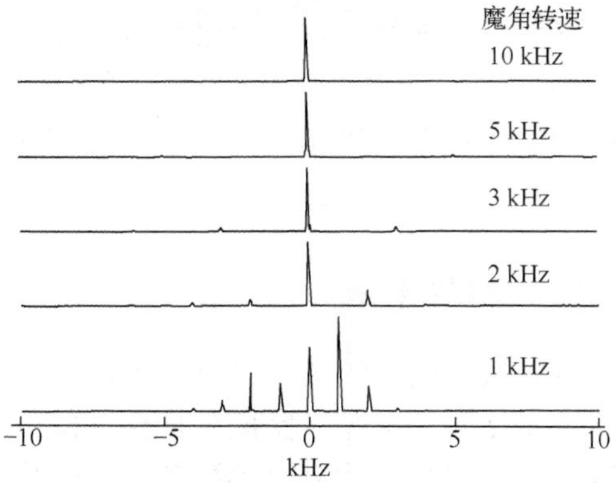

图 4.35 ^{13}C 魔角旋转谱中因转速不够导致的旋转边带

信号出现在 0 kHz

有机固体样品(如高分子等)的 ^1H MAS NMR 谱，由于质子-质子之间的偶极作用较强，因此需要较高的转速(>30 kHz)，同时需要结合多脉冲方法消除偶极作用(图 4.36～图 4.38)。

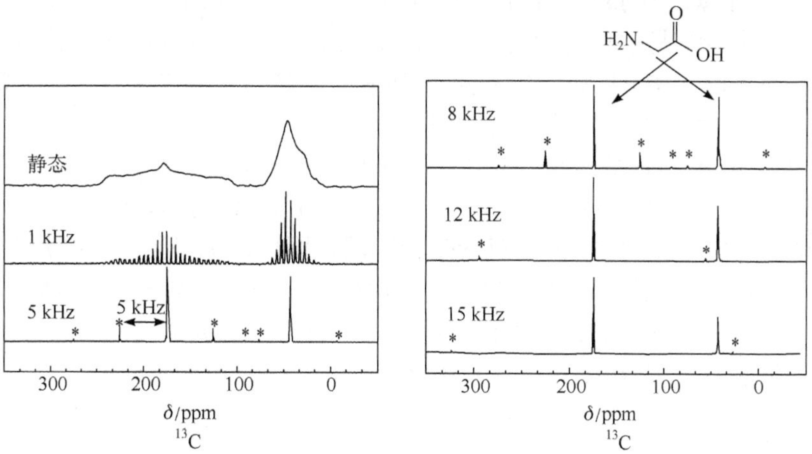

图 4.36 ^{13}C 富集的甘氨酸样品的 ^{13}C MAS NMR 谱

箭头指示对应不同碳的信号

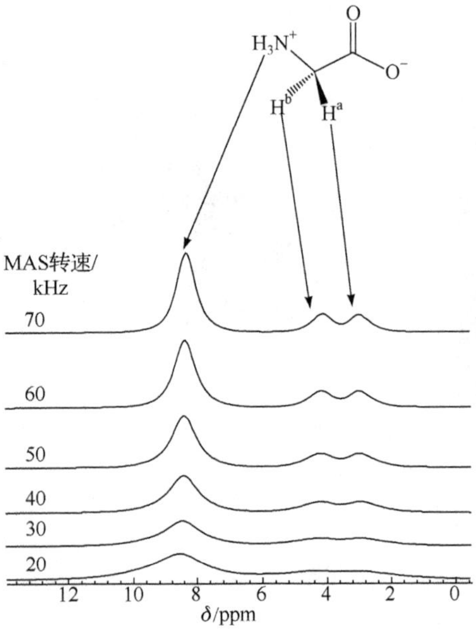

图 4.37 甘氨酸粉末在不同转速的 ^{1}H MAS NMR 谱

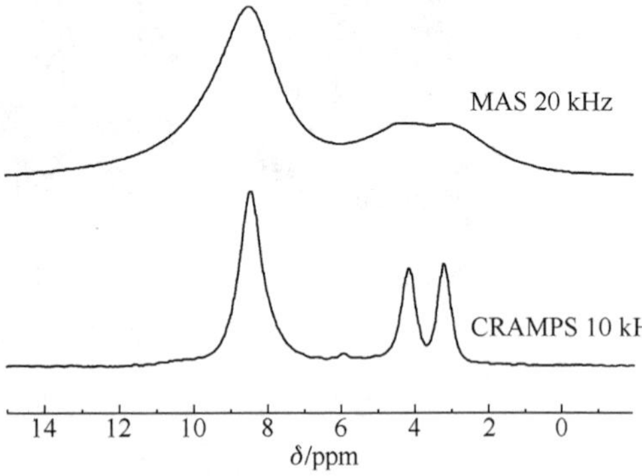

图 4.38 甘氨酸粉末的 ^{1}H MAS 谱和魔角旋转结合多脉冲 ^{1}H CRAMPS NMR 谱

4.4.2 半整数四极核的高分辨粉末谱

半整数四极核几乎占核磁共振可测核的 2/3。前文提到了半整数四极核的粉末谱，核电四极相互作用造成的核自旋能级变化与粉末晶粒空间取向角之间的解析关系更加复杂，而魔角旋转方法只能使其粉末展宽窄化，但是不能完全消除各向异性作用。因此，对于半整数四极核，粉末展宽仍然是影响其信号分辨率的主要原因(图 4.39)。

关于半整数四极核的魔角旋转粉末谱，需要注意的是，粉末谱型是粉末样品中的小晶粒空间随机取向的统计结果，或者说即使粉末谱型中会出现台阶、肩峰或尖峰，也只能归属为所观测核的一种化学环境。图 4.40 为乙酸钙的 ^{43}Ca MAS NMR 谱。^{43}Ca 为 I=7/2 核，乙酸钙中 Ca 有两种化学环境，分别表现出两个不同的粉末谱型。注意不要将图中星号标记的峰指认为独立的信号。图 4.41 是钠化合物的 ^{23}Na MAS NMR 谱，通过拟合可以拆分出两种不同化学环境 ^{23}Na 的粉末谱。理论计算的粉末谱 A 和 B 虽然谱型看起来较复杂，出现分裂和肩峰，但是仍然各自对应一种化学环境 ^{23}Na 的粉末谱型。

半整数四极核中心跃迁的二阶四极作用粉末谱的线宽与磁场强度成反比，因此谱仪的磁场越强，粉末谱越窄。例如，图 4.42 为 19.5 T 和 35.2 T 磁场下某含锌 MOF 材料的 ^{67}Zn MAS NMR 谱，强磁场可以窄化谱线，但相对低磁场下的谱图更多地保留了四极粉末线型的轮廓特征，更有利于分峰拟合。图 4.43 为某含铝氧化物在不同场强谱仪下的 ^{27}Al MAS NMR 谱，在 40 T 强磁场下四种化学环境的铝可以很好地分开，分辨率大大提高。目前常用的固体 NMR 谱仪的磁场一般为 9.4 T 或 14.1 T(对应 400 MHz 或 600 MHz 谱仪)。

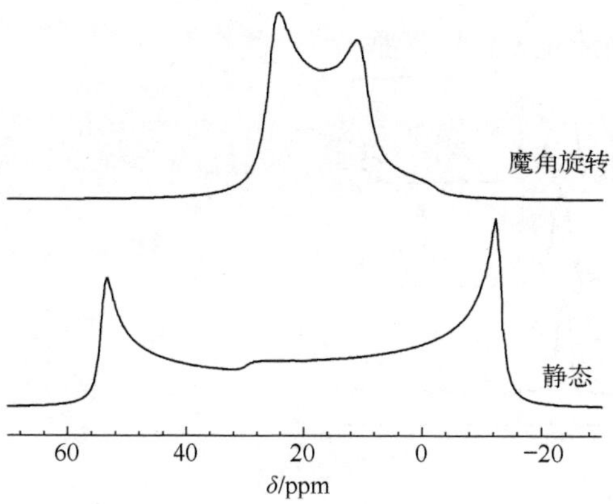

图 4.39　计算机模拟的魔角旋转(上)及静态(下) ^{11}B NMR 谱

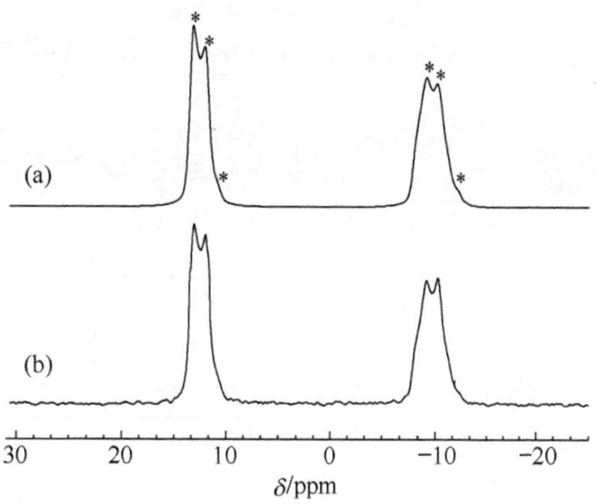

图 4.40　乙酸钙的 ^{43}Ca MAS NMR 拟合谱(a)和实验谱(b)

7% ^{43}Ca 富集，转速 5.0 kHz，B_0=21.1 T

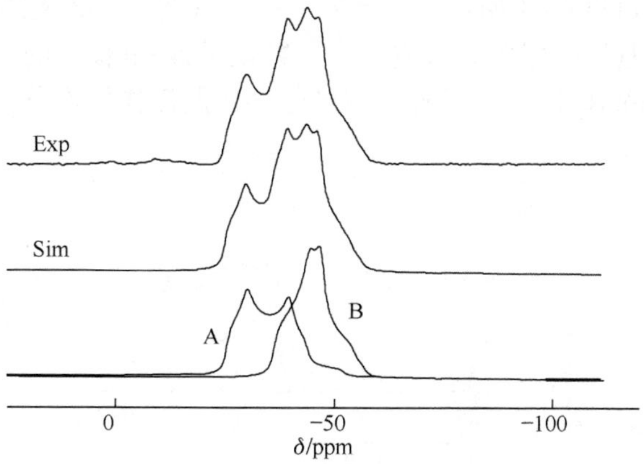

图 4.41　$Na_2[(VO)_2(HPO_4)_2C_2O_4]\cdot 2H_2O$ 的 ^{23}Na MAS NMR 谱(磁场强度 9.4 T)

计算模拟谱(Sim)和实验谱(Exp)，A、B 为两种不同化学环境 ^{23}Na 位点的模拟粉末谱

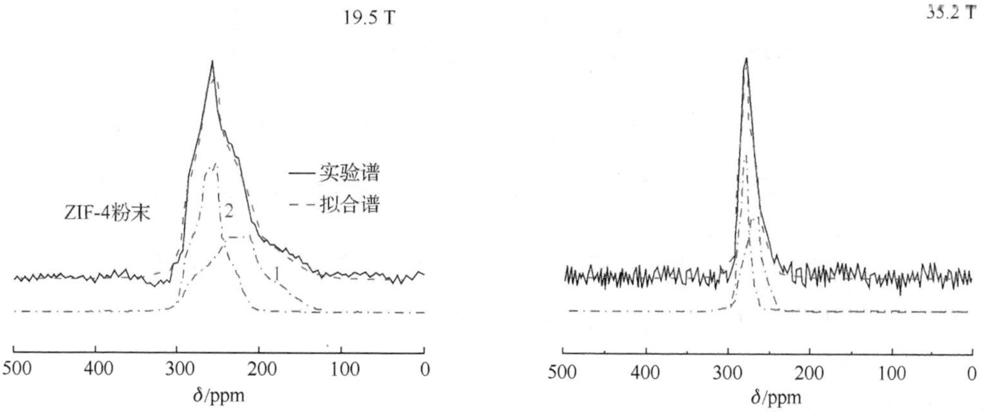

图 4.42　超高磁场下的 MOF 材料(ZIF-4)粉末的 ^{67}Zn MAS NMR 谱

1、2 表示两种不同化学环境 Zn 的模拟粉末谱

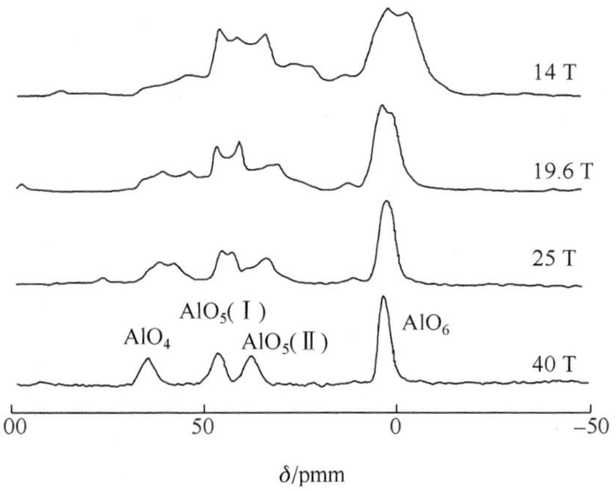

图 4.43　某含铝氧化物在不同场强谱仪下的 ^{27}Al MAS NMR 谱

由于魔角旋转不能完全消除半整数四极核的二阶四极作用，有研究表明用非魔角的角度旋转样品，甚至可以获得更高的谱图分辨率，这种方法称为可变角旋转(variable angle spinning，VAS)方法。如图 4.44 所示，对于特定的电场梯度不对称参数的谱型，可变角旋转可以获得更窄的谱型。但是可变角旋转方法需要特定的探头(普通的魔角旋转探头的定子线圈固定设置在魔角，可调范围很小)。另外，如果还存在偶极作用和化学位移各向异性，可变角旋转会让谱图更加复杂。

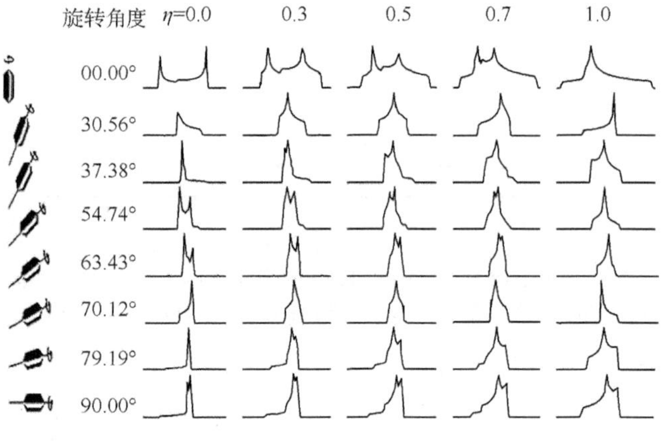

图 4.44　半整数四极核的可变角旋转粉末模拟谱

魔角旋转下，半整数四极核的二阶四极作用对应的共振频率 ν 可以表述为如下变量的函数：

$$F\left[\omega_0, C_Q, \eta, P_2(\cos\theta_R) * f_1(C_Q, \theta, \varphi, \eta), P_4(\cos\theta_R) * f_2(C_Q, \theta, \varphi, \eta)\right]$$

式中，C_Q 为四极耦合常数；ω_0 为拉莫尔频率；θ_R 为样品转子的旋转角。f_1、f_2 的函数表示较为复杂，略去不写。

式中的勒让德多项式：

$$P_2(\cos\theta_R) = 1/2\left(3\cos^2\theta_R - 1\right)$$

$$P_4(\cos\theta_R) = 1/8\left(35\cos 4\theta_R - 30\cos^2\theta_R + 3\right)$$

从上式可以知道，粉末展宽来自多晶样品的空间取向角 θ、φ，因此如果要完全消除 θ、φ对共振频率的影响，则需要 $P_2(\cos\theta_R)=0$，同时 $P_4(\cos\theta_R)=0$。显然，没有一个角度可以满足上述条件。如果 θ_R 为魔角，则 $P_4(\cos\theta_R)$不为零，共振频率仍然包含多晶的空间取向信息，这也是魔角旋转不能完全消除二阶四极作用粉末展宽的原因。

为了完全消除二阶四极作用粉末展宽，20 世纪 80 年代末提出了双取向旋转(double orientation rotation，DOR)的方法，即让转子同时绕两个轴向旋转(图 4.45)，以保证 $P_2(\cos\theta_R)=0$，同时 $P_4(\cos\theta_R)=0$。

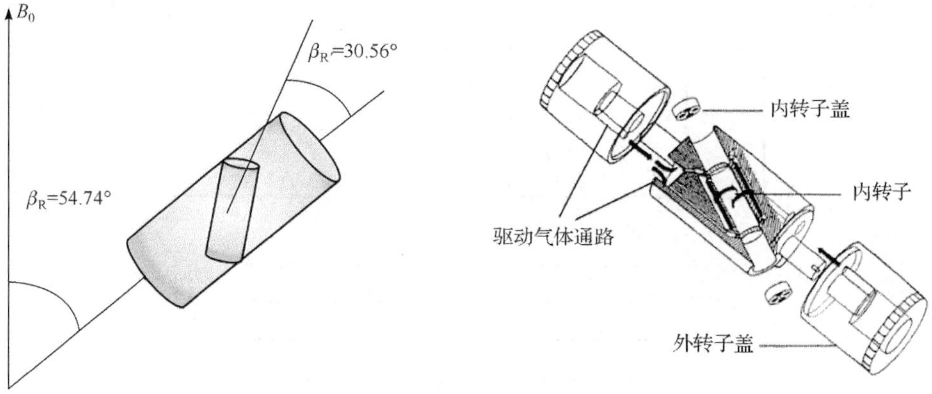

图 4.45　双取向旋转(DOR)及双转子设计

实验证实 DOR 方法确实可以完全消除二阶四极粉末展宽，如图 4.46 所示，$Y_3Al_5O_{12}$ 粉末的 ^{27}Al MAS 谱中箭头所指的粉末展宽，在 DOR 谱中变为箭头所指的一个窄峰，即各向异性作用被消除。但是由于 DOR 转子的机械设计较为复杂，是大、小两个转子嵌套起来共同旋转，对硬件设计加工要求较高，并且转子尺寸较大，因此转速难以提高。前文提及，如果转速不够高，将形成旋转边带，给信号的归属带来困难，因此 DOR 方法现在已经较少使用。

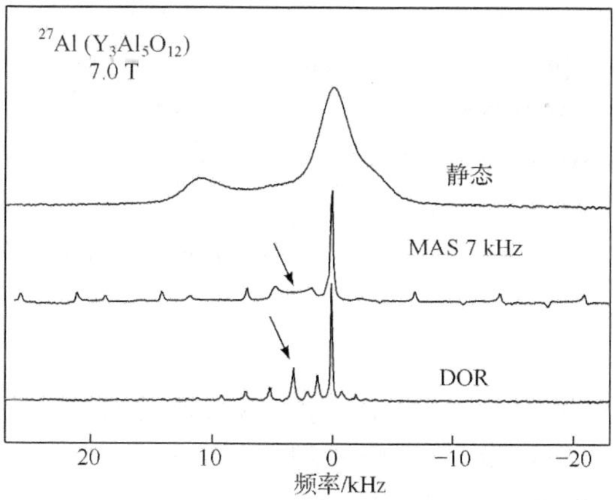

图 4.46　^{27}Al 的静态谱、MAS 谱和 DOR 谱

还有一种动态角旋转(dynamic angle spinning，DAS)方法，转子是一个，但是在转子旋转过程中，用步进马达控制探头的定子在两个角度快速跳跃。DAS 方法的缺陷是，转子在两个角度之间的跳跃存在时间间隔，对于某些弛豫时间较短的核，磁化矢量可能已经恢复到平衡

态，难以采集信号。另外，DAS 方法需要特定的探头设计，因此目前也较少使用。

1995 年，弗莱德曼(L. Frydman)等提出了二维多量子魔角旋转(2D multiple quantum MAS，MQMAS)方法，可以完全消除半整数四极核的二阶四极作用。2D MQMAS 方法在魔角旋转方法的基础上，首先实现 $P_2(\cos\theta_R)=0$，然后引入两个时间变量，选择激发多量子跃迁和单量子跃迁(实验数据包含两个时间变量，经傅里叶变换后得到二维谱)，以二维谱的方式实现 $P_4(\cos\theta_R)$相关函数的汇聚并抵消，从而达到消除空间取向角 θ、φ 的目的(图 4.47)。有关二维谱以及如何激发选择多量子跃迁属于核磁共振的进阶内容，需要了解谱仪硬件及实验操作，本书不再详述。

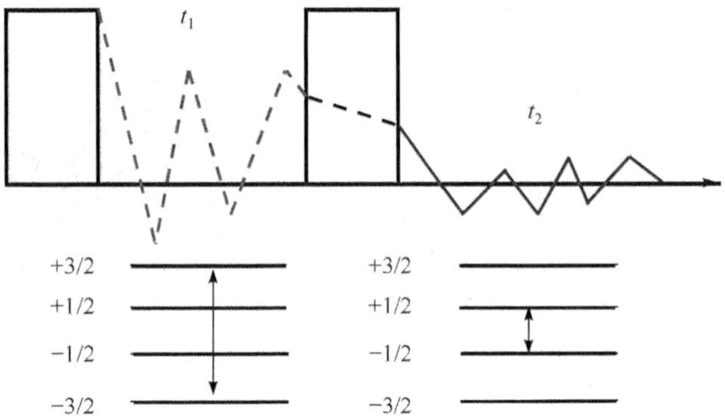

图 4.47　半整数四极核的二维多量子谱脉冲序列示意图

如图 4.48 所示，$Na_4P_2O_7$ 的 ^{23}Na 2D MQMAS 谱明确分辨出了四种 ^{23}Na 的化学环境，对二维谱中每个信号截取一维谱信息，可以得到相应信号的四极粉末谱型，通过拟合获得每个钠位的四极耦合常数及电场梯度不对称参数。如果没有二维多量子方法，仅仅是一维魔角旋转谱，很难分辨这四种 ^{23}Na 的化学环境。

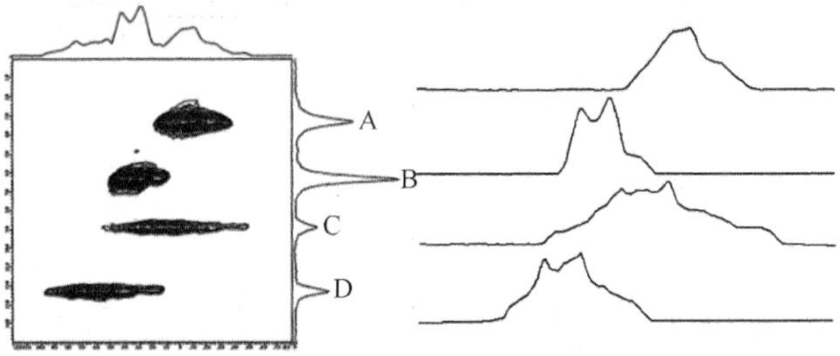

图 4.48　$Na_4P_2O_7$ 的 ^{23}Na 2D MQMAS 谱

4.4.3　异核去耦技术

对于存在偶极耦合作用的 I-S 核，如果持续用射频场施加于 I 核使其共振吸收并达到饱和(图 4.49)，则 I 核自旋在不同能级之间快速翻转，对 S 核来说，已经无法区分 I 核的不同取向，因此 I-S 核之间的偶极耦合作用可以平均为零，结合魔角旋转，谱线的分辨率可以进一步提高(图 4.50)。

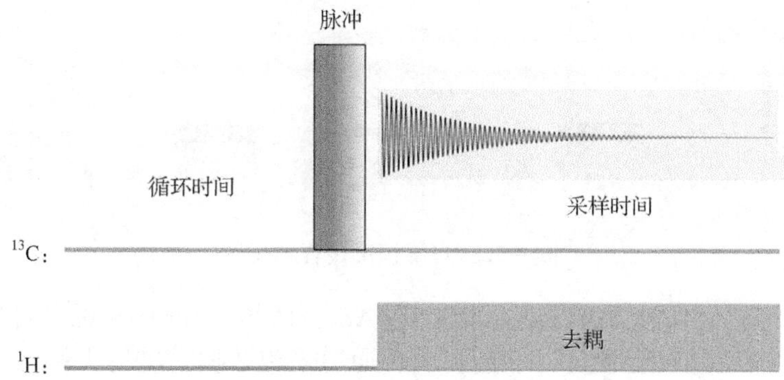

图 4.49 异核去耦脉冲序列

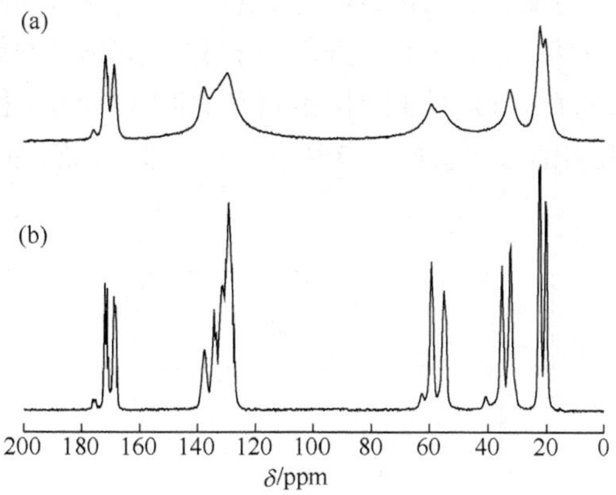

图 4.50 ^{13}C 富集 L-丙氨酸-L-苯丙氨酸二肽的 ^{13}C MAS NMR 谱(转速 28 kHz)
(a) 未进行质子去耦；(b) 质子去耦

4.4.4 交叉极化

交叉极化(cross polarization，CP)方法是利用近距离的两核之间的偶极-偶极相互作用，特别是一对低丰度核(如 ^{13}C)和高丰度核(如 ^{1}H)，通过同时激发不同共振频率的两个核，并通过核之间的耦合，将一个核自旋体系(^{1}H)共振吸收的能量传递给另一个核自旋体系(^{13}C)，实现 ^{13}C 信号的增强。交叉极化实验需要同时施加两个不同频率的射频脉冲，需要两个射频通道，属于双通道实验或双共振实验。

下面介绍自旋锁定(spin locking)的概念。为了方便在旋转坐标系(u, v, z)中讨论，先解读图 4.51 中 ^{1}H 的脉冲序列的效果。如图 4.52 所示，首先一个沿 u 轴的 90°脉冲将磁化矢量扳转到 v 轴上，随后沿 v 轴方向长时间施加交变磁场，由于磁化矢量已经沿 v 轴，则磁化矢量将围绕磁场 B_2 做进动，相当于将磁化矢量锁定在 v 轴方向上，因此称图 4.51 的脉冲序列为自旋锁定。

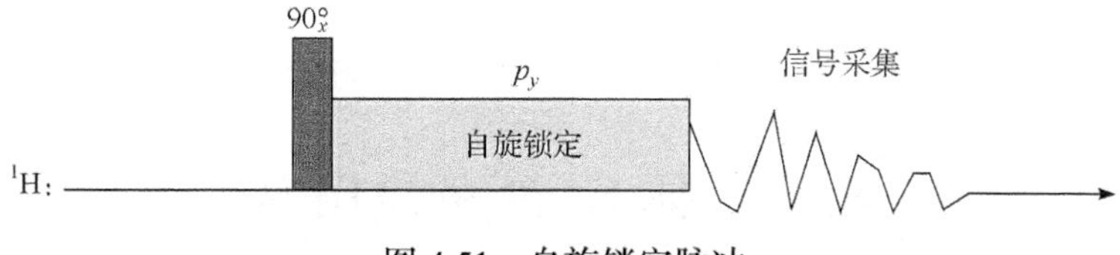

图 4.51 自旋锁定脉冲

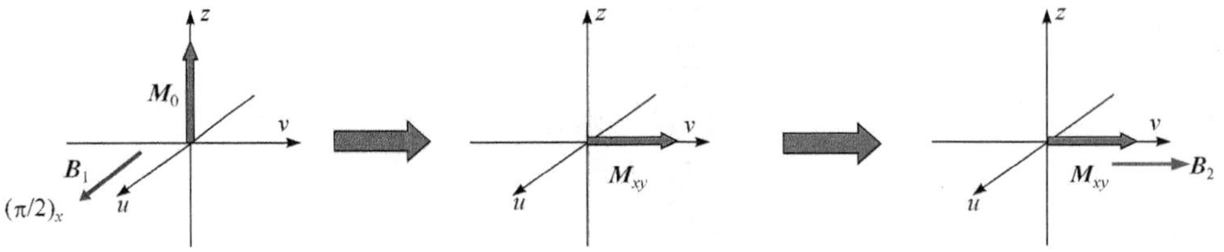

图 4.52　自旋锁定过程示意图

结合魔角旋转的交叉极化方法表示为 CPMAS。^{1}H-^{13}C CPMAS 的脉冲序列如图 4.53 所示，^{1}H 通道的序列就是自旋锁定，然后在 ^{13}C 通道采集数据时进行去耦。^{13}C 通道的脉冲将 ^{13}C 的磁化矢量锁定在横向，与 ^{1}H 核自旋体系的磁化矢量接触。调节 ^{1}H 和 ^{13}C 通道中的射频功率(射频场强 B_1、B_2)，当满足 $\gamma_H B_1(^{1}H) = \gamma_C B_2(^{13}C)$，称为哈特曼-哈恩(Hartmann-Hahn)匹配条件时，^{1}H 体系和 ^{13}C 体系可以发生共振能量转移(也称极化转移)，使 ^{13}C 核的信号强度增强。图 4.54 显示拟薄水铝石(35% ^{17}O 同位素富集)的 ^{17}O MAS 和 ^{1}H-^{17}O CPMAS NMR 谱，交叉极化谱中增强的信号说明信号对应的 ^{17}O 存在 ^{1}H 近邻，归属为 Al-OH 中的氧。

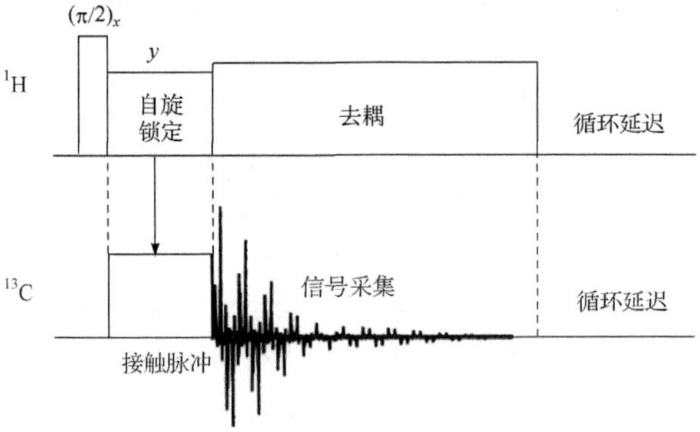

图 4.53　^{1}H-^{13}C CPMAS 的脉冲序列

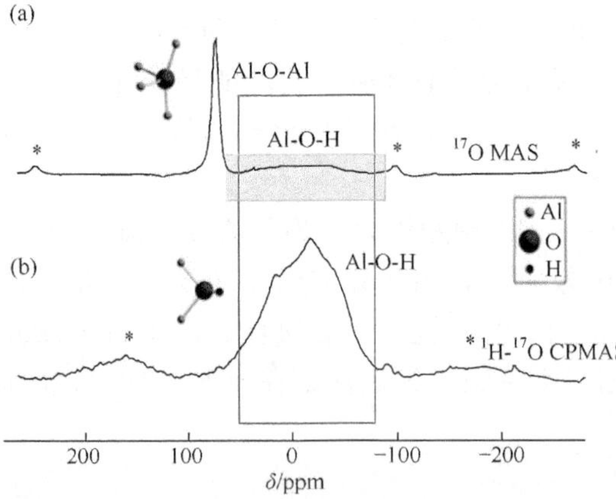

图 4.54　拟薄水铝石(35% ^{17}O 同位素富集)的 ^{17}O MAS(a)和 ^{1}H-^{17}O CPMAS(b)NMR 谱

4.5　固体 NMR 的应用实例

核磁共振谱学的研究对象是核自旋，因此无论是无定形材料还是结晶固体材料，都适合用固体 NMR 谱学研究。虽然理论上核磁共振方法可以研究固体材料的原子水平结构信息，但是如上所述，对于固体粉末，其中各类核自旋相互作用的各向异性作用造成了谱图的严重展宽，因此固体核磁共振谱学技术的主要任务是提升信号的分辨率。

^{29}Si MAS NMR 谱可以用来分析沸石分子筛中的硅铝比值。沸石分子筛由硅氧四面体和铝氧四面体通过氧桥连接形成晶体结构。对于晶格中的硅，其四个近邻(氧除外)原子可以是四个硅、硅铝或四个铝原子。而对于晶格中的铝，其四个近邻只能是硅原子。因此，根据硅的近邻原子不同，记为 Si(nAl), n=0, 1, 2, 3, 4，其信号的化学位移不同。由于 Si(nAl)的周围有 n 个铝原子，并且每个铝原子由四个硅原子分享(铝原子的四个近邻都是硅)，因此 Si(nAl)信号强度的 n/4 对应铝原子的物质的量，可以通过 ^{29}Si MAS NMR 谱计算沸石分子筛的晶格骨架硅铝比：

$$n(\mathrm{Si})/n(\mathrm{Al})=\sum \mathrm{Si}\left(n\mathrm{Al}\right)/\sum \frac{n}{4}\mathrm{Si}\left(n\mathrm{Al}\right)$$

图 4.55 为不同条件脱铝处理的 Y 沸石 ^{29}Si MAS NMR 谱。根据 Si(nAl)化学位移不同可以进行分峰处理，根据各信号的面积，利用公式可以计算骨架硅铝比。

铝是固体材料中普遍存在的元素，^{27}Al 丰度为 100%，是 I=5/2 核，即半整数四极核。对于粉末样品，魔角旋转仍然不足以完全平均二阶四极作用展宽。图 4.56 为不同条件脱铝处理的丝光沸石的 ^{27}Al MAS NMR 谱，从图中可以明确分辨出 55 ppm 和 0 ppm 处的两个信号。但是对于 30 ppm 左右的宽信号，由于信号展宽严重，从一维谱图上很难对谱图做出信号归属。利用二维多量子魔角旋转方法，可以获得明确的信号分辨与归属。从 ^{27}Al 2D MQMAS NMR 谱(图 4.57)中可以清晰地分辨出，随着焙烧温度升高，在 55 ppm 骨架铝(信号 A)附近逐渐形成了信号 C，具有更强的二阶四极作用，归属为扭曲骨架的四配位铝。随着焙烧温度继续升高，逐渐出现了信号 D，归属为非骨架的五配位铝。

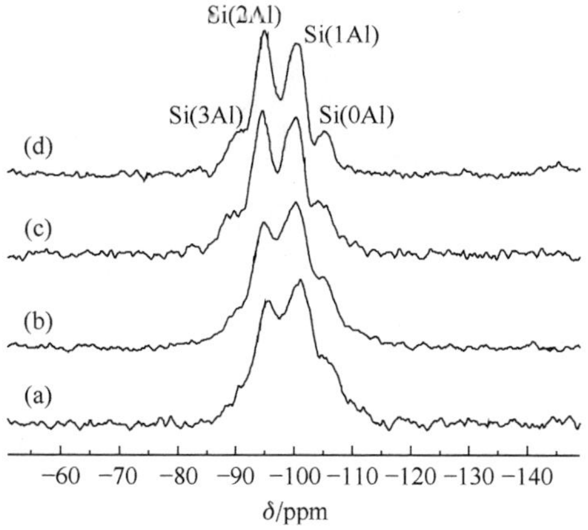

图 4.55　不同条件脱铝处理的 Y 沸石 ^{29}Si MAS NMR 谱

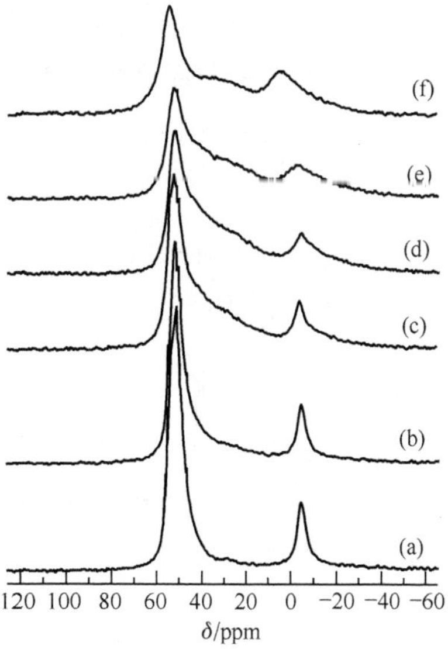

图 4.56　不同条件脱铝处理的丝光沸石的 ^{27}Al MAS NMR 谱

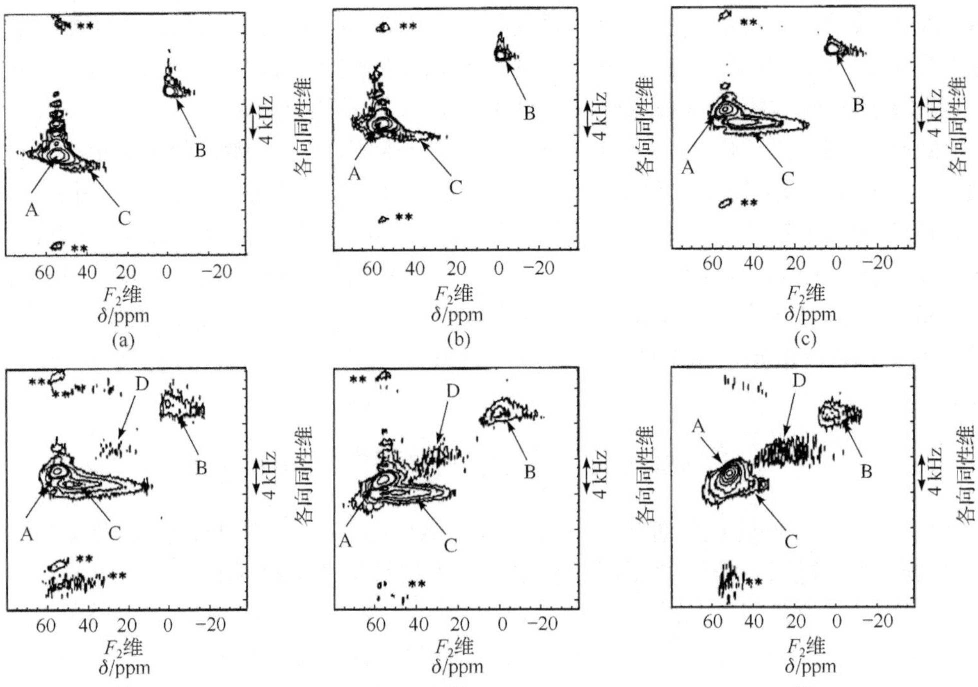

图 4.57 不同温度焙烧脱铝处理的丝光沸石的 ^{27}Al 2D MQMAS NMR 谱

图 4.58 为β沸石的 ^{29}Si MAS NMR 谱和 ^{1}H-^{29}Si CPMAS NMR 谱。由于 Si(3Si, 1Al)的化学位移与 Si(3Si, OH)信号重叠，在 ^{1}H-^{29}Si CPMAS NMR 谱中，可以看出−102 ppm 的信号明显增强，这说明该信号中包含 Si(3Si, OH)信号，因此信号强度可以通过 ^{1}H 交叉极化显著增强。

氢型沸石中的 ^{1}H MAS NMR 谱(图 4.59)可以分辨不同的羟基信号，约 0 ppm：金属离子相连的羟基；1～2 ppm：表面 Si-OH 或缺陷位 Si-OH；2.7～3.6 ppm：非骨架铝羟基 Al-OH；3.6～5.2 ppm：桥式羟基(布朗斯特酸质子)；5.2～7 ppm：与骨架有额外静电作用的桥式羟基。

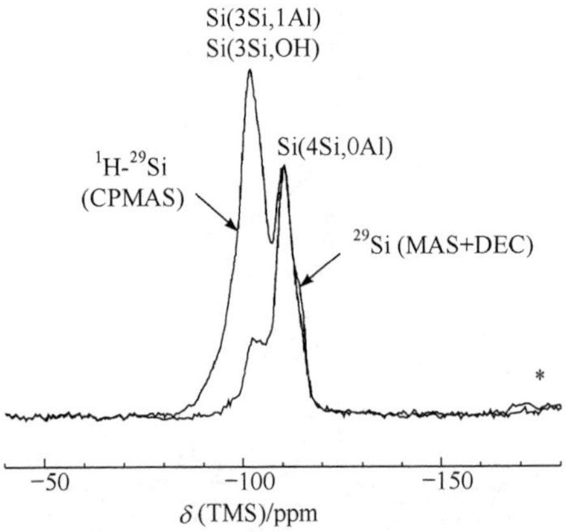

图 4.58 β 沸石的 ^{29}Si MAS NMR 谱和 ^{1}H-^{29}Si CPMAS NMR 谱

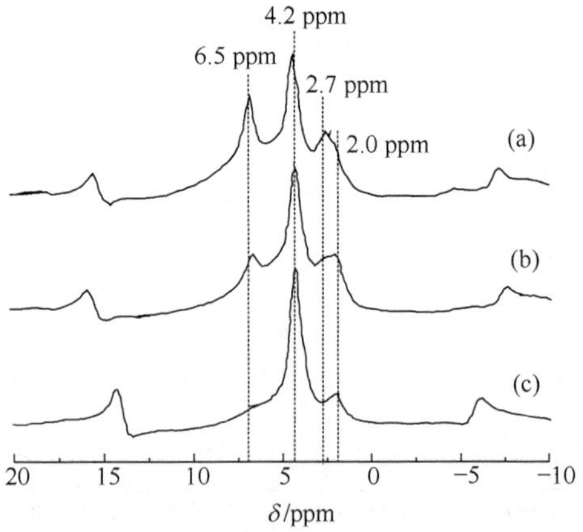

图 4.59 HZSM-5 分子筛的 ^{1}H MAS NMR 谱

样品经过不同的脱水抽真空处理：(a) 150℃；(b) 250℃；(c) 400℃

由于沸石对水的强烈吸附，因此要进行 ^{1}H NMR 测试，需要预先对样品进行加热抽真空脱水处理，为避免装样过程中再次吸水，转子装填需要在干燥的手套箱中完成。从图中可以看出，如果加热抽真空温度不够高，沸石中会残留 2.7 ppm 和 6.5 ppm 的吸附水信号，这两个信号很容易与分子筛中其他结构的质子信号混淆，因此对于酸性分子筛的 ^{1}H MAS NMR 测试，要特别注意脱水处理条件。

催化剂在催化反应中的原位谱学研究对催化反应机理及催化剂的活性作用机制等方面的研究具有重要的意义。与其他的谱学方法，特别是光谱方法相比，固体核磁共振方法在原位研究中的难度更大。因为固体探头空间狭小，而且要放到超导磁体的空腔中，探头中的硬件构造不利于升温或加压处理。更主要的是固体 NMR 通常需要魔角旋转，转子的高速转动给原位反应中反应物和产物的进出带来障碍。

原位固体 NMR 实验方法主要分为三类。第一类是将样品装入密闭小玻璃管内，吸附反应物后，封闭玻璃管，进行不同温度和时间的处理后，将小玻璃管直接放入转子进行信号观测。这类方法也称为封管法，其优点是制备样品相对简单，缺点是反应产物无法脱附，也不能在真实的工作温度测谱，因此可以称为准原位测试[图 4.60(a)]。第二类是将样品置于反应装置中，在催化反应结束后迅速冷却催化剂，并在反应系统中直接转入转子后测谱[图 4.60(b)]。其优点是反应条件真实，缺点也是不能在真正的反应条件下测谱，因此也属于准原位方法。第三类是流动式原位装置，即将固体探头和转子都改造成反应器的一部分，反应物以流动方式通入转子，并可进行升温。这种方式称为流动式原位反应，与催化剂真实的工作条件最为接近[图 4.60(c)]。由于原位催化反应需要检测的核多为 ^{13}C，但是 ^{13}C 的天然丰度仅有 1.1%，而原位反应需要在很短时间采谱，因此需要使用 ^{13}C 同位素富集反应物，导致流动原位 NMR 方法的成本较高。

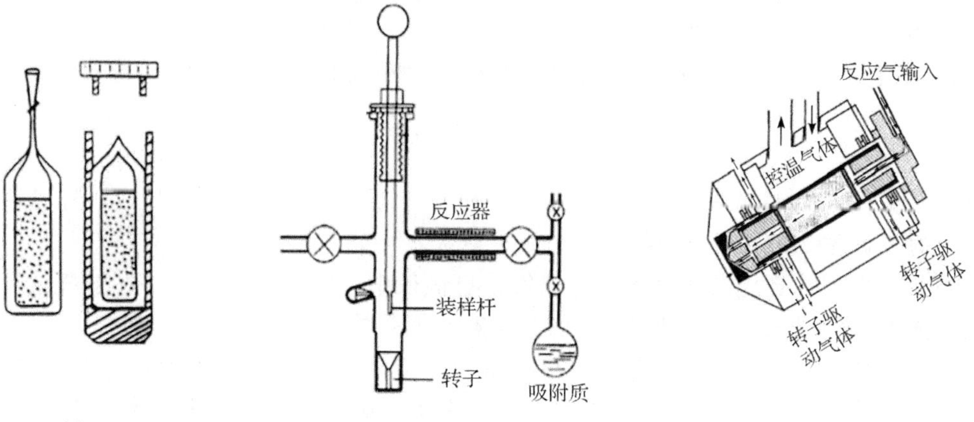

(a) (b) (c)

图 4.60 原位固体 NMR 谱学技术的不同操作方式

图 4.61 为改性沸石催化剂上苯胺-甲醇反应的原位固体 ^{13}C MAS NMR 谱，使用流动式原位固体 NMR 探头，反应物气体(苯胺+甲醇)流动通过转子中的催化剂，探头可逐渐升温至 523 K。左图反应物为仅有 ^{13}C 富集甲醇，可以看出，在温度从 473 K 逐渐升至 523 K 的过程中，甲醇(49 ppm)脱氢转化为甲醛(166 ppm)。在 523 K 时如果切断甲醇的通入，可以看到甲醇不断消耗转为甲醛，同时甲醛不断脱附出催化剂。右图反应物为 ^{13}C 富集甲醇+苯胺。因为只有甲醇的碳被 ^{13}C 标记，所以所有信号都来自甲醇的碳。从不同温度下的原位 NMR 谱中

可以看到，在 498 K 时出现了两种产物，29 ppm 处信号对应 $C_6H_5NH^{13}CH_3$，为反应的产物。157 ppm 信号对应 $C_6H_5N{=}^{13}CH_2$，为反应过程的中间产物。在 523 K 时切断反应物通入，可以看到 157 ppm 的中间产物不断消耗，转化为产物。因此，通过原位固体 NMR 谱学研究，可以清晰地总结出反应过程如下：

$$^{13}CH_3OH(49\ ppm) \longrightarrow H^{13}CHO + H_2 \tag{1}$$

$$C_6H_5NH_2 + H^{13}CHO \longrightarrow C_6H_5N = {}^{13}CH_2(157\ ppm) + H_2O \tag{2}$$

$$C_6H_5N = {}^{13}CH_2(157\ ppm) + H_2 \longrightarrow C_6H_5NH^{13}CH_3(29\ ppm) \tag{3}$$

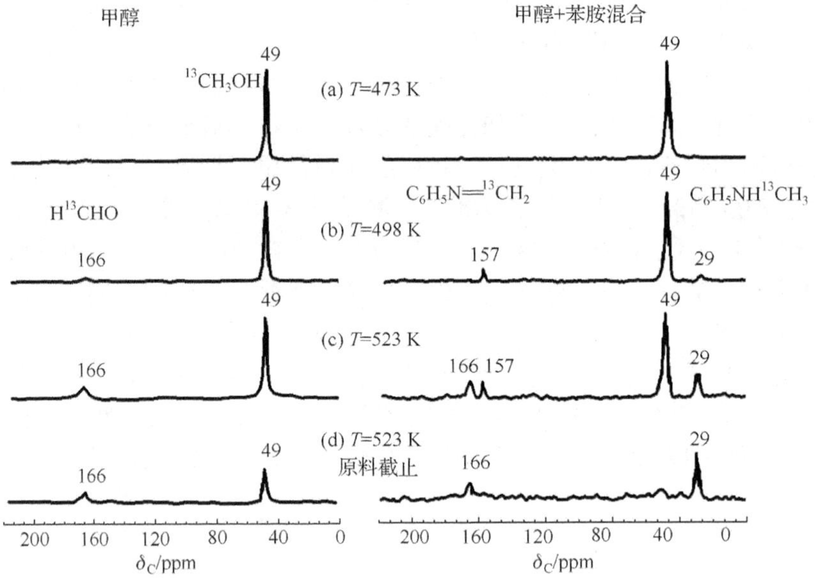

图 4.61 沸石分子筛为催化剂的苯胺-甲醇反应的原位固体 ^{13}C MAS NMR 谱

本章小结

核磁共振现象的本质原因是核自旋磁矩在磁场中取向的空间量子化效应，即核磁矩在磁场方向上的投影为 $2I+1$ 个，对应 $2I+1$ 个分裂能级。

核磁共振中，核自旋在静磁场中的能级分裂值很小，对应的共振频率在射频波段，因此相比其他光谱(对应电子能级之间的跃迁)，灵敏度低是核磁共振谱的天生弱势。

对于固体样品，各种核自旋相互作用不能被平均，并表现出各向异性。因此，对于固体粉末样品，NMR 谱中包含的结构信息太多而造成谱线展宽，分辨率比液体 NMR 低得多。

魔角旋转方法是固体 NMR 谱学中最常用也是最有效的提高谱图分辨率的方法，结合脉冲去耦技术可以压制偶极-偶极相互作用和化学位移各向异性作用造成的粉末谱展宽。而对于半整数四极核的中心跃迁，魔角旋转方法只能部分窄化信号，但不能消除核电四极相互作用的各向异性。二维多量子魔角旋转方法是一种有效地消除半整数四极核二阶四极作用的通用方法。

第 5 章　电子顺磁共振波谱

我们力图尽快证明自己错了，只有这样我们才能进步。

——费曼

电子顺磁共振(electron paramagnetic resonance，EPR)波谱也称电子自旋共振(electron spin resonance，ESR)波谱，讨论的是电子的自旋磁矩在磁场中发生的共振吸收效应，与第 4 章的核磁共振波谱有很多类似之处，因此通常将核磁共振和电子顺磁共振统称为磁共振波谱，其物理本质相同，即核或电子的磁矩在静磁场中取向的空间量子化导致能级分裂，与照射电磁场发生共振吸收的过程。核磁共振方法涉及核的自旋磁矩，而电子顺磁共振涉及电子的自旋磁矩。参照核磁共振的原理，电子的磁矩在磁场中也会发生空间量子化，即磁矩分立取向造成能级分裂，也会产生特定频率电磁波的共振吸收。苏联科学家扎沃斯基(Y. Zavoisky)于 1944 年最早观测到了电子顺磁共振的信号，并因此多次被提名为诺贝尔奖候选人。另外根据资料记载，扎沃斯基曾在 1941 年观测到了宏观样品的核自旋共振信号，但是因为信号很弱难以重复而不了了之，令人遗憾。

5.1　电子顺磁共振的基本原理

5.1.1　电子的自旋、自旋磁矩和朗德因子

回忆一下施特恩-格拉赫实验，施特恩设计实验的目的是检验银原子磁矩取向空间量子化理论。实验所用的银原子分子束(蒸气)，银原子的外层电子排布为 $4d^{10}5s^1$，s 轨道电子的轨道磁矩为零 (因为角量子数 l=0)，因此银原子的磁矩实际来源于 $5s^1$ 电子的自旋磁矩。施特恩-格拉赫实验实际上观测的是电子自旋磁矩在磁场中的分立取向(虽然施特恩当时并不知道，因为当时还没有电子自旋的概念)，随后在 1925 年荷兰的乌伦贝克和古德斯密特提出并发表了电子自旋的概念。电子的自旋角动量和自旋磁矩是电子的内禀物理量，并没有经典物理学的对应量，也不能理解为一个带电小球体的自转。

第 4 章讨论过电子的轨道磁矩，根据经典的环电流与磁矩的关系，得到了轨道角动量与磁矩的关系：$\boldsymbol{\mu}=-\dfrac{e}{2m}\boldsymbol{p}$ ($\boldsymbol{p}$ 为轨道角动量，负号是电子带负电，因此磁矩与角动量的方向相反)。定义玻尔磁子(磁矩的单位) $\mu_{\mathrm{B}}=\dfrac{e}{2m}\hbar$，也就是说，如果电子的轨道角动量为 $\hbar$，则其轨道磁矩为一个玻尔磁子 μ_{B}。如果电子的轨道角量子数为 l，则轨道角动量为 $\sqrt{l(l+1)}\hbar$，对应的磁矩就是 $\sqrt{l(l+1)}\mu_{\mathrm{B}}$。

电子的自旋量子数为 1/2，自旋角动量为 $\sqrt{s(s+1)}\hbar$，s=1/2，即在某方向(如磁场方向)上自旋角动量投影值大小为 $\hbar/2$。如果电子自旋角动量为 $\hbar/2$，对应的自旋磁矩是多少？依照电子轨道

角动量与轨道磁矩的关系(轨道角动量如果是 $\hbar$，则对应的磁矩为μ_B)，自旋角动量 $\hbar/2$ 对应的磁矩是否为 $\mu_B/2$?

答案是否定的。如上所述，在施特恩-格拉赫实验中，银原子的磁矩来源于 $5s^1$ 电子的自旋磁矩，对应角动量为 $\hbar/2$，但是测量出来银原子的磁矩约为 1 μ_B，这说明电子的自旋角动量和其磁矩的比例关系与电子轨道和其磁矩的比例关系并不相同。为了统一轨道角动量和自旋角动量与对应磁矩的表示，引入一个因子 g，将电子的磁矩(轨道或自旋磁矩)与角动量之间的比例系数表示为 $g\dfrac{e}{2m}$，对于轨道角动量，$g = g_l = 1$，对于自旋角动量，$g = g_s = 2$(理论值约等于 2.002319)。

对于多个未成对电子的原子(或离子，如一些过渡金属离子)，对应一个总自旋角动量 S。同时，这些未成对电子分别占据不同的轨道，形成总的轨道角动量 L。这样，原子(或离子)的总角动量 J 为 S 和 L 的矢量和。

对于电子轨道角动量与自旋角动量的耦合(LS 耦合)，通过推导(可以参考原子物理学的教科书，这里直接给出结论)，总磁矩为 $g_J\sqrt{J(J+1)}\mu_B$。

$$
\begin{aligned}
g_J &= 1 + \frac{J(J+1)+S(S+1)-L(L+1)}{2J(J+1)} \\
&= \frac{3}{2} + \frac{S(S+1)-L(L+1)}{2J(J+1)}
\end{aligned}
$$

式中，g_J 为朗德因子。上述关于 LS 耦合及 g_J 的算法适用于孤立的原子，而在实际的材料中，原子与其他原子成键，处于晶格电场中，晶体场可能造成 p 或 d 轨道角动量全部或部分猝灭，因此 g_J 的计算公式也不再适用。

原子或分子中的电子可以成对，成对电子的自旋方向相反，自旋磁矩相互抵消为零，自然也不会有顺磁共振现象。因此，电子顺磁共振的研究对象是含有未成对电子的分子或材料，与核磁共振方法相比，适用于顺磁共振测试的样品少得多。对于某些样品，如有机自由基，电子的磁矩主要是其自旋磁矩。而对于某些样品中的未成对电子，除了自旋磁矩，还可能存在轨道磁矩的贡献。

核磁共振谱利用核自旋作为探针，而真正关注的是核自旋周围的化学环境(结构)。类似地，电子顺磁共振以未成对电子为探针，目的是研究未成对电子所处的化学环境，如与未成对电子有作用的近邻核自旋的种类和耦合作用等结构信息，或者未成对电子所属的原子与其他原子的成键信息等。

5.1.2 EPR 的基本原理

既然 EPR 的研究对象是含有未成对电子的材料，则可以从最简化的模型体系入手，即只考虑单纯的电子自旋磁矩在静磁场中的共振吸收效应。注意这是一个模型化的理解，在实际样品中未成对电子周围存在其他原子(原子核及电子)，从而对共振吸收产生额外的影响。

与核磁共振类似，在静磁场 B 中未成对电子的自旋角动量，其取向表现出空间量子化。电子的自旋量子数为 1/2，因此在磁场中只有两个投影值 $\pm\dfrac{1}{2}\hbar$。由于自旋角动量产生对应的磁矩，因此电子的自旋磁矩在磁场方向也有两个投影值。对于投影为 $\pm\dfrac{1}{2}\hbar$ 的电子自旋角动量，其磁矩大小为$\frac{1}{2}g_s\frac{e}{2m}\hbar=\frac{1}{2}g_s\mu_B$。

如图 5.1 所示，在静磁场中的电子自旋磁矩因空间量子化而形成两个投影。由于电子的角动量与磁矩的方向相反(而核自旋的角动量与磁矩多数是同方向的，也有个别磁旋比是负值，角动量与磁矩反方向)，因此在图上看到的是电子自旋角动量的取向投影，磁矩方向与磁场方向相反的(向下的)处于高势能态。

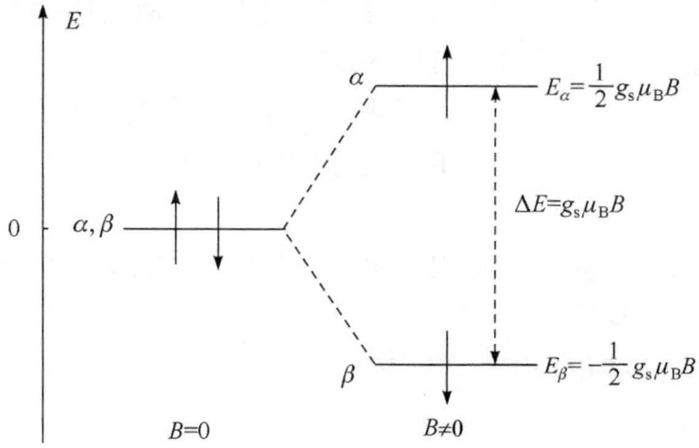

图 5.1　孤立电子自旋在磁场中的能级分裂

在磁场方向的自旋磁矩投影为

$$\mu_z=-g_s m_s \mu_B=\pm\frac{1}{2}g_s\mu_B$$

根据 $E=-\boldsymbol{\mu}\cdot\boldsymbol{B}$，电子自旋磁矩在磁场中形成两个能级，对应能量分别为$\pm\frac{1}{2}g_s\mu_B B$，能级差为$g_s\mu_B B$。这样发生共振吸收的条件：$h\nu=\Delta E=g_s\mu_B B$(电子发生共振吸收跃迁，磁能级跃迁的选择定则 $\Delta m_s=\pm1$)。

电子自旋的磁矩比核磁矩高约三个数量级，因此在同等强度的磁场下电子自旋在磁场中的能级差比核自旋的能级差高三个数量级。以常用的 NMR 谱仪(400 MHz，磁场强度 9.4 T)作为对比，常用的 EPR 谱仪的磁场强度为 0.34 T(对应微波共振频率约 9.5 GHz)或 1.25 T(对应微波共振频率约 35 GHz)，因此核磁共振的共振频率为 MHz 数量级，处于射频段，而顺磁共振的频率为 GHz 数量级，处于微波段。磁场中的电子自旋磁矩塞曼分裂能级 E_α、E_β 上的布居数满足玻尔兹曼分布

$$n_\alpha/n_\beta=\exp\left(-g_s\mu_B B/kT\right)$$

式中，k 为玻尔兹曼常量($1.38\times10^{-23}\,\mathrm{J\cdot K^{-1}}$)，$E_\alpha$、$E_\beta$ 能级上对应的电子自旋数分别为 n_α、n_β，当 T=300 K，B = 0.34 T 时，n_α/n_β = 0.9985≈999/1000，即在常温下，高、低能级自旋布居数差为 10^{-3} 数量级，而核自旋体系在 1 T 磁场强度下布居数差为百万分之几，说明 EPR 的信号灵敏度比 NMR 高 2～3 个数量级，因此 EPR 信号检测相对更容易。

顺磁共振研究对象主要包括：

(1) 自由基化合物：分子中具有一个未成对电子。在化学反应过程中，分子的共价键发生断裂，如果共用电子对被拆解，分别归属断键后形成的新基团(原子)，即形成自由基。电磁波(如 X 射线或紫外光)照射也会破坏共价键并产生自由基。由于带有未成对电子，自由基的化学性质非常活泼，反应性较高。有些自由基分子较为稳定，如 1,1-二苯基-2-三硝基苯肼(DPPH,

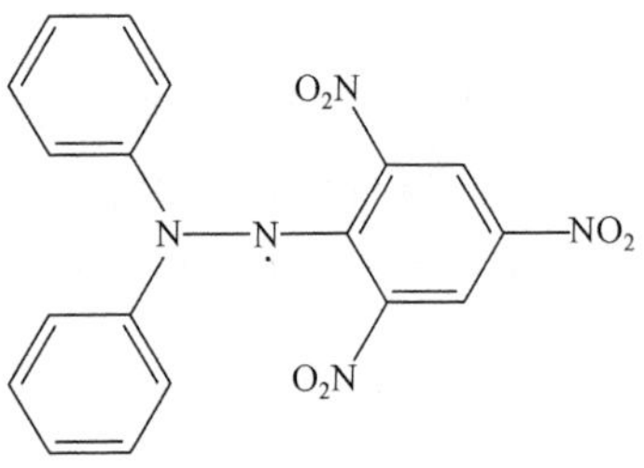

图 5.2　DPPH 自由基

图 5.2)，分子内部存在非共有电子(N·)。DPPH 在水溶液中显紫色，如果自由基与其他分子发生反应，形成共价键结构后，溶液从紫色转为淡黄色。清除 DPPH 自由基氧化还原检测广泛用于定量测定生物制剂、天然提取物等的体外抗氧化能力。

(2) 双自由基或多自由基类化合物：含有两个或以上未成对电子，其相距较远，相互作用很弱，可以视为两个或多个单独的自由基。

(3) 三重态分子：含有两个自旋不配对的电子，且两个电子相距很近，有很强的耦合作用，总自旋量子数为 1，因此分子可以有三个自旋分量：−1、0 和+1。

(4) 过渡金属离子和稀土离子：通常在 d、f 电子轨道中出现未成对电子。

(5) 固体中的局部晶格缺陷。

本章将给出一些上述结构的 EPR 谱实例。

5.2　电子顺磁共振谱简析

5.2.1　EPR 谱仪

与 NMR 谱仪类似，EPR 谱仪也分为连续波谱仪和脉冲傅里叶变换谱仪。在第 4 章讨论过，由于 NMR 信号的灵敏度低，因此需要信号多次累加，而脉冲傅里叶变换在时间域累加 FID 信号，可以使累加时间大大缩短。与 NMR 相比，EPR 的信号灵敏度高得多，往往不需要太多的信号累加，因此连续波 EPR 谱仪更加通用。本章讨论的实验均为连续波 EPR 谱，脉冲傅里叶变换 EPR 谱对仪器、实验技术及理论分析都有更高的要求，本书不再涉及。

EPR 谱仪包括磁铁系统(常用的是电磁铁)、微波波源系统(也称微波桥)、微波谐振腔(测试样品置于谐振腔的中心)及信号检测处理系统等(图 5.3)。一台 EPR 谱仪的微波频率是固定的，谱仪的磁场通过磁极之间的霍尔探头测量并反馈到控制系统(霍尔探头利用霍尔效应测量磁感应强度，此处不再详述)。气体、液体及固体样品都可以进行 EPR 测试，气体可以封闭在样品管中，液体和固体样品通常使用外径 2～5 mm 的高纯石英样品管，因为普通玻璃中的铁离子杂质信号会造成信号干扰。有的样品测试需要在无水无氧条件下进行，需要将样品管进行抽真空处理，并用氮气或氩气保护。根据微波的频率，EPR 谱仪分为 L 波段(1 GHz)、S 波段(3.5 GHz)、X 波段(9.5 GHz)、K 波段(20 GHz)和 Q 波段(35 GHz)，X 波段谱仪较为常规。

与核自旋共振吸收射频能量的过程类似，电子自旋体系在共振频率上吸收微波的能量之后，处于低能级的电子自旋跃迁到高能级(自旋方向翻转)，随后高能级的电子自旋，通过与电子所处的晶格释放能量的方式耗散所吸收微波的能量，并回到低能级自旋态，这个过程是电子的自旋-晶格弛豫过程(也称纵向弛豫)。对于一般的有机自由基，弛豫时间较长，因此可以在室温下进行检测。对于某些自旋体系，如过渡金属离子或稀土离子，弛豫时间非常短(意味着电子吸收跃迁到高能态上的寿命很短，导致谱线非常宽而难以检测)，因此需要降低测试温度到液氮甚至液氦温度，才可以检测到共振吸收信号。因此，EPR 谱仪中经常会用到低温保持系统，利用液氮或液氦降低测试温度。

超导磁体 NMR 谱仪是固定磁场，通过改变频率寻找共振点。与 NMR 谱仪不同，通常 EPR 谱仪的微波频率固定，需要通过调节磁场强度寻找共振点。另外，NMR 谱通常显示的是吸收谱，而由于连续波 EPR 谱仪的信号检测方式，EPR 谱以微分谱(吸收谱的微分)表达数据。前文所讲的俄歇电子能谱的表达方式也是微分谱。原则上，吸收谱与微分谱包含的信息相同，只是表达形式不同。对于吸收谱，标记一个峰位置是在吸收峰的顶端，该位置在对应微分谱中为零，即与谱图基线相交的位置，对应吸收谱的顶点(图 5.4)。在俄歇电子能谱中，习惯上是以微分谱的纵轴负值最低点标记峰位，而不是在纵轴的零点上。

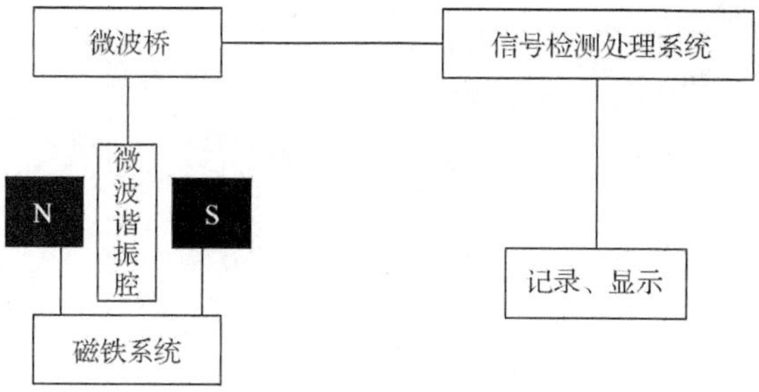

图 5.3　EPR 谱仪的基本组成

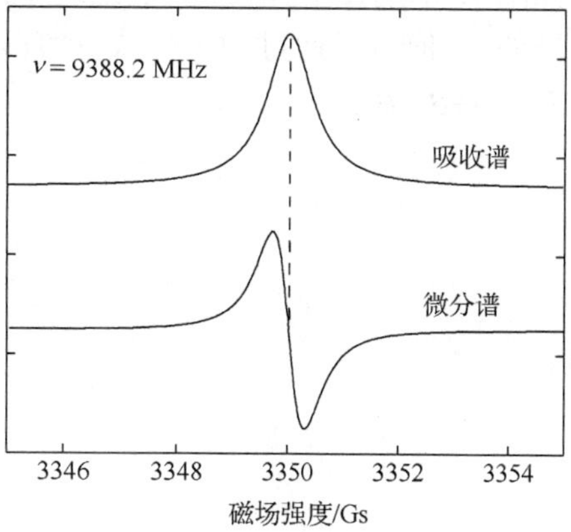

图 5.4　9.5 GHz(X 波段)谱仪的 ESR 谱，吸收谱(上)和微分谱(下)示意图

5.2.2　EPR 谱

EPR 谱图的横轴为磁场强度(因为谱仪的微波频率是固定的)，以毫特斯拉(mT)或高斯(Gs，1 Gs=10^{-4} T)为单位。纵轴为信号强度(微分信号强度)。习惯上，横轴的磁场强度左低右高。如上所述，共振发生的条件是 $h\nu = \Delta E = g\mu_B B_0$，如果单纯考虑电子的自旋，$g$ 为自由电子的朗德因子 $g_s \sim 2.0023$。如果存在自旋磁矩和轨道磁矩的耦合(LS 耦合)，则 g 不再等于 g_s。另外在实际样品中，电子必定存在于某种环境中，其周围存在原子核及其他电子结构，核磁矩及电子云的屏蔽作用可以产生额外的小磁场，附加在静磁场 B_0 上，导致发生共振的电子自旋实际所处位置的静磁场发生改变(假定变为 B')，则共振条件可以表示为 $h\nu=g\mu_B B'$。在谱图测试中，依然使用谱仪静磁场 B_0，这样 g 就要写成 g_{eff}，共振频率关系为 $h\nu=g_{eff}\mu_B B_0$，建议将 g_{eff} 称为 g 值而不是 g 因子，避免与朗德因子 g 的概念混淆。

不同 EPR 谱仪往往属于不同波段(固定的微波频率不同)，则同一个样品在不同仪器上测试时，共振信号的横轴磁场位置不同，谱图不容易互相比对。EPR 谱的横轴也可以用 g 值表示，$g_{eff} = h\nu/\mu_B B_0$，EPR 谱中的磁场左低右高，因此 g 值左高右低，这是 EPR 谱表示的习惯。显然，这里的 g 值是一个可能包含电子的自旋磁矩、轨道磁矩及周围环境产生的磁场的综合结构参数，再次提示注意不要将 g 值与朗德因子 g 的概念混淆。g 值只与样品自身结构信息有关，用 g 值作为横轴表示 EPR 谱，类似于 NMR 谱中横轴不用共振频率而是用量纲为一的化学位移数值来标记信号的位置。

如果是单个电子，EPR 谱仪在 g 值=g_s 的位置出现共振信号，而在实际样品中，对某个未成对电子来说，其 g 值可能包含轨道、自旋及电子云对磁场的屏蔽效应等多种因素，是一个与未成对电子所处的结构及化学环境相关的综合因子。因此，通过 EPR 谱的分析，可以获得未成对电子的化学环境及电子轨道空间分布的信息。

如上所述，共振信号的 g 值可以通过测试谱仪的频率及静磁场直接计算。另一种方法是内标法，即先找一个已知 g 值的样品(如 Mn^{2+})作为内标，与样品同时测试。一般固体样品信号会出现在锰离子共振信号周围，已知锰离子共振信号的标准 g 值，就很容易计算样品的 g 值。

如图 5.5 所示，以 Mn^{2+}的 6 条线中的第三、四条线为参考标准，g_3=2.033、g_4=1.981，测试信号的 g 值可以通过如下公式计算(该公式容易推导，可以作为练习，其中磁场强度间距 $a=B-B_3$，$b=B_4-B$)：

$$g=\frac{(a+b)g_3g_4}{ag_3+bg_4}$$

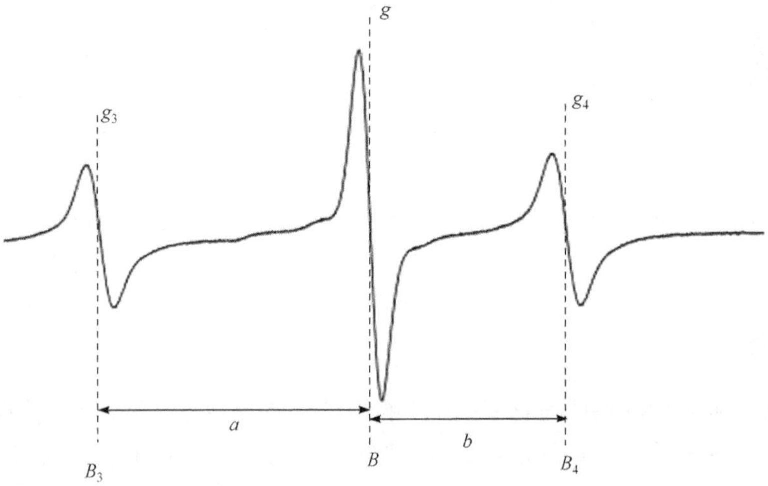

图 5.5 用已知 g 值标样作为内标计算样品信号的 g 值(该图为示意图)

5.2.3 超精细相互作用

前文已提及，材料中的未成对电子不是孤立存在的，其近邻肯定存在原子核。如果近邻原子核是磁性核(核自旋量子数不为零，也就是核自旋磁矩不为零)，则未成对电子的磁矩与核磁矩之间会产生耦合作用，称为超精细相互作用。物理学中的超精细结构或超精细相互作用一般都与核自旋相关，如氢光谱的精细结构是电子自旋磁矩造成的，而氢光谱的超精细结构则是核自旋磁矩造成的(相关内容可参考原子物理学教材)。

先考虑最简单的一种情况，一个未成对电子与一个 I=1/2 的磁性核之间的超精细相互作用。已经知道，当不考虑耦合质子时，电子磁矩在静磁场中分裂为两个取向，从而形成可以跃迁的两个能级。如图 5.6 所示，对于+1/2 取向的电子，如果存在一个近邻质子，则质子磁矩也会分裂为两个取向，考虑电子与质子磁矩的耦合之后，原来的+1/2 取向电子磁矩对应的能级在与不同取向的质子磁矩耦合后将再分裂形成两个能级，即质子的耦合发生了能级分裂。由于质子磁矩比电子磁矩小三个数量级，质子的耦合作用可以视为一种微扰作用，因此产生的能级分裂较小。同样，对于−1/2 取向的电子，考虑质子耦合作用之后，能级也发生分裂。

原本两个电子能级之间的跃迁(对应一个共振频率信号)变为两对电子能级之间的跃迁(对应两个共振频率信号)，即如果未成对电子有一个近邻质子，原本一条共振线变成两条共振线，称为超精细结构。

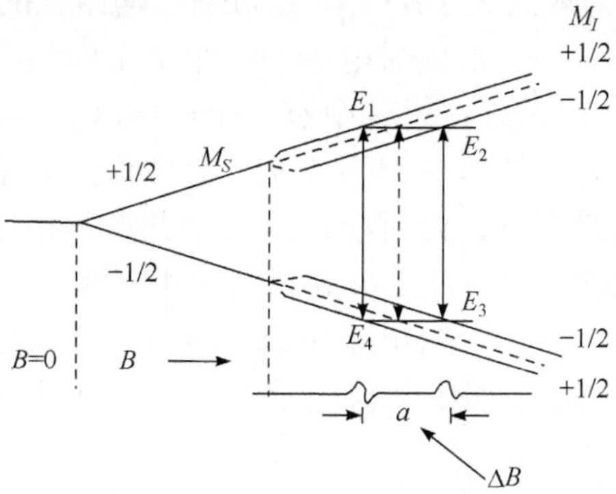

图 5.6 未成对电子与一个 I=1/2 核的耦合作用

上述是关于超精细相互作用的定性分析，现在做一些定量分析，仍然考虑一个电子与一个质子的耦合。耦合体系在静磁场中的势能包含电子自旋磁矩的势能、电子与质子的相互作用能，以及核自旋磁矩的势能。与电子自旋磁矩的势能相比，电子与质子的相互作用能较小，一般情况下核自旋磁矩的势能更小，因此为简化可以忽略核自旋磁矩的势能项(实际上即使考虑核自旋势能的修正，也不影响电子能级跃迁能级差的结果)。

对于电子和质子的耦合体系，$I=1/2$，$M_I=\pm 1/2$；$S=1/2$，$M_S=\pm 1/2$，则耦合体系形成四个能态，即

$$\left|1/2,1/2\right\rangle,\left|1/2,-1/2\right\rangle,\left|-1/2,-1/2\right\rangle,\left|-1/2,1/2\right\rangle$$

如果电子与核耦合作用常数为 A(称为超精细耦合常数)，四个能态对应的能量为

$$\begin{aligned}E_1 = E_{1/2,1/2} &= \left\langle 1/2,1/2 \mid g\mu_B B\hat{S}_z + A\hat{S}_z\hat{I}_z \mid 1/2,1/2\right\rangle \\ &= (1/2)g\mu_B B + (1/4)A \\ E_2 = E_{1/2,-1/2} &= \left\langle 1/2,-1/2 \middle| g\mu_B B\hat{S}_z + A\hat{S}_z\hat{I}_z \middle| 1/2,-1/2\right\rangle \\ &= (1/2)g\mu_B B - (1/4)A \\ E_3 = E_{-1/2,-1/2} &= \left\langle -1/2,-1/2 \middle| g\mu_B B\hat{S}_z + A\hat{S}_z\hat{I}_z \middle| -1/2,-1/2\right\rangle \\ &= -(1/2)g\mu_B B + (1/4)A \\ E_4 = E_{-1/2,1/2} &= \left\langle -1/2,1/2 \middle| g\mu_B B\hat{S}_z + A\hat{S}_z\hat{I}_z \middle| -1/2,1/2\right\rangle \\ &= -(1/2)g\mu_B B - (1/4)A\end{aligned}$$

根据电子能级跃迁选择定则，$\Delta M_S=\pm 1$，$\Delta M_I=0$，四个能级之间可以形成两个跃迁：E_1～E_4 跃迁，能级差为 $g\mu_B B + A/2$；E_2～E_3 跃迁，能级差为 $g\mu_B B - A/2$。这样，原本一个共振吸收信号分裂变成了两个共振吸收信号(超精细分裂)。由于 EPR 一般都是固定微波频率 ν 下调变磁场强度寻找共振点(扫场模式)，因此对于 E_1～E_4 跃迁，如果在磁场为 B_1 时发生共振，则 $h\nu = g\mu_B B_1 + A/2$；对于 E_2～E_3 跃迁，如果在磁场为 B_2 时发生共振，则 $h\nu = g\mu_B B_2 - A/2$。

在 EPR 谱中，两个信号的磁场位置差 $B_2-B_1=A/g\mu_B$，注意超精细耦合常数 A 表示核磁矩与电子磁矩之间的相互作用能，其量纲为能量单位，定义 $a=A/g\mu_B$，则 a 的量纲转换为磁场强度(常用 Gs)。如果用 a 表示超精细耦合常数，则由超精细结构分裂造成的信号分裂间距刚好是 a，或者说超精细耦合常数的大小决定了超精细结构谱线的分裂间距。

再举个稍微复杂的例子，一个未成对电子与一个 I=1 的核(如 ^{14}N 或 ^{2}H)之间的超精细相互作用。对于 I=1 的核自旋，核磁矩在磁场中有三个取向($M_I=-1,0,1$)，因此电子的两个能级，在考虑超精细相互作用后，每个能级分裂为 3 个，总共形成 6 个能级。在考虑电子跃迁选择定则之后，可以形成三个能级跃迁，即对应产生三个共振频率信号，其磁场间距为超精细耦合常数 a(具体的推演过程参考上述 I=1/2 核的超精细相互作用，可以作为练习)。

考虑更复杂的情况，即一个未成对电子可以与 n 个 I=1/2 核形成耦合作用的情况。在很多自由基中这是非常普遍的现象，如甲基自由基 $\cdot CH_3$，一个未成对电子与三个氢核作用形成超精细结构。

如图 5.7 所示，电子与 n 个等性 1/2 核耦合(等性的意思是电子与每个核的耦合作用相同)，n 个等性 1/2 核，总核自旋量子数为 $n/2$，在磁场中可以有 $2\times n/2+1=n+1$ 个核能级，则 +1/2 取向电子的能级在与 n 个等性核耦合后分裂为 $n+1$ 个能级，−1/2 取向电子的能级也分裂为 $n+1$ 个。考虑能级跃迁选择定则 $\Delta M_I=0$，因此可以有 $n+1$ 个不同能级差的跃迁，对应 $n+1$ 条共振谱线。对于 $n+1$ 个核能级，由于 n 个核自旋每个都可以有上、下两个取向，因此 $n+1$ 个能级不仅能量高低不同，而且每个能级的简并度也不同，从取向全部向上到取向全部向下，每个能级的简并度分别是 C_n^0，C_n^1，…，C_n^n(图 5.7)。对应每对能级的跃迁，考虑到能级简并度为 C_n^m，其强度正比于 C_n^m，也就是$(1+x)^n$ 的二项式展开系数。例如，与 4 个 1/2 核耦合后，可以有 5 条共振线，其强度比为 1∶4∶6∶4∶1(图 5.8)。

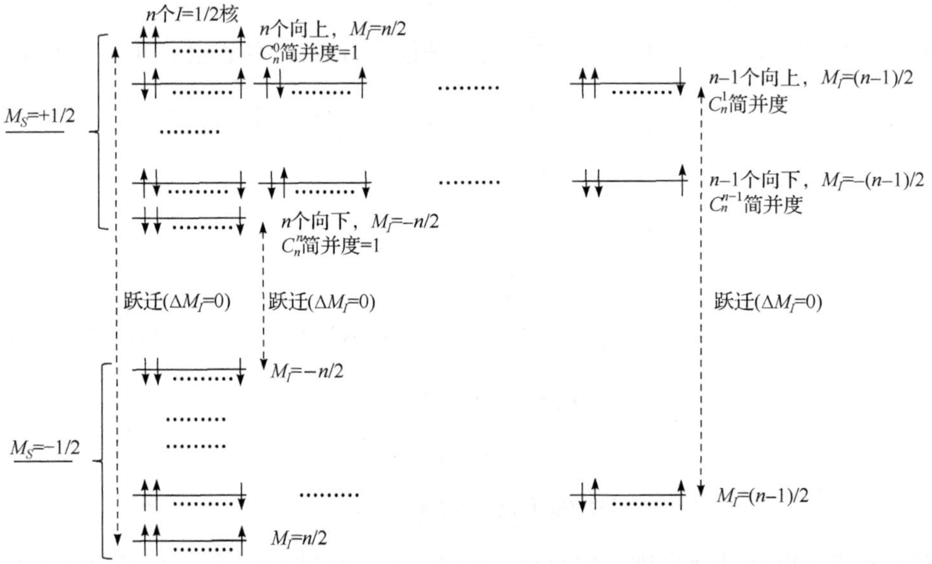

图 5.7 未成对电子与 n 个 I=1/2 核耦合的能级分裂示意图

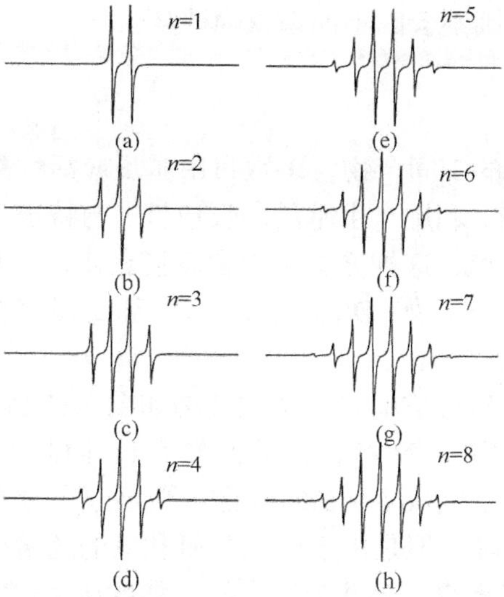

图 5.8 一个未成对电子与 n 个 1/2 核耦合形成的超精细结构

如果一个未成对电子与 n 个等性 I 核耦合，则产生 $2nI+1$ 条超精细结构。更复杂的情况，若有 n_1 个 I_1 核、n_2 个 I_2 核、n_j 个 I_j 核，最多可以有$(2n_1I_1+1)(2n_2I_2+1)\cdots(2n_jI_j+1)$条谱线的精细结构，呈现出很复杂甚至达到上百条线的超精细结构。例如，联苯负离子自由基，电子分别与三组等性质子耦合：4、4′；2、6、2′、6′；3、5、3′、5′，可以有 75 条线的超精细结构(图 5.9)。

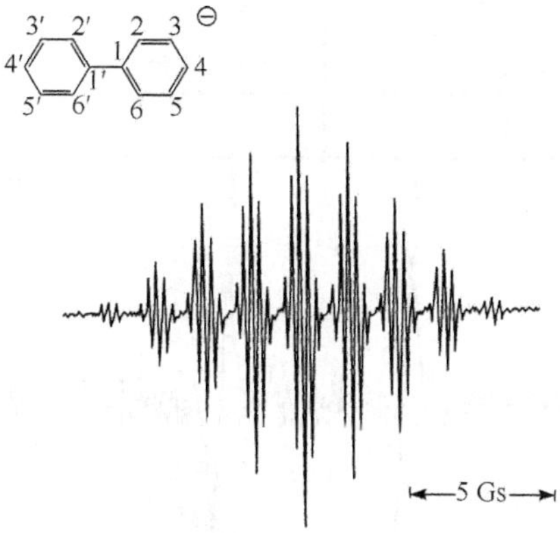

图 5.9 联苯负离子自由基的 EPR 谱

DPPH(图 5.2)常用作自由基的标样。由于 ^{14}N 的 I=1，如果未成对电子定域在一个氮上，可以观测到 $2I+1=3$ 条线；如果电子定域在两个等性氮核之间，可以观测到 $2nI+1=5$ 条谱线，强度比为 1∶2∶3∶2∶1；如果对于电子，两个氮核是不等性的，则产生$(2n_1I_1+1)(2n_2I_2+1)=9$ 条谱线。实验可以观测到 5 条谱线，强度比为 1∶2∶3∶2∶1，说明未成对电子定域在两个等性氮核之间(图 5.10)。

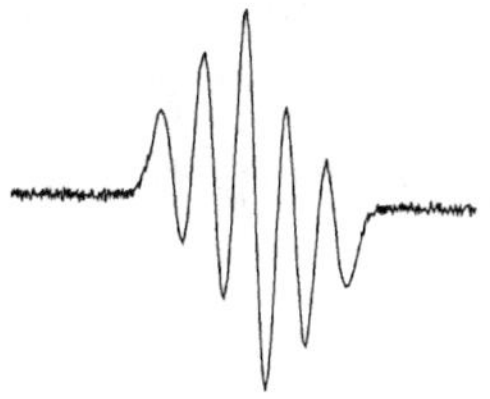

图 5.10 DPPH 自由基的 EPR 谱

如果谱图中包含多条线(如两条线)，如何区分是两个不同化学环境的未成对电子的共振信号还是超精细结构？可以换一台不同共振频率的谱仪，如果是不同的化学环境，则磁场间距改变；如果是超精细结构，因为超精细结构谱线的磁场间距等于超精细耦合常数，属于结构参数，则不会因不同谱仪而改变。

5.2.4 自旋捕获

自由基往往是化学反应的中间产物，多数自由基反应活性高，因此其存在寿命通常比较短，难以通过 EPR 谱仪检测。利用自由基的高反应性，与特定化合物形成较稳定的自由基加成物，然后进行 EPR 谱学研究，这种方法称为自旋捕获或自由基捕获。常用的自旋捕获剂通常是含有—NO 基团的化合物，如 DMPO(5,5-二甲基-1-吡咯啉-*N*-氧化物，5,5-dimethyl-1-pyrroline *N*-oxide)。

DMPO 捕获羟基自由基后形成的自由基加合物如图 5.11 所示，未成对电子与一个氮核和一个氢核存在超精细相互作用。^{14}N 核自旋量子数 I=1，因此 EPR 可分裂为三个峰的超精细结构，若每个峰再考虑与一个氢核(I=1/2)的耦合，则再分裂为两个峰。理论上 DMPO-·OH 的 EPR 谱应该分裂为 6 个峰，但是由于电子与氮和氢的超精细耦合常数非常接近，都是约 14.9 Gs，因此出现信号位置重叠，合并为四个峰，强度比 1∶2∶2∶1(图 5.12)。

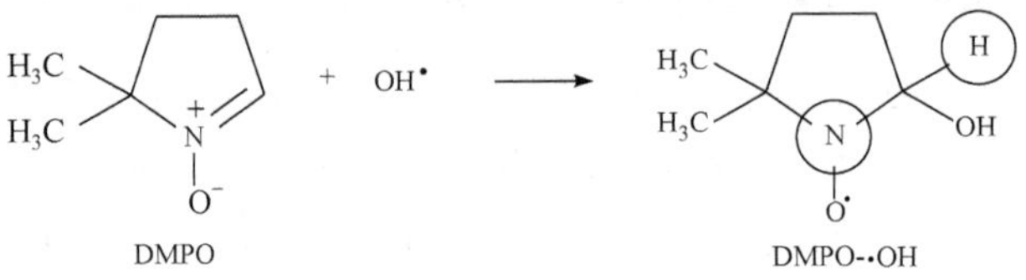

图 5.11 DMPO 捕获羟基自由基的反应式

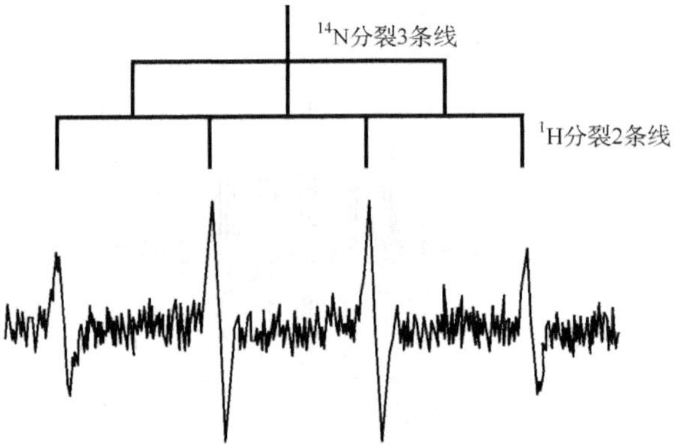

图 5.12 DMPO 捕获羟基自由基的 EPR 谱

DMPO 捕获超氧自由基后的 EPR 超精细结构，电子与氮和质子的超精细耦合常数不相同，表现出 6 个峰(图 5.13)。注意对于图 5.12 和图 5.13 的谱图，要明确说明是 DMPO 捕获自由基对应的谱图，而不能说是羟基自由基或超氧自由基的信号谱图，因为精细结构本身就是捕获剂和自由基复合结构所形成的。

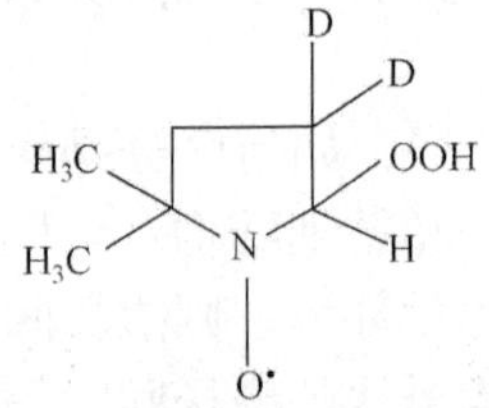

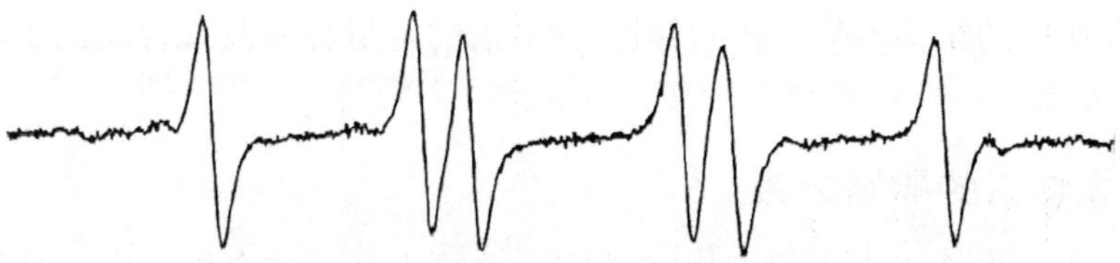

图 5.13 DMPO 捕获超氧自由基的 EPR 谱

5.2.5 EPR 谱的各向异性与粉末谱

在第 4 章讲过 NMR 谱的各向异性，分子或晶粒相对于磁场的取向不同，造成共振频率不同，从而形成展宽的粉末谱型。对于固体粉末(或冷冻液体)的 EPR 谱，同样存在各向异性的现象，由于分子或晶粒相对磁场的取向变化，电子自旋共振频率也发生变化，同样形成展宽的粉末谱。

已经讲过，电子顺磁共振发生的条件是 $h\nu = \Delta E = g_{\text{eff}}\mu_B B_0$，在固体样品中，电子必定存在于特定的环境中，其周围存在原子核及其他电子结构，可以产生额外的小磁场或对外磁场产生屏蔽作用，因此电子所处位置的实际磁场强度可以表示为 $B_0(1-\sigma)$，则共振条件可以表示为 $h\nu = g(1-\sigma)\mu_B B_0$，$\sigma$ 与分子或晶粒的空间取向有关，这样实际的 g 值是一个与样品空间取向有关的量，可以表示为二阶张量。这与第 4 章讲到的化学位移各向异性作用类似，核外的电子云对磁场的屏蔽效应与分子或晶体相对于磁场的取向有关。如果晶粒相对于磁场方向的取向不同，则对应的共振磁场也不同，对于粉末晶体样品，也会形成覆盖一定范围的共振信号，形成粉末展宽谱。

与化学位移张量类似，也可以将 g 表示为一个张量，并假定在某个方向上 g 张量矩阵可以写成对角形式(主轴坐标系)，三个主值为 g_x、g_y、g_z。这样，其他任意取向的 g 都可以用旋转变换的方式获得。对于粉末样品，可以通过计算模拟得到粉末谱(图 5.14)，并通过与实验谱图对比获得三个主值的大小。EPR 是微分谱，对于图 5.14(a)中的展宽粉末积分谱，图 5.14(b)微分谱中 g_x、g_z 位置的信号表现出明显的粉末谱微分谱型特征。

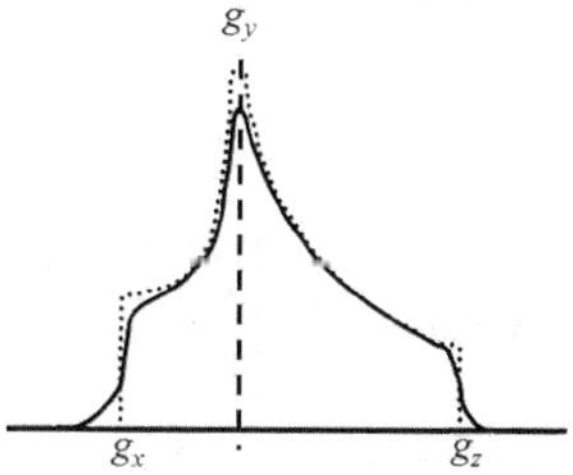

(a) 展宽粉末积分谱

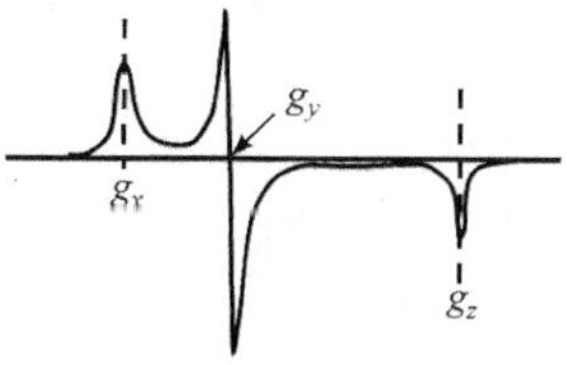

(b) 微分谱

图 5.14 模拟的粉末样品的 EPR 谱

如果 $g_x=g_y$，则标记为 $g_x=g_y=g_{//}$，$g_z=g_{\perp}$。

不仅是 g 值可以表现出各向异性，对于固体样品，核自旋与电子自旋之间的超精细作用也表现出各向异性。核磁矩与电子自旋磁矩的作用可以类比 NMR 谱中的自旋-自旋偶极作用的各向异性，偶极作用的大小与两个核连线和磁场的夹角有关，这也是偶极作用各向异性的来源。但电子自旋磁矩与核磁矩有所不同，核自旋位置相对固定，而未成对电子则定域于某个原子轨道(或分子轨道)中。超精细耦合常数 A 也可以写成一个二阶张量(3×3 矩阵)形式。与其他二阶张量类似，也存在某个方向，A 可以为对角矩阵，其中三个主值为 A_x、A_y、A_z。因此，对于不同的空间取向，$A(\theta, \varphi)$可以表示为三个主值与空间取向角的函数。

对于 g 和 A 均呈现各向异性的样品，其 EPR 谱非常复杂，谱图的模拟解析只有通过软件拟合，才能获取相应的结构参数。各向异性 EPR 谱的定量分析及拟合超出了本书的范围，此处不再详述。

5.2.6 多自旋体系的零场分裂

对于具有两个或两个以上未成对电子的多重态自由基，如有机双自由基和三重态分子体系，由于电子磁矩之间存在相互作用，类似于核磁矩的偶极作用，以及电子与核磁矩之间的偶极作用，不过电子磁矩比核磁矩大三个数量级，因此未成对电子之间的偶极作用强得多。对于一个存在耦合作用的电子自旋体系，电子磁矩的相对取向不同，可以导致耦合体系不同的势能状态，形成不同的能级，在无外磁场(零场)时能级也发生分裂，称为零场分裂。如果未成对电子距离较远，相互作用可以忽略，则在零场条件下不存在能级分裂。

对于有多个未成对电子的过渡金属离子，自旋磁矩与轨道磁矩之间的耦合作用也可以导致零场分裂。零场分裂具有明显的各向异性特征，因此在观测零场分裂时优选单晶样品，如果是固体粉末样品，各向异性效应将使谱线变得非常复杂。

以 Mn^{2+}为例，外层电子排布为 $3d^5$，每个电子占据一个 d 轨道，总自旋 S=5/2。即使没有外加磁场，自旋体系的能量分裂为自旋量子数为±1/2、±3/2、±5/2 的 3 个能级(3 个能级都是二重简并的)，即零场分裂。在外加磁场下，这 3 个能级的简并消除，形成 6 个能级。同时，对应每个电子自旋能级，由于 Mn 的核自旋量子数 I=5/2，因此还要考虑自旋与核自旋的超精细结构，每个能级再分裂为 6 个能级，形成 36 个能级。根据电子能级及核能级跃迁的选择定则，可以形成 5 组共振信号，每组信号包含 6 条线的超精细结构(图 5.15)。样品为单晶，因此没有各向异性的问题。

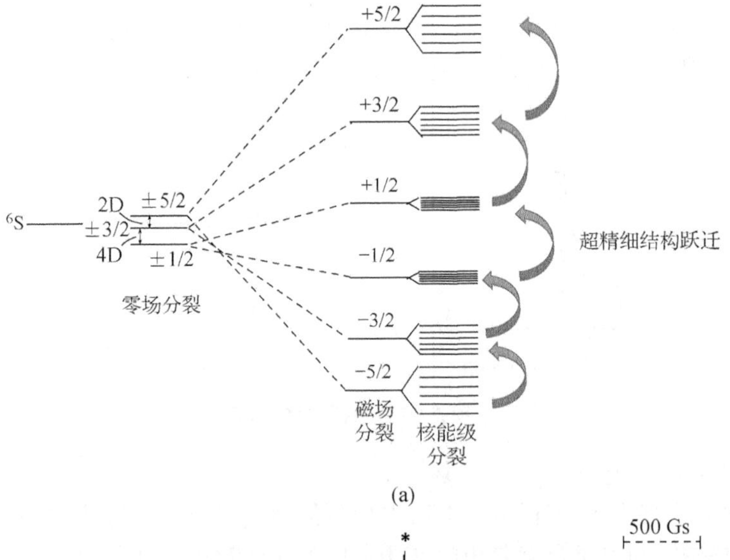

(a)

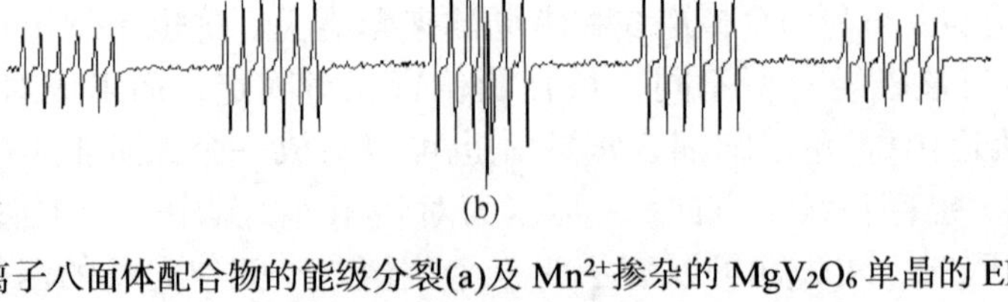

(b)

图 5.15 锰离子八面体配合物的能级分裂(a)及 Mn^{2+}掺杂的 MgV_2O_6 单晶的 EPR 谱(b)

*强信号为内标 DPPH 粉末信号

5.3　EPR 谱的应用实例

高温加热金属钠使其成为蒸气，扩散到 NaY 沸石分子筛中，由于分子筛微孔的限域作用，在 Y 分子筛β笼中刚好可以容纳一个金属离子团簇——Na_4^{3+} 钠离子簇，包含 3 个钠离子和 1 个钠原子。NaY 分子筛是白色的，而在限域封装钠离子簇之后会呈现深红色。

钠离子簇 Na_4^{3+} 的 EPR 谱如图 5.16 所示，有一个未成对电子在钠原子上，这个电子和四个 I=3/2 的 ^{23}Na 核发生超精细相互作用，可以得到 $2nI+1=13$ 条线。

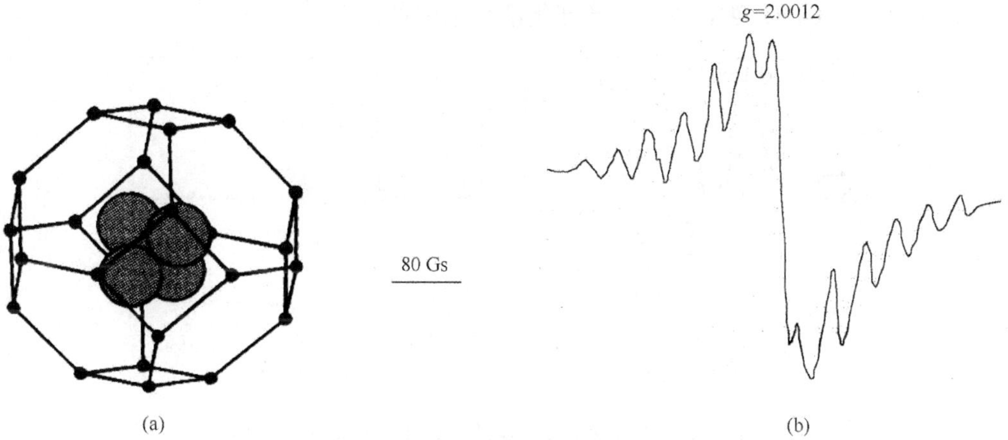

图 5.16　NaY 分子筛中的钠离子簇(a)及 EPR 谱(b)

图 5.17 为富含氧空位的 $La_{0.8}Sr_{0.2}CoO_3$ 钙钛矿氧化物，单原子氧负离子(O^-)的 EPR 谱。为了避免氧气吸附形成超氧自由基，测试在高真空下进行以去除表面吸附氧物种，测试温度为 77 K。样品出现 g 值为 2.001 的信号，对应单原子氧负离子(O^-)，初始的 $La_{0.8}Sr_{0.2}CoO_3$ (OM LSCO)，以及用硼氢化钠溶液进行表面还原处理的富含氧空位 OM LSCO(Vo-OM LSCO)。经过还原处理后，氧负离子信号强度明显增强。而吸附空气(氧气)后，氧负离子转变为 O^{3-}，EPR 谱呈现出典型的 g 值各向异性展宽的粉末谱型，对应三个 g 主值 g_1 = 2.013、g_2 = 2.002 和 g_3 =1.995。对应氧负离子是在 77 K 下吸附氧气形成的，升高温度到 150 K 以上，可以还原为 O^-信号。

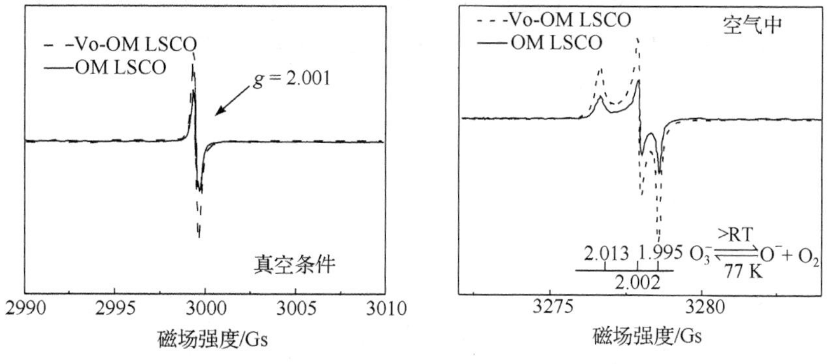

图 5.17　$La_{0.8}Sr_{0.2}CoO_3$ 钙钛矿氧化物在不同处理条件下的 EPR 谱

与固体 NMR 相比，EPR 谱测试不需要魔角旋转，且有比固体 NMR 探头更大的样品操作空间，因此比固体 NMR 更适合进行原位条件测试。

用含氧空位的 WO_3 负载 Pd 纳米颗粒为光催化剂，在室温下进行 CH_4 与 O_2 的反应转化。以 DMPO 为自旋捕获剂，对反应中产生的自由基进行原位 EPR 谱检测(图 5.18)。黑暗条件下 EPR 检测不到信号，在光照条件下，可以观察到 6 条线的 DMPO-·OOH 自由基信号，考虑与 ^{14}N 核的超精细相互作用，分裂为三个峰(A_N=13.8 Gs)，再考虑与 ^1H 的超精细相互作用(A_H=9.2 Gs)，每条线再分裂为 2 条线，得到 6 条线[图 5.18(a)]，表明·OOH 自由基是 CH_4 转化过程中的活性物质。水溶液中原位 EPR 可以检测到 DMPO-·OH[图 5.18(b)]，相对强度为 1∶2∶2∶1 的 6 条线超精细结构(因为 A_H=A_N=15 Gs)。实验结果说明制备的光催化剂可以产生较多的·OH 和·OOH 自由基，是光催化活性增强的原因。

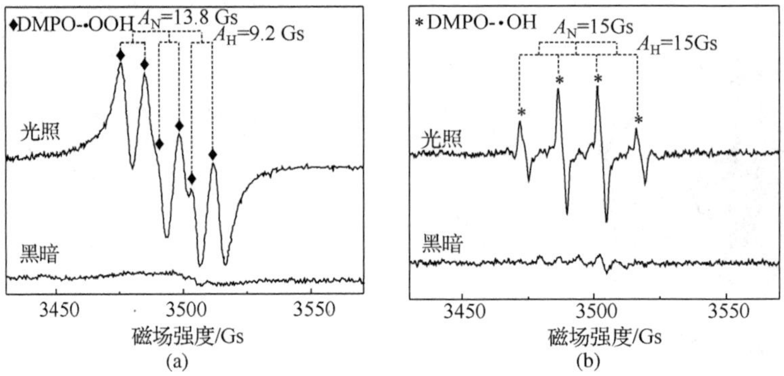

图 5.18 WO_3 负载 Pd 纳米颗粒光催化反应的原位 EPR 谱

本章小结

EPR 是唯一可以直接探测未成对电子信号的谱学方法，并且是无损检测，适用于原位条件观测，在物理学、化学、材料科学、生物医学、环境科学、地质探矿等许多领域有广泛应用。以未成对电子为探针，可以获得材料中电子轨道、电子与核相互作用、结构缺陷等信息，并研究化学反应的中间产物。与原理类似的 NMR 谱相比，EPR 的信号灵敏度高约三个数量级，检测更容易。

未成对电子与磁性核之间的耦合作用可以导致超精细结构谱线。未成对电子作为探针，可以非常灵敏地反映未成对电子的局域结构信息，但是灵敏也意味着获得的实验谱复杂程度更高。正确解析复杂的 EPR 谱需要充足的谱学、电子结构、配位化学等领域的基础知识和实践经验，初学者对于谱图的解析要更多地参照文献并向专家请教。

第 6 章　多孔材料的气体吸附技术

只有一小部分科学进步源于有计划、有特定目标的研究。

——朗缪尔

多孔材料在吸附分离、多相催化及能源储存等领域具有重要的应用价值，以沸石分子筛、介孔氧化物、多孔碳材料、金属有机骨架(MOF)材料和共价有机骨架(COF)材料为代表的多孔材料已经成为材料领域的研究热点。对于多孔材料的比表面和孔结构，气体吸附方法，特别是氮气吸附方法是最常用的表征方法，这也是本章的主要内容。

6.1　气体分子的吸附

6.1.1　分子间作用力

分子间作用力也称范德华力，本质上是静电作用，无论是固体、液体还是气体之间都会存在。范德华力包括色散力、取向力和诱导力等。色散力是非极性分子中的原子核与电子之间由于振动发生的瞬时正、负电荷位移，形成电偶极矩，从而在分子之间形成的静电作用。取向力存在于极性分子之间，是因分子中的电荷分布不均匀而产生的静电作用。诱导力是极性分子的电偶极矩对邻近分子的诱导作用而产生的静电力。氢键也是分子间作用力的一种形式。范德华力与分子尺度、空间构型及电荷分布密切相关。虽然范德华力比化学键弱很多，但也不可忽略，如壁虎就是借助脚趾表面的微纳绒毛结构与墙壁表面之间的范德华力移动爬行的。

吸附是物质(称为吸附质，通常是气相或液相的分子)聚集到固体或液体(称为吸附剂)表面的过程，吸附过程的驱动力是吸附质与吸附剂表面之间的相互作用。如果上述相互作用是范德华力，则称为物理吸附；如果相互作用存在电子转移或形成化学键，则称为化学吸附。物理吸附与化学吸附的特点见表 6.1。本章讨论的表征多孔材料的气体吸附方法属于物理吸附。

表 6.1　物理吸附与化学吸附

特点	物理吸附	化学吸附
吸附力	范德华力	化学键
吸附热	较小(近于凝聚热)	较大(近于化学反应热)
吸附速率	较快，不需要或很低活化能	较慢，需要较高活化能
脱附活化能	≈凝聚热	≥化学吸附热
选择性	无选择性	有选择性，与吸附质、吸附剂本质有关
吸附层	单层或多层	单层
可逆性	可逆	可逆或不可逆

物理吸附的主要特点是吸附热较小，吸脱附活化能较小，吸脱附过程可逆。吸附分子可以单分子层排列在吸附剂表面，称为单层吸附；也可以多分子层堆积在吸附剂表面，称为多层吸附。

6.1.2 吸附的本质

固体外表面上原子的配位环境显然与体相原子不同。与体相相比，外表面上原子的配位不饱和，因此可以与其他气相或液相的分子形成界面作用，通过吸附平衡表面的电荷分布，降低表面能。

对孔结构进行精准定量描述是比较困难的，实际应用中多孔材料的孔结构并不规整，通常包含不均匀的孔、不规整的孔道以及孔道间的随机连通。因此，从总体上对孔结构的物理吸附表征数据应有清晰的定位，所得结构参数可以作为孔结构的总体印象，但不宜过度解读。

国际纯粹与应用化学联合会(IUPAC)对不同孔径的孔有不同的命名，孔径< 2 nm 称为微孔(micropore)；孔径为 2～50 nm 称为介孔(mesopore)；孔径> 50 nm 称为大孔(macropore)。2015年，IUPAC 对孔径分类进行了补充，增加了新的命名，极微孔(ultramicropore)：孔径< 0.7 nm 的较窄微孔；超微孔(supermicropore)：孔径> 0.7 nm 的较宽微孔；纳米孔(nanopore)：包括微孔、介孔和大孔，但上限仅到 100 nm。氮气物理吸附方法可测量的孔径范围通常为 0.35～100 nm，也就是覆盖了微孔、介孔和部分大孔的范围。

前文提到，实际多孔材料的孔结构是比较复杂的，因此只能从形状上将孔大致分为几类，如柱状孔(直通孔，一种相对规则的孔类型，可以作为孔结构的一种基础模型)、锥形孔(孔径不均一的孔)、墨水瓶孔(孔口小而内腔大的孔)，以及颗粒或片层堆积的孔隙。更多情况下上述几类孔结构可以互相连接或连通，形成开放但大小不一的孔结构。如果从孔的开放程度来分类，可以分为贯通孔、单端封闭孔(盲孔)、连通孔及闭孔(图 6.1)。

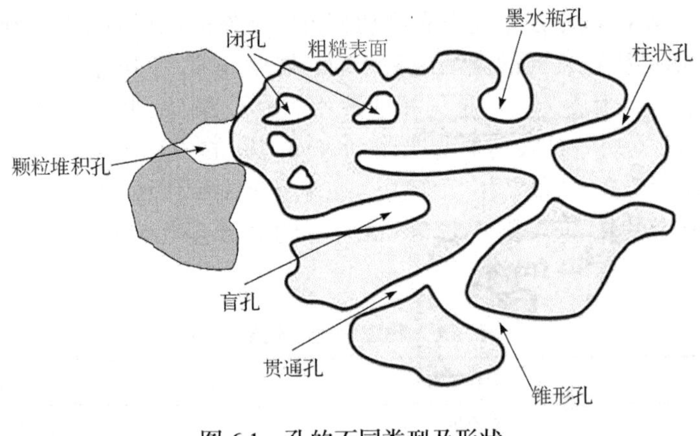

图 6.1 孔的不同类型及形状

6.1.3 气体吸附等温线

吸附剂的吸附能力可以用吸附量表示，这是表征吸附过程最重要的数据。通常吸附量用单位质量的吸附剂所吸附的吸附质的量(可以是吸附质的质量或物质的量，如果是气体，通常用标准状态下的体积)表示。

气体在固体表面的吸附量(V)是温度、气体平衡压力(p)、吸附质(g)及吸附剂(s)性质的函数。

当吸附剂和吸附质固定后，吸附量只与温度和气体平衡压力有关。出于不同的研究目的，通常固定其中一个参数，研究其他两个参数之间的关系，它们的关系曲线称为吸附曲线，因此可以有吸附等量线、吸附等温线和吸附等压线(图 6.2)。显然，控制吸附过程的温度比较容易做到，因此吸脱附等温线的测量是表征材料吸附性能最常用的方法。吸脱附等温线是可以通过吸附仪获取的吸附实验数据，而吸附剂的孔结构参数，如比表面积、孔体积和孔径分布等，都是借助理论方法或模型对吸附等温线进行解析而得到的，并非直接的测量数据，而是间接获得的数据。

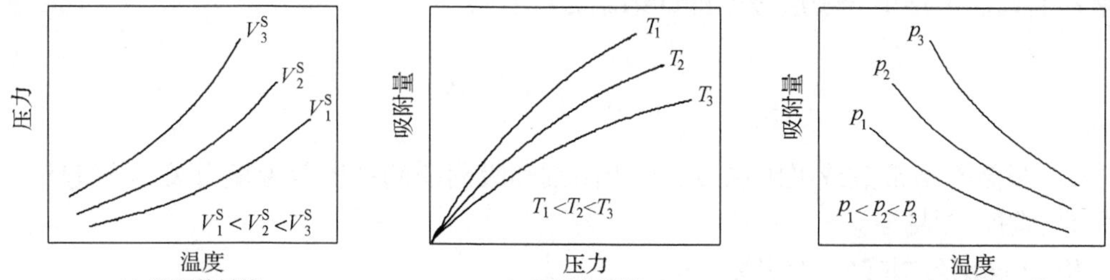

(a) 吸附等量线　(b) 吸附等温线　(c) 吸附等压线

图 6.2　气体吸附等量线、等温线与等压线

用氮气做吸附质的实验中，氮气分子与吸附剂表面的作用力属于范德华力，相互作用很弱。为了降低分子的运动速率，使氮气分子更多地吸附到固体表面以及在介孔中发生毛细凝聚(见后文)，吸附实验需要在液氮温度下进行。液氮在 1 atm 下的沸点约为 77 K，氮气吸附实验就是利用液氮冷却，在 77 K 等温条件下测量不同氮气压力下的氮气吸附量，从而获得氮气的吸附等温线。

6.2　气体吸附的单层及多层理论模型

6.2.1　朗缪尔单分子层吸附模型

1916 年，美国物理化学家朗缪尔(I. Langmuir)提出了基于单层吸附的等温方程，即朗缪尔方程。朗缪尔方程基于以下假设：①吸附表面是均匀的；②分子吸附是单层的；③被吸附分子间没有相互作用；④吸附和脱附过程可以达到动态平衡。

下面简单推导一下朗缪尔方程。假定在吸附达到平衡时，气体的压力为 p，吸附的速率常数为 k_a，脱附的速率常数为 k_d，此时气体的吸附速率等于脱附速率。

设 θ 为固体表面被吸附分子覆盖的比率，定义为气体分子覆盖的表面积/总表面积，因为吸附是单层的，所以可以表示为 V/V_m，即

$$\theta = \frac{吸附质覆盖的表面积}{总表面积} = \frac{V}{V_m}$$

式中，V 为动态平衡时的单层吸附量；V_m 为固体表面全部吸附满时的总单层吸附量。

根据质量作用定律，即化学反应速率与反应物的有效质量(反应物浓度)成正比，吸附速率与气体分子数成正比。由 $n=pV/RT$，当气体的体积(相当于吸附实验的容器体积)和温度固定时，气体分子数与压力 p 成正比，同时吸附速率与未吸附的表面成正比。因此，吸附速率 r_a 可以表示为

$$r_a = k_a p(1-\theta)$$

气体脱附速率r_d与θ成正比，可以表示为

$$r_d = k_d\theta$$

吸附平衡时，吸附速率与脱附速率相等，则有

$$k_a p(1-\theta) = k_d\theta$$

整理上式，可得单分子层吸附的朗缪尔方程：

$$\frac{\theta}{1-\theta} = \frac{k_a}{k_d}p = Kp$$

式中，K为吸附平衡常数或吸附系数，与吸附剂和吸附质的性质及温度有关，其值越大，表示吸附剂的吸附性能越强。

$\theta=Kp/(1+Kp)$为朗缪尔单层吸附方程。

压力很低或吸附很弱时：$Kp \ll 1$，此时$\theta = Kp$。

压力很高或吸附较强时：$Kp \gg 1$，则$\theta = 1$。

如果以θ对压力p作图，可以看到在低压力部分，表面覆盖度与压力近似为线性关系，而在高压力部分，表面覆盖度逐渐趋近于1，即表面被单层分子完全覆盖(图6.3)。

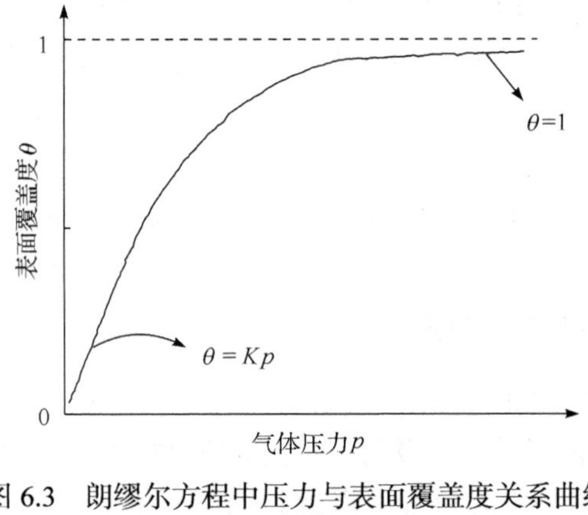

图6.3 朗缪尔方程中压力与表面覆盖度关系曲线

V表示压力为p达到吸脱附平衡时的单层吸附量，V_m表示总单层吸附量，则可以将朗缪尔方程写成线性形式

$$\theta = \frac{V}{V_m} = \frac{Kp}{1+Kp}$$

上式可以表示为

$$\frac{1}{V} = \frac{1}{V_m} + \frac{1}{KV_m} \times \frac{1}{p}$$

则朗缪尔方程可以写为$1/V$与$1/p$的线性函数，其截距$=1/V_m$。因此，通过测量不同压力p对应的吸附量，以$1/V$对$1/p$作图，并以朗缪尔线性方程拟合实验数据，可得截距$1/V_m$，从而获得表面单层吸附量V_m，可以换算为标准状态下的气体体积。

朗缪尔方程的假定是单层吸附，如果每个吸附分子在吸附剂表面的覆盖面积(或者说分子的截面面积)为 A_m，则总表面积 S 为总吸附量对应的分子数乘以 A_m，即

$$S = \frac{V_m}{22400} \times N_A \times A_m$$

式中，22400 cm^3/mol 为标准状态下气体的摩尔体积(V_m 通常用标准状态下气体体积表示，单位为 cm^3)；N_A 为阿伏伽德罗常量。氮气分子在 77 K 时的截面面积 A_m=0.162 nm^2，因此可以计算吸附剂的总表面积。如果是单位质量的吸附剂，则可得到吸附剂的比表面积，即单位质量的表面积(m^2/g)。

6.2.2 多分子层吸附等温方程——BET 方程

朗缪尔方程基于的假定是单层吸附，而实际上气体分子的物理吸附是可以发生多层吸附的。1938 年，布鲁诺尔(S. Brunauer)、艾默特(P. Emmet)及泰勒(E. Teller)在朗缪尔方程的基础上，将单层吸附假设扩展为多分子层物理吸附模型，并推演出多层吸附的等温方程，称为 BET 方程。

BET 方程是在朗缪尔吸附理论基础上拓展的，仍然假定固体表面是均匀的，在每个吸附层内不考虑吸附分子之间的相互作用。与朗缪尔方程的假设不同的是，BET 方程假设吸附剂的表面可以形成多层分子吸附。第一层分子吸附基于分子与固体表面间的范德华力，而从第二层吸附分子层开始，均依赖于吸附分子之间的相互作用，或者说第二层之后的吸附可以理解为气体的凝聚过程。

在考虑多层吸附的情况下，当达到吸附平衡时，第 n 层的吸附速率等于第(n+1)层的脱附速率。如图 6.4 所示，以 S_0、S_1、S_2、…、S_i 分别表示被 0、1、2、…、i 层分子覆盖的面积，在平衡时这些数值均为确定值(图 6.4)。

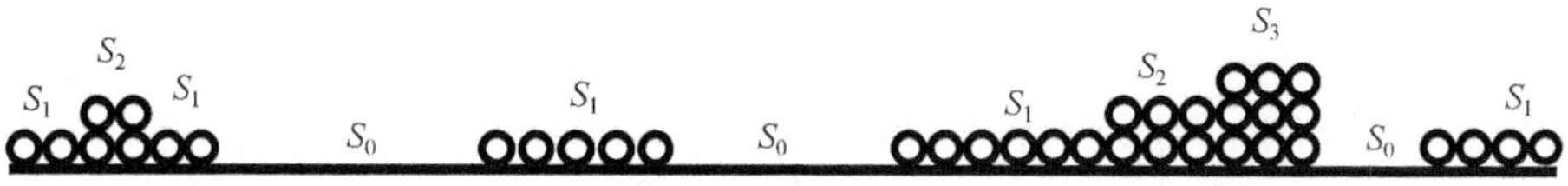

图 6.4 多分了层吸附模型示意图

如果吸附剂的总表面积为 S，则

$$S = S_0 + S_1 + S_2 + \cdots = \sum S_i$$

如果在吸附平衡时吸附气体的总体积为 V，则

$$V = V_0 \left(0 \times S_0 + 1 \times S_1 + 2 \times S_2 + \cdots\right) = V_0 \sum i S_i$$

式中，V_0 为单位面积上铺满一层分子所需的气体量。

设 V_m 为气体单层饱和吸附量(如果可以测出 V_m，则可以计算总表面积)，则有

$$\frac{V}{V_m} = \frac{V}{V_0 S} = \frac{\sum i S_i}{\sum S_i}$$

达到吸脱附平衡时，各吸附分子层覆盖的面积保持一定。对于未吸附的表面 S_0，吸附到 S_0 层的速率与 S_1 层脱附的速率相等。如果吸脱附平衡时气体压力为 p，根据朗缪尔方程，对于空白面积 S_0，吸附速率为 $a_0 p S_0$，脱附速率为 $b_0 S_1$，其中 a_0 和 b_0 分别为吸附到固体表面的

速率常数和第一层分子脱附的速率常数。

而对于第一吸附层和第二吸附层，在平衡时，第一层的吸附速率$=apS_1$，第二层的脱附速率$=bS_2$。

由于第一层之后为分子的多层吸附，因此从第一层到第 n 层，其吸附速率常数均为 a，脱附速率常数均为 b。在达到吸附平衡时，则有

$$a_0 pS_0 = b_0 S_1$$

$$apS_1 = bS_2$$

$$\cdots$$

$$apS_{i-1} = bS_i$$

分别令 $y=a_0p/b_0$，$x=ap/b$，$C=y/x$，则有

$$S_1 = yS_0 = CxS_0$$

$$S_2 = xS_1 = xyS_0 = Cx^2 S_0$$

$$S_3 = xS_2 = x^2 yS_0 = Cx^3 S_0$$

$$\cdots$$

$$S_i = xS_{i-1} = x^{i-1} yS_0 = Cx^i S_0$$

根据 $x<1$ 时

$$\sum_{i=1}^{\infty} x^i = \frac{x}{1-x}$$

$$\sum_{i=1}^{\infty} ix^i = \frac{x}{(1-x)^2}$$

由

$$\frac{V}{V_{\mathrm{m}}} = \frac{V}{V_0 S} = \frac{\sum iS_i}{\sum S_i}$$

可得

$$\frac{V}{V_{\mathrm{m}}} = \frac{\sum_{i=0}^{\infty} iS_i}{\sum_{i=0}^{\infty} S_i} = \frac{CS_0 \sum_{i=1}^{\infty} ix^i}{S_0\left(1 + C\sum_{i=1}^{\infty} x^i\right)} = \frac{Cx}{(1-x)(1-x+Cx)}$$

吸附在自由表面上进行，当 $x=1$ 时，上式为无穷大，对应吸附量 $V=\infty$。而实际情况是，当气体压力为饱和蒸气压($p=p_0$)时，将在吸附表面发生气体相变凝聚，相当于吸附量 $V=\infty$。因此，$x=1$ 时，对应 $p=p_0$。

根据之前的定义，$x=ap/b$，$x=1$ 时，对应 $p=p_0$，有 $1=ap_0/b$，则可以得到 $x=p/p_0$。将上式 V/V_{m} 中的 x 替换为 p/p_0，有

$$\frac{V}{V_{\mathrm{m}}} = \frac{C(p/p_0)}{(1-p/p_0)\left[1-(1-C)(p/p_0)\right]}$$

式中，p 为吸附气体的平衡压力；p_0 为同温度下吸附气体的饱和蒸气压，p/p_0 称为相对压力；V 为压力 p 时的平衡吸附量；V_m 为单分子层饱和吸附时的吸附量；C 为常数(与吸附热有关)。

上式即为无限吸附层的 BET 吸附等温方程。由于其中包含两个常数 C(C 与 a_0、b_0、a、b 有关，既与表面和吸附分子之间的作用有关，也与吸附分子之间的作用有关)和 V_m，因此又称为 BET 二常数公式。当然，实际上多层吸附不可能是无限多层。

将 BET 方程改写成下列直线形式：

$$\frac{p}{V(p_0-p)}=\frac{1}{V_m C}+\frac{C-1}{V_m C}\left(\frac{p}{p_0}\right)$$

通过吸附实验测得在不同压力 p 下的吸附量 V，然后根据实验数据以 $\frac{p}{V(p_0-p)}$ 对 p/p_0 作图，如果可以得到直线，则说明吸附规律与 BET 方程相符。通过直线的斜率和截距可计算出二常数 V_m 和 C，求得 V_m 后可以得到样品的总表面积(图 6.5)。

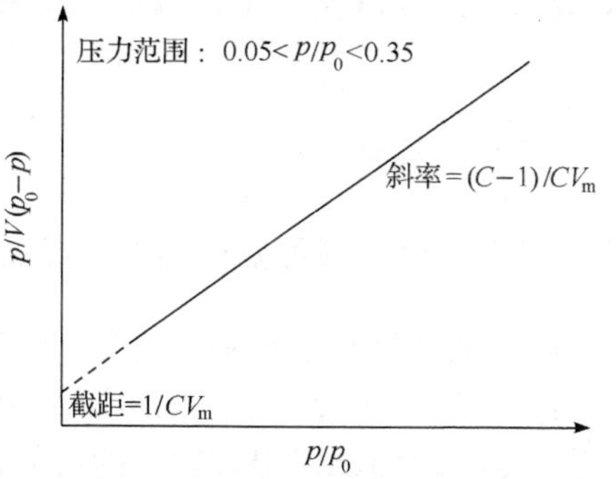

图 6.5　根据 BET 方程的直线形式，从实验数据直线的斜率和截距可以求得 C 和 V_m

6.2.3　比表面积的测量

基于 BET 多层吸附理论，目前比较通用的测量比表面积的方法是氮气吸附，吸附温度为液氮的沸点(77 K)。测定比表面积时，通常在 p/p_0= 0.05～0.35 测定多个点，然后将实验数据用 BET 二常数公式进行直线处理，求出 V_m(标准状态下气体体积)后计算总表面积。

图 6.6 是氮气吸附数据的实例，通过测量不同相对压力下单位质量吸附剂的吸附量，根据 BET 二常数公式作图，可以求出 V_m=110.99 cm^3，计算吸附剂的比表面积。

$$S=\frac{V_m}{22400}\times N_A\times A_m=\frac{110.99}{22400}\times 6.02\times 10^{23}\times 16.2\times 10^{-20}=483\left(m^2/g\right)$$

利用 BET 方程计算比表面积，从吸附等温线中选取数据的相对压力范围并不是随意的，不恰当的数据选取在作图中线性回归相关系数不高，甚至常数 C 会变为负值(这与推导 BET 方程中用到的假设不符)。吸附等温线中太低压力的数据不能用，因为很低压力下还不能形成单层吸附。而相对压力高于 0.4 时，吸附等温线可能出现毛细凝聚(capillary condensation)现象，也不满足多层吸附的理论模型。基于测试经验，建议选取以下相对压力范围的数据，用 BET 方程计算比表面积：

介孔材料：取相对压力 p/p_0 在 0.05～0.3 之间 5 点；

微孔材料：取相对压力 p/p_0 在 0.005～0.05 之间 8 点；

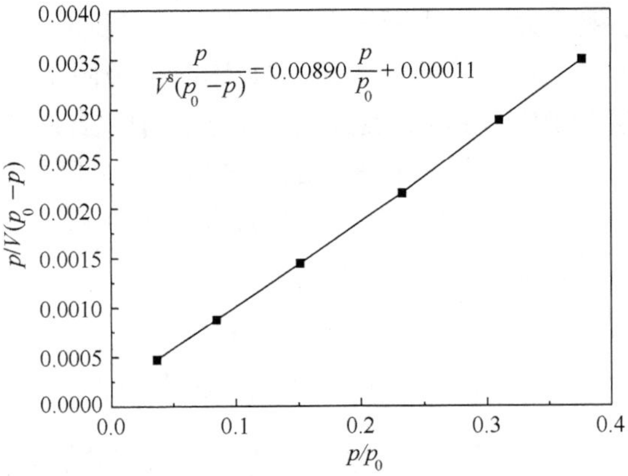

图 6.6 氮气吸附测量比表面积的数据实例

微孔-介孔复合材料：取相对压力 p/p_0 在 0.01～0.2 之间 8 点。

当 BET 二常数公式中 C 值较大($C>50$)时，$(C-1)/C\approx 1$，BET 方程直线形式可简化为

$$\frac{p}{V(p_0-p)}=\frac{1}{V_{\mathrm{m}}C}+\frac{C-1}{V_{\mathrm{m}}C}\left(\frac{p}{p_0}\right)\longrightarrow\frac{p}{V(p_0-p)}=\frac{p}{p_0}\times\frac{1}{V_{\mathrm{m}}}$$

以 $\frac{p}{V(p_0-p)}$ 对 p/p_0 作图，可以得到通过原点的直线，直线的斜率即 $1/V_{\mathrm{m}}$。这样利用一个吸附点的 V 与 p 即可计算出 V_{m}，从而计算表面积。这个方法称为单点 BET 法，如果基于以往的吸附数据对样品的孔结构有所预判，单点 BET 法可以较快速测定比表面积。如果对样品的孔结构完全未知，还是需要多点吸附测试以保证数据的可靠性。

6.3 气体吸附的过程描述

6.3.1 物理吸附测量——静态容量法

根据 BET 方程，只要测量不同的气体压力下达到吸附平衡时的气体吸附量，就可以计算出吸附剂的比表面积。要完成这样的测量要求，通常采用静态容量法，其测量过程简要如图 6.7 所示。图中三个阀门之间的管路，在吸附仪中称为歧管(manifold)，其体积 V_{d} 是经过校准的已知体积。阀门 B 接真空泵，在吸附开始前整个管路体系预先抽真空。阀门 A 接吸附气体，可以步进定量充入吸附气体，压力传感器记录压力。由于歧管体积、温度及压力均已知，可以计算歧管中气体的物质的量。当阀门 C 打开后，歧管中气体进入样品管，歧管中气体压力下降。从歧管体积气体的压力变化，可以计算出进入样品管以及被吸附的气体的量。样品管自由体积是指样品管中未被样品占据的体积，也称死体积。样品管中除样品之外的体积可以分为两个部分：浸在液氮中的部分，温度为 77 K，称为冷自由体积；液氮液面之上的部分，存在温度梯度，称为暖自由体积。上述两部分体积都可以用氦气进行测定(在液氮温度下，氦气在样品中的吸附可以忽略)，压力由传感器 P2 记录，这样样品管自由体积部分的气体的量也可以测定，从而得到被吸附的气体的量。根据每段气体的 $n=pV/RT$，计算出吸附剂吸附气体前后的气体物质的量，其差值就是吸附剂在相应压力下的吸附量。逐渐向系统增加吸附质气

体的量来改变压力，重复上述操作，测定并计算得到不同平衡压力下的吸附量值，即可测得吸附等温线。

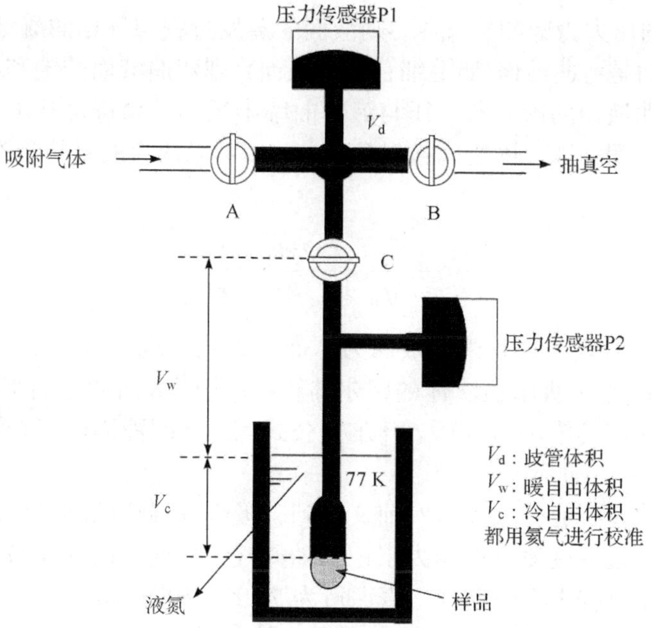

图 6.7　静态容量法示意图

1. 样品的预处理

称重：对于大多数催化剂，称样量应在 0.20 g 左右(量太少会带来称量误差)。预期的样品比表面积越大，所需的样品量越少，使吸附总表面积为 5～200 m^2 较合适。

脱水：多孔样品放在空气中容易吸附水分，在氮气吸附之前必须脱除。样品在不引起结构变化的处理温度下脱水，无机材料一般在 350～400℃下进行抽真空脱水处理，或者在加热的同时用干燥的氮气吹扫。分子筛或其他吸湿性样品至少应脱水处理 4～10 h，去除样品中的吸附水及表面污染物。不宜高温处理的样品可以采用在较高真空条件抽空脱气的方法。脱水处理后样品会有部分失重，需要再次称重。

2. 数据分析原则

吸附等温线是进行物理吸附得到的实验数据，所有的孔结构数据都是利用模型方法对吸附等温线进行数据分析获得的。比表面积的分析是基于 BET 方程的，但是要注意 BET 方程的假设条件。对于多孔材料，多层吸附可以发生在相对压力为 0.25 之前，相对压力再升高则可能发生气体的毛细凝聚现象，因此在分析比表面积时，介孔材料可以取相对压力为 0.05～0.25 的数据点，微孔材料可以取 0.005～0.05 的数据点。虽然吸附仪的软件可以比较方便地进行数据处理，但是必须根据实际得到的吸附等温线，分析调整 BET 计算的取点范围，保证 BET 图形的线性以及常数 C 为正值(任何负值都超出 BET 方程的应用范围)。对于仅形成单层吸附的窄微孔结构，吸附模型并不适合 BET 方程中多层吸附的假设，此时基于 BET 方程计算的比表面积可能会出现偏差。而无论是微孔还是介孔材料，研究表明非局域密度泛函理论(NLDFT)计算的比表面积与实际比表面积较为接近。

6.3.2 介孔中的毛细凝聚

在一定温度的密闭条件下，与液体处于相平衡的蒸气所具有的压力称为饱和蒸气压。也就是说，如果气体的压力为饱和蒸气压，则液面的蒸发过程与气相的凝结过程达到动态平衡。如果液面不是平面而是弯曲液面(如毛细管中的液面)，则弯曲液面的饱和蒸气压不同于平液面的饱和蒸气压。弯曲液面的饱和蒸气压与液面曲率半径的关系符合开尔文公式，假设液态吸附质与吸附剂完全浸润，液、固之间接触角为 0°(如可以认为液氮与吸附剂表面完全润湿)，则有

$$\ln\frac{p}{p_0}=-\frac{2\gamma V_{\mathrm{L}}}{RT}\times\frac{1}{r}$$

上式为开尔文公式。假设毛细管内凹液面为球面，上式出现负号(球面半径 $r>0$)，γ 为吸附质液体的表面张力；V_{L} 为吸附质液体的摩尔体积；r 为凹液面的球面半径；p 为凹液面的饱和蒸气压；p_0 为平液面的饱和蒸气压。开尔文公式表示，凹液面的半径越小，则对应的饱和蒸气压也越小。

上述内容与吸附过程有什么关联？前文提到，吸附等温线的测量使用静态容量法，即在一个密闭系统中，通过改变氮气的压力来记录随氮气压力变化的样品吸附量。由于样品管浸没在液氮中，在整个过程中吸附温度一直保持为 77 K。如图 6.8 所示，以一个单端直孔结构表示样品的孔隙(这是一种最简单的孔结构模型)，随着氮气压力逐渐增大，吸附在孔隙壁上的氮气分子逐渐增多，并呈现出多层吸附状态。当孔隙中吸附的分子层逐渐增多时，孔壁上的氮气分子互相靠近连通在一起，形成氮气分子的凝聚相，可以将这种凝聚相近似看作氮气的液化状态。由于凝聚相氮分子在孔壁上完全润湿，凝聚相在单端孔中将呈现出凹液面。根据开尔文公式，对于半径 r 的单端直孔凹液面，对应液面的饱和蒸气压 p_r 小于氮气的饱和蒸气压 p_0。因此，随着吸附测试过程中氮气相对压力逐渐升高，当压力 $p>p_r$ 时，在凹液面上发生氮气的液化过程，直至液化氮气充满这段孔隙。在吸附等温线上，在对应压力 p_r 处形成一个吸附量快速上升的吸附台阶。氮气吸附过程中，因样品中孔隙的毛细管作用，在小于饱和蒸气压 p_0 处出现氮气液化的过程，称为毛细凝聚。

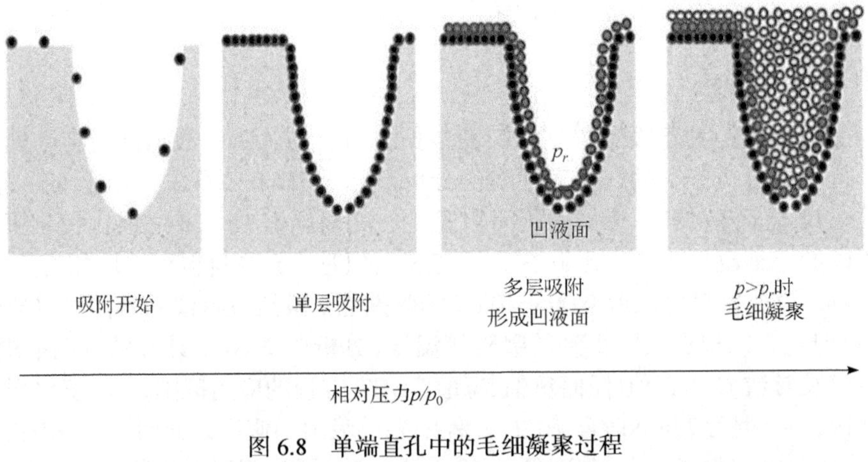

图 6.8 单端直孔中的毛细凝聚过程

显然，样品的孔隙越大，对应出现毛细凝聚的相对压力也越大。因此，根据吸附等温线上毛细凝聚台阶出现时的相对压力，可以对孔隙尺度进行估算。

6.3.3　气体吸附过程静态描述

吸附-脱附等温线是氮气吸附给出的唯一实验数据，也是进行各种孔结构数据分析的依据，因此表述吸附研究结果时必须展示吸附-脱附等温线。下面对吸附等温线和吸附过程进行定性分析。

在微孔中，氮气分子与孔壁间存在相互作用，氮气分子的直径约为 0.4 nm，对于很窄的微孔，单层吸附分子与孔壁存在更多的相互作用，而且吸附分子之间距离很近，也会产生相互作用。因此，氮气分子在微孔内的物理吸附比在介孔或大孔表面的物理吸附作用强，这样微孔吸附可以发生在很低的相对压力下，或者说气体分子与微孔孔壁之间的作用势能更低。这种由微孔内周围孔壁吸附作用的重叠而引起的很低相对压力下的吸附称为微孔填充(micropore filling)。在氮气吸附过程中，微孔可以在非常低的相对压力(<0.01)下先被填充，而对于比微孔尺度更大的孔隙，在发生微孔填充的低相对压力下还不足以形成单层吸附。在微孔填充过程中不涉及气-液相变。

氮气吸附的过程包括：

(1) 微孔填充。如果样品中含有微孔，则微孔填充发生在非常低的相对压力(小于 0.01)下，形成微孔吸附台阶。低相对压力段的吸附等温线可以计算微孔的孔体积和微孔分布。微孔填充是一个分子聚集的填充过程，但是并非相变凝聚现象[图 6.9(a)]。

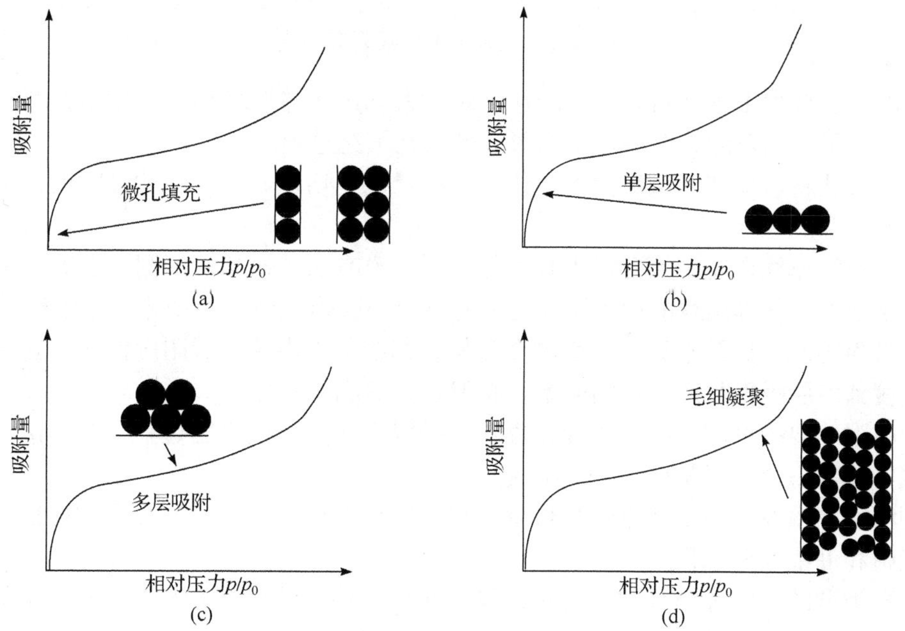

图 6.9　气体吸附过程示意图

(2) 单层吸附。在微孔填充之后，气体分子开始在孔隙表面吸附，随着相对压力升高，吸附等温线逐渐升高，并出现类似膝盖的弯曲[图 6.9(b)]。

(3) 多层吸附。随着相对压力继续升高，部分单层吸附层开始表面的多层吸附过程，吸附等温线缓缓上升，利用BET方程可以计算比表面积[图6.9(c)]。

(4) 毛细凝聚。当相对压力大于 0.4(氮气)时，一些孔道表面在多层吸附之后可以形成凹液面，并随着相对压力继续升高，形成介孔中的毛细管凝聚过程。根据毛细凝聚发生时的相对压力，基于开尔文公式，可以用BJH方法计算介孔孔径分布[图6.9(d)]。

6.3.4 吸附等温线的类型

IUPAC建议物理吸附等温线可分为六种类型(图6.10)。

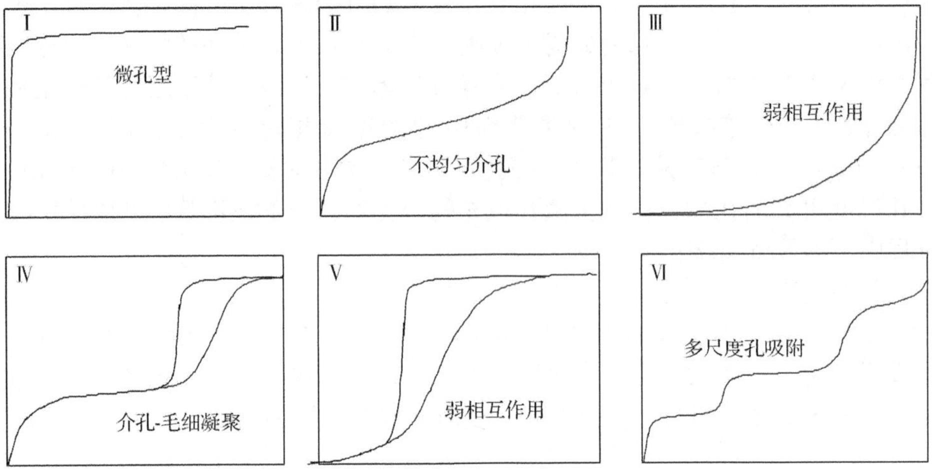

图6.10 六种类型的吸附等温线

微孔材料表现为Ⅰ型吸附等温线。在相对压力 p/p_0 非常低的区域吸附量快速上升，这是微孔中气体分子受到双侧孔壁的作用而形成的微孔填充过程。

无孔或大孔材料呈现Ⅱ型吸附等温线，一些尺度不均匀介孔材料的吸附也会呈现Ⅱ型吸附等温线的轮廓。

Ⅲ型吸附等温线也属于无孔或大孔固体材料，没有表现出单层吸附，在氮气吸附中较为少见。产生该类吸附等温线的原因可能是吸附材料与吸附气体之间的相互作用相对较弱。

Ⅳ型吸附等温线比较常见，一般的介孔材料都会呈现出这类吸附等温线。起始是单层吸附，后过渡到多层吸附并产生毛细凝聚，脱附时会形成滞后环。

Ⅴ型吸附等温线对应与材料表面作用较弱的吸附剂分子的吸附过程，并不常见，氮气吸附等温线中通常不会出现Ⅴ型吸附等温线。

Ⅵ型吸附等温线表现出多重吸附台阶，材料中可能存在不同尺度介孔的材料，表现出多层级的吸附和毛细凝聚过程。

这六种类型的吸附等温线并不绝对，只是作为一种比较粗略的参考，还是需要针对具体的吸附等温线解析吸附过程与孔结构的关联。由吸附等温线的类型反过来也可以定性地了解有关吸附剂表面性质、孔分布及吸附质与表面相互作用的基本信息。Ⅰ、Ⅳ型吸附等温线在氮气吸附中较为常见，微孔-介孔复合材料的氮气吸附会呈现Ⅰ型和Ⅳ型吸附等温线的混合模式。

6.3.5 脱附滞后环

有些介孔材料的吸附-脱附等温线中，对应于发生毛细凝聚的相对压力范围，会出现脱附线与吸附线不重合的情况，出现一个吸脱附线围成的环，称为脱附滞后环(图 6.11)。

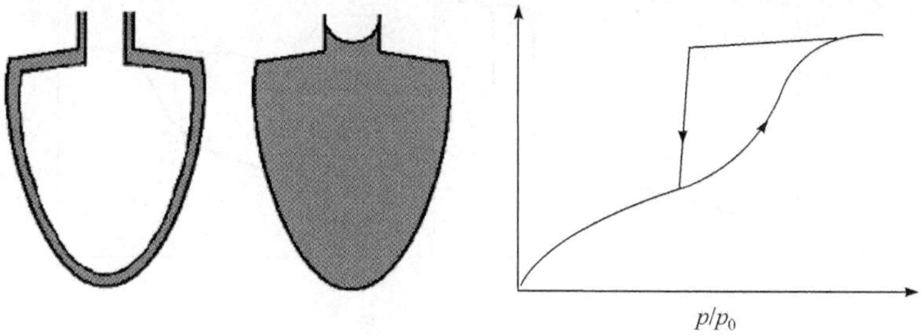

图 6.11　墨水瓶孔出现脱附滞后环示意图

墨水瓶孔是产生脱附滞后环的典型介孔结构(图 6.11)。在吸附过程中，孔底的凹液面曲率半径逐渐增大，随着相对压力升高而发生毛细凝聚现象，孔内逐渐充满凝聚的吸附分子，直至填满到细颈孔口。在脱附过程中，细颈孔口处的凹液面曲率半径远小于孔肚内的凹液面曲率半径，因此只有脱附压力下降到细口凹液面对应的饱和蒸气压时，细颈孔中的凝聚分子才会蒸发。随后暴露出的孔肚内的凹液面半径很大，而此时压力已经明显低于孔肚处凹液面的饱和蒸气压，于是孔内的全部液相凝聚分子同时蒸发脱附，在脱附线上形成一个很陡的吸附量下降沿，与吸附线形成一个滞后环。

如图 6.12 所示，对于两端开口的直孔道，吸附过程中，发生凝聚时的液氮液面是圆柱面(阶段 C)，因此要完成孔的毛细凝聚填充需要在较高的相对压力下(C 到 D 所对应的较高相对压力)。而在脱附时，脱附液面是半球液面(D 到 E)，此时半球液面的半径小，因此在高相对压力下脱附很慢，而当压力下降到对应半球液面的饱和蒸气压时，开始快速脱附(E 到 F)，于是形成脱附滞后环。

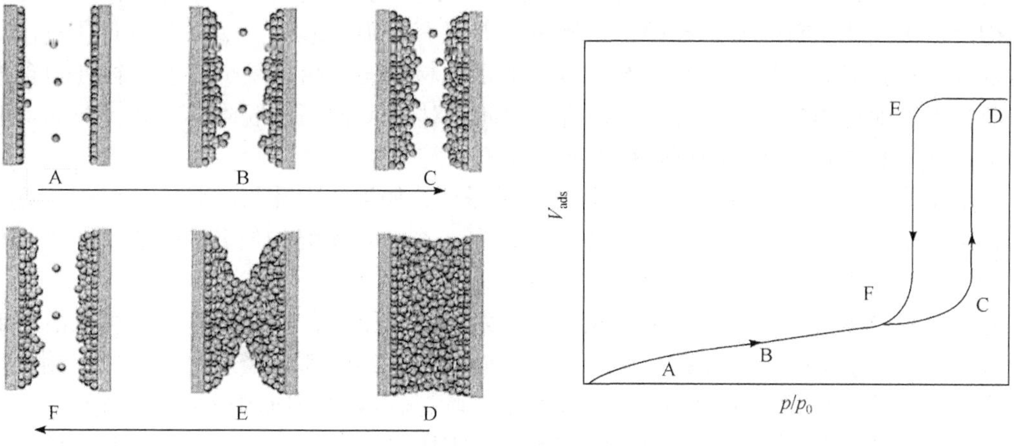

图 6.12　两端开口柱状直孔的吸附-脱附过程

脱附滞后环与孔形的关系如图 6.13 所示，脱附滞后环主要包括四种类型。H1 型反映的是两端开口的孔径较为均匀的柱状孔(如图 6.12 所示的孔)。H2 型反映的孔结构复杂，可能包括典型的墨水瓶孔、孔径分布不均的管形孔和密堆积球形颗粒间隙孔等。其孔径分布和孔形状不均匀，孔径分布比 H1 型滞后环对应的孔径分布更宽。H3 型反映的孔包括平板狭缝结构、裂缝和楔形结构等。H3 型迟滞回线由片状颗粒材料(如黏土片层堆叠)或裂隙孔材料给出。H4 型出现在微孔和介孔混合的吸附剂，以及含有狭窄裂隙孔的固体(如活性炭)。

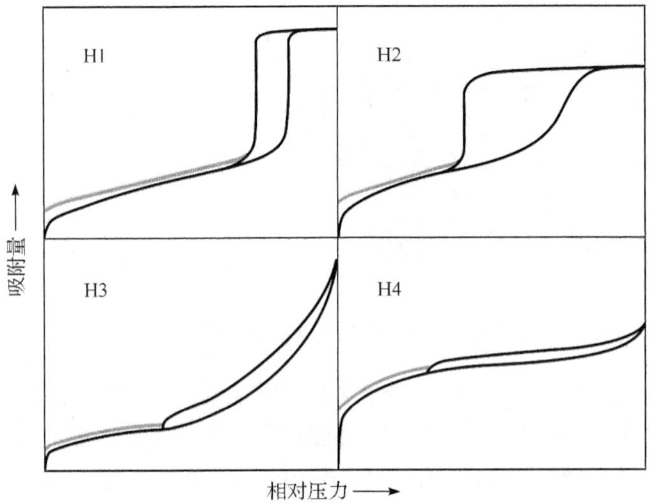

图 6.13 脱附滞后环的类型

实际应用的多孔材料往往是上述类型孔结构的混合或复合结构，如果有滞后环也往往是上述几种滞后环的叠加，因此对于滞后环形状与孔结构类型的关联不宜过度解读。

6.4 孔径分布分析

6.4.1 孔分布分析

多孔材料的孔尺度信息可以从吸附-脱附等温线进行分析计算，在计算时需要对样品中的孔结构进行模型化。首先假定孔壁是刚性的，并且有明确的形状，如将有序介孔看作规则的圆筒状或平行狭缝。当然，一般情况下真实的多孔材料的孔结构复杂得多，往往包含大小不均、形状不规则且相互贯穿连通的孔结构。因此，对于根据吸附-脱附等温线计算而得的各种孔结构指标，其与真实结构的符合程度要心中有数。

孔的总体积(V)可以直接从材料的总吸附量得到，如果假定孔为柱状孔，可以计算材料的平均孔径，$d_{av}=4V/A$，A 为比表面积。不过这只是一个非常粗略的估算，除非材料中的孔径大小比较均匀，否则这个平均孔径没有太多的意义。

介孔材料吸附过程中发生毛细凝聚现象时对应的分压与孔径相关，因此可以借助毛细凝聚现象，利用开尔文公式计算孔尺度。计算中需要考虑到毛细凝聚发生在多层吸附之后，因此发生多层吸附的厚度也需要加上。毛细凝聚实际是在吸附膜所围成的孔心发生的，根据开尔文公式计算所得的孔径 r_K 小于真实孔径 r。吸附层厚度 t 可以由 Halsey 半经验方程计算(图 6.14)。

计算分析介孔孔径分布最常用的方法是 BJH 方法，由巴雷特(E. Barrett)、齐奥尼尔(L. Joyner)和哈雷达(P. Halenda)于 1951 年发表，其基本物理思想基于上述介孔毛细凝聚现象和开尔文公式，并假设孔径是规则形状。孔径分布表达的是对应孔尺度 D 在 ΔD 范围内对应的孔

体积变化 ΔV，即孔体积密度。因此，孔分布曲线的横轴为孔尺度，纵轴为 dV/dD。

非局域密度泛函理论(NLDFT)是分析孔分布的一种新理论方法，该方法基于特定的孔隙模型，计算孔隙中吸附质的凝聚态性质，从而解析样品的孔径分布。对于同样的介孔材料(MCM-41)的吸附等温线(图 6.15)，用 NLDFT 方法计算的孔径明显大于 BJH 方法的计算结果(偏差达到 25%)，而通常认为 NLDFT 方法的结果更加可靠。即便如此，BJH 方法仍然是文献中最为常见的方法，其中的原因可能是分析软件的问题，并不是所有的吸附仪都配有 NLDFT 数据处理软件。这也再次提示我们，吸附-脱附等温线才是唯一可靠的实验数据，而对于比表面积、孔分布等借助特定模型方法得到的数据，要做到心中有数，可以参考，但是不能过度解读。

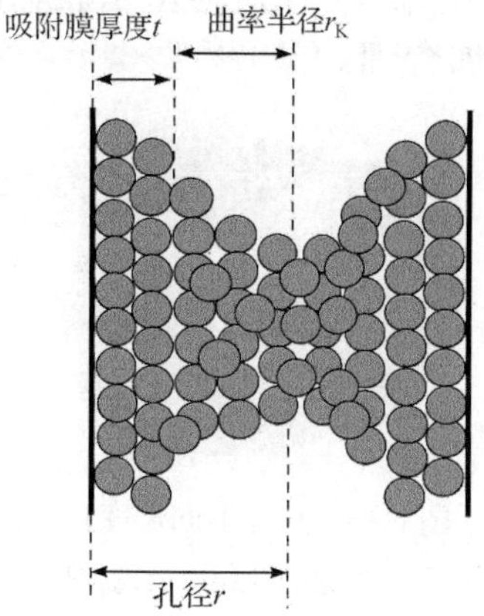

图 6.14　基于开尔文公式计算孔径分布的示意图

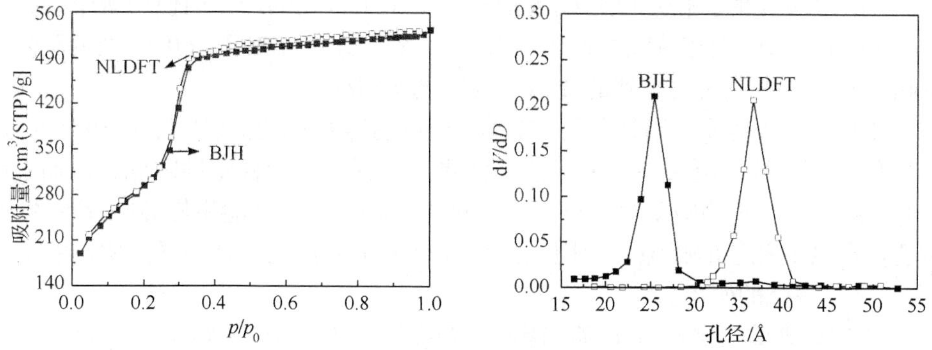

图 6.15　同样的介孔材料用 BJH 方法和 NLDFT 方法计算的孔径分布

对于微孔材料的孔分布计算，显然不能使用 BJH 方法。微孔分析的方法有 HK 方法、DR 方法和 NLDFT 方法。对于同系列的样品，计算得到的微孔孔径可以作为相对变化的参考，但是对于微孔孔径的绝对数值，不要过于依赖软件的计算结果。

氮气分子具有四极矩，因此吸附的氮气分子可能与吸附剂表面形成特定的相互作用，从而影响氮气分子的取向。这会影响氮气分子的截面积，从而影响比表面积的计算。另外，氮气分子与吸附剂表面的作用也会影响微孔填充的相对压力。氩气是单原子气体，无四极矩，与吸附剂(如沸石等)表面作用很弱，同时相比氮气，氩气发生微孔填充的相对压力较高，对仪器的真空条件要求较低。IUPAC 建议采用氩气作为吸附质，在液氩温度(87.3 K)下进行沸石分子筛和 MOF 等微孔材料分析。但液氩成本较高且供应较少，不如液氮使用方便。

孔分布是根据吸附-脱附等温线计算得到的，但是某些介孔材料可能形成脱附滞后环，则孔分布应该用脱附线还是吸附线来计算呢？这需要具体分析。对于圆柱孔，其吸附过程中发生毛细凝聚对应的压力实际上是圆柱面上开尔文公式对应的饱和蒸气压，而脱附过程的突然蒸发对应的则是圆柱孔的半球凹液面的饱和蒸气压(还有多层吸附的层厚)，因此从脱附线计算的孔径分布更能表达柱状孔的孔径信息。但是对于墨水瓶孔，吸附过程发生毛细凝聚时的压力对应孔腔尺度的凹液面的饱和蒸气压，而脱附线上的快速蒸发脱附压力实际上仅对应墨水瓶孔的细口处的饱和蒸气压，因此用吸附线计算孔径分布的数据更加合理。

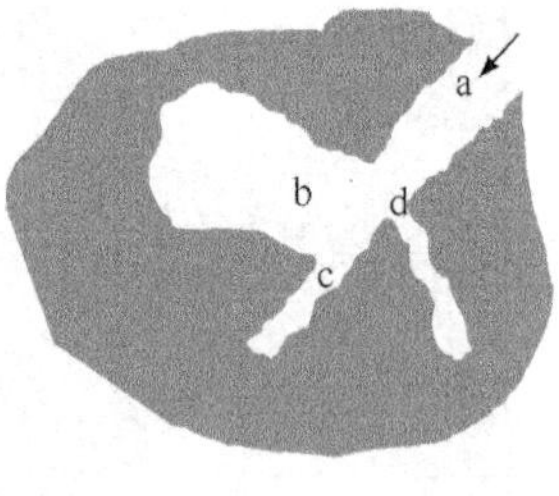

图 6.16 具有不同尺度且互相连通的孔结构示意图

实际应用中的多孔材料的孔结构复杂得多，往往是孔隙形状不规则、尺度不均匀且可以有复杂的连通关系。如图 6.16 所示的孔结构，不同尺度的孔可能在吸附过程中发生独立的毛细凝聚过程，但是脱附过程则受制于孔 a 的尺度，如果用脱附线计算孔分布，则比 a 孔径更大的 b 孔的脱附则表现不出，显然与真实结构不符。从这个意义上讲，对于一些无序、不均匀或复合尺度孔的材料，用吸附线计算孔分布曲线比用脱附线计算更加合理。同时，从吸附表征获得的孔结构信息也需要有电子显微图像(SEM 或 TEM)的支持才更自洽可信。

6.4.2 TSE 现象

对于有序性较差的介孔材料，脱附等温线在 $p/p_0 \approx 0.45$ 处有一个明显的下降，形成一个滞后环。当计算孔径分布时，使用吸附线数据将给出一个很宽的峰，而使用脱附线将得出孔径(3.6～4.4 nm)分布很窄(一个尖峰)的结论。实际上，脱附线在相对压力 0.45 处的陡降与吸附质有关，在此情况下，由吸附线得到的数据更接近真实情况。

对于 77 K 下的氮气吸附质，当其在孔尺度约 4 nm 的孔隙中发生脱附时，在相对压力 $p/p_0 \approx 0.45$ 处，孔壁的作用将导致凝聚态氮分子的表面张力增强，液面稳定性降低，从而发生快速脱附，在脱附等温线中表现为吸附量突然下降。对于这种情况，只能说样品中存在 4 nm 左右的孔，但是还存在其他孔径的孔隙。而用脱附线计算带来的错觉，就是样品中的孔非常集中于 4 nm 左右，这是完全的假象。

图 6.17 为脱铝处理前后沸石分子筛的吸脱附数据，脱铝后的分子筛从 $p/p_0 \approx 0.4$ 开始出现明显的吸附上升，说明脱铝处理形成了介孔，从而在较高相对压力发生了介孔的毛细凝聚。如果用吸附等温线计算孔分布，可以得到一个很宽的孔分布范围，这个结果是合理的，因为脱铝产生的介孔是无序且不均匀的。如果用脱附等温线计算，在相对压力 0.4～0.5 附近出现

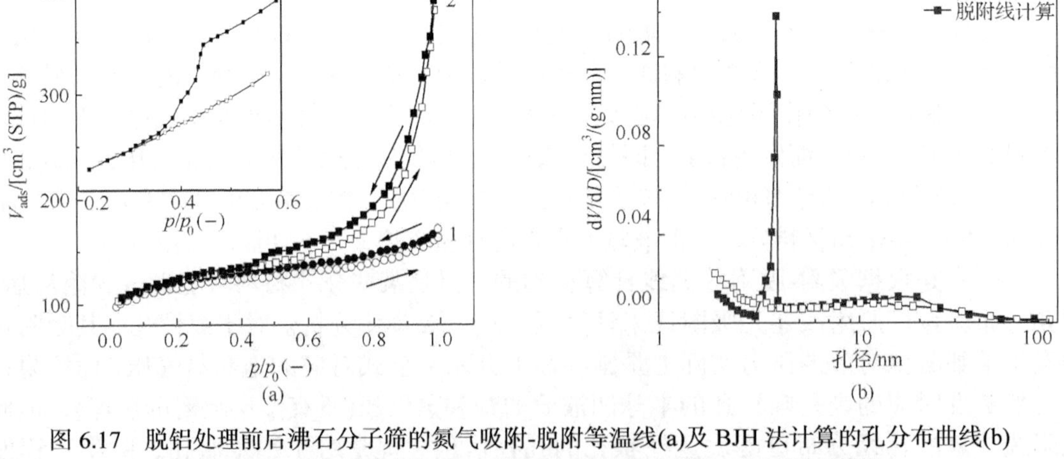

图 6.17 脱铝处理前后沸石分子筛的氮气吸附-脱附等温线(a)及 BJH 法计算的孔分布曲线(b)

1. ZSM-5 分子筛；2. 含介孔 ZSM-5 分子筛；空心圈为吸附线，实心圈为脱附线

的脱附下降台阶对应一个约 4 nm 的尖锐孔分布，这就是张力效应(tensile strength effect，TSE)现象，是假的孔分布信息。即使按照吸附等温线计算孔径分布，其分布和尺度也需要与 TEM 图像互相印证。

TSE 现象发生的相对压力 p/p_0 取决于吸附质，如图 6.18 所示，同样的含介孔 ZSM-5 分子筛分别用氮气、氩气和氦气进行吸脱附测试，TSE 现象发生的相对压力分别在 0.42、0.25 和 0.03，证明 TSE 现象与吸附质的性质相关，而非单纯由孔结构因素导致。

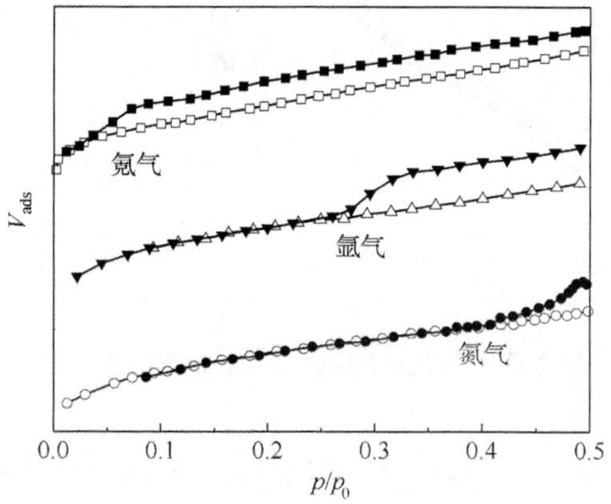

图 6.18　含介孔 ZSM-5 分子筛的氮气、氩气和氦气吸附-脱附等温线

介孔氧化铝中存在尺度不均匀的无序介孔，图 6.19 是较为常见的氧化铝氮气吸附-脱附等温线，如果用脱附线计算孔分布，则出现 4 nm 左右的尖锐孔分布，而用吸附线计算的孔分布宽峰则与真实孔结构相符。

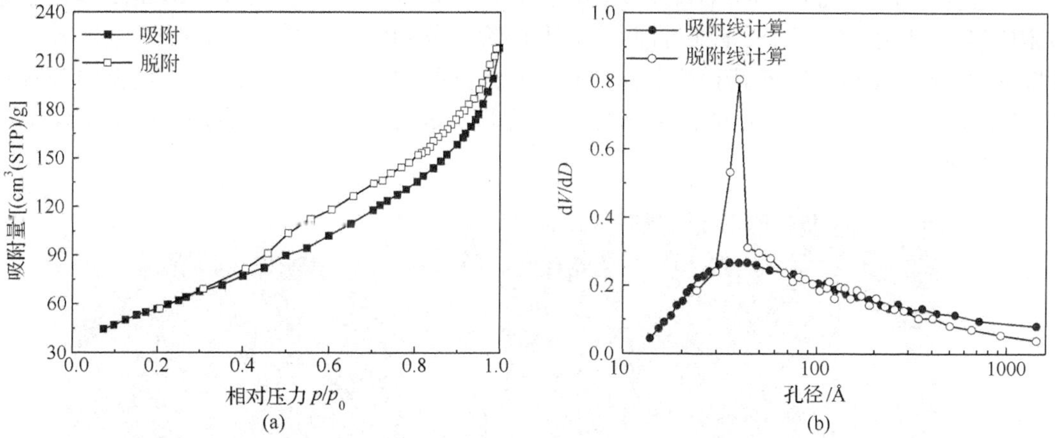

图 6.19　介孔氧化铝的氮气吸附-脱附等温线(a)及分别用吸附线和脱附线计算的孔分布曲线(b)

并不是所有在脱附等温线 $p/p_0 \approx 0.4$ 处出现的脱附下降都属于 TSE 现象。图 6.20 中，介孔二氧化硅的吸附线和脱附线同时上升和下降，说明材料中确实存在较为有序的介孔，无论用吸附线还是脱附线计算的孔分布都是合理的。即便如此，还是应该提示一下，任何方法计算的孔径分布都不一定代表样品的真实孔结构，还需要其他表征方法，特别是 TEM 图像的印证。

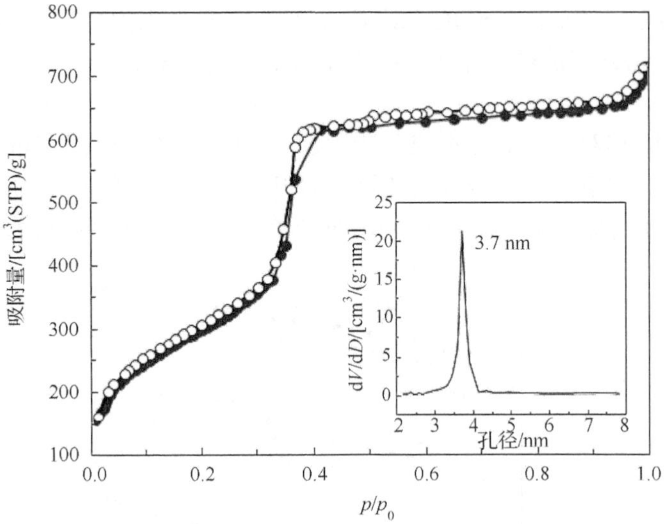

图 6.20 某介孔二氧化硅的氮气吸附-脱附等温线及孔分布曲线

6.5 多孔材料的氮气吸附应用

图 6.21 是钛掺杂多级孔二氧化硅材料的 SEM 和 TEM 图像，可以看到材料中存在有序孔结构以及更大的二次间隙孔。样品的氮气吸附-脱附表征如图 6.22 所示，样品均展现了典型的Ⅳ型吸附-脱附等温线，在相对压力为 0.35～0.60 和 0.80～0.98 处具有两个不同的吸附台阶。第一个台阶对应于孔分布曲线[图 6.22(b)]中相对较窄的孔径峰(大约在 3.6 nm)，这是有序介观结构的有序孔道。第二个台阶包含两段吸附台阶，分别对应于孔分布曲线中约 20 nm 和 50～100 nm 处两个相对较宽的孔径峰。20 nm 左右的介孔对应于 SEM 和 TEM 图像中观察到的二次间隙孔。第三个孔径峰可能是纳米球之间堆积而成的孔隙，也可能是单晶纳米球中更大的二次纳米孔。

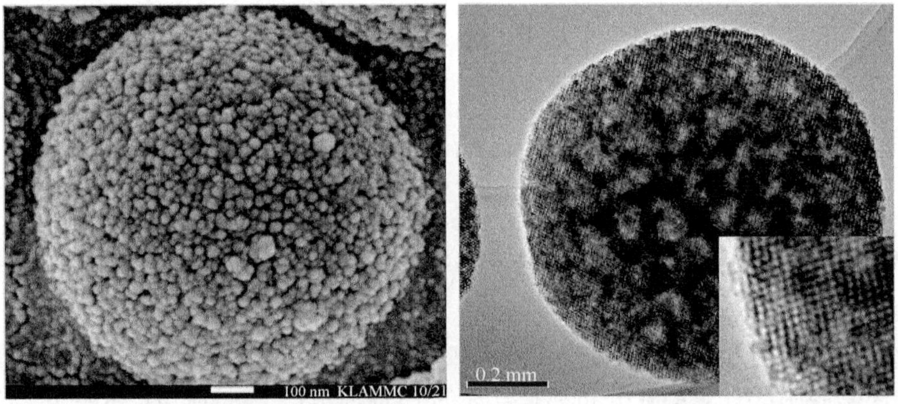

(a) (b)

图 6.21 钛掺杂多级孔二氧化硅的 SEM(a)和 TEM(b)图像

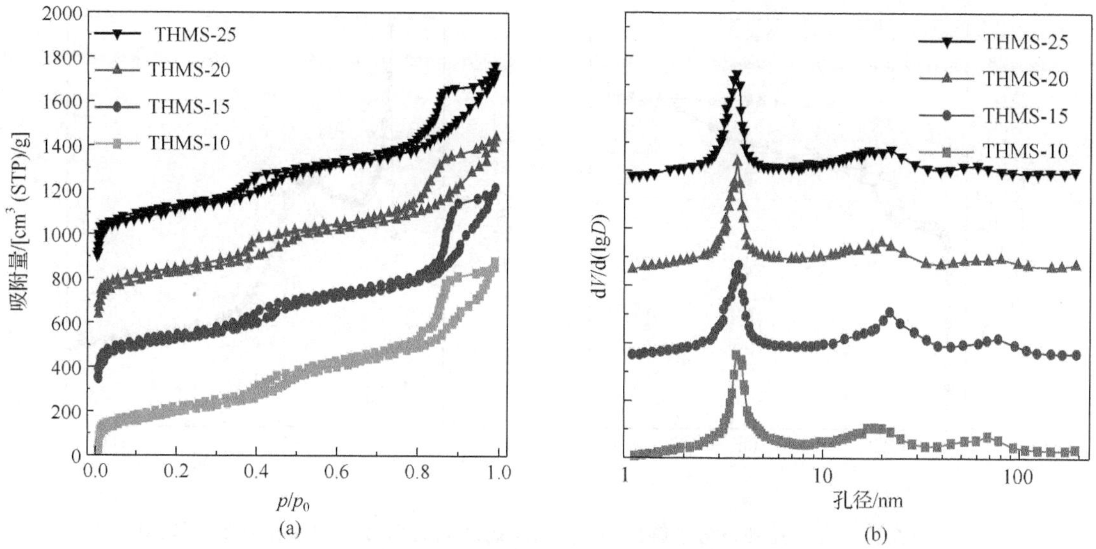

图 6.22 系列钛掺杂多级孔二氧化硅的氮气吸附-脱附等温线(a)及 BJH 孔分布曲线(b)

图 6.23 为含介孔沸石分子筛的 TEM 图像，从中可以看出微孔沸石的晶格条纹，同时明暗衬度展示出介孔结构。图 6.24 中样品的氮气吸附-脱附等温线都为Ⅰ～Ⅳ型混合吸附等温线，均有两个明显的吸附台阶，形成两个闭合的滞后环。在很低相对压力处快速上升的吸附台阶对应沸石分子筛中的微孔填充。在相对压力 $p/p_0\approx0.20$ 处的吸附台阶和小脱附滞后环对应孔分布曲线中 2 nm 的尖峰，但这并不是真实存在的孔结构。微孔分子筛(如 MFI 结构分子筛)中在较低相对压力下的吸脱附滞后环对应吸附在微孔中的氮分子从凝聚相到有序凝聚相(fluid-to-crystalline)的一种相变过程，因此这个小滞后环与孔结构无关，而只与吸附质有关。即使在孔分布曲线中，对应这个小台阶会出现一个尖峰，也是假峰。真正的介孔所对应的吸附-脱附等温线是相对压力 0.40～0.90 处出现的吸附台阶，对应介孔的毛细凝聚过程，在孔分布曲线中表现为 5～20 nm 的宽峰。从氮气吸附数据中解析出的微孔和介孔都可以在 TEM 图像中找到对应结构(图 6.23)。脱附线中的滞后环类似墨水瓶孔的脱附滞后环，提示存在不均匀并连通的介孔。如果用图 6.24 的脱附线计算孔径分布，将得到什么结果？

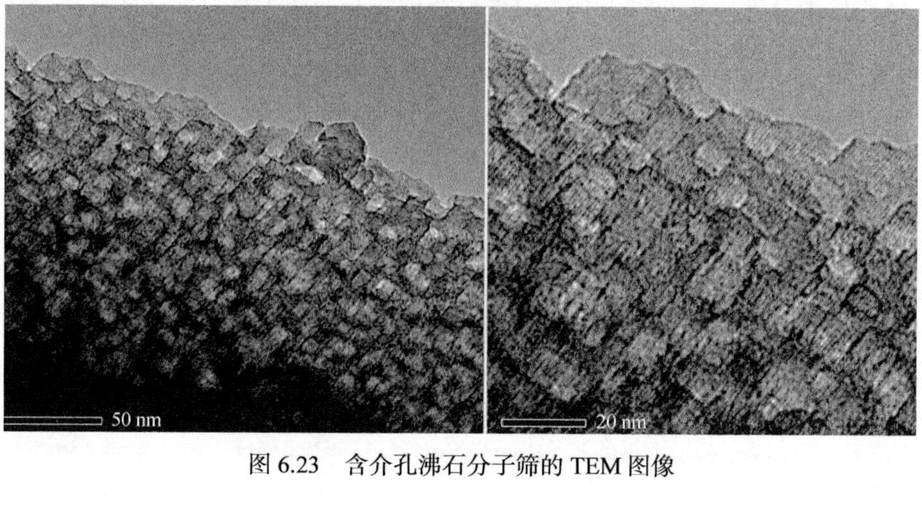

图 6.23 含介孔沸石分子筛的 TEM 图像

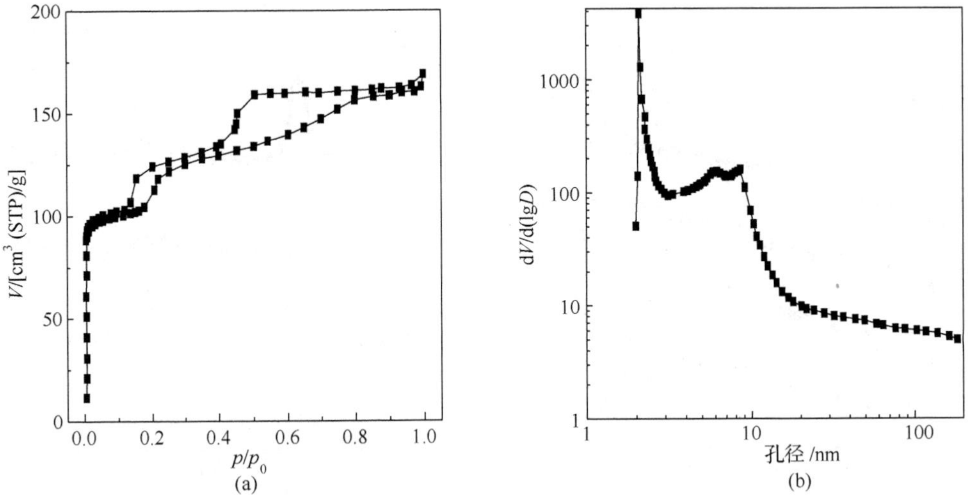

图 6.24 含介孔沸石分子筛的氮气吸附-脱附等温线(a)及 BJH 孔分布曲线(b)

本章小结

在气体物理吸附过程中，吸附过程的驱动力是吸附质与吸附剂表面之间的范德华力。吸附分子可以单层排列在吸附剂表面，称为单层吸附，可以用朗缪尔单层吸附方程描述。气体分子也可以多层堆积在吸附剂表面，称为多层吸附，可以用 BET 方程描述。多孔材料依据孔径尺度可以分为微孔、介孔和大孔材料。实际应用中的多孔材料的孔结构往往比较复杂，可以有不同的孔形以及不同的连通状态。

吸附-脱附等温线是可以通过吸附仪获取的吸附实验数据，而吸附剂的孔结构参数，如比表面积、孔体积和孔径分布等，都是借助理论方法或模型对吸附等温线进行解析得到的，并非直接的测量数据，而是间接获得的数据。通过吸附等温线，借助朗缪尔方程(单层吸附)或 BET 方程(多层吸附)可以计算气体分子在多孔材料表面的单层吸附量，参考单个分子自身的覆盖面积，可以得到材料的比表面积。

由于凝聚相氮气分子在孔壁上完全润湿，凝聚相在孔隙中将出现凹液面，对应液面上的饱和蒸气压 p_r 小于氮气的饱和蒸气压 p_0。当压力 $p>p_r$ 时，在小于饱和蒸气压 p_0 处出现氮气凝聚的过程，称为毛细凝聚。氮气吸附的过程包括微孔填充、单层吸附、多层吸附及毛细凝聚过程。有些多孔材料的吸附-脱附等温线中会出现脱附滞后环。对于一些无序、不均匀或多尺度复合孔的材料，用吸附线计算孔分布曲线比用脱附线计算更加合理。同时，从吸附表征获得的孔结构信息也需要有电子显微图像(SEM 或 TEM)的支持才更可信。

物理吸附等温线可分为六种类型，由吸附等温线的类型反过来也可以定性地了解有关吸附剂表面性质、孔分布及吸附质与表面相互作用的基本信息。Ⅰ、Ⅳ型吸附等温线在氮气吸附中较为常见，很多具有微孔和介孔的材料呈现Ⅰ型和Ⅳ型吸附等温线的混合模式。对于有序性较差的介孔材料，要注意 TSE 现象，建议用这类材料的吸附线计算孔径分析，避免用脱附线计算而出现分布很窄的假孔分布峰。

第 7 章　透射电子显微镜及电子衍射

在很小的尺度上，事物的表现与我们先前的经验完全不同。

——费曼

7.1　TEM 成像原理及基本构造

7.1.1　用电子束成像

第 2 章讨论了扫描俄歇微探针(SAM)，用聚焦的电子束在样品的表面扫描，探测电子束激发的俄歇电子的动能，标记为不同元素的空间分布进行成像。虽然在获得聚焦电子束的过程中利用了电磁透镜，但是在俄歇电子成像过程中却不涉及电磁透镜。也就是说，在 SAM 成像中，虽然使用电子束，但是电子被看作粒子。而在透射电子显微镜中利用的是电子的波动性，借助电磁透镜进行成像，这与光学显微镜的原理有很多共同之处。对于光学显微镜，其分辨率受到照明光波长的制约，传统可见光显微镜的分辨率极限为 200 nm，而近场光学显微镜的分辨率可以达到 50 nm。相比之下，TEM 用高压加速电子束为照明光源，利用高速电子束的超短波长(100 kV 加速电压对应电子束波长约 0.0037 nm)，理论上已经足以获得非常高的分辨率。但电子束的波长并不是影响 TEM 分辨率的主要因素，TEM 中电磁透镜的球差、色差及像散等因素对分辨率造成了较大的限制。目前随着球差校正透射电子显微镜技术的进步，STEM 的最高分辨率可以达到 0.06 nm。

1931 年，鲁斯卡(E. Ruska)与导师诺尔(M. Knoll)首次制作了包含两个电磁透镜的成像装置，并实现了 3.6×4.8 = 17.3 的放大倍率，虽然倍率很低，但这是首次利用电子束完成的成像。光学显微镜的放大倍率受限于光波长，他们希望用电子束可以避免分辨率限制的问题。虽然德布罗意(De Broglie，1892—1987)的物质波理论早已提出(1924 年)，并在 1927 年分别被戴维斯和汤姆孙的电子衍射实验证实，但是作为工程师的鲁斯卡直到 1931 年完成了电子束成像之后才了解到。起初他们非常失望，因为电子束成像的分辨率也受到波长的限制，但是在计算过电子波长之后又很兴奋，因为电子波长比可见光波长小 5 个数量级——显然用电子束成像大有前途，并且事实如此。作为工程师，鲁斯卡多年来对电子显微镜技术有执着的追求，在透射电子显微镜技术领域做出了重要贡献，并因此分享了 1986 年诺贝尔物理学奖。

利用凸透镜成像已经有非常广泛的应用，如老式的胶片幻灯机利用透射光和凸透镜，可以将幻灯片放大成实像投影到屏幕上(图 7.1)。透射电子显微镜的成像逻辑与幻灯片类似，只是玻璃透镜变成了电磁透镜(具有与玻璃透镜类似的功能，如会聚平行电子束到焦平面)，可见光波变成了加速电子束的德布罗意波，有了这样短波长的尺子，可以实现微小物体的成像。透射电子显微镜中的成像电磁透镜不止一个，可以将上一级电磁透镜成的实像继续当作物像，进行反复放大成像，因此可以将纳米甚至原子尺度的样本放大到可以在屏幕上观察的放大像(图 7.2)。借助电子束在晶体中的衍射现象，通过对直射束和衍射束的操作，透射电子显微镜还有更多的成像模式，赋予了透射电子显微镜深刻的理论及非常丰富的成像功能，如用电子束进行衍射，操作透射束和衍射束进行成像，或者以扫描透射的方式成像等，在本章中将逐渐展开。

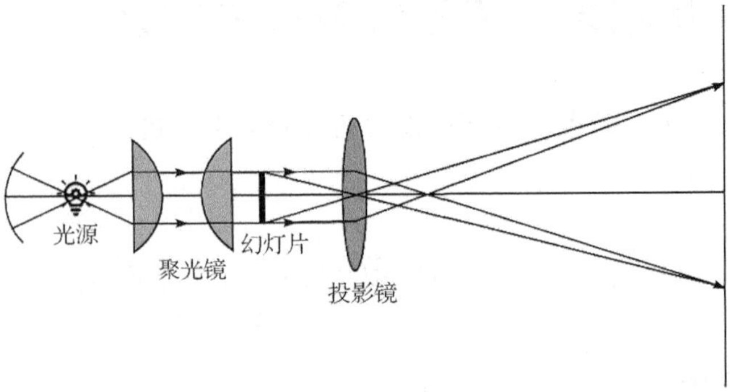

图 7.1 胶片幻灯机成像示意图

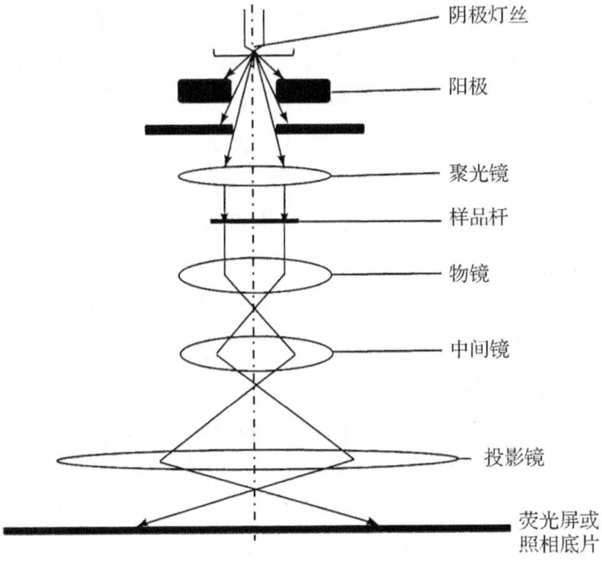

图 7.2 TEM 基本构造示意图

7.1.2 透射电子显微镜的基本构造

现代 TEM 的结构组成非常复杂，但从用户角度，只需要理解其主要的工作逻辑即可，暂时不必具体探究硬件的构造和技术。透射电子显微镜的组成可以分为照明系统、成像系统和显像记录系统等，同时整个过程需要对电子束进行不同的操作，因此仪器系统需要在高真空下工作。

照明系统：包括电子枪和会聚透镜(聚光镜)，聚光镜系统是一组透镜，可以使加速的电子会聚并照射到样品上，根据工作模式可以产生平行电子束和会聚电子束。平行电子束主要用于 TEM 成像以及选区电子衍射，会聚电子束主要用于扫描透射电子显微镜(STEM)、X 射线能谱(EDS)、电子能量损失谱(EELS)和会聚束电子衍射(CBED)。通过偏转线圈可以调整电子束的平移和入射方向的倾斜，以用于不同模式的成像。

成像系统：包括(从上到下)样品杆(样品放置的位置)、物镜(用于成像或衍射)、中间镜(形成放大像)和投影镜(继续形成放大像)。高倍率透射电子显微镜可以有多个中间镜或投影镜。成像系统中还包括物镜光阑和选区光阑。光阑的原理是通过挡住一部分电子束，而选取另一部分电子束，是对穿透电子束(透射束和衍射束)的一种选择操作(具体用途在相应部分介绍)。物镜光阑位于物镜的后焦平面上，平行光束在物镜的焦平面上会聚，物镜光阑可以套取不同的会聚电子束进行后续成像。选区光阑位于物镜的像平面上，可以用于选择像的某个特定区域。

显像记录系统：TEM 中的成像信息载体是电子，因此观测系统的作用是显示并记录透射的电子束的位置及数量(强度)。TEM 中的观测屏上涂有可以被电子激发荧光的材料，如掺杂 ZnS，可以发出波长 550 nm 的绿光。电荷耦合器件(charge-coupled device，CCD，将光转换为电信号)相机也是 TEM 中经常使用的数字化记录电子信息的方式。CCD 相机将入射电子转换为光信号，随后将光信号转换为电信号并记录为像素亮度。

透射电子显微镜中的各种透镜指的是电磁透镜，通过电流线圈产生磁场，用以控制电子运动的轨迹，也可以理解为电子成像的“光路”。电磁透镜对于电子的作用可以理解为凸透镜对于光线的作用，对于电磁透镜，同样有物平面、像平面和焦面，物距(u)、像距(v)、焦距(f)满足关系式：

$$1/u + 1/v = 1/f$$

与光学透镜不同的是，通过调节线圈电流，电磁透镜具有可调变焦距。

目前的电磁透镜技术仍然不够完美，会产生球差和色差(图 7.3)。球差是电磁透镜的中心近轴区域和周边远轴区域对电子束的会聚效果不同引起的。电子束穿过电磁透镜，透镜中轴区域的电子束偏转角度相对较小，而对于透镜边缘，即远离透镜中轴区域的电子束，在磁场作用下产生较大的偏转角度。理想状态下，中轴区域和边缘区域的电子束都应该会聚在电磁透镜的焦点上，但是由于透镜不同区域电子束偏转角度的误差，电子束聚焦位置弥散，影响成像的分辨率，称为球差。

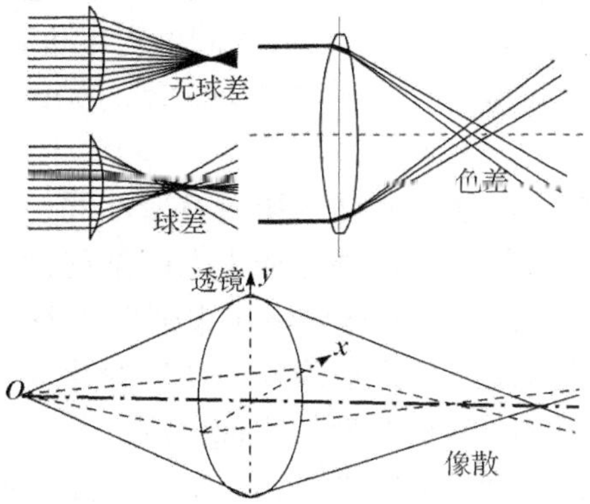

图 7.3　球差、色差和像散示意图

电磁透镜的磁场轴对称性存在偏差，导致电磁透镜在不同方向对入射电子束的折射能力的偏差，称为像散。由于光源电子束中电子的动能不均(波长不够单色化)造成成像偏差，电子束穿过透镜后，波长弥散导致会聚点弥散，称为色差，这实际上是照明电子束的问题。

色差、球差和像散都可以通过硬件设计的改善进行消除和校正，包括球差校正器、消像散器及提升电子束光源稳定性等，改善透射电镜的分辨率。即便如此，按照 Willams 所著教科书的说法，即便是性能最佳的电磁透镜，其成像质量也仅相当于使用可乐瓶底部制成的简易光学透镜。换言之，若将电磁透镜的精准程度与人类视觉相比较，其效果在理论上相当于半盲状态。因此，目前透射电子显微镜的分辨率依然远不能达到电子束波长的数量级，或者说相对于电子束的波长，透射电子显微镜的分辨率还有很大的提升空间。

7.1.3 透射电子显微镜的工作模式

电子束穿透样品，到达成像系统的物镜，通过物镜的会聚，在物镜的焦平面上形成衍射图样(如果样品是薄晶体)，在物镜的像平面上成像(图 7.4)。透射电子显微镜的工作模式包括成像模式和衍射模式。

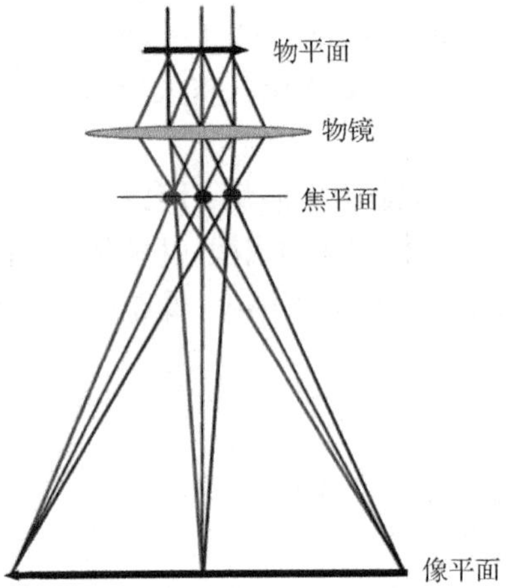

图 7.4 物平面、物镜、物镜焦平面和像平面位置示意图

(1) 成像模式：如果要观测图像，则以物镜的像平面作为中间镜的物平面，可以将图像放大投影到荧光屏或 CCD 相机上。TEM 成像利用的是平行入射电子束透过样品并被样品散射，在物镜的像平面成像。成像模式下，中间镜的物平面为物镜的像平面，随后经中间镜放大，得到样品的显微像。

(2) 衍射模式：电子束穿过薄晶体样品，可以形成衍射，在焦平面上得到衍射图样。如果要观测衍射图样，则以物镜的焦平面作为中间镜的物平面，即将衍射图样作为图像进行放大，投影到荧光屏或 CCD 相机上，此时看到的是电子束穿过晶体样品的衍射图样。

无论是衍射模式还是成像模式，都是通过调整物镜及中间镜的参数完成，在透射电子显微镜上已经设置为两个可以切换的基本模式。

透射电子显微镜图像是一幅灰度像，其明暗衬度就是荧光屏(或 CCD 相机)收集到的电子束强度变化。透射电子显微镜成像过程可以选取不同的衬度进行成像，如质量厚度(质厚)衬度(mass-thickness contrast)、衍射衬度、相位衬度和 Z 衬度。先讨论最容易理解的质厚衬度，其他衬度像随后讨论。

质厚衬度是样品不同位置的厚度、密度或质量有所不同，对电子的散射能力不同，密度大或厚度大的部分可以散射更多的电子，并形成更大的散射角。物镜后的物镜光阑可以挡住部分散射角度大的电子不参与成像，造成透射电子束强度的差异，形成图像的衬度。密度大、厚度大、透射电子少的区域成像暗，反之成像亮。质厚衬度取决于样品的组成、密度分布及厚度等。质厚衬度是透射电子显微镜最典型的成像衬度，与幻灯机对胶片成像非常类似。例如，多级孔二氧化硅球的 TEM 图像如图 7.5 所示，亮的位置对应介孔，可以透射更多的电子。

透射电子显微镜分析对样品制备的要求较高，由于探测对象是透射电子和散射电子，样品最重要的是要越薄越好，一般的厚度要小于 100 nm，测试高分辨 TEM 样品厚度需要约 10 nm，也是越薄越好。

一般的粉末样品，如果颗粒在微米尺度，需要先尽量研磨减小颗粒尺度，用溶剂(如无水乙醇)超声分散后，将悬浮液滴到支撑载网[图 7.6(b)，直径 3 mm]上待溶剂挥发。经常使用的是铜载网，其上面有支持膜，根据观测样品的大小、形态可以选用普通碳膜、微栅和超薄碳膜。如果颗粒太大不易研磨，可以将粉末样品包埋在树脂中固化，再进行超薄切片。块体样品需要切割(对陶瓷类样品)或冲压(对金属类样品)成直径 3 mm 的薄片，并进行离子束减薄处理(类似于 XPS 中的表面氩离子刻蚀)。透射电子显微镜的制样直接影响成像及衍射效果，因此对于一些特殊的样品，建议测试前咨询透射电子显微镜技术人员，以保证测试效果。

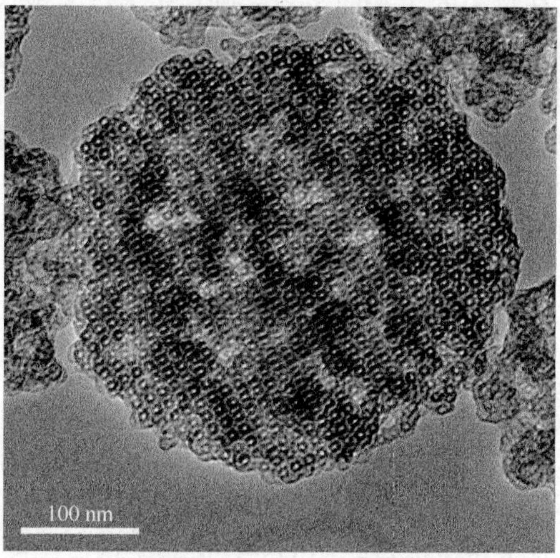

图 7.5　多级孔二氧化硅球的 TEM 图像

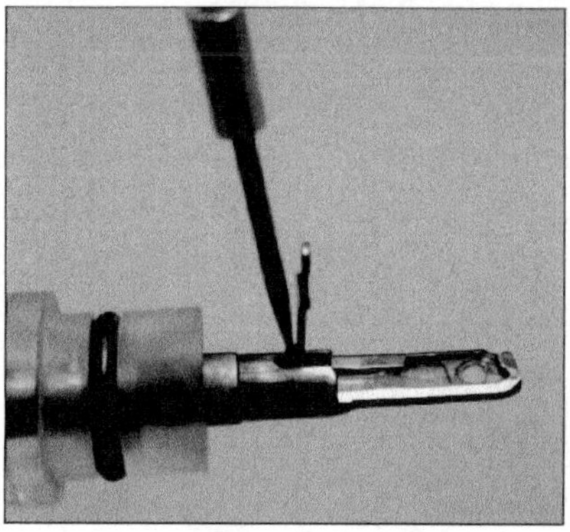

(a)

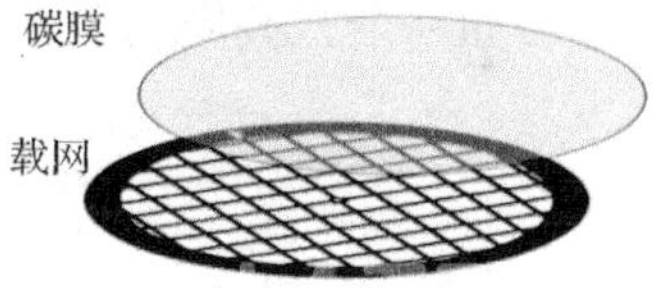

(b)

图 7.6　透射电子显微镜样品杆(a)及支撑载网(b)

7.2　电子衍射

前文讨论的分析方法中，用电子束作为探束的通常都是利用电子束可以聚焦到纳米尺度的特点，相比用 X 射线源可以获得更高空间分辨率的结构信息。TEM 中的电子衍射可以用来区分微纳尺度的无定形结构和晶体结构，分析微纳尺度晶体的结构特征，以及多晶聚集结构晶粒之间的取向关系。对于有特定形貌的单晶，可以通过电子衍射分析其晶带轴取向以及暴露的晶面指数。

电子衍射的物理基础是电子的波动性，在第 1 章讲到的基本原理对电子衍射依然适用。当然，电子束与 X 射线有很大的区别，首先电子束的波长比 X 射线短很多，因此电子束的衍射角非常小；其次电子束与原子的库仑作用更强，散射效应比 X 射线强很多，因此电子衍射信号比 X 射线衍射更强。

平行入射的电子束，在穿过样品过程中未被散射的电子束仍然保持平行，称为透射束，经过物镜之后会聚于焦点，称为透射斑。如果样品为晶体，入射电子束在某个晶面发生衍射，形成衍射方向上的平行束，称为衍射束，经过物镜后会聚于焦平面上一点，称为衍射斑。如果将中间镜的物平面放置在物镜的焦平面位置，则在荧光屏上成像的是焦平面的衍射图样，即透射电子显微镜成像的衍射模式。

在 XRD 部分重点讨论了粉末样品的衍射谱，依据布拉格方程分析晶体中不同晶面的衍射，因此没有涉及倒易点阵的内容。在电子衍射部分，为了更好地理解电子衍射图样，需要在倒易空间(reciprocal space)中理解衍射。需要理解的关键问题是，一个二维的衍射图样与三维的晶体结构之间是如何对应的。

7.2.1 倒易点阵

晶体结构中的原子排列具有周期性，布拉维点阵的结构由真实的原子(或基元)排列形成。布拉维点阵称为正点阵或正空间，因为这种点阵的排布方式是真实存在的，并且与人们对真实三维空间的认知相符。描述这个空间的三个坐标轴基矢量表示为 $\boldsymbol{a}$、$\boldsymbol{b}$、$\boldsymbol{c}$，坐标轴的量纲为长度单位。

晶体具有周期结构，对于布拉维点阵中的一个阵点，可以用矢量 $\boldsymbol{r}$ 表示，$\boldsymbol{r}=x\boldsymbol{a}+y\boldsymbol{b}+z\boldsymbol{c}$。如果 $\boldsymbol{R}$ 为一个晶格平移矢量，将矢量 $\boldsymbol{r}$ 对应的阵点平移到 $\boldsymbol{r}+\boldsymbol{R}$，则矢量 $\boldsymbol{r}+\boldsymbol{R}$ 对应的阵点与阵点 $\boldsymbol{r}$ 等价，或者说 $\boldsymbol{r}$ 平移到了 $\boldsymbol{r}+\boldsymbol{R}$。对于某个物理量(如势场)$V$，格点 $\boldsymbol{r}$ 处的物理量为 $V(\boldsymbol{r})$，格点 $\boldsymbol{r}+\boldsymbol{R}$ 处该物理量为 $V(\boldsymbol{r}+\boldsymbol{R})$，由于晶体的平移对称性，则

$$V(\boldsymbol{r}+\boldsymbol{R}) = V(\boldsymbol{r})$$

也就是说 V 是一个以晶格为周期的函数。在数学上，任何周期函数都可以表述为三角函数的傅里叶级数展开，如一个方波周期函数可以表示为一系列正弦函数的叠加(图 7.7)。

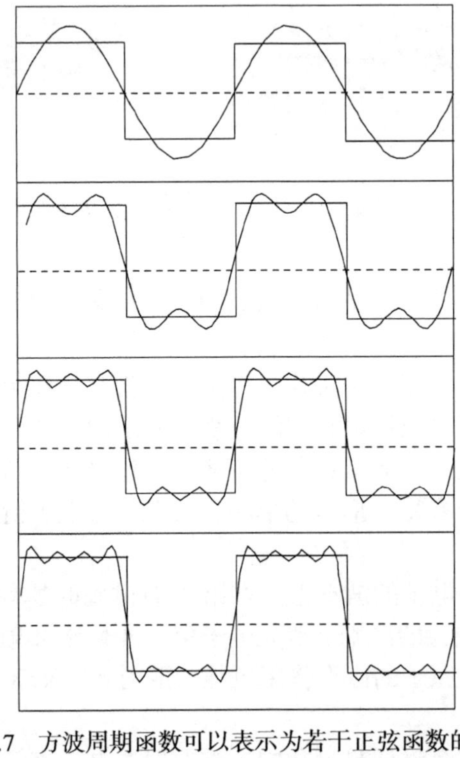

图 7.7 方波周期函数可以表示为若干正弦函数的叠加

$$f(x)=\frac{4}{\pi}\sin x+\frac{4}{3\pi}\sin 3x+\frac{4}{5\pi}\sin 5x+\frac{4}{7\pi}\sin 7x+\cdots$$
$$=\frac{4}{\pi}\sum_{n=1}^{\infty}\frac{\sin(2n-1)x}{2n-1}$$

因此，如果 $V(\boldsymbol{r})$为周期函数，则也可以做类似的傅里叶级数展开

$$V(\boldsymbol{r})=\sum_{g}V(\boldsymbol{g})\mathrm{e}^{2\pi i\boldsymbol{g}\cdot\boldsymbol{r}}$$

式中，$V(\boldsymbol{g})$为展开系数。

由于

$$V(\boldsymbol{r}+\boldsymbol{R})=\sum_{g}V(\boldsymbol{g})\mathrm{e}^{2\pi i\boldsymbol{g}\cdot(\boldsymbol{r}+\boldsymbol{R})}=V(\boldsymbol{r})$$

则有

$$\sum_{g}V(\boldsymbol{g})\mathrm{e}^{2\pi i\boldsymbol{g}\cdot(\boldsymbol{r}+\boldsymbol{R})}=\sum_{g}V(\boldsymbol{g})\left[\mathrm{e}^{2\pi i\boldsymbol{g}\cdot\boldsymbol{r}}\cdot\mathrm{e}^{2\pi i\boldsymbol{g}\cdot\boldsymbol{R}}\right]=\sum_{g}V(\boldsymbol{g})\mathrm{e}^{2\pi i\boldsymbol{g}\cdot\boldsymbol{r}}$$

从上式可以看出，矢量 $\boldsymbol{g}$ 不能随意取值，而是需要满足

$$\mathrm{e}^{2\pi i\boldsymbol{g}\cdot\boldsymbol{R}}=1$$

或者说要满足 $\boldsymbol{g}\cdot\boldsymbol{R}=m$，$m$ 为整数。

如果平移矢量 $\boldsymbol{R}=n_1\boldsymbol{a}+n_2\boldsymbol{b}+n_3\boldsymbol{c}$($n_1$、$n_2$、$n_3$ 为整数)，则根据 $\boldsymbol{g}\cdot\boldsymbol{R}=m$，有

$$\boldsymbol{g}\cdot n_1\boldsymbol{a}=\text{整数}，\boldsymbol{g}\cdot n_2\boldsymbol{b}=\text{整数}，\boldsymbol{g}\cdot n_3\boldsymbol{c}=\text{整数}$$

假设矢量 $\boldsymbol{g}=h_1\boldsymbol{a}^*+h_2\boldsymbol{b}^*+h_3\boldsymbol{c}^*$，$h_1$、$h_2$、$h_3$ 为整数，而三个基矢 $\boldsymbol{a}^*$、$\boldsymbol{b}^*$、$\boldsymbol{c}^*$满足以下关系：

$$\boldsymbol{a}^*\cdot\boldsymbol{a}=1，\boldsymbol{a}^*\cdot\boldsymbol{b}=0，\boldsymbol{a}^*\cdot\boldsymbol{c}=0$$

$$\boldsymbol{b}^*\cdot\boldsymbol{b}=1，\boldsymbol{b}^*\cdot\boldsymbol{a}=0，\boldsymbol{b}^*\cdot\boldsymbol{c}=0$$

$$\boldsymbol{c}^*\cdot\boldsymbol{c}=1，\boldsymbol{c}^*\cdot\boldsymbol{b}=0，\boldsymbol{c}^*\cdot\boldsymbol{a}=0$$

显然，基矢 $\boldsymbol{a}^*$与基矢 $\boldsymbol{b}$、$\boldsymbol{c}$ 都垂直，可以写成 $\boldsymbol{a}^*=v^*\cdot(\boldsymbol{b}\times\boldsymbol{c})$，$v^*$为系数。

上式两边乘以 $\boldsymbol{a}$，得

$$\boldsymbol{a}\cdot\boldsymbol{a}^*=v^*\cdot\boldsymbol{a}\cdot(\boldsymbol{b}\times\boldsymbol{c})=v^*V=1$$

式中，$V=\boldsymbol{a}\cdot(\boldsymbol{b}\times\boldsymbol{c})$为晶格原胞体积，因此 $v^*=1/V$。

因此，可以按照如下规则构建三个基矢 $\boldsymbol{a}^*$、$\boldsymbol{b}^*$、$\boldsymbol{c}^*$：

$$\boldsymbol{a}^*=(\boldsymbol{b}\times\boldsymbol{c})/V$$

$$\boldsymbol{b}^*=(\boldsymbol{c}\times\boldsymbol{a})/V$$

$$\boldsymbol{c}^*=(\boldsymbol{a}\times\boldsymbol{b})/V$$

于是可以构建一个与晶格点阵空间对应的矢量空间，空间的三个基矢为 $\boldsymbol{a}^*$、$\boldsymbol{b}^*$、$\boldsymbol{c}^*$。因为点阵空间的基矢 $\boldsymbol{a}$、$\boldsymbol{b}$、$\boldsymbol{c}$ 不一定相互垂直，所以 $\boldsymbol{a}^*$、$\boldsymbol{b}^*$、$\boldsymbol{c}^*$也不一定相互垂直。根据上述构建方式，注意基矢 $\boldsymbol{a}^*$、$\boldsymbol{b}^*$、$\boldsymbol{c}^*$的量纲为长度量纲的倒数。将晶格点阵空间称为正空间，而由基矢 $\boldsymbol{a}^*$、$\boldsymbol{b}^*$、$\boldsymbol{c}^*$构建的空间称为倒易空间，构建的点阵称为倒易点阵，倒易空间的矢量称为倒易矢量。

如图 7.8 所示，一个正空间点阵中的(hkl)晶面(面 ABC)，根据晶面指数的定义，晶面在坐标轴上的截距分别为 a/h、b/k、c/l。如果可以用晶面指数 hkl 在倒易空间构建一个倒易矢量

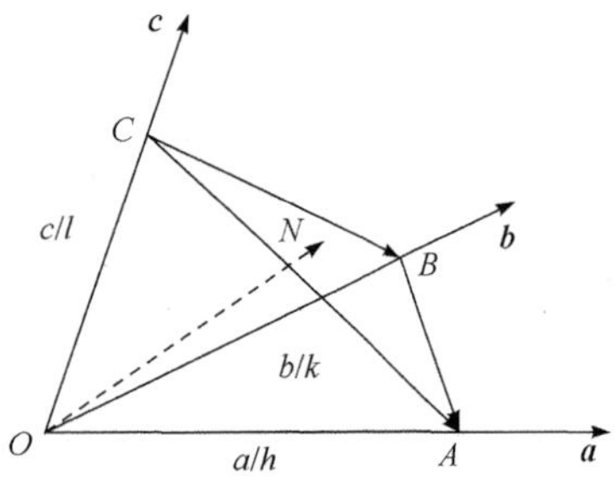

图 7.8 晶面(hkl)在 **a**、**b**、**c** 坐标轴上的截距，ON 垂直于面 ABC

$\boldsymbol{g}=h\boldsymbol{a}^*+k\boldsymbol{b}^*+l\boldsymbol{c}^*$，来看看这个 **g** 矢量有什么特征。还需要再次强调，倒易空间基矢的量纲是长度的倒数，因此倒易矢量 **g** 只能在正空间中表示其矢量方向，但是因为量纲的问题无法画出其模长(故图 7.8 中没有画出 **g**)。

对于矢量 **CA**，可以写成 $\boldsymbol{CA}=\boldsymbol{OA}-\boldsymbol{OC}=\boldsymbol{a}/h-\boldsymbol{c}/l$，则

$$\boldsymbol{g}\cdot\boldsymbol{CA}=(h\boldsymbol{a}^*+k\boldsymbol{b}^*+l\boldsymbol{c}^*)\cdot(\boldsymbol{a}/h-\boldsymbol{c}/l)=0$$

同样 $\boldsymbol{g}\cdot\boldsymbol{CB}=0$，这说明 **g** 矢量与面 ABC，也就是晶面(hkl)垂直。既然 **g** 矢量与(hkl)晶面垂直，如果 ON 是原点到(hkl)面的距离，**ON** 矢量与 **g** 矢量的方向相同。注意 **ON** 矢量是正空间的矢量，只是方向与 **g** 矢量相同。**ON** 矢量的长度就是(hkl)晶面间距 d，也是 **OA** 矢量在 **ON** 矢量方向上的投影。由于 **ON** 矢量与 **g** 矢量的方向相同，因此 d 也等于 **OA** 矢量在 **g** 矢量方向上的投影：

$$d=\boldsymbol{a}/h\cdot\boldsymbol{g}/|g|=\boldsymbol{a}/h\cdot(h\boldsymbol{a}^*+k\boldsymbol{b}^*+l\boldsymbol{c}^*)/|g|=1/|g|$$

或者说倒易矢量 **g** 的模长$|g|=1/d$，这样矢量 $\boldsymbol{g}=h\boldsymbol{a}^*+k\boldsymbol{b}^*+l\boldsymbol{c}^*$不仅与($hkl$)晶面垂直，而且其模长为($hkl$)晶面间距的倒数 $1/d$。

对于正空间的晶面(hkl)，晶面间距为 d，可以在倒易空间中构建一个倒易矢量 $\boldsymbol{g}=h\boldsymbol{a}^*+k\boldsymbol{b}^*+l\boldsymbol{c}^*$，其方向垂直于晶面($hkl$)，且 **g** 的模长为 $1/d$。与正点阵一样，倒易点阵也是周期排列的，对于倒易矢量 **g**，一定存在倒易矢量 $n\boldsymbol{g}$，根据$|g|=1/d$，则有

$$|ng|=n\cdot 1/d=n/d=1/(d/n)$$

在 XRD 部分，根据布拉格方程 $2d\sin\theta=n\lambda$，将 $n>1$ 的 n 级布拉格衍射看作虚拟晶面间距 d/n 的衍射，该虚拟晶面对应倒易矢量 $n\boldsymbol{g}$，其模长为虚拟晶面间距 d/n 的倒数。

倒易基矢的方向是由正空间坐标矢量决定的，可以在正空间中标记倒易空间的基矢的方向，也就是说正空间和倒易空间存在基矢方向上的关联。但是请注意，在正空间中只能画出倒易矢量的方向，其模长则无法画出，因为其量纲与正空间基矢量纲不一致(互为倒数)。正空间的尺度是晶格的真实尺度，而倒易空间的尺度全凭想象。对应一个正空间的晶格点阵，其倒易点阵既可以想象成一粒灰尘的尺度，也可以是星空的尺度，因为倒易空间是虚拟的。

根据上面的讨论，正空间中的(hkl)晶面(注意这是一组平行的晶面，而不是单个晶面)对应倒易空间的一个矢量 $\boldsymbol{g}=h\boldsymbol{a}^*+k\boldsymbol{b}^*+l\boldsymbol{c}^*$。**g** 的方向与($hkl$)晶面垂直，矢量 **g** 的模长$=1/d_{hkl}$，即为($hkl$)晶面间距的倒数。这是倒易空间的重要结论。倒易空间的矢量$-\boldsymbol{g}$ 同样满足上述条件。也就是说，正空间的一组晶面对应倒易空间的矢量 **g** 和$-\boldsymbol{g}$。还有一个简单但重要的推论，正空间的晶格矢量与倒易矢量的点乘为整数，$\boldsymbol{g}\cdot\boldsymbol{R}$=整数 m。实际上，在上述构建倒易基矢的过程中，正是从这个推论出发的。

倒易点阵是一套由正空间点阵衍生变换的点阵，倒易点阵与正空间点阵保持固定的取向关系，晶体方向转动，也必然携带倒易点阵一起转动。

倒易点阵的任何一个阵点都可以定义为倒易空间的原点，如果某个阵点在倒易空间的坐标为(hkl)，则原点到该点的矢量 **g** 对应正空间的(hkl)晶面。也就是说，正空间中的一组晶面对应倒易空间中的一个倒格点。倒易空间中的矢量用圆括号表示，即(hkl)在倒易空间表示矢量，在正空间则表示晶面。

对于 X 射线的电磁波或电子的德布罗意波，对应波矢表示为 $\boldsymbol{k}=1/\lambda\,\boldsymbol{n}$，**n** 表示波的传播方

向，波矢的模长为 $1/\lambda$。需要注意，在固体物理学中，倒易空间基矢的定义及波矢的表示都多了系数 2π，如固体物理学中波矢 $\boldsymbol{k}=2\pi/\lambda\,\boldsymbol{n}$。这是因为固体物理学中习惯用角频率 ω，相位表示为 ωt，而晶体学中更多用频率 ν，相位表示为 $2\pi\nu t$。本书按照晶体学中的表示方式。

波矢量的模长量纲与倒格矢的量纲一致，这样在倒易空间中描述波矢就比较方便了，可以画出波矢的方向及长度，因此倒易空间也称为波矢空间。电子、光子等微观粒子具有波粒二象性，德布罗意为此提出了著名的德布罗意公式：$\lambda=h/p$，根据这个公式，动量还可以写成普朗克常量乘以波数的形式：$p=hk$(定义 $k=1/\lambda$)，这个式子左边的动量反映了粒子性，右边的波矢反映了波动性。此式也表明，波矢与动量之间只相差一个常数因子，因此波矢空间有时也称为动量空间。

7.2.2 共晶带的晶面对应的倒易矢量

平行于某个晶向的所有晶面称为晶带(zone)。同晶带中所有晶面的交线都互相平行，将其中通过原点的晶向称为晶带轴(zone axis)，其晶向指数为晶带轴指数。

晶带轴 $\boldsymbol{r}=[UVW]$，晶带轴平行于共带面，因此这些共带面对应的倒易矢量均与 $\boldsymbol{r}$ 垂直。例如，某晶面(hkl)对应倒格矢 $\boldsymbol{g}$，则 $\boldsymbol{r}$、$\boldsymbol{g}$ 互相垂直，方向垂直的矢量点乘为零，则有

$$\boldsymbol{r}\cdot\boldsymbol{g}=hU+kV+lW=0$$

上式称为晶带定律。

如果晶带$[UVW]$中的两个晶面指数已知，则可以计算晶带轴指数。

$$h_1U+k_1V+l_1W=0$$

$$h_2U+k_2V+l_2W=0$$

$$U:V:W=\begin{vmatrix}k_1 & l_1\\ k_2 & l_2\end{vmatrix}:\begin{vmatrix}l_1 & h_1\\ l_2 & h_2\end{vmatrix}:\begin{vmatrix}h_1 & k_1\\ h_2 & k_2\end{vmatrix}$$

$$=(k_1l_2-k_2l_1):(l_1h_2-l_2h_1):(h_1k_2-h_2k_1)$$

而如果某晶面(hkl)属于两个不同的晶带$[U_1V_1W_1]$、$[U_2V_2W_2]$，则可以计算该晶面指数。

$$h:k:l=\begin{vmatrix}V_1 & W_1\\ V_2 & W_2\end{vmatrix}:\begin{vmatrix}W_1 & U_1\\ W_2 & U_2\end{vmatrix}:\begin{vmatrix}U_1 & V_1\\ U_2 & V_2\end{vmatrix}$$

$$=(V_1W_2-V_2W_1):(W_1U_2-W_2U_1):(U_1V_2-U_2V_1)$$

如图 7.9 所示，简单立方点阵晶带轴[001]对应的共带晶面有很多，这里只画出(100)、

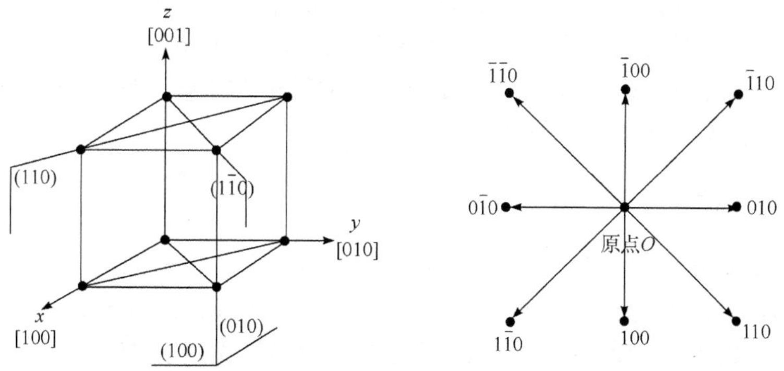

图 7.9 简单立方点阵[001]晶带轴的若干共带面对应的倒易矢量

(010)、(110)、$(1\bar{1}0)$。倒易空间上述四个晶面对应的倒易矢量画法如下。共带轴晶面的倒易矢量都在一个倒易点阵的同一个平面内，称为倒易面，如果倒易点阵的原点在这个倒易面内，则为零层倒易面。对于一组平行晶面，如果从倒易点阵的原点画垂直于晶面的矢量，总是可以向原点两侧各画一个矢量都与晶面垂直，这样同一晶面对应的倒易矢量从倒易空间的原点可以指向两个相反的方向，即 $\boldsymbol{g}$ 和 $-\boldsymbol{g}$，关于原点对称，如倒易矢量(110)和$(\bar{1}\bar{1}0)$。

7.2.3 劳厄方程

对于晶体的 X 射线衍射，在 XRD 部分借助布拉格方程分析衍射方向，因此当时可以不用引入倒易空间的概念。现在可以从波矢空间来讨论晶体的电子束衍射，对应的衍射方程是劳厄方程。

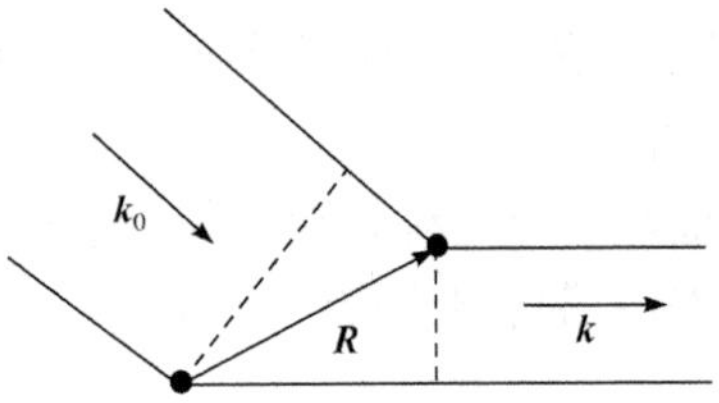

图 7.10 两个阵点散射电子的波程差

如图 7.10 所示，相距为 $\boldsymbol{R}$ 的两个正空间阵点，入射电子波矢为 $\boldsymbol{k}_0$，散射电子波矢为 $\boldsymbol{k}$，入射波与散射波的波长保持不变，也就是波矢的长度不变，但是波矢的方向因弹性散射发生改变。需要说明，图 7.10 是正空间点阵，因此图中的波矢 $\boldsymbol{k}_0$ 和 $\boldsymbol{k}$ 只是表达入射和散射方向。

散射波与入射波的波程差是 $\boldsymbol{R}$ 矢量在 $\boldsymbol{k}_0$ 和 $\boldsymbol{k}$ 方向的投影的差。波矢 $\boldsymbol{k}$ 和 $\boldsymbol{k}_0$ 的长度都是 $k = 1/\lambda$，因此 $\boldsymbol{k}_0/k$ 表示的是波矢方向的单位矢量，这样矢量 $\boldsymbol{R}$ 在波矢 $\boldsymbol{k}_0$ 方向上的投影可以写为 $\boldsymbol{R}\cdot\boldsymbol{k}_0/k$，则散射波程差为 $\boldsymbol{R}\cdot(\boldsymbol{k}-\boldsymbol{k}_0)/k$。发生相长干涉的条件是波程差为波长的整数倍，即发生衍射时必须满足

$$\boldsymbol{R}\cdot(\boldsymbol{k}-\boldsymbol{k}_0)/k = m\lambda(m\ 为整数)$$

由于 $k=1/\lambda$，则有

$$\boldsymbol{R}\cdot(\boldsymbol{k}-\boldsymbol{k}_0)=m$$

前文提及，正空间的晶格矢量 $\boldsymbol{R}$ 与倒易矢量的点乘 $\boldsymbol{g}\cdot\boldsymbol{R}$=整数 m，显然当 $\boldsymbol{k}-\boldsymbol{k}_0=\boldsymbol{g}$ 时满足衍射条件。

如图 7.11 所示，定义散射矢量 $\boldsymbol{K}=\boldsymbol{k}-\boldsymbol{k}_0$，则 $\boldsymbol{K}=\boldsymbol{k}-\boldsymbol{k}_0=\boldsymbol{g}$ 称为劳厄方程，即当散射矢量等于倒易矢量时满足衍射条件。因为 $\boldsymbol{k}_0$ 和 $\boldsymbol{k}$ 的模长相等，都是 $1/\lambda$(弹性散射只改变方向，不改变能量或波长)，$\boldsymbol{k}$、$\boldsymbol{k}_0$、$\boldsymbol{K}$ 构成等腰三角形，$\boldsymbol{k}_0$ 与 $\boldsymbol{k}$ 夹角为 2θ，则散射矢量的长度 $K=2k\sin\theta=2\sin\theta/\lambda$。根据劳厄方程，当满足衍射条件时，$\boldsymbol{K}=\boldsymbol{g}$，则 $2\sin\theta/\lambda=g=1/d$，也就是 $2d\sin\theta=\lambda$。显然，$\boldsymbol{K}=n\boldsymbol{g}$ 也满足衍射条件，因此有 $2d\sin\theta=n\lambda$，这就是布拉格方程。

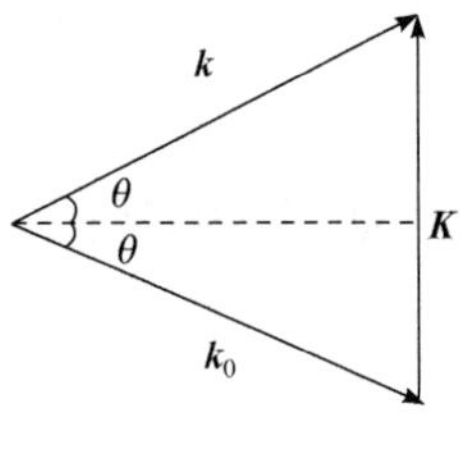

图 7.11 $\boldsymbol{k}_0$、$\boldsymbol{k}$、$\boldsymbol{K}$ 之间的几何关系

7.2.4 埃瓦尔德球

学习了倒易空间及劳厄方程后，可以在倒易空间来理解电子衍射。实验场景是电子束照射晶体样品，不再着眼于晶体中的格点排布，而是构建出晶体结构对应的倒易点阵。之前讨论过，在正空间中的波矢只能标出方向，但是不能画出其长度，因为波矢的量纲是长度的倒数，无法在正空间中表达。而在倒易空间，波矢可以完整地表达，既有方向，也有模长。

如图 7.12 所示，在倒易点阵中选取一个阵点作为原点 O，以选定的原点作为波矢的前端，

因为在倒易空间中，所以可以画出波矢量的方向和模长。以波矢量的末端为圆心(标记为圆心 C)，以 $1/\lambda$(波矢的模长)为半径作一个球面，这个球称为埃瓦尔德(Ewald)球(或埃瓦尔德反射球)。

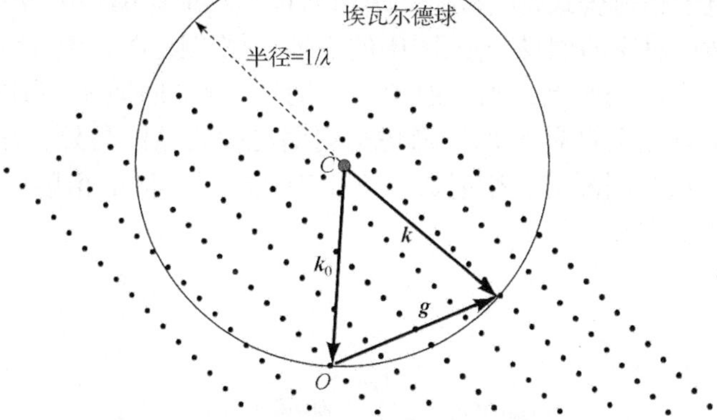

图 7.12　倒易点阵和埃瓦尔德球

矢量 $\boldsymbol{CO}$ 为入射波矢 $\boldsymbol{k}_0$，从 C 到球面上任意一点的矢量都可以是散射波矢 $\boldsymbol{k}$。当某个倒易阵点刚好落在埃瓦尔德球面上时，$\boldsymbol{k}-\boldsymbol{k}_0=\boldsymbol{g}$，满足劳厄方程。或者说落在埃瓦尔德球面上的倒易点阵所对应的晶面满足衍射条件，可以形成衍射，衍射方向就是散射波矢 $\boldsymbol{k}$ 的方向。

7.2.5　电子衍射公式

在实际的观测中，电子束、晶体和荧光屏上的衍射点阵是实际存在的，而倒易点阵、波矢和埃瓦尔德球都是想象出来的，用于辅助分析衍射图样。图 7.13 中的 L 为相机长度，是样品与荧光屏之间的有效距离，但并不是样品与荧光屏之间的物理距离，而是根据透镜放大倍数经过计算约化的距离，R 为衍射斑与透射斑之间的荧光屏距离。这个图表达的是正空间的数据，L、d、R 及波长 λ 都是长度量纲。

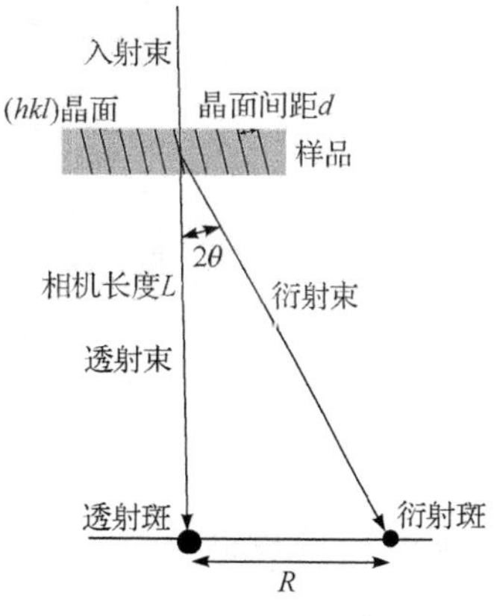

图 7.13　电子衍射示意图
电子衍射的布拉格角实际非常小，图中的角度仅为示意

由于 θ 角很小，$R/L=\tan 2\theta\approx 2\theta$，根据布拉格方程，$\lambda/2d=\sin\theta\approx\theta$，因此有

$$R/L=\lambda/d$$

得到

$$Rd=L\lambda$$

这是电子衍射的基本公式，$L\lambda$ 称为相机常数 K(量纲 mm · Å)，包含了电子显微镜的相机长度和电子束波长，是仪器自身的参数。因此，在电子显微镜相机常数已知的情况下，通过测量衍射斑与透射斑的距离 R，可以计算发生衍射的晶面间距 d。电子衍射公式可以写成 $R=K/d$，这表达了一个重要的结论，R 与 $1/d$ 成正比。

在电子衍射中，一组平行晶面的衍射一般不只产生一个衍射斑，通常是一套衍射斑(衍射图样)。图 7.14 画出了晶面(hkl)的一级和二级衍射斑。二级衍射斑对应间距为 $d/2$ 虚拟晶面的衍射。注意为了读者容易理解，这里将入射电子束画成了包含很多入射方向的束，因此不难理解衍射斑对称出现在透射斑的两侧。实际上，虽然电子束的方向存在一定分布范围，但是远没有如此夸张，在透射斑两侧出现对称衍射斑的原因随后提及。由于电子束的波长很短，因此电子衍射角很小，发生衍射的电子束方向近似与晶面平行(图中故意将衍射角度夸大了)。在荧光屏上，根据电子衍射公式，一级、二级衍射斑与透射斑的距离分别与 $1/d$、$2/d$ 成正比。图中还画出了晶面(hkl)对应的倒易矢量(图中的点划线用以区分正空间和倒易空间)。显然，如果将透射斑对应倒易点阵的原点，则衍射图样与倒易点阵的排布是等比例的，因此衍射图样与倒易点阵面上的格点完全对应(暂时不考虑衍射消光的问题)。另外，需要注意是衍射斑的亮度有强弱之分，倒易点阵则没有。衍射斑亮度出现强弱是不同的衍射斑对应的衍射条件与严格的布拉格条件有所偏离导致的。

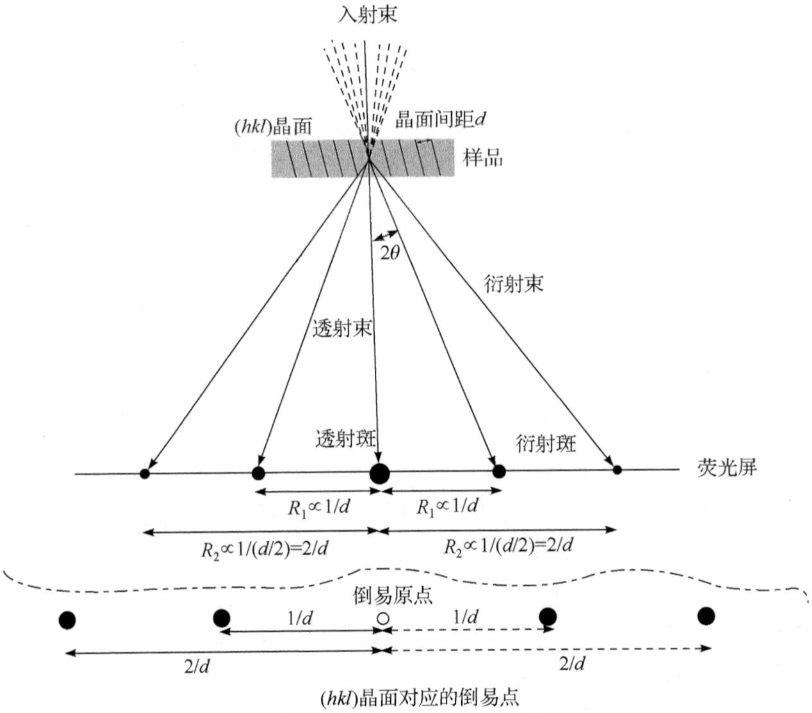

图 7.14　一组平行晶面的衍射斑与倒易点阵的关系

7.2.6　偏离参量

在 XRD 部分，要探测不同晶面的衍射信号，需要不断改变探测器的 θ 角，而在电子衍射中，并不用调整荧光屏或探测器的角度，就可以同时观察到若干晶面的衍射斑。其中的一个原因是 X 射线的波长比电子束的波长大得多，根据布拉格方程，XRD 的衍射角也大得多，相比之下电子束的衍射角就非常小了，通常电子衍射的布拉格角都不超过 1°。

如果入射电子束严格平行于样品的某一晶带轴，也就是电子束的方向与晶面严格平行，显然根据劳厄条件，理论上是不会发生衍射的(从布拉格方程也可以得到这个结论)。但是在实际的实验中可以看到清晰的衍射图样，这预示着在透射电子显微镜的电子衍射中，即使不严格满足布拉格条件，仍然可以观测到一定强度的衍射束。

由于电子波长很短，埃瓦尔德球的半径很大，与晶体倒易点阵相比，埃瓦尔德球面接近平面。同时，由于透射样品很薄，对应的倒易点并不是一个理想的点，而呈现拉长的杆状(见下文)，这样埃瓦尔德球面可以切过很多倒易杆，形成不同强度的衍射斑。

另一种理解方式可以借助量子力学的不确定关系，即 $\Delta p\Delta x \geqslant \hbar/2$，如果薄晶体的厚度为 t，则 $\Delta x=t$，根据 $p=hk$，$h\Delta k\cdot t \geqslant \hbar/2$，$\Delta k \geqslant 1/4\pi t$，也就是电子束穿透薄晶体时波矢存在涨落，这相当于埃瓦尔德球面变成具有一定厚度的球壳，自然就可以切到更多的倒易点。

如图 7.15 所示，如果倒易矢量 $\boldsymbol{g}$ 没有与埃瓦尔德球面相交，引入一个矢量 $\boldsymbol{s}$，称为偏离矢量，这样矢量 $\boldsymbol{g}+\boldsymbol{s}$ 满足布拉格衍射条件，则有 $\boldsymbol{k}-\boldsymbol{k}_0=\boldsymbol{g}+\boldsymbol{s}$。如果 $\boldsymbol{s}=0$，表示埃瓦尔德球面刚好切到倒易点。因为电子衍射的衍射角很小，可以近似地将偏离矢量 $\boldsymbol{s}$ 看作沿入射波矢方向，理解为一个标量 s，即偏离参量。

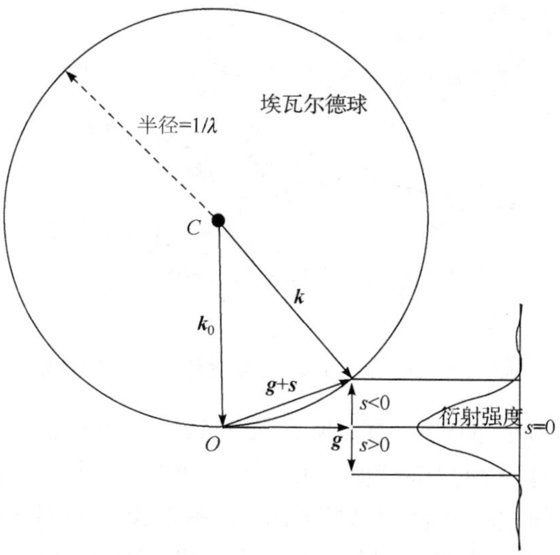

图 7.15　偏离参量 s 及对应衍射强度分布

在后文的衍射衬度部分对薄晶体的衍射强度进行了计算，这里先借用衍射强度公式，其中 T 为薄晶体的厚度。

$$I_D \propto \sin^2(\pi Ts)/s^2$$

这表明对于厚度为 T 的薄晶体，衍射强度是偏离参量 s 的函数。图 7.15 中画出了衍射强度与偏离参量之间的函数关系，在 $s=0$ 可以观测到衍射最强，而在 s 不等于零时，仍然可以有一定的衍射强度。上述结果可以理解为，对于薄样品，倒易空间的格点不再是一个纯点，而是一个拉长的杆，称为倒易杆。显然，即使倒易杆的中心不与埃瓦尔德球相交，但只要在偏离参量范围内，球面与杆的一部分也可以相交，或者说部分满足了布拉格条件，因而可以观测到弱的衍射斑(这也是实验中的现象)。在实验中有两种方式改变偏离参量 s，一种是倾转样品，相当于埃瓦尔德球不动，倒易点阵移动，通过观察衍射斑的亮度选择偏离参量；另一种是可以倾转电子束方向，相当于倒易点阵不动，通过埃瓦尔德球的移动选择偏离参量。

7.2.7　电子衍射图样

在学习了倒易矢量、埃瓦尔德球及偏离参量之后，来学习电子衍射图样。图 7.16 表示(hkl)晶面及其对应的倒易矢量 $\boldsymbol{g}_{hkl}$，倒易矢量的长度是晶面间距 d 的倒数，方向垂直于(hkl)晶面，倒易矢量 $2\boldsymbol{g}_{hkl}$ 对应晶面间距为 $d/2$ 的虚拟晶面。注意在正空间和倒易空间之间画出了分界线，因为正空间和倒易空间的基矢量纲互为倒数，所以正空间和倒易空间不应画在一个空间内。注意倒易矢量 $\boldsymbol{g}_{hkl}$ 与(hkl)晶面总是垂直，这并不是新结论，只是提示读者关注。

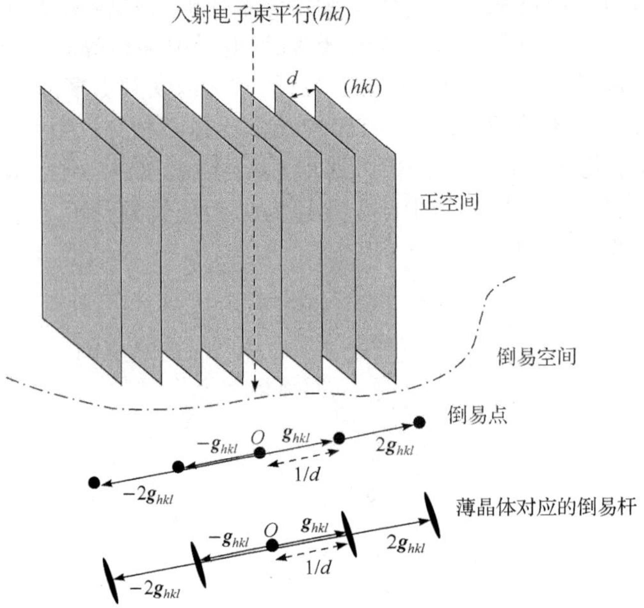

图 7.16　晶面、倒易点与倒易杆之间的关系

如果电子束沿平行(hkl)晶面的方向入射，假定晶体比较厚，倒易空间形成倒易点而非倒易杆[图 7.17(a)]。埃瓦尔德球面只能切到倒易原点，也就是说在电子束平行(hkl)晶面入射时，原则上不能形成衍射，因此在后焦面上只能观测到透射斑。而对于薄晶体样品，倒易点可以理解为倒易杆，埃瓦尔德球面可以切到若干倒易杆，即部分满足衍射条件[图 7.17(b)]。由于电子束是平行晶面入射，因此入射波矢两侧的倒易杆的偏离矢量是对称的，这样形成的衍射斑亮度也就是对称的，中心透射斑最强，两个对称的一级衍射斑，由于存在偏离参量，亮度相对低。而更外侧的两个二级衍射斑，由于倒易杆偏离参量更大，因此二级衍射斑的亮度更低。

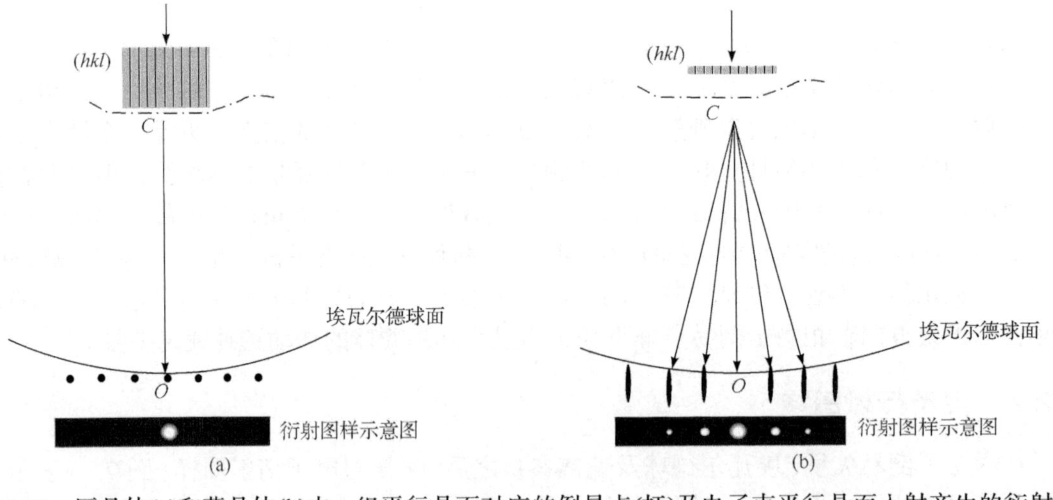

图 7.17　厚晶体(a)和薄晶体(b)中一组平行晶面对应的倒易点(杆)及电子束平行晶面入射产生的衍射图样示意图

图 7.18 是一个比较接近实际的图示，晶带轴[UVW]，三个共带晶面($h_1k_1l_1$)、($h_2k_2l_2$)和($h_3k_3l_3$)。电子束沿着晶带轴方向入射，三个晶面各形成一套衍射斑。

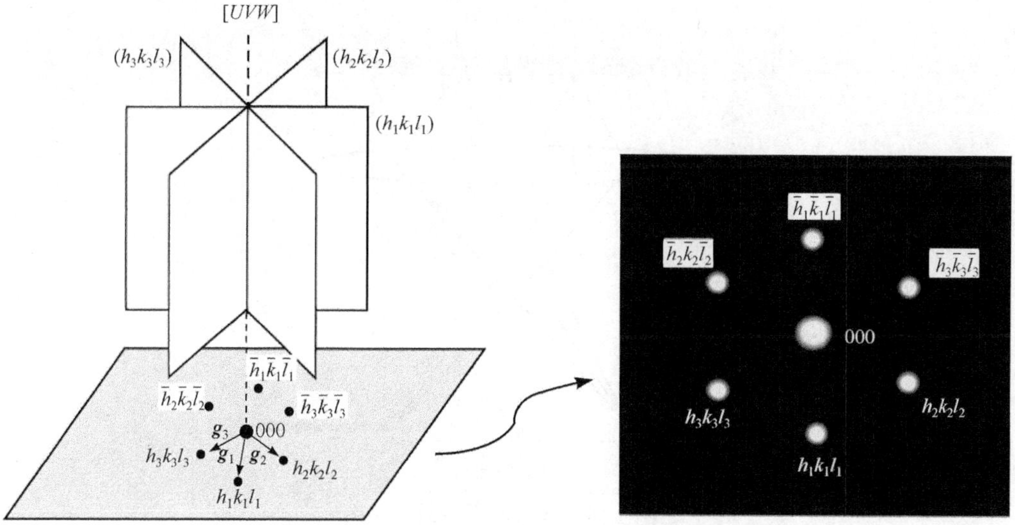

图 7.18 一组共带面的衍射图样示意图

从倒易点阵与正空间的关系不难理解，一个晶带的所有面对应的倒易矢量位于同一个平面上，具有这样特性的面称为倒易面。透射斑标记为 000，三个晶面的衍射斑在倒易空间的同一倒易面。如果将透射斑作为倒易空间的原点，衍射斑所在的倒易面称为零层倒易面。在 XRD 部分讨论了点阵消光及结构消光，消光规律在电子衍射中也同样存在。倒易点阵本身表达的仅是正空间的结构对应，并不会有消光，而在电子衍射中根据消光规律，产生消光的晶面对应的衍射斑就不会出现在衍射图样中。

7.2.8 选区电子衍射及衍射图样标定

从透射电子显微镜的图像范围内选择一个感兴趣的区域(如不同晶相的晶粒)，然后对所选区域进行电子衍射，称为选区电子衍射(select area electron diffraction，SAED)。标准的做法是使用选区光阑(图 7.19)。选区光阑位于物镜的像平面上，通过选区光阑约束一个成像区域(此时中间镜的物平面在物镜的像平面上，也就是成像模式)，随后将中间镜的物平面放在物镜的焦平面上，电子显微镜转换为衍射模式，观察物镜焦平面上的衍射图样。由于选区光阑的约束，只有参与了选择区域成像的透射束和衍射束才可以穿过选区光阑，从而得到对应选择图像区域的衍射图样。

选区光阑相当于在样品上加了一个虚光阑(目标区域外的平行电子束并没有被拦住，依然打到样品上，不过是打到选择的区域之外，这部分电子束在经过物镜之后被选区光阑阻挡，因而不能参与成像)。注意无论中间镜的物平面选在物镜的焦平面还是像平面，由于选区光阑的阻挡，只有可以通过选区光阑的电子束才可以衍射或成像，而通过在像平面上选择图像区域，即对参与成像的电子束进行了选择，那么这部分电子束在焦平面上的衍射图样也对应所选择的图像区域。选区光阑也称中间镜光阑，其在样品上的选区范围在微米尺度的区域。

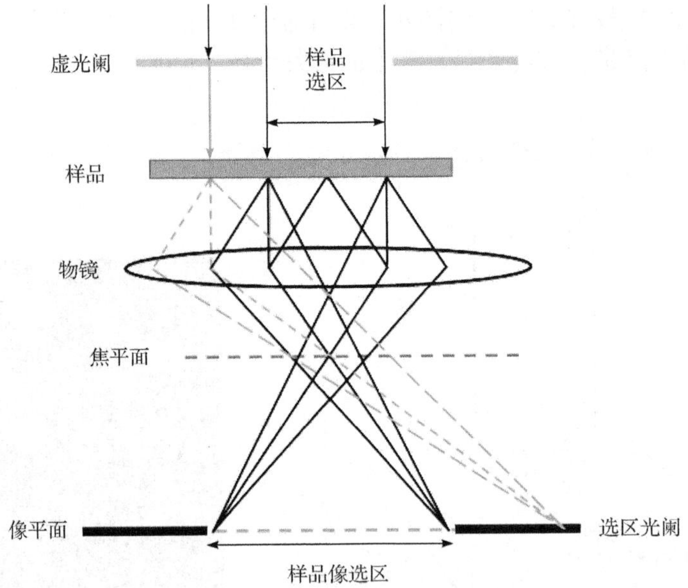

图 7.19　选区电子衍射光路图

7.2.9　单晶电子衍射图样标定

电子束沿着单晶的晶带轴入射，则衍射图样实际上是倒易点阵的零层倒易面上的点阵排布。对一个衍射图样上的衍射斑进行归属，或者说标识出每个衍射斑来自哪个晶面的衍射，称为衍射图样标定。根据上文的讨论，衍射晶面指数(hkl)与晶带轴$[UVW]$满足晶带定律：$hU+kV+lW=0$。另外，根据电子衍射公式 $Rd=L\lambda$，如果相机常数 $L\lambda$ 已知，则可以根据衍射斑与透射斑之间的距离 R 计算衍射面间距 d。即使不知道相机常数，至少 R 与 d 之间是反比关系。由于衍射斑是倒易面上的格点，因此衍射斑对应的倒易矢量之间满足矢量加和关系，如图 7.20 所示，$\boldsymbol{R}_1+\boldsymbol{R}_2=\boldsymbol{R}_3$，即 $h_1+h_2=h_3$，$k_1+k_2=k_3$，$l_1+l_2=l_3$。

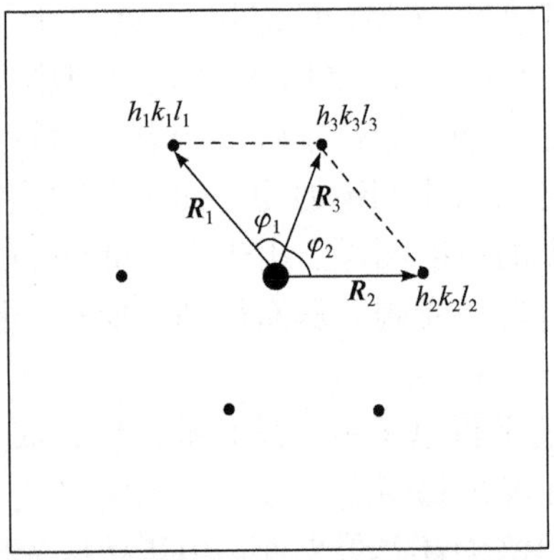

图 7.20　衍射矢量之间的加和关系

对于已知晶体结构的样品，通过衍射图样可以判断晶带轴，并判断晶体的取向，如通过衍射图样判断晶体纳米片的暴露晶面。可以按照如下步骤进行指标化：选取三个距离透射斑最近的衍射斑，测量三个衍射点到中心的距离，以及衍射矢量之间的夹角。借助已知结构的 PDF 卡片，可以归属不同 d 值对应的衍射晶面族$\{hkl\}$。

(1) 选择三个距离透射斑最近的衍射斑，与中心透射斑一起构成平行四边形。

(2) 测量三个衍射斑到透射斑的距离 R_1、R_2、R_3，以及夹角 φ_1、φ_2。

(3) 用电子衍射公式 $Rd=L\lambda$，计算衍射点对应的晶面间距 d_1、d_2、d_3。

(4) 根据 d 值，查找 PDF 卡片，找到对应不同 d 值的晶面族$\{hkl\}$。

(5) 根据 $h_1+h_2=h_3$，$k_1+k_2=k_3$，$l_1+l_2=l_3$，选出相符的$\{hkl\}$组合。

(6) 根据晶面夹角公式计算晶面夹角，与测量值对比，选择相符的指标。

(7) 根据晶带定律计算晶带轴[UVW]。

例如，图 7.21 为金属镍的电子衍射图样。镍为面心立方结构，三个距离中心最近的衍射斑 A、B、C。测得衍射斑与中心的距离 R_1=5.5 mm、R_2=13.9 mm、R_3=14.25 mm，根据相机常数(1.12 mm·nm)，可以计算出 d_1=0.2036 nm，d_2=0.0806 nm，d_3=0.0786 nm。通过 PDF 卡片，相应 d 值对应的晶面族分别是{111}、{331}、{420}。

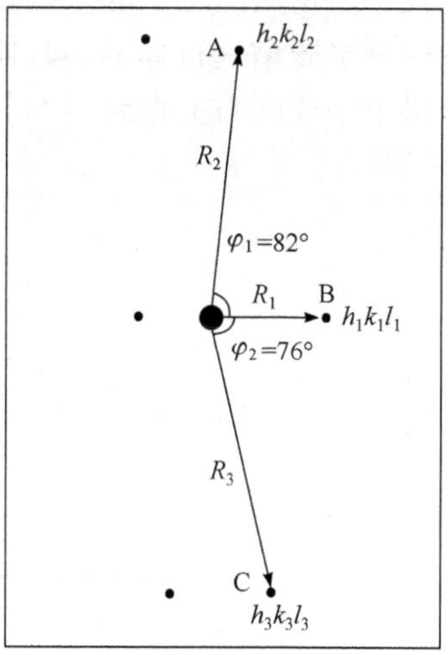

图 7.21 金属镍的电子衍射图样

首先任意选 $h_1k_1l_1$ 为 111，如果选 $h_2k_2l_2$ 为 $\bar{3}31$，则根据立方晶系夹角公式

$$\cos\varphi = \frac{h_1h_2 + k_1k_2 + l_1l_2}{\sqrt{h_1^2 + k_1^2 + l_1^2}\sqrt{h_2^2 + k_2^2 + l_2^2}}$$

可计算出 R_1、R_2 夹角为 82°，与测量值相符。根据 $\boldsymbol{R}_1$=$\boldsymbol{R}_2$+$\boldsymbol{R}_3$，有(111)=($\bar{3}31$)+($h_3k_3l_3$)，则($h_3k_3l_3$)=($4\bar{2}0$)。可以再用夹角公式检验 R_1、R_3 夹角是否与测量值相符。可以根据公式

$$U:V:W = \begin{vmatrix} k_1 & l_1 \\ k_2 & l_2 \end{vmatrix} : \begin{vmatrix} l_1 & h_1 \\ l_2 & h_2 \end{vmatrix} : \begin{vmatrix} h_1 & k_1 \\ h_2 & k_2 \end{vmatrix} = (k_1l_2 - k_2l_1):(l_1h_2 - l_2h_1):(h_1k_2 - h_2k_1)$$

计算出电子束入射所沿晶带轴[UVW]=[$\bar{1}23$]。

对于未知结构样品的衍射图样，可以先计算衍射斑对应的晶面间距，并尝试进行指标化，确定点阵结构。如图 7.22 所示，R_1=7.1 mm、R_2=10.0 mm、R_3=12.3 mm、∠AOB=90°、∠AOC=55°、相机常数 = 14.1 mm·Å。

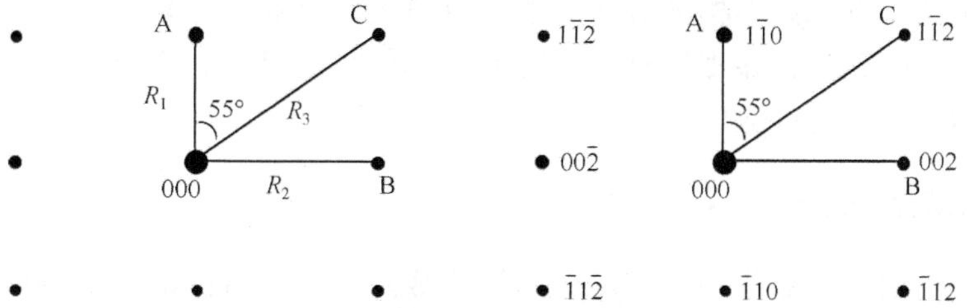

图 7.22 未知结构衍射图样的指标化

首先根据 R_1、R_2、R_3 平方比值=N_1 : N_2 : N_3=2 : 4 : 6，可以判断为体心立方结构。根据衍射公式，计算 d_1=1.99 Å、d_2=1.41 Å、d_3=1.15 Å，通过检索数据库判断该物相可能为α-Fe。几个 d 值分别对应{110}、{200}、{211}晶面族的面间距。选 A 为$1\bar{1}0$，通过计算 A、B 的夹角(90°)，B 为 002，与衍射图样相符，则 C 为$1\bar{1}2$，并计算 A、C 夹角为 55°，与衍射图样相符。计算晶带轴 U : V : W=(−2) : (−2) : 0 = 1 : 1 : 0，故晶带轴为[UVW] = [110]。

对于简单电子衍射图样，如果标定后的指数为 hkl，那么所有指数都加负号，变成$\overline{hkl}$，同样与衍射图样相符。这相当于样品相对于晶带轴(与电子束方向平行)旋转了 180°，这种标定的不确定称为衍射图样标定的 180°不唯一性。

上面例子中的样品都是立方点阵结构，如果是其他如四方晶系或六方晶系结构的样品，衍射图样的标定通常更复杂。借助标准衍射图样是一种更加直接的分析方法。图 7.23 给出了面心立方点阵[001]晶带轴的标准衍射图样，列出了两个低指数斑点到透射点的距离之比及夹

角大小，将实测样品的衍射图样与其进行对比，在标准图谱中找出相近的比值和夹角，可以参照标准图谱进行标定。其他晶带轴的衍射图样及其他点阵结构的标准衍射图样可以在相关教科书中或网络上查到，本书不再详述。

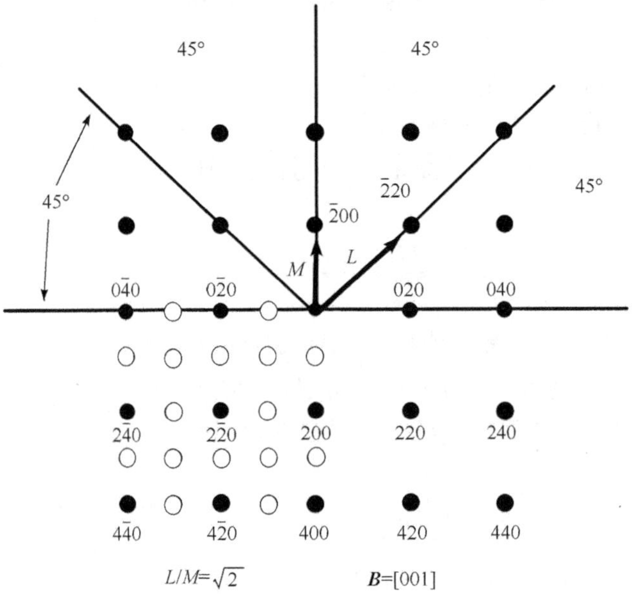

图 7.23　面心立方点阵的标准衍射图样

电子入射方向(晶带轴)为[001]，图中空圈点表示消光衍射

无论用哪种方法对单晶衍射图样进行标定，都要进行推测、尝试、检索和校验的分析工作，尤其是对于非立方晶系结构的分析，手工计算的难度和工作量都很大。目前已经有多款用于衍射图样标定的软件，显然用软件进行相应的处理更高效，而且可以给出更多可能的标定组合，是实际应用中的首选。

7.2.10　多晶衍射图样

若选区电子衍射的样品为粉末多晶，可以看成每个随机取向的单晶颗粒发生衍射，根据电子衍射公式，对于每个单晶颗粒，如果(*hkl*)晶面可以发生衍射，则对应的衍射斑与透射斑的距离为 $R=K/d$，透射斑与衍射斑的连线方向(就是 *hkl* 衍射矢量)垂直于(*hkl*)晶面。由于粉末晶粒(*hkl*)晶面的取向是随机的，因此只要(*hkl*)晶面发生衍射，衍射斑将形成一个距离透射斑半径为 R 的圆环。由于衍射斑距离不同，所有参与衍射的晶面形成的衍射图样是围绕透射斑的同心环，称为多晶衍射环(图 7.24)。衍射环半径的比值=对应衍射晶面间距倒数的比值。

利用已知结构的样品，可以测定透射电子显微镜的相机常数。首先测量多晶样品的衍射环半径，获得 R^2 的比值，对于立方晶系结构，可以通过比值递增规律确定每个衍射环对应的晶面族指数{*hkl*}，并根据样品的 PDF 卡片查到对应的晶面间距 d。然后根据 $K=Rd$ 对每个衍射环计算出相机常数，取平均值作为相机常数。

若相机常数已知，对于未知结构的粉末多晶，可以从衍射环半径计算 R^2 的比值，推断材料的晶体点阵结构。借助相机常数，计算每个衍射环对应的晶面间距 d，用衍射强度较强的衍射环对应的 d 值检索 PDF 卡片，搜寻样品对应的物相。

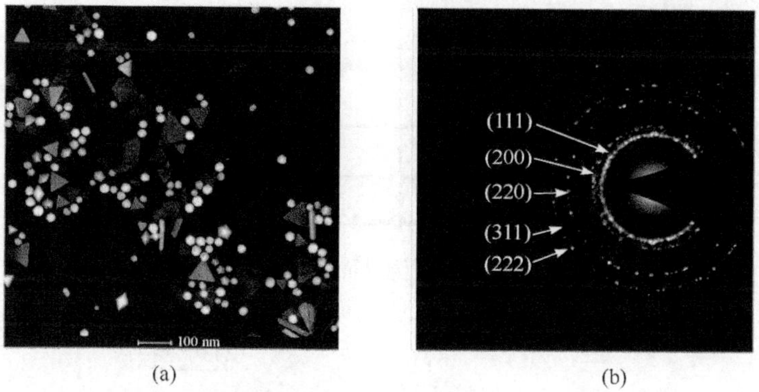

图 7.24　纳米金晶体粉末的 TEM 图像(a)及多晶衍射环(b)

7.2.11　二次衍射

对于非常薄的晶体样品，通常认为电子束只发生一次衍射。二次衍射是指电子束在离开样品之前，衍射束又在样品中发生了第二次衍射。发生第二次衍射的概率近似为第一次衍射概率的平方，因此如果样品非常薄，只需要考虑一次衍射。但非常薄的晶体样品是一种理想化的状态，对于相对厚的晶体样品，电子束也会发生二次衍射，甚至多次衍射。如图 7.25 所示，在一次衍射图样中，由于衍射消光效应，看不到某些衍射斑(用×表示缺失的衍射斑位置)。如果晶体较厚，则衍射束较强，因为电子衍射布拉格角本身很小，所以衍射束的方向与入射束方向接近，衍射束的二次衍射可以产生类似的衍射图样(如图 7.25 所示，二次衍射也存在消光的衍射斑)，但是一次衍射和二次衍射的衍射斑合在一起，本应消光的衍射斑就会出现。二次衍射斑还可以与一次衍射斑重合，造成某些衍射斑的异常亮度。

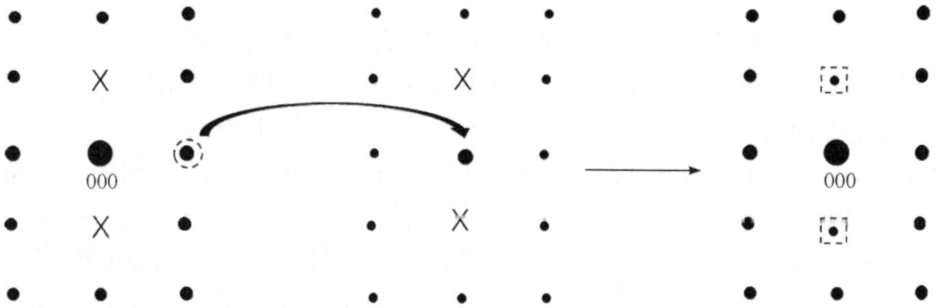

图 7.25　衍射束(虚线圆圈)作为入射束产生二次衍射，出现了本应消光的衍射斑(虚线方框)

7.2.12　高阶劳厄带

前文提及，电子衍射发生的条件是埃瓦尔德球面切到零层倒易面上的倒易杆，部分满足布拉格衍射条件，形成的衍射图样是零阶衍射。倒易点阵是三维点阵，除了零层倒易面，还有一层、二层等倒易面(图 7.26)。埃瓦尔德球面也可以切到非零层倒易面上的倒易杆，也可以产生衍射，称为高阶劳厄带衍射(图 7.27)。

零层倒易面上的衍射斑满足晶带定律：$hU+kV+lW=0$，而高阶劳厄带上的衍射斑满足广义晶带定律：$hU+kV+lW=N$，N 为高阶劳厄带的阶数。

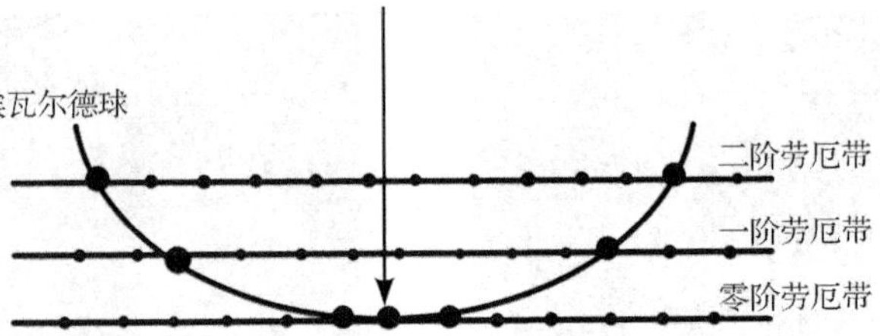

图 7.26 埃瓦尔德球与零层倒易面、一层倒易面和二层倒易面

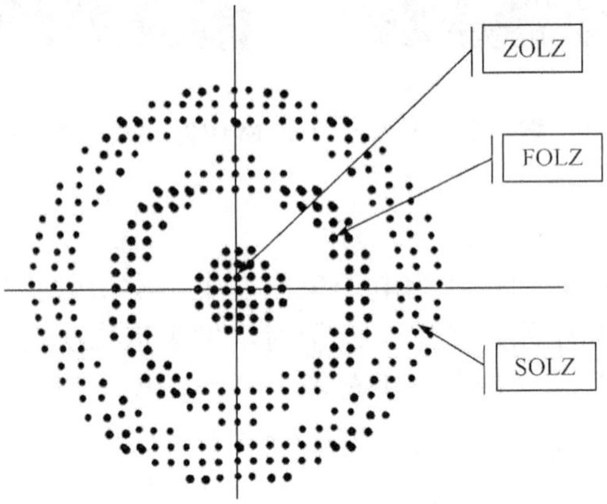

图 7.27 零阶和高价劳厄带

ZOLZ：零阶劳厄带(zero-order Laue zone)；FOLZ：一阶劳厄带；SOLZ：二阶劳厄带

7.3 不同成像模式与衬度成像

TEM 中的电子束理解为电子波，被样品散射(衍射)后的电子波的振幅及相位都会发生变化，造成图像的衬度。前文讨论了 TEM 成像中最容易理解的图像衬度——质厚衬度，即样品厚度不同或组成不同而造成透射电子束强度的明暗衬度，属于振幅衬度。

对于晶体样品，当存在强衍射效应时，质厚衬度对图像衬度的贡献可以忽略。在学习了电子衍射之后，可以继续讨论 TEM 成像的其他模式，毕竟晶体材料是透射电子显微镜分析中最为常见的样品，而只有在理解了电子衍射之后，才容易理解不同成像的模式。

电子束穿透晶体薄膜，根据电子束入射方向与薄膜中某些晶面的夹角，如果有晶面严格满足或很接近布拉格衍射条件，则形成强的衍射。如果有晶面的衍射条件存在一定的偏差(偏离参量 s 不等于 0)，则会形成不同强度的衍射。通过透射束成像或衍射束成像，利用样品不同位置的衍射条件不同而形成的图像衬度称为衍射衬度(diffraction contrast)。衍射衬度是样品不同部位晶体学特征的直接反映，由于晶体各处取向不同或结构不同，满足布拉格条件的程度有差异而引起的衬度变化，也是一种振幅衬度。

可以形成衍射衬度的条件包括：

(1) 两个晶粒的取向差异使它们偏离布拉格衍射的程度不同而形成的衬度。

(2) 缺陷或应变场的存在使晶体的局部产生畸变，导致布拉格条件改变而形成衬度。

(3) 微区元素的富集或第二相粒子的存在有可能使其晶面间距发生变化，导致布拉格条件的改变而形成衬度，还包括不同物相组成导致结构因子的变化而显示衬度。

(4) 完整晶体中随厚度的变化而显示出来的衬度，形成厚度条纹。

(5) 在完整晶体中，因弯曲程度(偏离矢量)不同而引起的衬度，形成等倾条纹。

如图 7.28 所示，电子束穿透晶体样品，可以在物镜的焦平面上形成衍射图样。既然透射束和衍射束已经分开，可以通过位于物镜焦平面上的物镜光阑进行选择成像。如果选择透射束进行成像，对于没有样品的部分或没有发生衍射的样品位置，视场整体是亮的，而对于发生衍射的样品部分，由于衍射束被物镜光阑挡住，透射电子束强度降低，则成像变暗，这样的 TEM 像为明场像(图 7.29)。

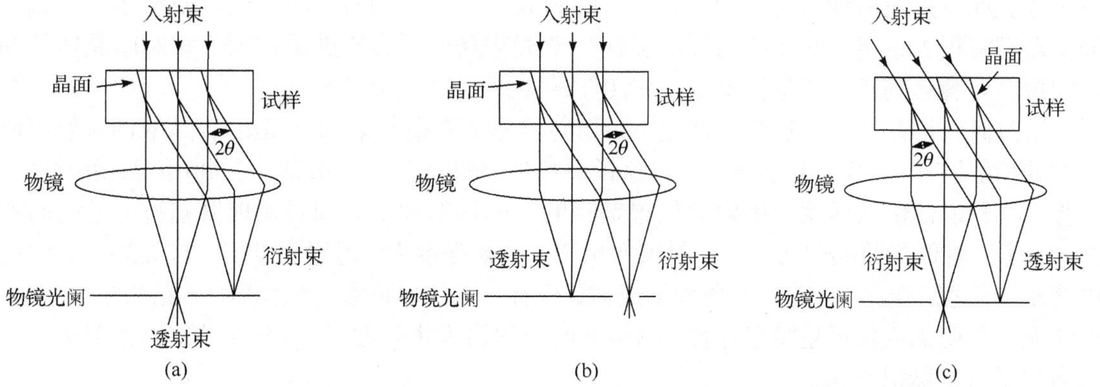

图 7.28　明场像(a)、暗场像(b)和中心暗场像(c)模式

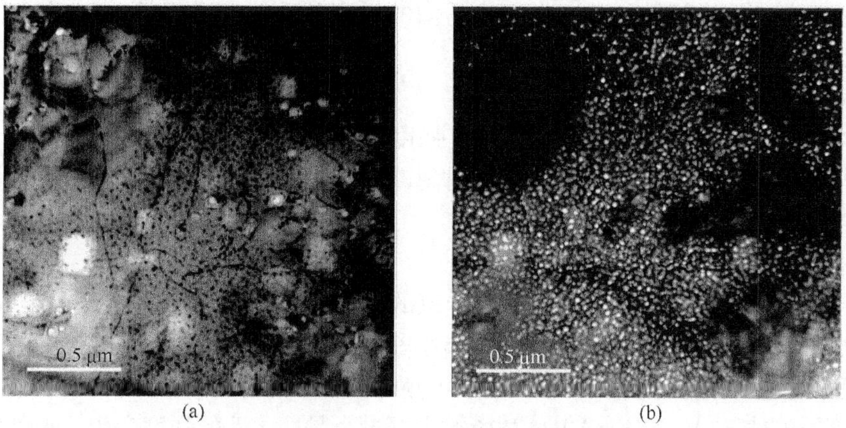

图 7.29　明场像(a)与暗场像(b)

明场像中的纳米晶粒(黑点)因发生衍射而变暗，而在暗场像中，因为用衍射束成像，所以呈现亮点

如果用物镜光阑挡住透射束，并套住某个衍射束进行成像，则没有衍射的样品背景视场是暗的，样品中形成衍射的位置对应图像衬度是亮的，称为暗场像。

为了减小物镜球差的影响，可借助偏转线圈倾转入射束，使衍射束与光轴平行，然后用物镜光阑套住位于中心的衍射斑所成的暗场像，称为中心暗场像。中心暗场像能够得到较好的衬度，还能保证图像的分辨率不会因为球差而变差。

7.4　衍射衬度像

TEM 像衬度本质上是电子束与样品相互作用后电子波函数的变化，如果可以直接计算电子束透过样品的出射波函数，对理解 TEM 像非常有用。衍射衬度的形成原因是电子束在晶体中发生衍射，因此需要计算衍射强度。衍射衬度的运动学理论是讨论衍射强度的简化方法，基本上可以解释衍射衬度像。衍射衬度的运动学理论需要以下近似假定。

(1) 双(光)束近似。

衍射衬度像分别用透射束和衍射束成像，可以通过倾转晶体，选择合适的晶面方向，使得只有一组晶面(*hkl*)非常接近满足布拉格衍射条件，而其他晶面都远离各自的衍射位置。这样，在物镜焦平面上，除了透射斑，只有一个强的衍射斑，而其他衍射斑的强度很弱，可以忽略不计。如果从波矢和倒易空间的角度，那就是只有一个倒易点与埃瓦尔德球相交，其他的倒易点都有很大偏离。对于相对厚的晶体，双光束条件更容易满足，因为相对厚晶体的倒易杆较短，更容易满足偏离条件(除满足衍射条件的一个倒易点之外)。

通过倾转样品，可以选择使特定(*hkl*)衍射面形成强衍射束(而不是沿着晶带轴入射而形成对称的衍射图样)，另一束是透射束，这样的衍射条件称为双光束条件。利用(*hkl*)衍射束成暗场像，则只有(*hkl*)晶面发生衍射的位置是亮的。明场像和暗场像是实现振幅衬度像的两种方式。电子沿着低指数晶向入射，衍射束数量多，衍射强度大，透射强度弱，对应的透射明场像中变暗，反之则变亮。在双光束条件下成像，只有一个衍射斑参与成像[对应晶体的(*hkl*)晶面]，因此无论是明场成像还是暗场成像，图像上的衍射衬度主要源于 *hkl* 衍射斑，该衍射斑对应的倒易矢量通常标记为 $\boldsymbol{g}_{hkl}$。

在理想的双光束条件下，明、暗场像中的强度应该是互补的。如果不满足双光束条件，也就是同时还有其他衍射束存在时，明、暗场像的衬度就不能完全互补，衍射衬度也会降低。这也是双光束条件在衍射衬度像中的意义。

(2) 运动学近似。

运动学近似假定衍射束的强度比入射束强度低很多，并且透射束与衍射束之间各自独立，没有相互作用，电子束在样品内的多次反射忽略不计。对于很薄的晶体，在高速电子束的情况下，上述假定近似成立。

(3) 晶柱近似。

假定样品中的电子束在一个平行于电子束的小晶柱中传播，小晶柱可看作 n 层晶胞的叠加。假定电子束在小晶柱中的传播不受相邻小晶柱的影响，则衍射束强度的计算不考虑横向的散射，仅考虑电子束沿小晶柱传播出晶体的强度。

在上述假定的基础上，可以简单计算衍射束穿过小晶柱之后的强度变化。如图 7.30 所示，可以将小晶柱看作 N 个晶胞，因为运动学近似忽略了电子束的多次反射，所以将小晶柱中每个晶胞对电子束的衍射强度加和即可。另外，根据双光束近似，只需考虑某一个(*hkl*)晶面的衍射即可。

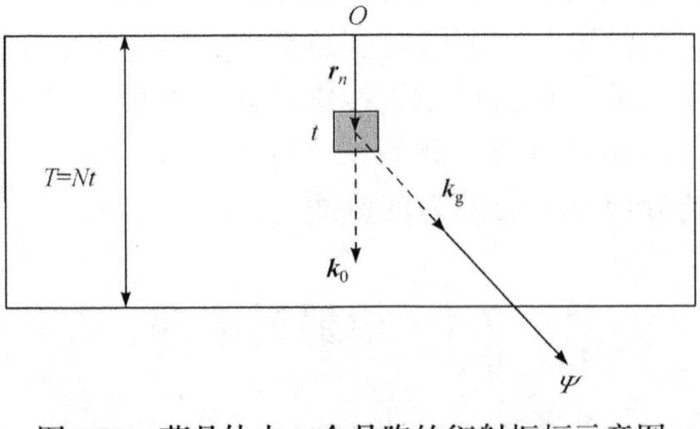

图 7.30 薄晶体中一个晶胞的衍射振幅示意图

T 为样品厚度，一个晶柱包含 N 个小晶胞。入射波矢 $\boldsymbol{k}_0$ 和衍射波矢 $\boldsymbol{k}_g$ 画成虚线，因为在正空间中只能表达波矢的方向假设电子束入射位置为原点 O，小晶柱中一个晶胞的位置矢量为 $\boldsymbol{r}_n$，F 为散射因子，$\boldsymbol{k}_0$ 为入射波矢，$\boldsymbol{k}_{\mathrm{g}}$ 为衍射波矢，则相比原点 O 的相位差为 $2\pi(\boldsymbol{k}_{\mathrm{g}}-\boldsymbol{k}_0)\cdot\boldsymbol{r}_n$，该小晶胞的衍射振幅可以表示为

$$\psi_n = F\mathrm{e}^{2\pi\mathrm{i}(\boldsymbol{k}_{\mathrm{g}}-\boldsymbol{k}_0)\cdot\boldsymbol{r}_n}$$

N 个晶胞的总衍射振幅可以表示为

$$\psi_{\mathrm{g}} = \sum_{n=0}^{N-1}\psi_n = \sum_{n=0}^{N-1}F\mathrm{e}^{2\pi\mathrm{i}(\boldsymbol{k}_{\mathrm{g}}-\boldsymbol{k}_0)\cdot\boldsymbol{r}_n}$$

根据运动学近似，偏离矢量 $\boldsymbol{s}_{\mathrm{g}}$ 不等于零，则 $\boldsymbol{k}_{\mathrm{g}}-\boldsymbol{k}_0=\boldsymbol{g}+\boldsymbol{s}_{\mathrm{g}}$，上式中 $\boldsymbol{g}$ 为倒易矢量，而 $\boldsymbol{r}_n$ 为正空间晶格矢量，根据晶体正空间与倒易空间的关系，$\boldsymbol{g}\cdot\boldsymbol{r}_n$=整数，$\mathrm{e}^{2\pi\mathrm{i}\boldsymbol{g}\cdot\boldsymbol{r}_n}=1$，因此

$$\psi_{\mathrm{g}} = \sum_{n=0}^{N-1}F\mathrm{e}^{2\pi\mathrm{i}\boldsymbol{s}_{\mathrm{g}}\cdot\boldsymbol{r}_n}$$

因为 $\boldsymbol{s}_{\mathrm{g}}$ 与 $\boldsymbol{k}_0$ 和 $\boldsymbol{k}_{\mathrm{g}}$ 几乎平行，所以对于第 n 个小晶胞，有

$$\boldsymbol{s}_{\mathrm{g}}\cdot\boldsymbol{r}_n = s_{\mathrm{g}}t_n$$

式中，t_n 为位置矢量 $\boldsymbol{r}_n$ 沿入射束方向的分量。设每个晶胞厚度分量为 t，则 $t_n=nt$。因此，$\boldsymbol{s}_{\mathrm{g}}\cdot\boldsymbol{r}_n = s_{\mathrm{g}}nt$，则

$$\psi_{\mathrm{g}} = \sum_{n=0}^{N-1}F\mathrm{e}^{2\pi\mathrm{i}s_{\mathrm{g}}nt}$$

根据公式

$$\sum_{n=0}^{N-1}\mathrm{e}^{inx} = \frac{1-\mathrm{e}^{\mathrm{i}Nx}}{1-\mathrm{e}^{\mathrm{i}x}} = \frac{\sin\left(\frac{1}{2}Nx\right)}{\sin\left(\frac{1}{2}x\right)}\mathrm{e}^{\frac{\mathrm{i}x(N-1)}{2}}$$

则有

$$\psi_{\mathrm{g}} = \sum_{n=0}^{N-1}F\mathrm{e}^{2\pi\mathrm{i}s_{\mathrm{g}}nt} = F\frac{\sin(\pi s_{\mathrm{g}}Nt)}{\sin(\pi s_{\mathrm{g}}t)}\mathrm{e}^{\mathrm{i}\pi s_{\mathrm{g}}t(N-1)}$$

衍射强度 $I_{\mathrm{D}}=\psi_{\mathrm{g}}\cdot\psi_{\mathrm{g}}^{*}$，可以得到衍射强度

$$I_{\mathrm{D}} = \frac{F^2\sin^2\left(\pi s_{\mathrm{g}}Nt\right)}{\sin^2\left(\pi s_{\mathrm{g}}t\right)}$$

由于 $\pi s_{\mathrm{g}}t$ 很小，$\sin^2\left(\pi s_{\mathrm{g}}t\right)\approx\left(\pi s_{\mathrm{g}}t\right)^2$，则有

$$I_{\mathrm{D}} = F^2\sin^2\left(\pi s_{\mathrm{g}}Nt\right)/\left(\pi s_{\mathrm{g}}t\right)^2$$

式中，Nt 为样品厚度 $T(T=Nt)$，因此上式写为

$$I_D = F^2 \sin^2(\pi s_g T)/(\pi s_g t)^2$$

上式说明衍射强度是样品厚度 T 及偏离参量 s_g 的函数。

7.4.1 厚度条纹

薄晶体的衍射强度公式表明，衍射强度是样品厚度 T 与偏离参量 s_g 的周期性函数。如果晶体的取向保持不变，即偏离参量固定不变，则衍射强度可以表示为

$$I_D \propto \sin^2(\pi s_g T)$$

即衍射强度随样品厚度呈现强弱的周期变化(图 7.31)。对于厚度渐变的楔形样品，会出现衍射衬度条纹(图 7.32)。这种厚度变化导致的衬度条纹称为厚度条纹或等厚条纹，表示出现在同一条明暗纹位置的样品厚度相同。由于在双光束近似条件下透射束强度与衍射束强度互补，因此用透射束成明场像中的明暗条纹与暗场像的明暗互补(图 7.33、图 7.34)。

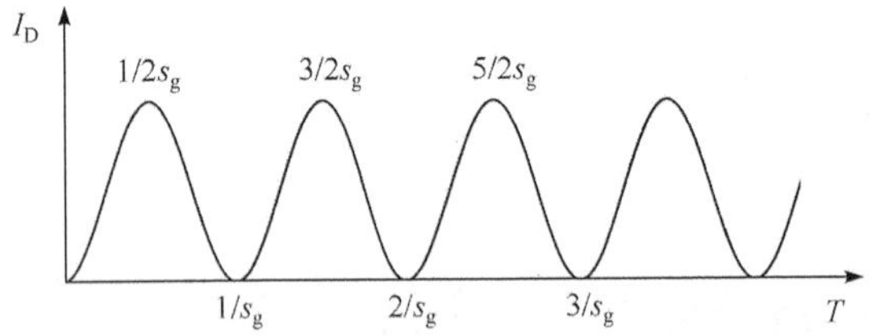

图 7.31　衍射强度随晶体厚度变化函数

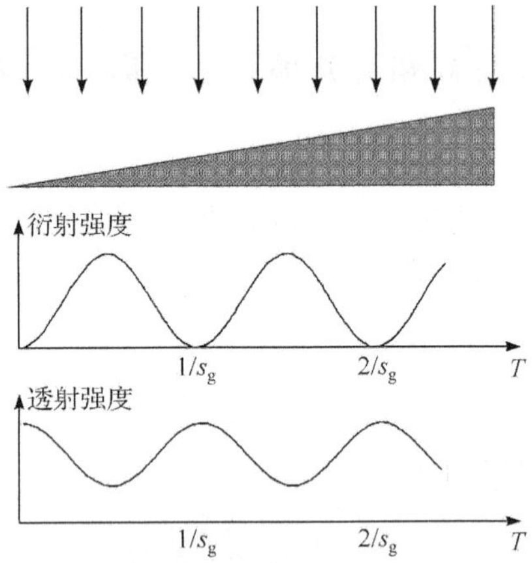

图 7.32　楔形样品产生厚度条纹机理示意图

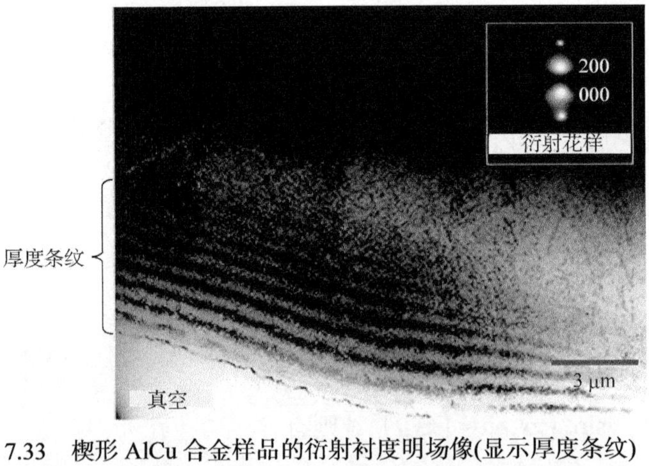

图 7.33　楔形 AlCu 合金样品的衍射衬度明场像(显示厚度条纹)

图中显示的电子衍射图样中，除强的透射斑外，只有 200 衍射斑很强，说明成像状态近似为双光束条件

(a) (b)

图 7.34 楔形样品 TEM 厚度条纹，同一区域的暗场像(a)和明场像(b)衬度互补

7.4.2 等倾条纹

现在讨论衍射强度随晶体取向的变化，当厚度 T 固定不变时，衍射强度可以表示为

$$I_{\mathrm{D}} \propto \sin^2\left(T\pi s_{\mathrm{g}}\right)/\left(\pi s_{\mathrm{g}}\right)^2$$

随着衍射晶面的偏离参量 s_{g} 的变化(如图 7.35 所示)，衍射强度也发生周期性的变化。对于一个薄晶体，以平行电子束入射时，晶体中(hkl)晶面的衍射条件都是一样的，或者说该晶面的偏离参量 s_{g} 在晶体的各个位置都一样，这样不会形成衍射衬度。如果薄晶体发生弯曲，则弯曲将导致不同位置上的(hkl)晶面与入射电子束之间的夹角发生改变，相当于局部的衍射晶面发生了局部倾转。该处由于弯曲而改变偏离矢量，造成衍射束强度的变化，形成衍射衬度，在透射束成明场像中，衍射增强的部分变暗，在衍射束成暗场像中，衍射增强的部分变亮。而且晶体如果发生对称弯曲，则出现两条暗线(明场像)(图 7.36)。

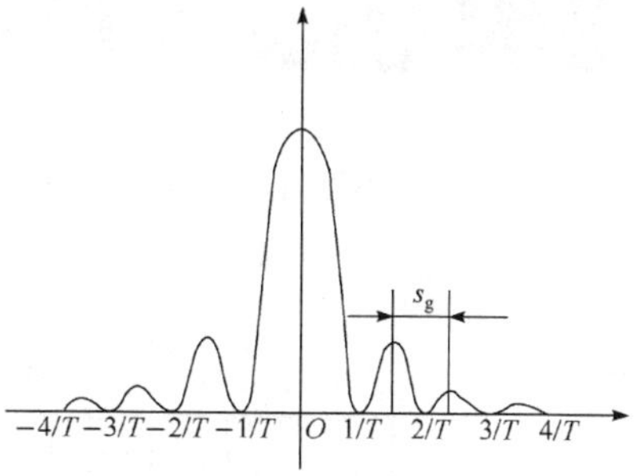

图 7.35 样品厚度不变时衍射强度随偏离参量 s_{g} 的变化

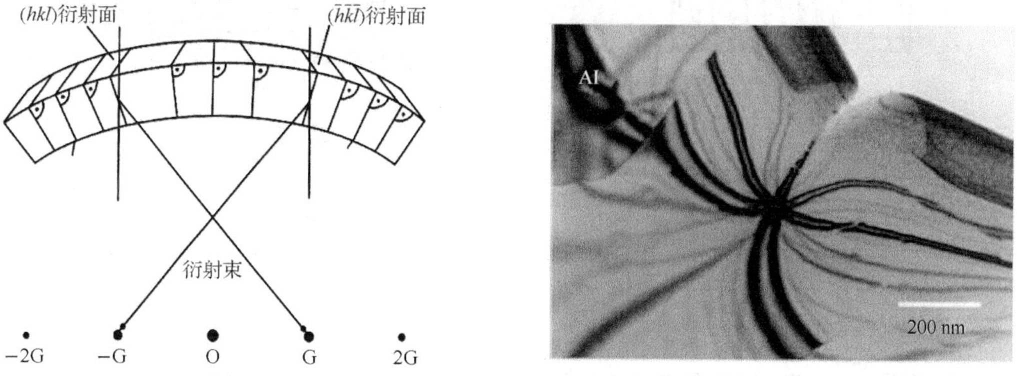

(a) (b)

图 7.36 (a) 弯曲薄晶体导致晶体不同位置的衍射条件发生变化(偏离矢量改变)；(b) 铝薄膜晶体的明场像，显示晶体弯曲产生的衬度条纹

7.4.3 晶体缺陷分析

晶体中的结构缺陷导致晶格位点偏离严格的晶格周期位置，从而改变了缺陷区域特定晶面与电子束之间的夹角，与完美晶体的衍射条件相比，缺陷区域衍射的布拉格条件发生变化，形成不同的衍射衬度。如果进行缺陷分析，应尽量避免样品弯曲，并在比较薄且厚度均匀的区域进行，以避免厚度条纹和弯曲效应的干扰。衍射衬度主要用于显微组织分析(晶粒形状、晶粒大小、晶界与析出物等)和晶体缺陷分析(位错、孪晶、层错等)(图 7.37、图 7.38)。显然，不同的晶体缺陷引起完美晶体的畸变不同，因而相位差不同，产生的衍射衬度像也不同。当选择的衍射矢量 $\boldsymbol{g}$ 与柏氏矢量垂直($\boldsymbol{g}\cdot\boldsymbol{b}=0$)时，缺陷不能形成衬度，可以利用这个关系确定位错的柏氏矢量 $\boldsymbol{b}$(图 7.39)。位错像与样品倾转方向有关，因为倾转样品会改变位错发生衍射的布拉格条件，在观测样品中的位错密度时应注意这个问题。

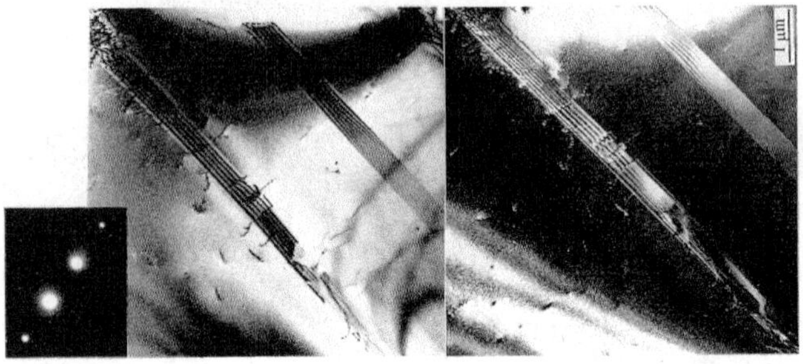

图 7.37 层错的明场像和暗场像

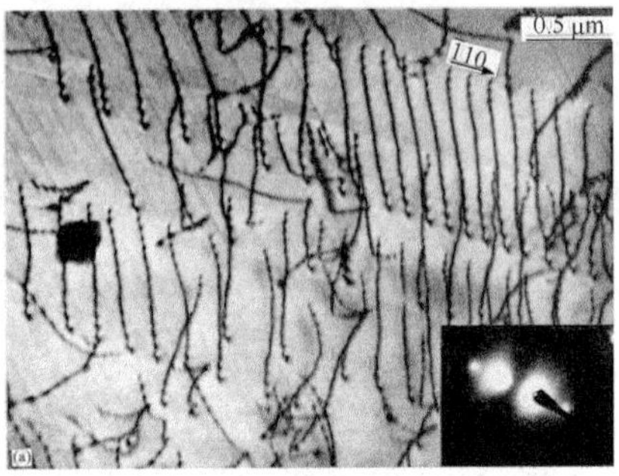

图 7.38 刃型位错的 TEM 明场像

图中显示了双光束条件下除透射斑之外的亮斑

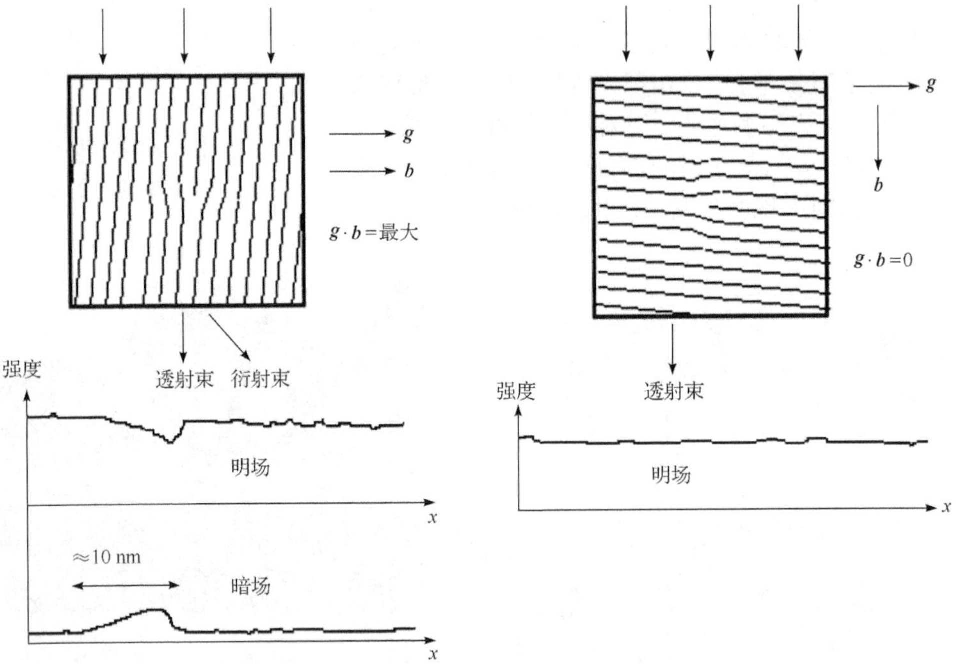

图 7.39 选择观察的衍射矢量 $\boldsymbol{g}$ 与柏氏矢量 $\boldsymbol{b}$ 垂直时位错衬度不可见

7.5 高分辨透射电子像与相位衬度

高分辨透射电子显微镜(HRTEM)与之前讨论的 TEM 成像模式略有不同。用透射束可以成明场像，用衍射束可以成暗场像，而 HRTEM 同时用透射束和衍射束进行成像。HRTEM 有更高的放大倍数，可以很容易地观察到晶体的晶格周期(通常为几埃数量级)。要获得 HRTEM 像，对透射电子显微镜的硬件提出了更高的要求，样品制样的质量也是获得原子级分辨率图像的关键因素。

电子的透射束和衍射束在晶体中的穿行路径不同，经历的散射过程也不相同，因此在晶体势场作用下，不同方向路径的电子束在穿透样品后出射电子波函数具有不同的相位。HRTEM 用透射束和衍射束一起成像，成像过程中物镜的相差、过焦或欠焦程度也会改变出射波的相位，导致成像的明暗变化。透射束和衍射束可以在像平面发生干涉，由于它们的相位不同，从而在图像中产生强度明暗变化衬度。这种衬度是透射束和衍射束在样品中不同的晶体势场作用下产生的相位变化导致的，因此 HRTEM 像的衬度称为相位衬度(图 7.40)。

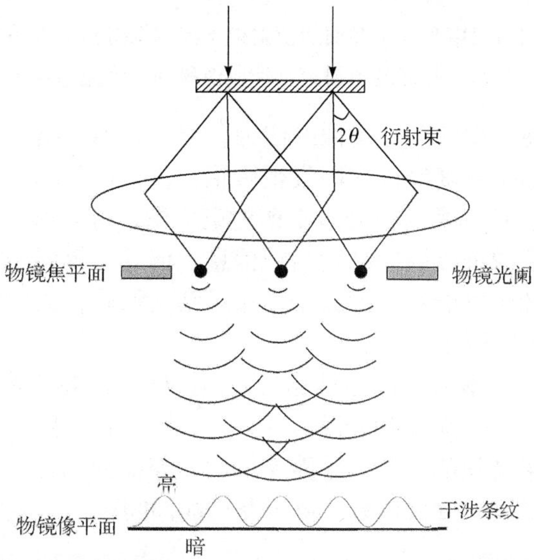

图 7.40 HRTEM 成像模式示意图

HRTEM 利用透射束及一个以上的衍射束进行成像，由于透射束和衍射束有不同的相位，可以形成干涉，图像将出现相位衬度(图 7.41)。假定用透射束和一个衍射束进行成像，则在焦平面上透射斑和衍射斑可以看作两个点光源。为了容易理解，可以将透射斑和衍射斑点光源用杨氏双缝干涉实验作为类比。在杨氏双缝实验中，通过两个狭缝的光波在屏幕上形成明暗干涉条纹，明(暗)条纹间距为 $D\lambda/W$，D 为狭缝与屏幕的距离，W 为狭缝之间的距离。根据杨氏双缝干涉实验的结果，透射束和衍射束干涉条纹的间距与衍射斑和透射斑的距离 R 成反比。而根据电子衍射公式，R 与晶面间距 d 成反比，因此结合透射电子显微镜的参数(相机常数、物镜焦距等)，即可以从高分辨像的干涉条纹间距获得晶面间距 d 的信息。

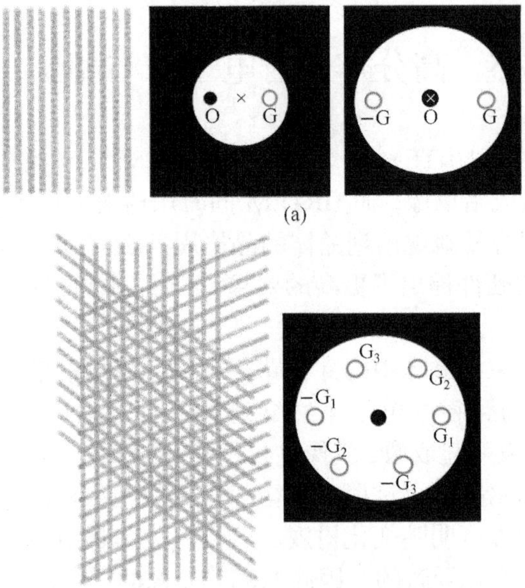

图 7.41 (a) 用物镜光阑选取透射束和一个晶面的衍射束干涉成像得到一维晶格条纹像；(b) 选取透射束和多个晶面的衍射束干涉成像得到二维晶格像

上述讨论只是为了便于理解高分辨像的成因，但是并不严格。相位衬度形成的图像很难进行直观的解释，因为相位衬度对许多因素很敏感，包括样品厚度、晶体取向及物镜的球差等。在 HRTEM 成像中，选择透射束和多个衍射束成像，可以形成包含多个方向晶格条纹的图像。注意虽然晶格条纹像可以提供晶格间距信息，但并不等同于原子结构的直接成像。对图像的完整解释，如图像中可能对应的原子排布或结构缺陷，需要结合计算模拟进行分析，而不能从图像中直观地推断原子结构。

晶体样品的 HRTEM 一般要求样品结晶且稳定性好，足够薄并且电子束与晶带轴平行。HRTEM 成像过程中有两次干涉(衍射)过程，第一次是晶格对电子束的衍射(导致相位变化)，第二次是透射束与衍射束之间的干涉。干涉条纹间距与晶面间距成正比，从图像中获取的干涉条纹间距结合电子显微镜的放大倍数，可以获得晶面间距(图 7.42、图 7.43)。

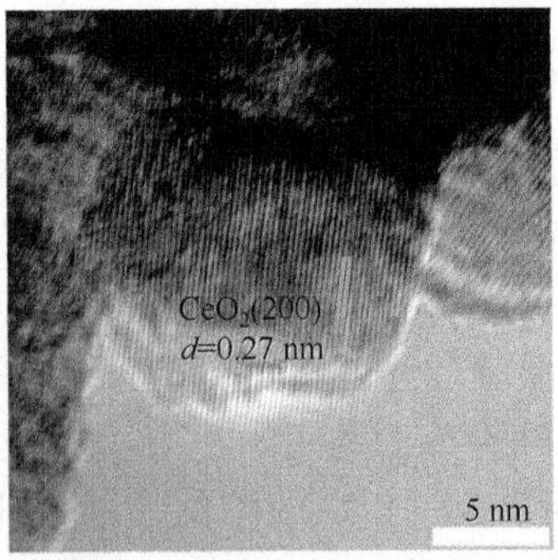

图 7.42 HRTEM 晶格条纹像

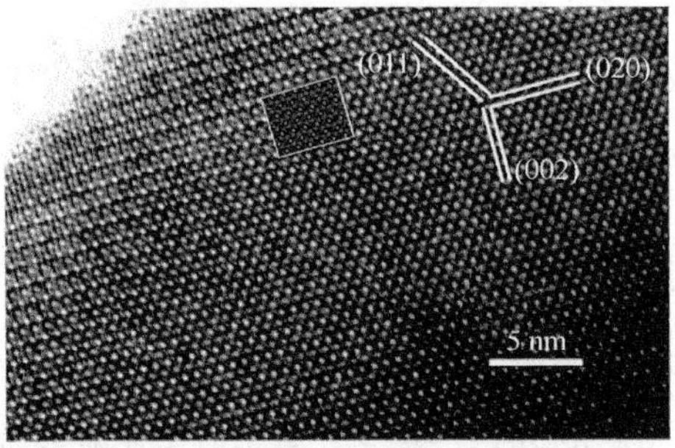

图 7.43 Cu_3BiS_3 纳米晶粒的二维晶格像
电子束沿着[100]晶带轴入射

注意不能直接指认 HRTEM 像中亮或暗的区域与原子位置对应。通常高分辨原子像并不是原子的位置，而是样品出射电子波经过物镜、中间镜等各级透镜之后形成的干涉相位衬度像。电子波长 λ(受加速电压影响)、离焦(过焦或欠焦)量 Δf 及球差系数 C_s 等都会影响透射束和衍射束之间的干涉条件，从而影响 HRTEM 的成像质量。只有在很苛刻的条件下，即晶体样品非常薄(2 nm 甚至更薄)，晶带轴严格平行于入射电子束，并且在特定的离焦量[称为舍尔策(Scherzer)离焦条件]下，高分辨像才可以与结构对应，此时的高分辨像称为结构像。而通常情况下，上述条件无法满足，因此高分辨像不能简单与晶体结构(原子排布)对应。图像中的明与暗区域(干涉的明暗区域)可以随聚焦和样品厚度而转换成暗与明区域，正确解释高分辨像需要进行计算模拟。图 7.44 为不同厚度和不同离焦量下的 GaN 晶体，沿不同晶轴方向的模拟 HRTEM 像(球差系数 $C_s = -12\ \mu m$)，可以看出不同样品厚度、不同离焦量条件下观测的图像明暗区域的转换。

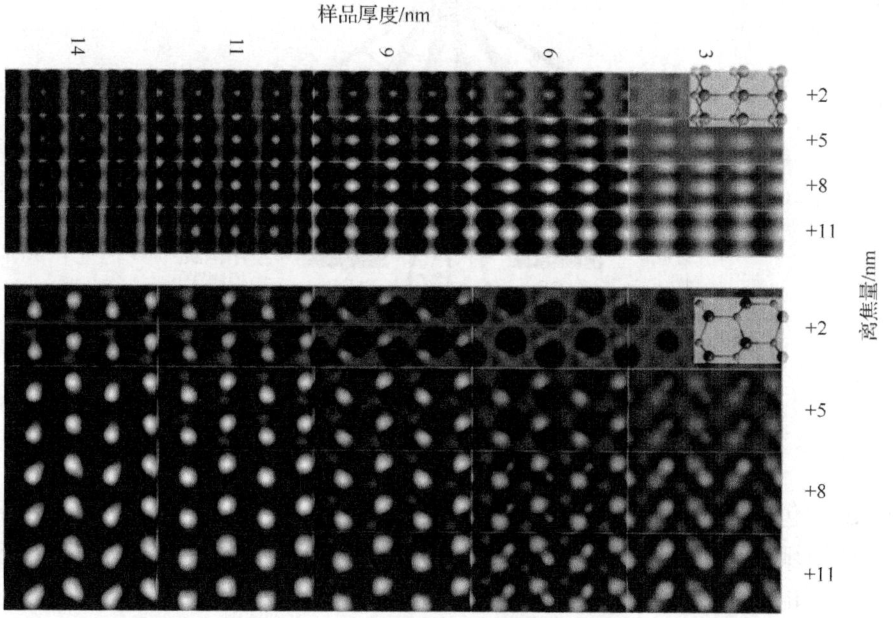

图 7.44 不同厚度和不同离焦量下的 GaN 晶体沿 $\langle 1\bar{1}00\rangle$ 和 $\langle 11\bar{2}0\rangle$ 晶向的模拟 HRTEM 图像
球差系数 $C_s = -12\ \mu m$

7.6 扫描透射像

由上文可知，要获得 HRTEM 结构像是比较困难的。HRTEM 使用平行电子束透射样品，如果用电磁透镜将电子束会聚到小束斑，以扫描模式入射样品，称为会聚束模式或探针模式。SEM 中的会聚电子束扫描样品表面，不过现在的会聚电子束要透过样品成像，这种模式为 STEM 模式，图像为 STEM 像。

STEM 利用聚光镜将电子束会聚成探针后在样品上进行扫描，通过收集电子探束与样品相互作用产生的信号进行成像分析(图 7.45)。STEM 的成像模式与 TEM 有本质的不同，TEM 使用平行电子束透过一个样品区域，并选择透射束或(和)衍射束投到荧光屏上成像(这与光学成像类似，是一种并行的成像)，而 STEM 利用会聚的电子束斑，在样品的一个区域逐点逐行扫描，并记录每个点的透射电子情况，这是串行的成像模式，因此比 TEM 成像慢得多。TEM 像是透镜放大的，而 STEM 像无需成像透镜放大。另外需要说明，每个扫描点上的会聚束电子的入射角度都要保持一致，以保证相同的散射和衍射方向。消除聚光镜球差以获得更小尺度的电子束斑是提高图像分辨率的关键因素。

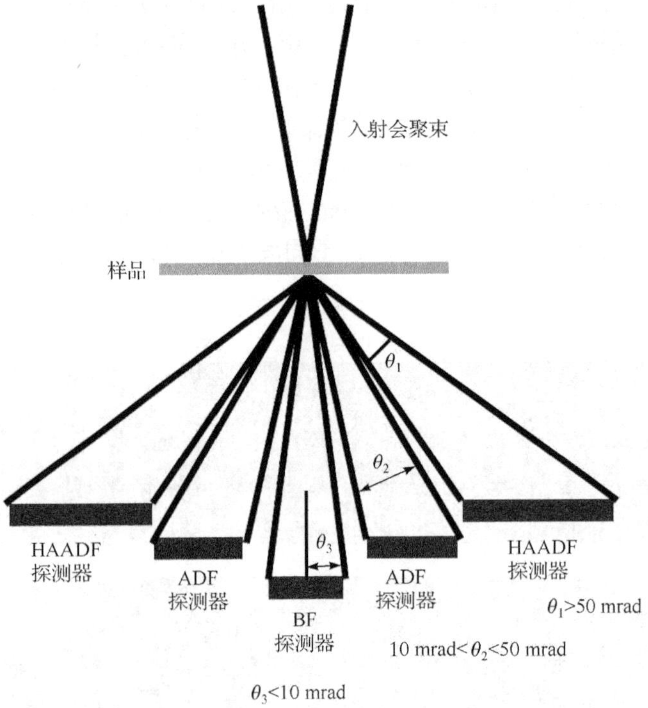

图 7.45 STEM 成像模式(包含 HAADF、ADF 和 BF 探测器示意图)

STEM 成像包含环形明场像(annular bright field，ABF)、环形暗场像(annular dark field，ADF)和高角环形暗场像(high angle annular dark field，HAADF)，在样品后方的不同环形探测器分别用于不同的成像模式。由于各种成像模式收集的散射电子信号的接收角度不同，因此在实验过程中可一次获取同一位置的不同图像，显示不同的材料结构信息。轻元素对电子的散射较弱，而重元素对电子有相对更强的散射能力，因此用高角环形暗场(HAADF)探测器获得的 STEM 像(HAADF-STEM)中，轻重不同的元素可以形成明暗不同的像，衬度与原子序数的平方(约 1.8 次方)近似成正比，因此也称为 Z 衬度像(图 7.46、图 7.47)。

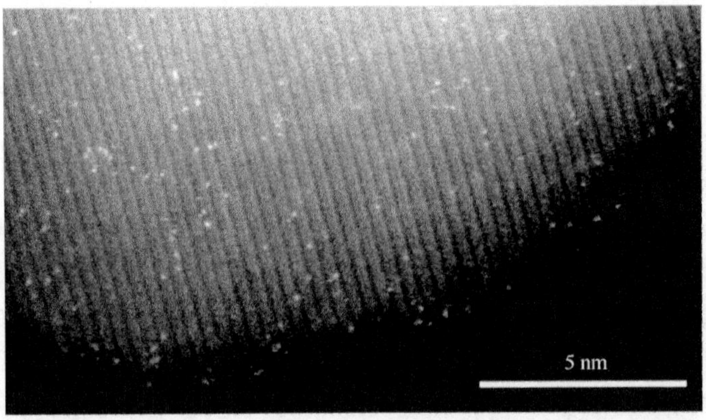

图 7.46 氧化铁负载单原子 Pt 催化剂(0.53Pt_1/Fe_2O_3)的 HAADF-STEM 图像

亮点对应 Pt 原子的位置

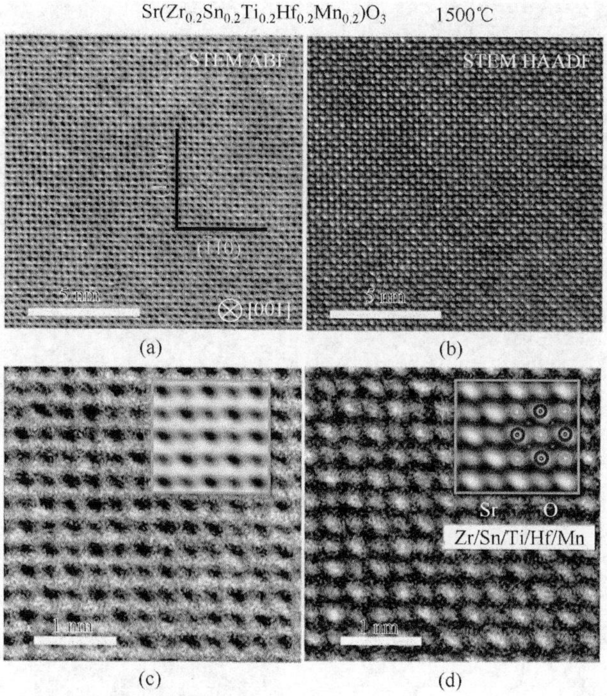

图 7.47　高熵钙钛矿 $Sr(Zr_{0.2}Sn_{0.2}Ti_{0.2}Hf_{0.2}Mn_{0.2})O_3$ 的原子级分辨率 STEM 图像
(a)、(c) ABF 像；(b)、(d) HAADF 像

无论是 HRTEM 还是高分辨 STEM，都要依赖球差校正技术。影响 HRTEM 分辨率的主要是物镜球差，而影响高分辨 STEM 的是光源聚光镜球差。因此，球差电子显微镜包括双球差(同时安装了物镜球差校正器和聚光镜球差校正器)和单球差(物镜或聚光镜校正)，需要根据实验需求选择。目前借助像差校正器的场发射 STEM/TEM 已经可以得到亚埃级尺度的分辨率，聚光镜球差校正的 STEM 成像并结合 EDS、EELS(见第 8 章)等谱学分析方法，成为极高空间分辨率的表征手段。

7.7　透射电子显微镜新技术简介

7.7.1　iDPC-STEM 成像技术

STEM 的 HAADF 探头可以探测高散射角电子信号，有利于重元素的观测，但是对于轻元素的较低散射角信号强度较低，因此难以观测碳、氮、氧等轻元素。会聚束衍射图样的质心受到样品中原子势场影响而发生移动，根据上述原理发展的积分差分相位衬度(integrated differential phase contrast，iDPC)技术利用分区探头进行成像，并通过计算模拟将衍射图样质心与原子位置进行关联，从而提升了观测原子位置信息的能力。iDPC-STEM 技术可以检测到区域范围内所有的散射电子，因此在超低电子束剂量条件下即可成像，适用于观测沸石分子筛、MOF 等易受电子束照射结构损伤材料的高分辨成像。

与 HAADF-STEM 相比，iDPC-STEM 对轻元素的灵敏度更高，如分子筛吸附了有机分子的 HAADF-STEM 和 iDPC-STEM 图像的对比(图 7.48、图 7.49)。

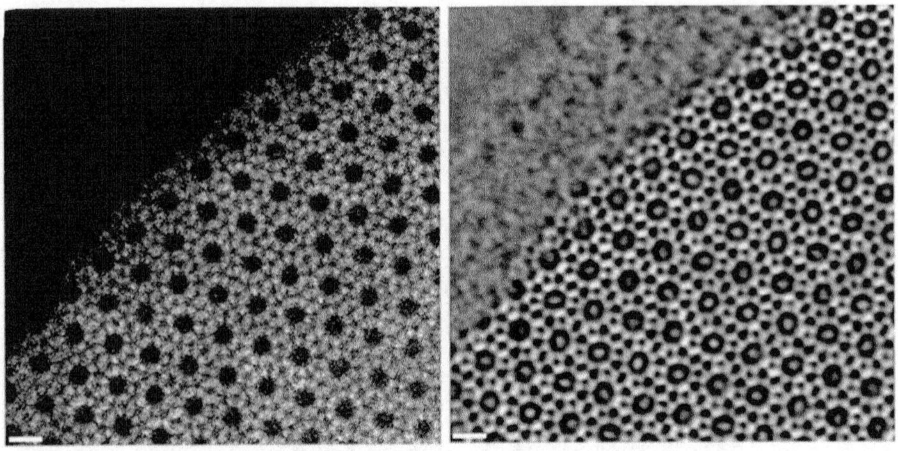

(a) (b)

图 7.48 吸附了 VOC 的 silicalite-1 分子筛的 HAADF-STEM(a)和 iDPC-STEM(b)图像

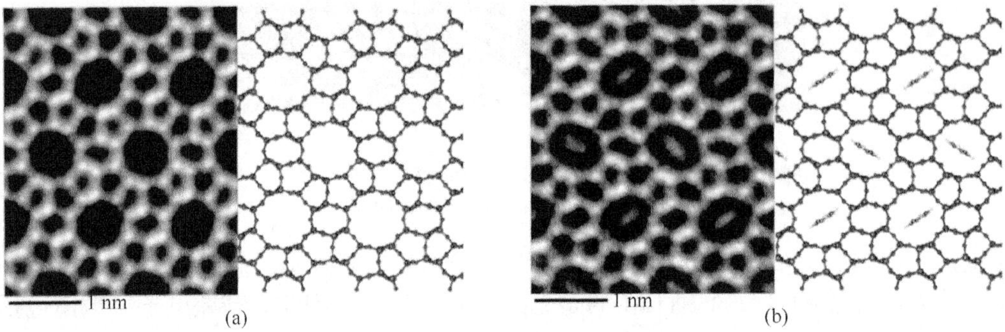

(a) (b)

图 7.49 未吸附分子的 ZSM-5 分子筛(a)与饱和吸附吡啶分子的 ZSM-5 分子筛(b)的 iDPC-STEM 图像

7.7.2 原位透射电子显微镜

TEM 观测微观结构具有非常高的空间分辨率，如果与原位条件结合，可以获得材料微观结构的重要信息。但是由于透射电子显微镜测试对制样有较高的要求，样品杆的可操作空间非常有限，并且需要高真空环境避免对电子束的散射干扰，因此进行原位测试的难度较高。技术难点之一在于需要在高真空环境中引入气体，这一点与原位 XPS 技术类似。目前已经研发出多种类型的商用原位透射电子显微镜样品杆，可以对样品施加不同的作用场(热、电、磁等)，以及引入液相及气相反应物，对不同材料体系开展原位透射电子显微镜表征。

一种原位技术方案是利用多个差分泵，仅使样品附近区域有一定气体压力(一般在 20 Torr 以下)，而样品腔体仍然保持高真空，这与近常压 XPS 的技术方案类似，也称为环境透射电子显微镜(environmental transmission electron microscopy，ETEM)。在 ETEM 系统中，电子束直接照射在样品上，随着气体压力增大，成像的分辨率降低。

另一种原位技术方案是采用特制样品室，采用对电子束透明的 Si_3N_4 作为窗口，这样可以在很小的样品室内使用更高的压力，达到 1 atm 甚至更高，因此更适合进行催化剂的原位反应条件研究。尽管 Si_3N_4 窗口很薄，但是仍然会影响 TEM 测试的分辨率。

STEM 模式下的成像测试需要较长的时间，考虑到样品及装置的稳定性等问题，原位 TEM

研究通常在 HRTEM 模式下进行。

负载金属催化剂中的金属-载体强相互作用是多相催化研究中的一个热点。通过对 TiO_2 负载 Pd 纳米颗粒催化剂在高温氧气条件下的原位常压 TEM 表征，发现了负载在 TiO_2 不同晶面上的 Pd 纳米颗粒的不同结构变化，TiO_2(101)和 TiO_2(100)晶面负载的 Pd 纳米颗粒形成 TiO_x 表面覆盖层，TiO_2(001)晶面负载的 Pd 纳米颗粒则没有形成覆盖层(图 7.50)。

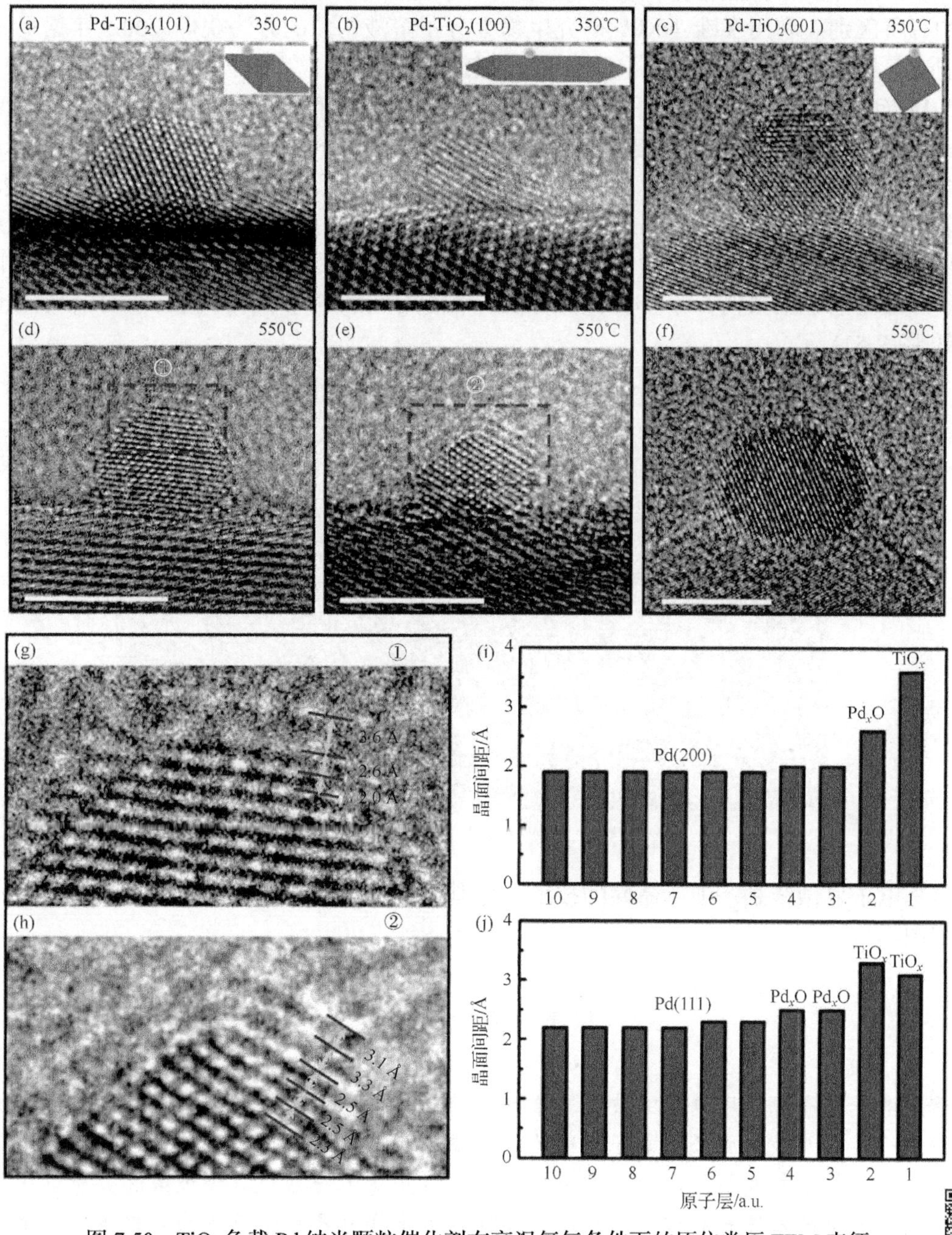

图 7.50　TiO_2 负载 Pd 纳米颗粒催化剂在高温氧气条件下的原位常压 TEM 表征

(a)～(c)为 TiO_2(101)、TiO_2(100)和 TiO_2(001)晶面上负载的 Pd 纳米颗粒 HRTEM 图像。当升温至 550℃，保温 60 min 后，TiO_2(101)和 TiO_2(100)表面的 Pd NPs 形成明显的包裹层(d)、(e)，而对于 Pd-TiO_2(001)催化剂(f)，没有观察到包裹层。(d)、(e)中显示的是虚线矩形区域的放大，显示包覆层的晶格间距。从层间距可以判断 Pd 纳米颗粒的晶面间距及表面 TiO_x 层(i)、(j)。晶面间距为 2.0 Å 对应 Pd(200)面，晶面间距为 2.6 Å 对应 Pd_xO，晶面间距为 3.6 Å 对应 TiO_x 相

7.7.3 冷冻透射电子显微镜

与无机材料相比，生物材料(如蛋白质、病毒等样品)中含水量较高，或者在水溶液中才能保持特定结构，而 TEM 观测需要在高真空下进行，且生物样品对电子束更为敏感，因此用电子显微镜研究生物材料更加困难。X 射线衍射可以研究生物大分子的结构，前提是要培养生物大分子的晶体。很多蛋白质很难培养晶体，而结晶样品的结构也可能与其生物活性状态下的结构有所区别。利用多维 NMR 研究生物大分子溶液构象的方法获得 2002 年诺贝尔化学奖，但适合用 NMR 研究的蛋白质分子量相对较小。

2017 年诺贝尔化学奖授予了弗兰克(J. Frank)、杜布切特(J. Dubochet)和亨德森(R. Henderson)，以表彰他们在冷冻电子显微镜研究生物分子结构方面的杰出贡献。冷冻电子显微镜制样技术的关键是快速冻结含水生物样品，并让水形成无序的玻璃态，而不是形成冰晶(形成冰晶会破坏生物分子的结构)。冰晶对电子束形成衍射，造成对生物分子成像的干扰。经过冷冻制样后在玻璃态水中的生物大分子需要在冷冻条件下转移到透射电子显微镜中进行观测。为避免电子束损伤，冷冻电子显微镜技术使用低剂量电子束，但成像的信噪比也会相对降低(图 7.51)。

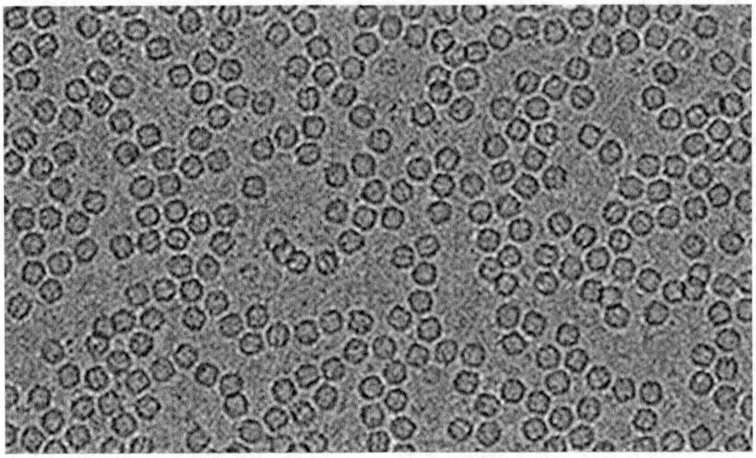

图 7.51 脱铁铁蛋白的冷冻 TEM 图像

冷冻电子显微镜是一项革命性的技术，尤其在结构生物学领域，冷冻电子显微镜技术正大展宏图。

本章小结

透射电子显微镜利用电子的波粒二象性，将高速电子束理解为波长极短的光源，通过电磁透镜进行聚焦及放大成像。电子衍射的基本原理是布拉格定律，利用电子束衍射可以表征微纳晶粒的晶体结构及晶体取向。在倒易空间中利用劳厄方程更方便理解和分析电子衍射现象。由于电子束的短波长和薄晶体样品，即使入射电子束不严格满足布拉格条件，也可以观察到衍射斑。

利用电子束的衍射，可以操作选择透射束及衍射束进行成像，获得明场像或暗场像。晶体中的结构缺陷可以导致偏离参量的改变，因此通过衍射衬度像可以分析晶体中的结构缺陷。

利用透射束和衍射束的相位变化可以得到高分辨像，观测晶格条纹和晶面间距，但是高分辨像与原子位置并不对应，需要通过计算模拟进行正确的解析。

球差校正的扫描透射可以获得原子级分辨率的高分辨像，并具有原子序数衬度(atomic number contrast/Z-contrast)。要得到高质量的透射电子显微镜图像，样品制备至关重要。

透射电子显微镜表达的是材料局部的结构信息，有关结构分析的结论是否仅具有材料整体的代表性，结论是否以偏概全，通常需要与表征材料整体(平均)结构信息的不同谱学方法关联应用，以期得到自洽的分析结论。高能电子束照射对样品造成的损伤也是需要关注的问题。

第 8 章　电子能量损失谱

工欲善其事，必先利其器。

——《论语·卫灵公》

用特定能量的电子束作为激发源或探束的方法，如 AES、SEM 和 TEM，在 AES 中关注的是入射电子束激发的俄歇电子，在 SEM 中关注的是被入射电子激发的二次电子，也使用背散射电子(backscattered electron，BSE)用于成像，在电子背散射衍射(EBSD)中利用了弹性背散射电子束进行衍射，在 TEM 中关注的是透射电子束和衍射电子束。入射电子束与材料相互作用，可以发生弹性散射(主要是电子与原子核之间的相互作用)，电子的动能几乎没有损失，可以利用这部分电子进行衍射。入射电子束也会与样品中的电子发生非弹性散射，此时入射电子束损失部分动能，而样品中的电子从散射过程中获得能量，形成激发跃迁或电离。

然而，在上述几种利用入射电子束作为激发源的方法中，入射电子的能量变化(能量损失)一直没有受到关注。本章将关注点放在入射电子上，探测在非弹性散射之后入射电子的动能变化，获取的谱学数据可以表达为电子能量损失谱(electron energy loss spectrum，EELS)。

电子能量损失谱利用具有特定能量的入射电子与材料中的原子发生非弹性散射而损失能量，这些能量损失过程包括激发声子、激发等离激元、激发价电子跃迁、激发芯能级电子跃迁或电离等，通过记录入射电子的能量损失及对应不同能量损失的电子计数，不仅可以进行元素定性分析及分布，还可以表征材料中元素的电子结构及化学环境，如原子价态、最近邻原子距离及配位数、介电性质、电子态密度和样品厚度等结构信息。利用电子束作为激发源，电子能量损失谱也具有高的空间分辨率。

8.1　电子束的能量损失

电子能量损失谱关注的是入射电子束的能量损失情况，通过探测多少电子发生了能量损失及损失了多少，分析损失的这部分能量的下落，从而表征样品的元素组成、电子结构和化学环境信息。下面按照非弹性散射能量损失的大小顺序，逐项讨论不同的能量损失过程。如上所述，发生弹性散射的电子没有能量损失，也可以称为零能量损失。

8.1.1　激发声子的能量损失

声子(phonon)是固体物理学中的一个概念。在晶体中，晶格位上的原子之间存在相互作用(化学键)，这种相互作用可以近似理解为弹性力，因此原子并非保持静止，而是在平衡位置附近做微小的振动，即晶格振动。这种振动表现出整体性，形成固体材料中晶格振动的格波。晶格振动的能量是量子化的，如果振动角频率为 ω，则其能量单元 $\hbar\omega$ 为晶格振动格波的能量子，称为声子。声子是一种准粒子，能量一般约为 10^{-2} eV。

可以激发晶格振动或吸附分子振动能的能量吸收过程称为声子激发或吸收，能量为几十至几百毫电子伏；入射电子可以视为一种电磁场，与材料表面的原子振动(声子)或吸附分子与表面原子之间的键振动相互作用。入射电子因激发表面声子或表面原子、分子振动而损失的能量很小，为 0～500 meV，因此要求电子能量分析器具有 10 meV 的分辨能力，这样入射初级电子的能量一般都小于 10 eV(否则毫电子伏量级的能量损失难以分辨)。这类能量损失谱也称为低能电子能量损失谱(LEELS)或高分辨电子能量损失谱(high resolution electron energy loss spectroscopy，HREELS)。这种低能电子能量损失谱探测到的是近表面几个原子层的信息。

HREELS 用特定能量的低能电子束入射到材料表面，由于电子动能低，因此只能作用于材料表面的几个原子层。入射电子与表面原子相互作用，发生散射，通过探测散射电子的能量损失及相应计数，得到电子能量损失谱，可以用来研究材料表面结构及表面上吸附原子或分子与衬底之间的相互作用。

例如，图 8.1 为 ZnO($1\bar{1}00$)面的低能电子能量损失谱。从图中可以清楚地看到能量损失约 69 meV 的信号和能量损失约 138 meV 的信号，分别为一次声子激发和二次声子激发对应的能量损失，与理论计算的声子能量 69 meV 相符。需要注意的是能量损失约–69 meV 的弱信号，负能量损失意味着散射电子获得了额外的一个声子的能量。其原因是如果一个入射电子激发声子，即在这个电子周围产生了晶格形变或极化，当另一个电子接近形变区将受到吸引或排斥，有可能吸收声子能量，但这不是电子间的直接库仑作用，而是通过晶格振动传递的作用。这种吸收声子过程出现的概率不高，相应的电子能量增加的信号强度也比较低。

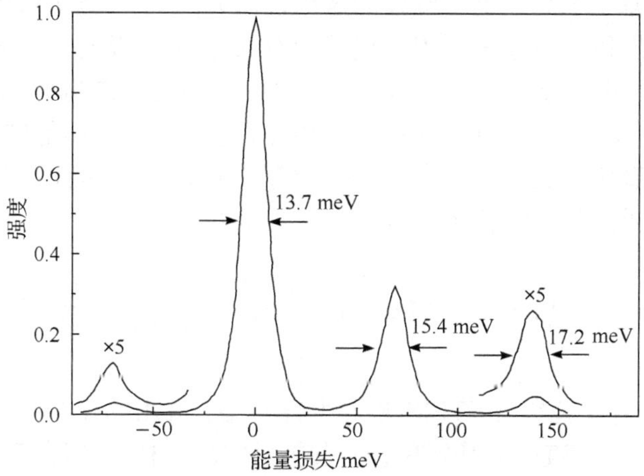

图 8.1　ZnO($1\bar{1}00$)面的低能电子能量损失谱

HREELS 对样品的破坏作用小，适合研究气体在固体表面的吸附，应用包括研究固体上的催化反应、金属表面的腐蚀等。HREELS 不是本章的主要内容，在此仅做简要介绍。

8.1.2　低能损失：激发等离激元或激发价电子跃迁

入射电子在发生非弹性散射之后，如果能量损失小于 50 eV，称为低能损失。与激发声子毫电子伏量级的能量损失相比，低能损失大得多，因此低能损失并不包括激发声子的能量损失。

低能损失的一种形式是入射电子束激发样品中等离激元的能量损失。在金属(或具有一定载流子浓度的半导体等)中存在流动的电子，由于电子之间的长程库仑作用，这些流动电子之间呈现出集体相关的特征。宏观上金属(或半导体)呈现电中性，体系在平衡态各处正负电荷的密度均匀分布。若有某种外界扰动(如电子束碰撞)，则造成体系中电子密度的起伏。假定在某微观区域电子密度下降，则多余的正电荷将吸引周围的电子聚集，而聚集的电子又因电荷排斥作用而散开，形成一种在正电荷背景上流动电子的集体振荡，称为等离子体振荡，振荡能量也是量子化的，最小份能量称为等离激元。等离激元也是一种准粒子。在晶格的阻尼作用下，等离子体振荡在 10^{-15} s 时间尺度上能量逐渐消耗衰减。将自由电子看作一个整体，则入射电子束与自由电子之间的相互作用可以类比在池塘中投入石头，入射电子在局部的碰撞作用造成自由电子的集体振荡，即激发等离激元。在 XPS 部分讨论过光电子在逃逸过程中因激发等离激元导致动能损失，从而形成能量损失峰。

等离子体振荡能量是量子化的，能量子为等离激元，因此入射电子损失的能量是等离激元的整倍数。对于金属材料，等离激元一般小于 50 eV。等离激元能量损失是具有自由电子的材料中能量损失的典型特征，对于绝缘体材料(如聚合物)，低能电子能量损失谱中也可能出现类似激发等离激元的信号，但是相比金属或半导体材料信号弱得多。激发材料表面等离激元所产生的电子能量损失谱可以用来分析材料的介电性质。

低能损失的另一种形式是入射电子束与价电子发生散射，激发价电子跃迁到更高的能级，如半导体的带间跃迁(电子受激发从价带跃迁到导带的过程)，或者直接激发价电子成为二次电子。上述过程的能量损失在 50 eV 以下，也属于低能损失。

8.1.3 激发芯能级电子的能量损失

入射电子束激发原子芯能级电子电离的过程，在 AES 中，电子束先激发内层电子电离产生电子空位，继而引发俄歇电子的激发。电子束激发的芯能级电子，无论是跃迁到外层的电子空位，甚至激发电子离开原子核的束缚，这个过程所消耗的能量为几十到上千电子伏量级，与内层电子的结合能相对应，因此对应的入射电子能量损失具有元素特征。通过芯能级电子激发的能量损失可以鉴定元素，而激发芯能级电子造成电子能量损失谱的细致变化，或者说芯能级电子能量损失谱的精细结构也可以反映元素的化学状态。

8.2 透射电子显微镜中的电子能量损失谱仪

TEM 中的 EELS 谱仪通常与 STEM 装置组合使用，常用的 TEM 中的 EELS 系统如图 8.2 所示。如 TEM 部分所述，STEM 用会聚电子束透射样品，利用环形探测器收集大散射角的电子可以获得 HAADF 图像，而散射角较小的电子束从环形探测器中间穿过，入射到 EELS 配件装置，收集得到电子能量损失谱。通过聚光镜球差矫正的 AC-STEM 可以获得小于 0.2 nm 的电子束斑，不仅可以获得高分辨率的 STEM 图像，而且可以对样品中的单个原子柱进行 EELS 分析，以原子分辨率水平表征样品中的元素种类及化学态。

典型的 EELS 谱仪安装在透射电子显微镜观察窗或探测器的下方(图 8.2)，可以接收从样品中透射出来的电子束，其中有未与样品原子发生作用的电子，也有发生非弹性散射、损失部分能量的电子。用于 EELS 分析的电子散射角度较小，可以穿过 HAADF 的环形探测器，进入 EELS 装置的磁棱镜。磁棱镜是 EELS 装置的核心(图 8.3)，通过磁棱镜特定设计的磁场系统，不同动能的电子可以偏转并汇聚到信号收集平面(色散平面)不同位置，记录不同的电子动能，从而探测入射到磁棱镜电子束的能量分布。

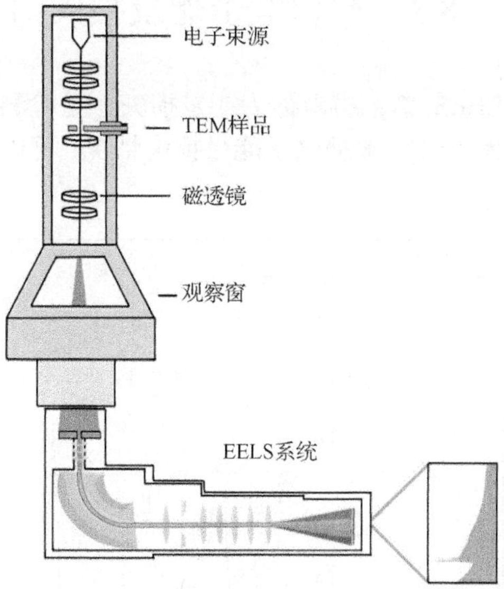

图 8.2　透射电子显微镜中的电子能量损失谱仪示意图

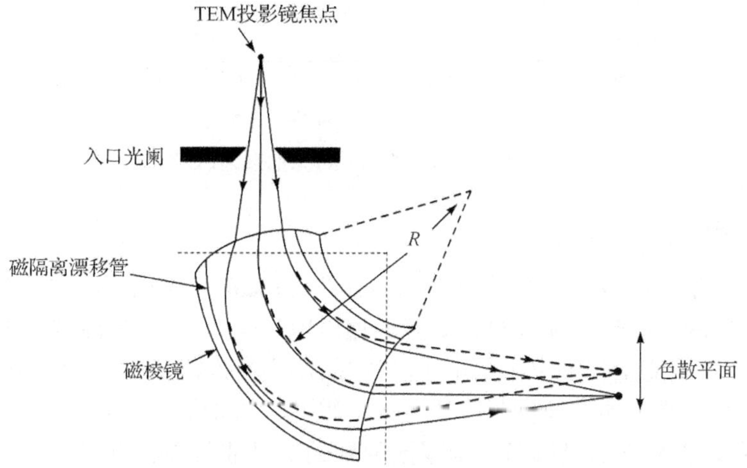

图 8.3　用于分析电子动能的磁棱镜示意图

电子能量损失谱的横轴为能量损失，单位为 eV，EELS 谱仪实际探测的是电子的动能，其与入射电子束能量的差值即为能量损失。EELS 谱的纵轴是对应某种能量损失的电子的计数率。从逻辑上看 EELS 谱仪类似于 XPS 或 AES 中的电子能量分析器，当然它们的硬件装置会有很大不同，因为要考虑到 TEM 结构更加紧凑，同时所探测的电子束的动能为 100～400 keV，而一般 XPS 或 AES 探测的电子动能小得多，往往只在数百到几千电子伏数量级。通过检测 100～400 keV 动能的电子，获取非弹性散射几百甚至几十电子伏的能量损失，要求 EELS 谱仪具有非常高的检测精度，这对磁棱镜的设计及制造提出了非常高的技术要求，因为磁棱镜也是磁透镜，必须尽量消除像差和像散。EELS 谱仪的能量分辨率可以达到小于 1 eV，作为对比 EDS(见 SEM 部分)的能量分辨率大于 100 eV。EELS 谱仪探测的能量损失范围为 0～2.5 keV(注意是能量损失而非电子动能本身)。

8.3 初识电子能量损失谱

透射电子显微镜中的 EELS 谱，横坐标为能量损失，是检测的透射电子的动能与入射电子动能的差值(能量损失标为正值)。根据电子能量损失情况，可以将能量损失谱分为几个不同的区域(图 8.4)。

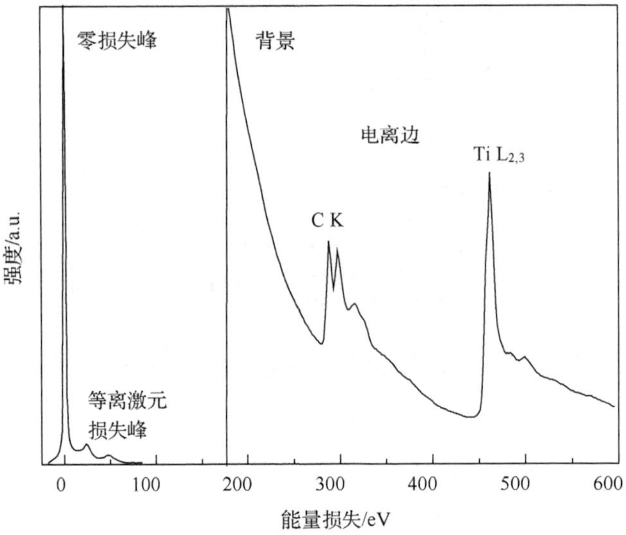

图 8.4 EELS 谱的不同能量损失区域

8.3.1 零损失区

该区域有一个很强的峰，称为零损失峰(zero loss peak，ZLP)，通常是 EELS 谱中最强的峰，对应零损失峰的电子包括没有损失动能的透射电子(与原子核弹性散射中前向散射而未损失能量的电子)，以及能量损失很小的电子(与样品作用激发声子振动的电子)，由于能量损失很小(约 10^{-2} eV)，通常不能被能量分析器分辨，因此也近似认为是零损失信号(虽然零损失峰的说法并不严谨)。如果样品足够薄，则零损失峰的信号非常强，也就是这部分电子的份额在所检测电子中占绝对主导地位。当前，随着电子束单色化程度及谱仪硬件技术的提升，STEM 中的 EELS 能量分辨率甚至可以达到 10^{-2} eV 水平，已经足够将零损失峰和激发声子的能量损失峰分开。如图 8.5 所示，BN 片上冰的 EELS 谱可以分辨出对应 BN 中的声子能量损失峰及冰中 O—H 键振动对应的损失峰。

8.3.2 低能损失区

低能损失(能量损失小于 50 eV)的散射电子主要包括以下几类，激发等离激元的电子，其能量损失为 30 eV 以下；激发样品中的电子发生带间跃迁，能量损失为 10 eV 以下；激发样品中的电子成为二次电子，能量损失为 50 eV 左右。

例如，图 8.6 为不同厚度硅单晶样品的低能损失 EELS 谱，厚度从 1#到 6#逐渐增大(零损失峰强度均归一化)。较厚的样品谱图中出现多个等离激元损失峰，是因为入射电子穿过样品的过程中可以不止一次激发等离激元，这说明样品对于 EELS 测试太厚了。可以从等离激元

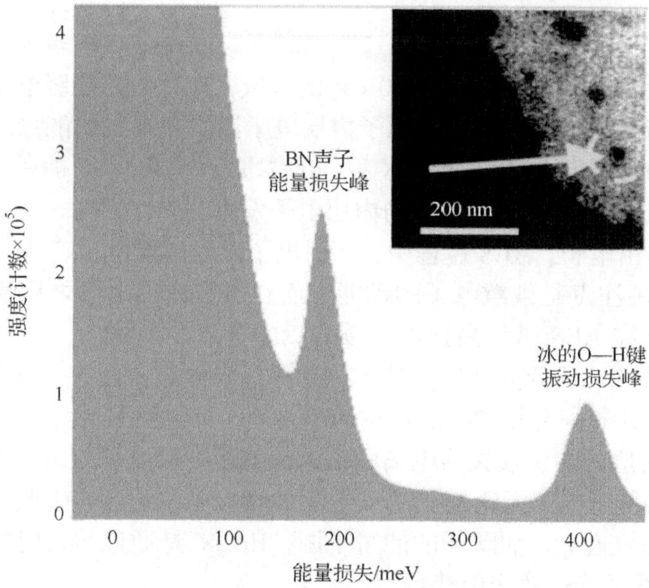

图 8.5　BN 片上冰的 EELS 谱

温度为 100 K，电子束入射位置为图中圈出区域

损失峰的强度及数量估算样品的厚度。如果样品很薄，入射电子激发一次等离激元后即穿透样品。但是如果样品较厚，则入射电子有更高的概率再次甚至多次激发等离激元，损失能量为等离激元的不同倍数。不同组成和结构的材料，等离激元振荡频率不同，反映了材料中流动电子的密度。对于三种碳的同素异形体，自由电子密度的差异导致等离激元损失峰分别出现在 33 eV(金刚石)、27 eV(石墨)和 25 eV(非晶态碳)。

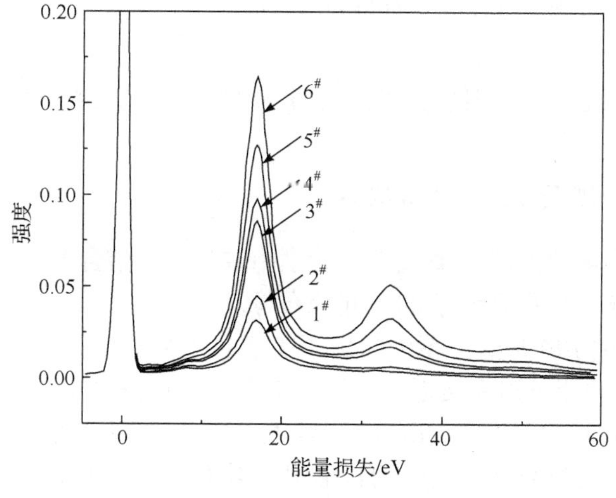

图 8.6　不同厚度硅单晶样品的低能损失 EELS 谱

入射电子可以激发材料(非金属)中的电子从价带跃迁到导带上,这个过程造成的能量损失也在低能损失区。激发价电子跃迁的能量损失体现了材料价电子的结构信息，如能带宽度、介电常数等，从电子能量损失谱的精细结构也可以分析能带中的电子态密度。

8.3.3 高能损失区

高能损失区一般是指能量损失大于 50 eV 的区域，也称为芯能级电子激发损失区，电子能量损失来源于高能入射电子使材料中原子内层电子激发而损失的能量。关于内层电子的电离，在 X 射线吸收谱中，内层电子吸收 X 射线的能量(光电效应)而被激发到外层空轨道或电离为光电子。在 EELS 谱中，入射电子与内层电子发生非弹性散射，导致内层电子跃迁到外层空轨道或电离为自由电子。AES 过程中，入射电子激发内层电子产生空位，继而激发俄歇电子，不过 AES 的关注点是俄歇电子的动能，而在激发内层电子之后损失了部分动能的散射入射电子只是出现在 AES 谱的高强度连续背景中。

在 X 射线吸收谱中，吸收系数突然增大的边称为吸收边，而在 EELS 中，对应内层电子激发能量损失的电子计数率突然增大的边称为电离边，如激发 K 电子电离的能量损失边称为 K 电离边。电离边对应的能量损失为电离阈值，也就是内层电子能级与被激发电子跃迁到的最低空态能级之间的能量差。无论是 EELS 还是 XAS、电离边还是吸收边，物理过程都是内层电子被激发到空态轨道上，而跃迁的能量来源，EELS 是通过与入射电子的非弹性散射获得，XAS 是从 X 射线的光电效应中获得。

激发芯能级电子的能量损失显然带有元素指纹特征，因此可以用来进行元素的定性分析。EELS 谱可以检测 0～2500 eV 的能量损失，因此对于不同的元素，可以选择不同的电离边，如较轻的元素选择 K 电离边，而稍重的元素选择 L_2、L_3 电离边，更重的元素选择 M_4、M_5 电离边，甚至 N、O 电离边。需要注意的是，考虑到样品的元素组成，不同元素的 L 或 M 电离边与其他元素的 K 电离边可能发生重叠，给解析带来困难。EELS 分析软件中附带不同元素的标准谱图，可以辅助进行比对确定元素的信息。

激发芯能级电子的能量损失，即在电离边附近会呈现出明显的精细结构，这与 X 射线吸收谱近边结构(XANES)非常类似，稍后再讨论。

8.4 用电子能量损失谱进行元素分析

8.4.1 利用 EELS 谱进行元素分布成像

由于 EELS 谱中电离边的能量损失带有元素指纹特征，结合 STEM-EELS，对样品进行扫描透射并收集 EELS 谱，可得到元素的空间分布像。

图 8.7 为 $SrTiO_3$ 的 EELS 谱，图中给出了 Ti $L_{2,3}$ 电离边信号(能量损失约 456 eV)，由于 L_2 电离边与 L_3 电离边的能量损失接近，其能量损失信号在图中未能分辨。图中显示的是带有背景的信号，而通过背景扣除处理(红色的背景)可以得到处理过的 EELS 谱(绿色线)。Sr $L_{2,3}$ 电离边的能量损失位于 1940 eV 左右，可以看到扣除背景之后所剩 Sr 的信号较弱，如上文已经提到，能量损失超过 2500 eV 的散射过程，散射截面很小，在 EELS 谱上的信号几乎看不到。在 STEM 成像中，电子束在样品某个区域内扫描并逐点记录电子能量损失谱(空间分辨率可以在纳米甚至原子尺度)，因此针对不同位置上不同特征能量损失的信号，可以得到元素像。如图 8.8 所示，$SrTiO_3$/$LaMnO_3$ 界面的 STEM 成像过程中扫描测试 EELS 谱，通过分别选取 Ti $L_{2,3}$、Sr $L_{2,3}$、La $M_{4,5}$ 和 Mn $L_{2,3}$ 电离边的特征能量损失，可以得到元素分布像。

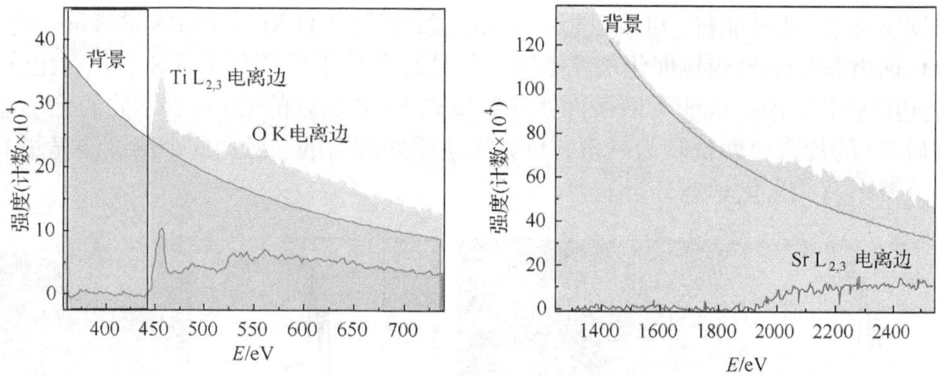

图 8.7 $SrTiO_3$ 的 EELS 谱

分别显示 Ti $L_{2,3}$ 电离边和 O K 电离边，以及 Sr $L_{2,3}$ 电离边

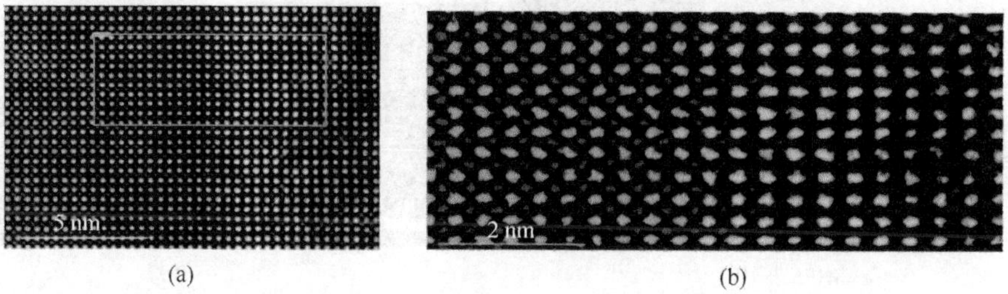

图 8.8 $SrTiO_3$/$LaMnO_3$ 界面的 STEM 像(a)和元素分布像(b)

一些过渡金属、稀土金属不同价态会导致 L 或 M 电离边信号比例改变，可以用来判断化学态的变化。例如，Ce 的 M_4、M_5 电离边($M_{4,5}$ 电离边)的强度比例可以作为其价态的定性判据，因为不同价态 Ce 的电子能级空态密度的分布不同，所以 M_4、M_5 电离边电子跃迁的概率不同，导致不同的峰强度比例。因此，STEM-EELS 不仅可以区分元素，还可以区分同种元素的不同化学态。如图 8.9 所示，不同价态 Ce 的 $M_{4,5}$ 电离边强度的比例不同。图 8.10 是钇稳定氧化锆(YSZ)与二氧化铈界面的元素分布像，根据 Ce 的 $M_{4,5}$ 电离边强度比例可以区分出三价和四价铈的空间分布。

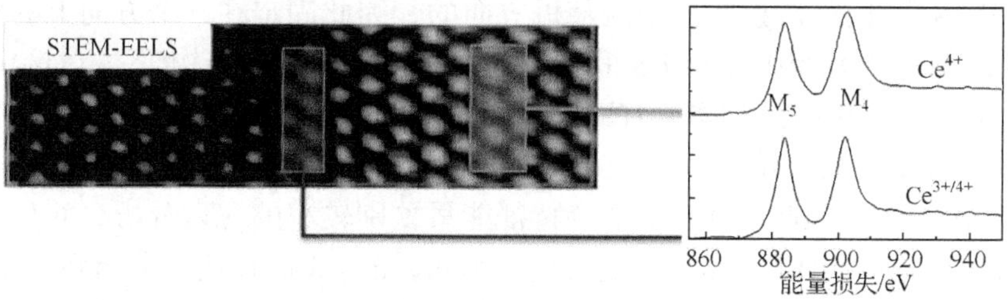

图 8.9 不同价态 Ce 的 M_4、M_5 电离边强度比例发生变化

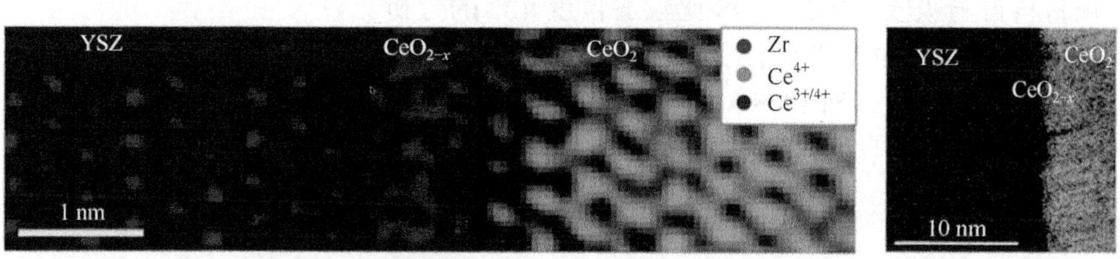

图 8.10 钇稳定氧化锆与二氧化铈界面的元素分布像

借助原位 TEM 样品杆，可以进行特定原位条件下的 TEM 及 EELS 谱表征。例如，图 8.11 为二氧化铈负载镍纳米颗粒催化剂在不同气氛处理条件下的原位 EELS 谱，对比分析 Ce M_4、M_5 电离边的强度比例，说明不同条件处理后负载 Ni 界面处的 Ce 具有不同的化学态，C_2H_4 气氛处理后 Ce 的价态由四价转为三价，与氢气还原处理后的一致。这个测试凸显了 EELS 超高的空间分辨率及元素化学态分析能力。

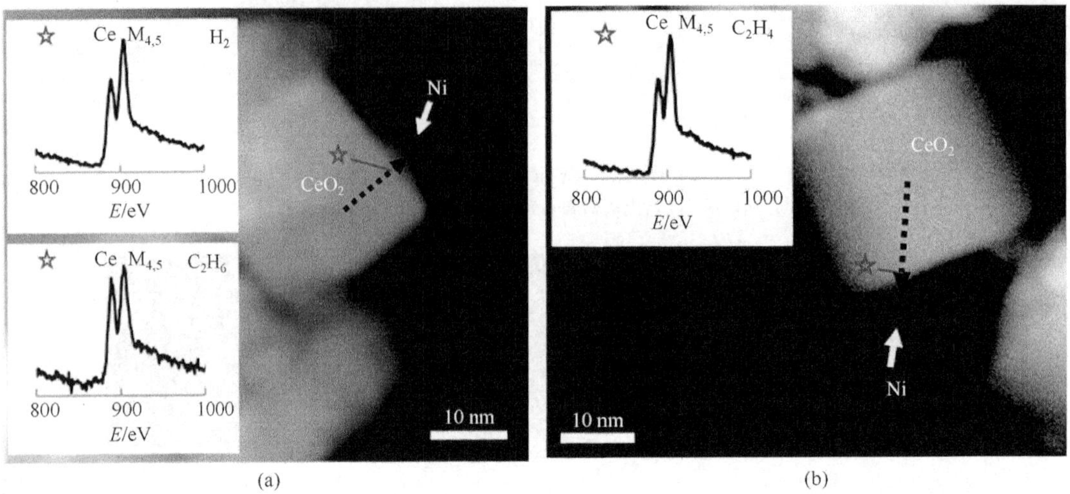

图 8.11 二氧化铈负载镍纳米颗粒催化剂分别在不同处理条件下[4 Torr H_2 400℃，1 Torr C_2H_6 550℃(a)，0.5 Torr C_2H_4 550℃(b)]负载界面处 Ce 的价态变化

图中的 EELS 谱是在 STEM 图像中五角星指示的位置(CeO_2 与负载 Ni 颗粒的界面)收集的

8.4.2 EELS 与 EDS

在 SEM 和 TEM 中一般都配置电子能量分散谱(EDS，详见第 9 章)，STEM 中的 EDS 使用会聚电子束，并且样品非常薄，因此 STEM-EDS 也可以有相当不错的空间分辨率。与 EDS 相比，EELS 有一些独特优势。第一，EELS 的空间分辨率和分析灵敏度高于 EDS。由于非弹性散射电子的散射角比较小，因此可以有效采集大多数非弹性散射电子，采集效率可达 50%～100%。但是 EDS 产生的 X 射线是空间随机方向的，因此固定在某个方向上的探测器的采集效率较低。第二，与 EDS 相比，EELS 的能量损失近边及扩展边结构(下文讨论)还可以用来分析电子结构、化学态、配位结构等，有助于获取材料的成键、价态、成分、介电性能、能带宽度及样品薄膜厚度等信息。第三，EELS 的能量分辨率可以达到 1 eV 甚至以下，而 EDS 的能量分辨率大于 100 eV，因此 EELS 更适合特征能量差别较小的元素分析，并且还具有元素化学态的分辨能力，这一点 EDS 完全不能相比。第四，EELS 比较适合分析轻元素，特别是 N、O、B 等元素。相比之下，轻元素的特征 X 射线产率低，且轻元素激发的 X 射线能量低，也更容易被材料自身吸收，因此 EDS 比较适合重元素的分析。

但是，EELS 需要样品非常薄，对样品制备要求很高，同时数据采集和分析需要更复杂的操作、技术及专业知识，而 EDS 对样品厚度要求不高，并且使用更加简便快捷，因此仍然是 TEM 中最常用的元素定性分析方法。

8.5　电子能量损失谱的精细结构

8.5.1　电子能量损失近边结构

在 EELS 谱电离边之后的约 50 eV 范围内，谱图强度呈现出明显高低振荡的精细结构，称为电子能量损失近边结构(electron energy loss near-edge structure，ELNES)。与 XANES 类似，内层电子被入射电子激发跃迁到外层空轨道，显然不同的空态密度对应不同的跃迁概率，空态密度高则内层电子被激发跃迁的概率高，相应的能量损失对应的电子计数率就高，因此通过 ELNES 的精细结构可以分析未占据电子态密度。

通过 ELNES 可以分析元素的不同化学态，以及未占据轨道的态密度、固体能带结构、轨道杂化及价键等信息。通过测试已知结构标准样品的 EELS，可以构建 ELNES 的谱图库，将测试样品相应元素的 ELNES 与标准样品进行比对，可以判断所测元素的化学态。如图 8.12 所示，不同金属氧化物的 O K 电离边的近边结构有显著不同，其原因是不同金属成键后对应的未占据轨道具有不同的态密度，造成 O K 电子激发跃迁的不同概率。

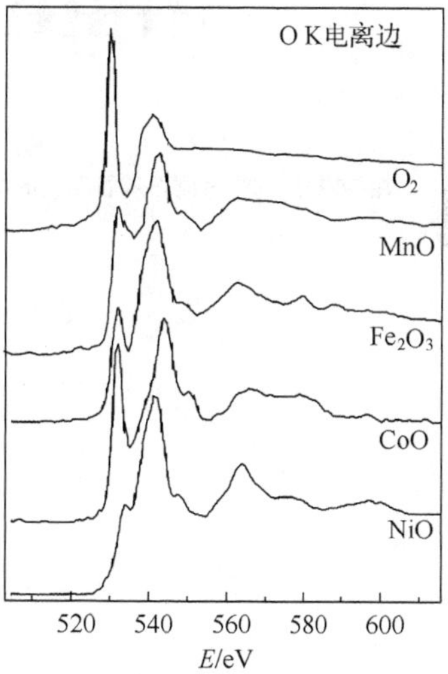

图 8.12　不同金属氧化物 O K 电离边的 ELNES 谱，对应不同的化学态展示不同的精细结构

ELNES 提供了一种原子级空间分辨率的元素化学态分辨手段。如图 8.13 所示，对于掺杂在石墨烯中的硅，可以与碳形成三配位或四配位，而对应不同配位态硅的 K 电离边近边结构有明显的区别。如图 8.14 所示，金刚石为碳原子 sp^3 杂化形成，只存在 σ 键，而石墨中的碳为 sp^2 杂化，同时含有层内 σ 键和层间相邻 C 原子形成的 π 键。在 EELS 谱中通过区分 π^*峰与 σ^*峰[*为反键(antibonding)轨道，比成键(bonding)轨道能量高]，可以区分石墨碳与金刚石碳。图 8.15 是不同温度热处理纳米金刚石的 C K 电离边 ELNES 谱，可以看出纳米金刚石在不同高温处理后逐渐石墨化的过程。图 8.16 是电极材料中的 Ni ELNES 谱，通过与金属 Ni 和 NiO 参比样的 ELNES 谱对比，说明该位置 Ni 更接近金属态。图 8.17 是不同过渡金属化合物相应元素的 $L_{2,3}$ 电离边及 O K 电离边 ELNES 谱，可以看出过渡金属的价态与其电离边起始位置和 $L_{2,3}$ 电离边的面积比都密切相关。

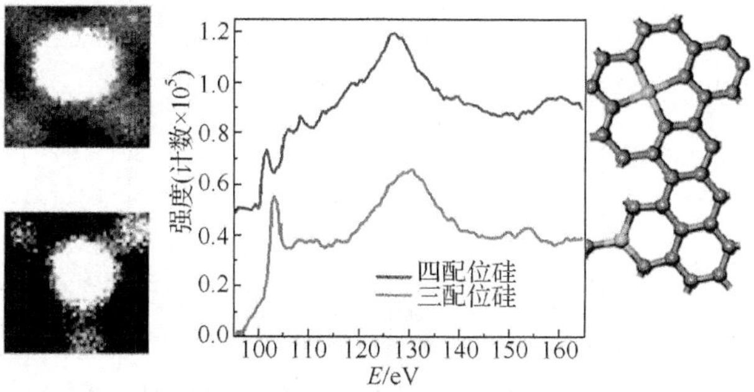

图 8.13　掺杂在石墨烯中的不同配位态硅的 ELNES 谱

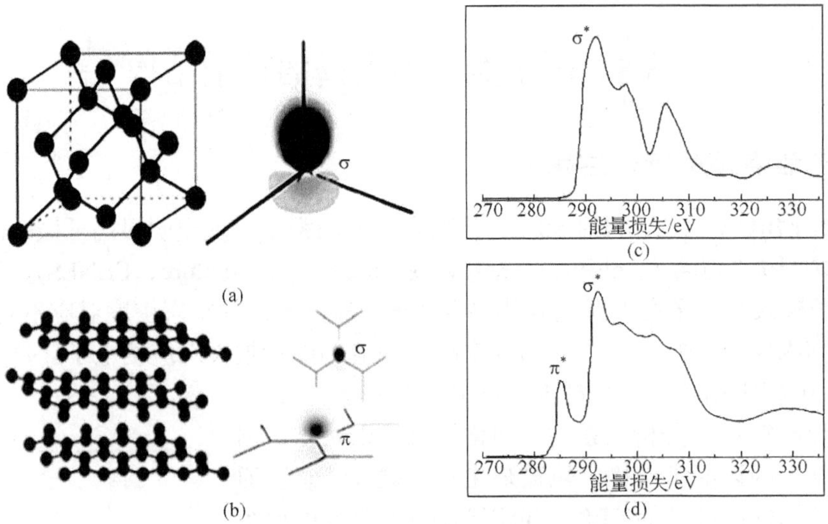

图 8.14 金刚石与石墨的 C K 电离边 ELNES 谱

(a)和(b)分别为金刚石和石墨碳的结构；(c)和(d)分别为金刚石和石墨碳的 K 电离边，σ*：σ 反键轨道，π*：π 反键轨道

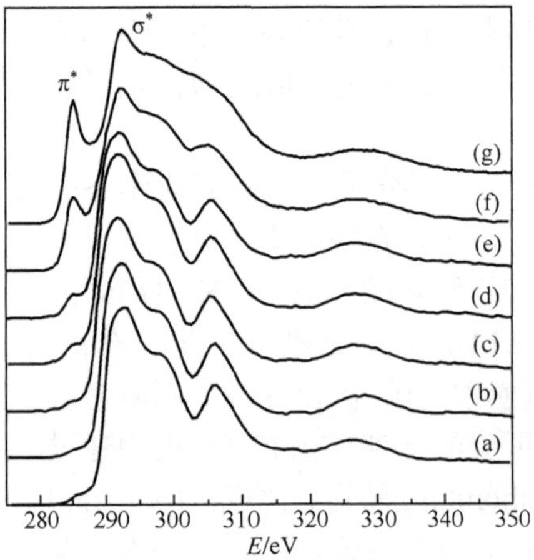

图 8.15 不同温度热处理纳米金刚石的 C K 电离边 ELNES 谱

(a) ND(纳米金刚石)；(b) ND500；(c) ND700；(d) ND900；(e) ND1100；(f) ND1300；(g) ND1500(ND 后数字为处理温度，℃)

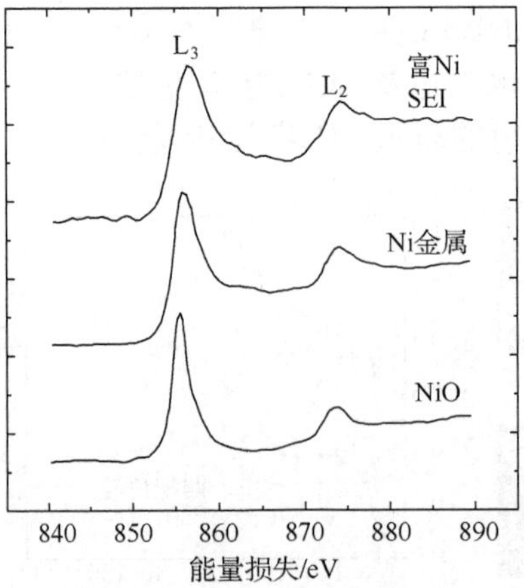

图 8.16 某含 Ni 电极材料的 Ni ELNES 谱

与金属 Ni 和 NiO 参比样的 ELNES 谱对比，表明该位置 Ni 接近金属态

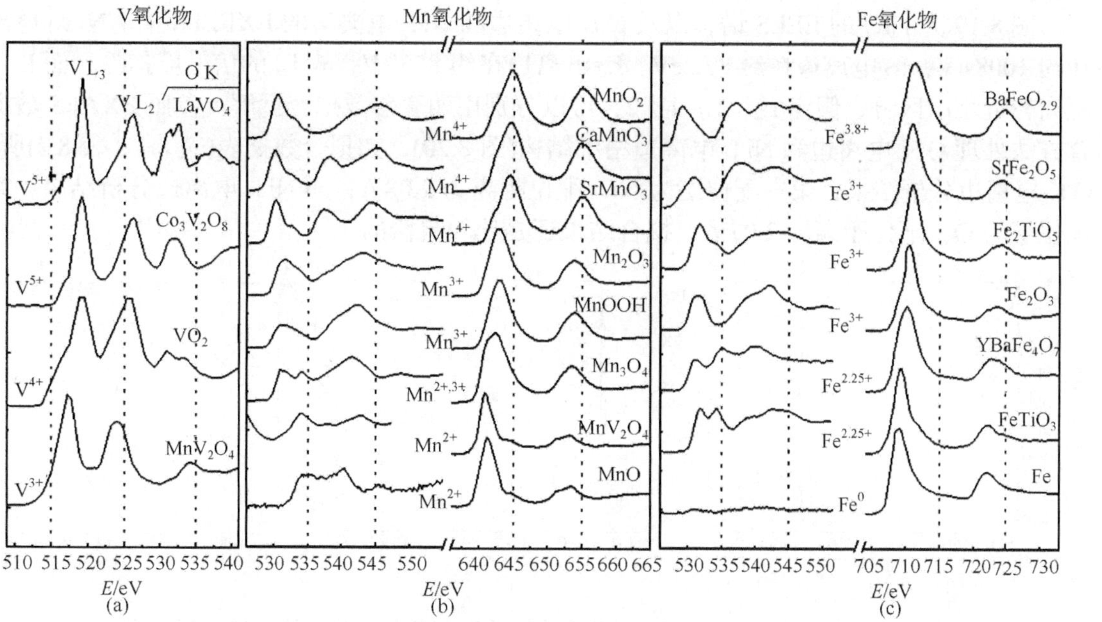

图 8.17　不同过渡金属化合物相应元素的 $L_{2,3}$ 电离边及 O K 电离边 ELNES 谱

8.5.2　扩展电子能量损失精细结构

在 EELS 谱的电离边 50 eV 之后，电子能量损失峰在数百电子伏范围内，呈现出 EELS 信号强度的较缓慢振荡，并逐渐衰减，称为扩展电子能量损失精细结构(extended energy-loss fine structure，EXELFS)，很容易联想到 EXAFS。能量损失高意味着入射电子损失了更多的能量，而这部分能量激发内层电子，不仅可以克服内层电子的结合能，同时被激发后还携带部分动能而成为自由电子。这与 EXAFS 中 X 射线激发出的光电子非常类似。既然成为自由电子，无论是被入射电子激发还是被 X 射线激发，都会与周围配位原子相互作用，发生散射及出射波与散射波之间的干涉，从而影响电子被激发的概率(图 8.18)。对于 EXELFS 的理论解释也可以参照 EXAFS，而对 EXELFS 谱的数据处理同样可以使用 EXAFS 数据处理软件。EXAFS 适合较重的元素(一般是 O 以上的元素)，而 EELS 更适合轻元素，且具有空间分辨率的优势，但是要求样品非常薄。

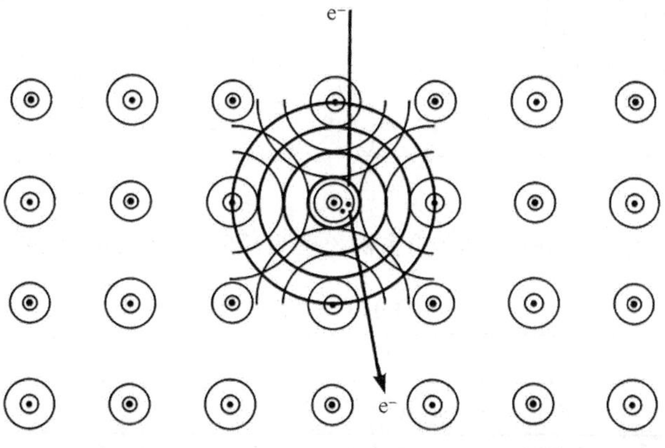

图 8.18　EXELFS 谱中心原子内层电子被激发后的电子被周围配位原子散射

图 8.19 为 NiO 的 EELS 谱，以及 O K 电离边和 Ni L 电离边的 EXELFS 谱。Ni L_1 电离边在约 1008 eV，L_2 电离边在约 872 eV，L_3 电离边在约 855 eV，故 L_1 的信号应扣除，而 L_2、L_3 距离较近难以区分，假定 $L_2:L_3=1:2$，可以分别用两套参数拟合拆解。参照 EXAFS 数据拟合方法处理 O K 电离边和 Ni L 电离边精细结构(图 8.20)，如拟合数据表(表 8.1、表 8.2)所示，O K 电离边分析结果，第一配位层为 Ni，配位距离为 2.08 Å，而 Ni L 电离边分析结果，第一配位层为 O，配位距离为 2.07 Å，拟合结果还是比较自洽的。

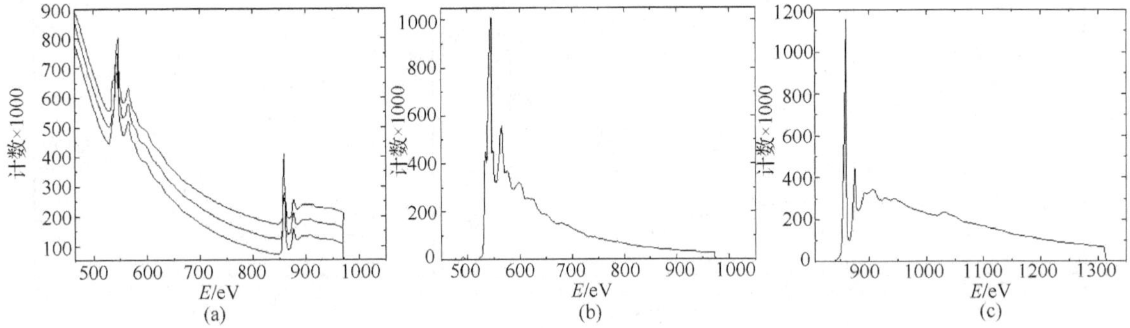

图 8.19　NiO 的 EELS 谱(a)，以及 O K 电离边(b)和 Ni L 电离边(c)的 EXELFS 谱

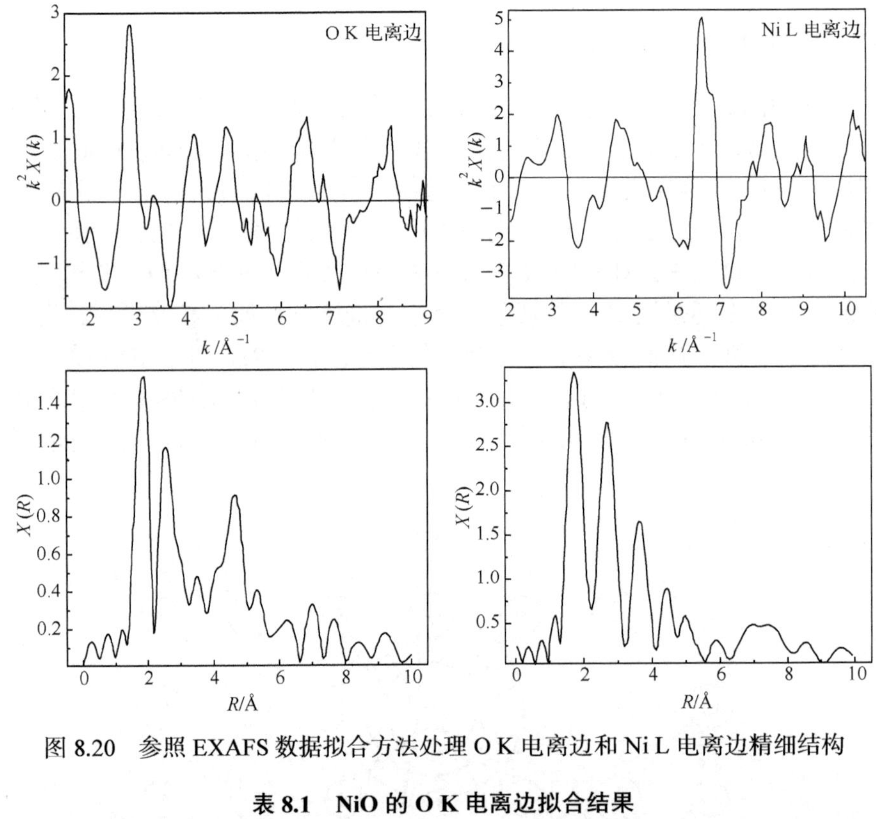

图 8.20　参照 EXAFS 数据拟合方法处理 O K 电离边和 Ni L 电离边精细结构

表 8.1　NiO 的 O K 电离边拟合结果

配位层	元素	拟合参数					
		R/Å	σ_{12}/Å^2	ΔE_0/eV	S_0^2	n	E_i/eV
1	Ni	2.08(1)	0.026(2)	8.5	0.9	6	0
2	O	2.95(2)	0.025(3)	6.5	0.9	12	0

表 8.2 NiO 的 Ni L 电离边拟合结果

配位层	元素	拟合参数					
		R/Å	σ_{12}/Å^2	ΔE_0/eV	S_0^2	n	E_i/eV
1	O	2.07(2)	0.012(6)	0.2	1.2	6	1
2	Ni	2.92(4)	0.015(4)	−9.8	1.2	12	1

8.5.3 EELS 与 XAFS 的对应关系

EELS 谱的横轴对应入射电子的能量损失，而这部分能量用来激发吸收原子的内层电子；XAFS 谱的横轴对应 X 射线能量子，而由于光电效应，光子能量完全用来激发内层电子，因此两种谱的横轴原则上完全对应。纵轴也都对应内层电子跃迁或激发的速率。对于被激发出来的电子，无论跃迁至空轨道还是成为光电子，与被激发方式无关。因此，EELS 与 XAFS 的谱型有较好的对应性(图 8.21)，但两种方法的空间分辨率差别很大。

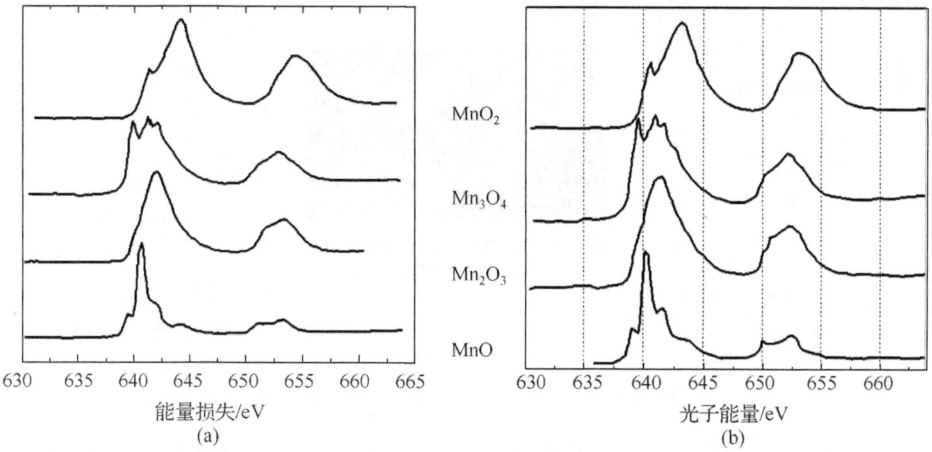

图 8.21 系列锰氧化物的 Mn $L_{2,3}$ 电离边 EELS 谱(a)和 Mn $L_{2,3}$ 吸收边 XAFS 谱(b)对比

与使用同步辐射光源的 XAFS 相比，EELS 的实验条件更普及(目前球差校正电子显微镜的数量增速较快)。与 XAFS 相比，EELS 的最大优势是其高空间分辨率，但 EELS 的能量分辨率稍低于 XAFS。从样品制样的角度，EELS 对样品厚度要求比较苛刻，相比之下，XAFS 测试对样品的要求低得多。更重要的是，XAFS 测试中样品的空间充足，且除能量较低的软 X 射线外测试并不需要真空条件，因此特别适合进行原位化学反应下的测试分析。虽然目前也有商用 TEM 原位样品杆，但是其操作空间及温度压力条件远远不能与 XAFS 的原位条件相比。两种方法各有利弊，也可互补，应根据样品和测试目的选择使用。

8.6 EELS 的应用实例

如图 8.22 所示，(a)为费-托催化剂的原位 TEM(20 Torr CO 条件下)，高分辨晶格条纹对应 α-Fe 相；而(b)中的 EELS 谱显示 O 和 Fe 电离边能量损失的变化；Fe L_3/L_2 及 Fe/O 元素比也说明了金属 Fe 相的存在。图 8.22(c)、(d)为在合成气中 250℃反应 4 h 催化剂的原位 STXM

的 Fe 化学态分布；Fe $L_{2,3}$ 边[图 8.22(c)]和 O K 边[图 8.22(e)]对应 1、2 两个位置的不同 Fe 和 O 的化学态。通过这个实例可以看出，虽然 EELS 有非常高的空间分辨率，但是要在真实的原位催化条件下表征催化剂，X 射线吸收谱有很大的优势。

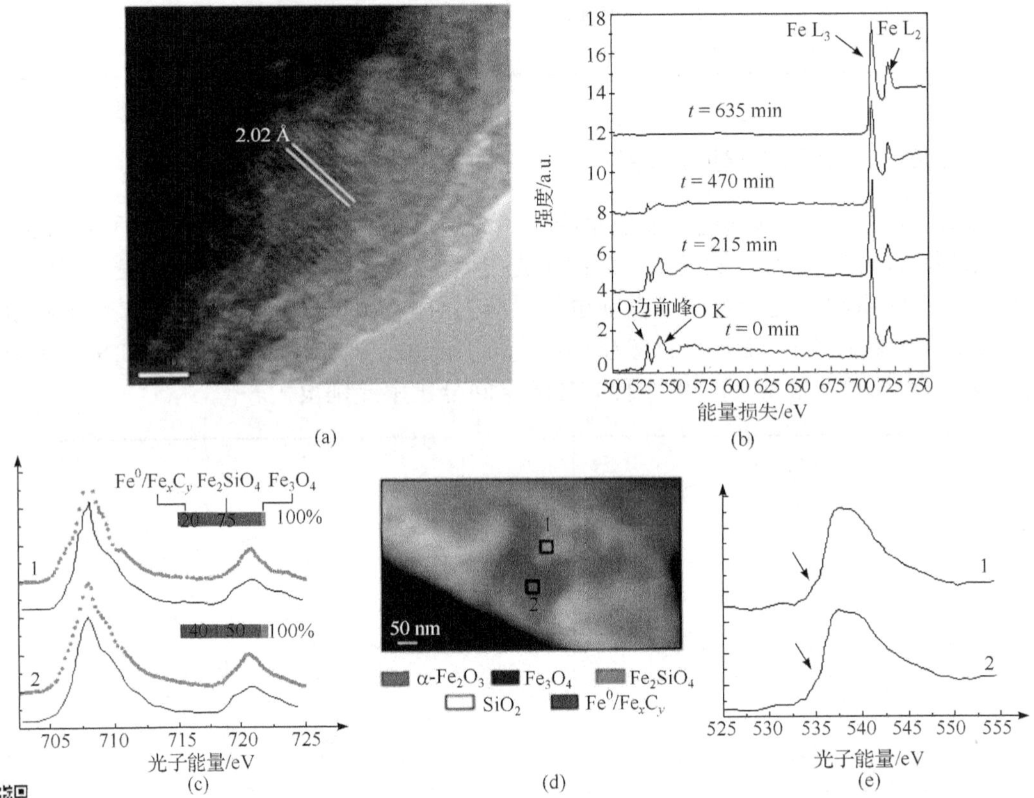

图 8.22 含铁费-托催化剂的结构表征数据

如图 8.23 所示，铜基超薄纳米片阵列用作二氧化碳电还原制乙烯的催化剂，其中存在 Cu/Cu_2O 相界面。在催化剂的 STEM 和 EELS 表征结果中，图 8.23(a)为催化剂局部的 STEM 明场图像，以及 1#、2#两个区域对应高分辨相的傅里叶变换图。在 1#、2#两个区域分别收集的 EELS 谱，通过与标准 Cu^0、Cu^+、Cu^{2+}的 EELS 谱对比，可以证实 1#区域为 Cu，2#区域为 Cu_2O。在 HAADF STEM 像中，通过逐点扫描并测量 EELS 谱，可以区分各扫描点 Cu 的化学态，从而得到不同价态 Cu 的化学态分布图。

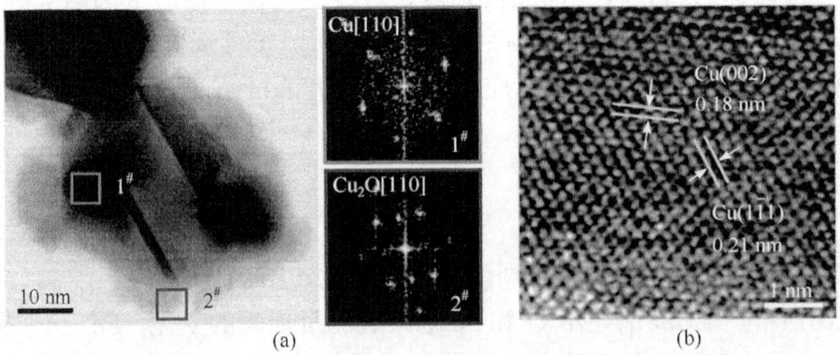

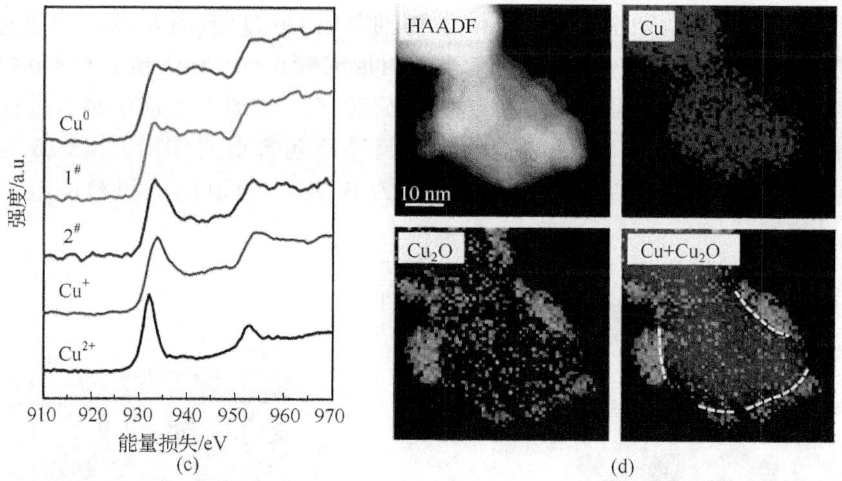

图 8.23 铜基超薄纳米片阵列用作二氧化碳电还原制乙烯的催化剂的结构表征数据

金属-载体之间的强相互作用是当前催化领域的一个研究热点。图 8.24 展示了不同尺度纳米金颗粒在还原处理中被氧化物包裹的情况，TiO_2 负载 3 nm 金颗粒催化剂。HAADF-STEM 图像及不同位置的 EELS 谱表明，在 1、2、3、4 位置上的 EELS 谱中出现了 Ti L 电离边信号，说明存在 Ti 元素，而在位置 5 没有 Ti 元素，说明金纳米颗粒并非完全包裹在 TiO_x 中。

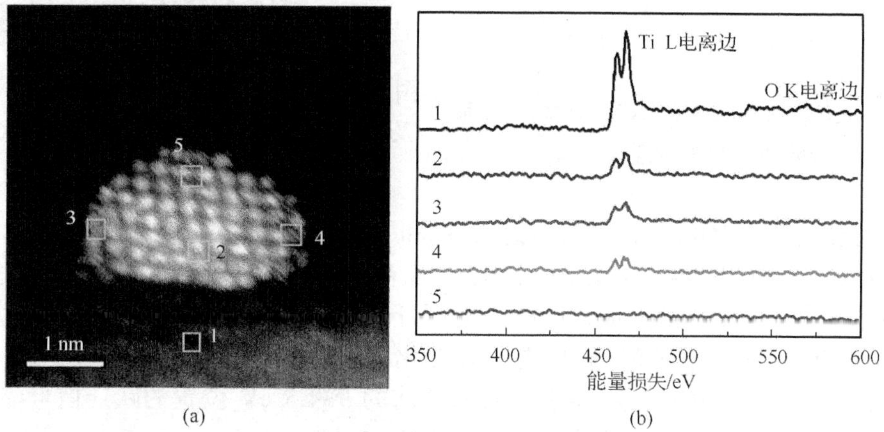

图 8.24 TiO_2 负载 3 nm 金颗粒催化剂的 TEM 图像(a)及 EELS 谱(b)

1987 年，朱经武教授发现了新超导材料钇钡铜氧化合物(通常缩写为 YBCO)，超导温度提高到 93 K(−180℃)，这意味着一种材料首次在高于液氮(77 K)的温度下表现出超导行为，液氮比液氦便宜得多，也更容易处理，这项研究开创了高温超导研究的新方向。$YBa_2Cu_3O_7$ 可以看作由半导体 $YBa_2Cu_3O_6$ 掺杂氧化形成。然而，晶体中有许多氧空位，实际的超导材料通常写为 $YBa_2Cu_3O_{7-\delta}$，其中 δ 必须小于 0.7 才能使材料具有超导性。空位只出现在晶体中的某些地方，即 CuO_2 平面和 CuO 链上，引起铜原子的特殊氧化状态，从而在某种程度上导致超导行为。

YBCO 沿 $\boldsymbol{c}$ 轴方向的堆叠次序是 CuO-BaO-CuO_2-Y-CuO_2-BaO，Cu(1)-O(1)为链(chain)层(括号中数字表示不等价原子编号)，Cu(2)-O(2)-O(3)为 CuO_2 面层，CuO_2 面层与 CuO 链层之

间是 BaO_4 面层。在较高掺杂水平下沿晶体学 ***b*** 轴形成 Cu-O 链(图 8.25)。在低掺杂时，这些 Cu-O 链中的氧原子彼此隔离。在较高掺杂水平时形成较长的 Cu-O 链，在 Cu-O 链中形成局部空穴。这导致电子从 CuO_2 面向 Cu-O 链的电荷转移，增加了 CuO_2 面上可移动空穴的数量。因此，Cu-O 链中的氧对 YBCO 的导电性和超导性起着重要作用。图 8.26 为 $YBa_2Cu_3O_7$ 沿 ***a*** 轴方向的 STEM 图像，以及借助 EELS 谱的 Ba $M_{4,5}$、Cu $L_{2,3}$ 和 O K 电离边获得的不同元素位置分布。

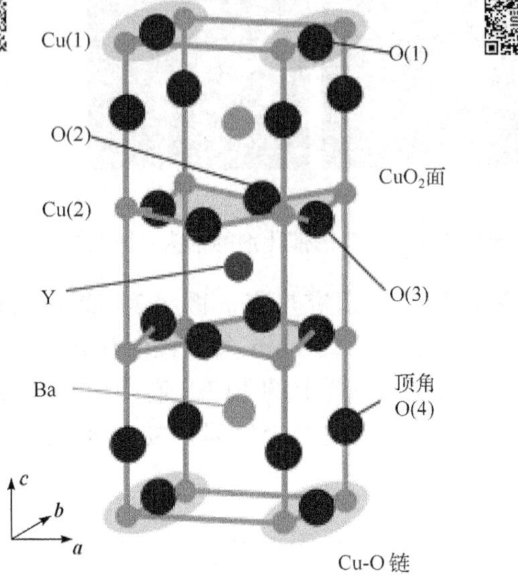

图 8.25 $YBa_2Cu_3O_7$($YBa_2Cu_3O_{7-\delta}$ 表示材料中有氧缺陷)晶体结构示意图

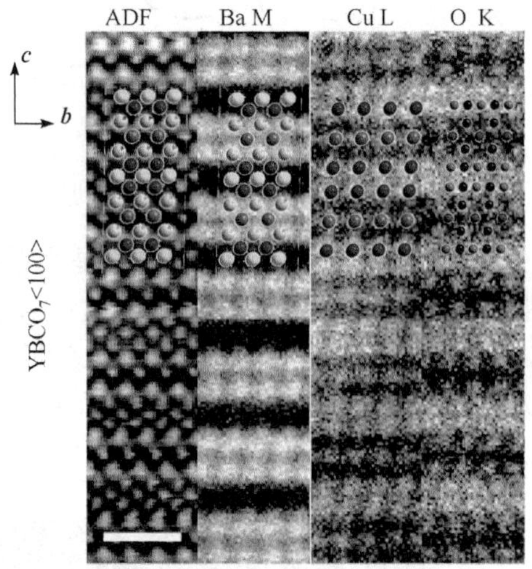

图 8.26 $YBa_2Cu_3O_7$ 沿 ***a*** 轴方向的 STEM 图像，以及借助 EELS 谱的 Ba $M_{4,5}$、Cu $L_{2,3}$ 和 O K 电离边获得的不同元素位置分布(标尺为 1 nm)

通过观察氧掺杂 $YBa_2Cu_3O_6$ 前后的 O K 和 Cu $L_{2,3}$ 电离边的 EELS 谱(图 8.27)，可以清楚地区分 CuO_2 面和 Cu-O 链 EELS 谱的精细结构差异。Cu L_3 和 L_2 能量损失边分别对应 $2p_{3/2}$ 和 $2p_{1/2}$ 电子向 3d 及更高能级空轨道的跃迁，显然与 3d 轨道中的空位状况密切相关。掺杂前后的 CuO_2 面层中 Cu 的 L 电离边变化不大，α 标识的跃迁与 Cu^{2+} 信号一致[(图 8.27(a)]，而 Cu-O 链的 Cu L 电离边在氧掺杂前的 934.5 eV 位置的跃迁信号(标识为 β)与 Cu_2O 的 Cu^+ 相符[图 8.27(c)]。而在氧掺杂后，Cu-O 链中的 Cu 化学态变化明显，从 Cu^+ 转向 Cu^{2+}。在 Cu-O 链位置的 O K 电离边，掺杂前后发生了较大变化，掺杂后的出现了新的跃迁[图 8.27(d)中标识为 A]，说明 O 的 2p 轨道形成了新的空态能级。这些高空间分辨率的局域电子结构变化及电荷转移信息结合理论计算，非常有助于高温超导材料结构与性能关联的研究。

图 8.28 为 TiO_2 负载的 Pt 纳米颗粒催化剂经过 600℃、700 mbar 氧气处理后的 TEM 图像及 EELS 谱，展示出了 EELS 的高空间分辨率。经过上述条件处理后，在 Pt 纳米颗粒外缘通过 EELS 可以探测到 Ti $L_{2,3}$ 电离边的信号，说明 TiO_2 在处理过程中迁移到了 Pt 纳米颗粒表面，证实存在强载体-金属作用。

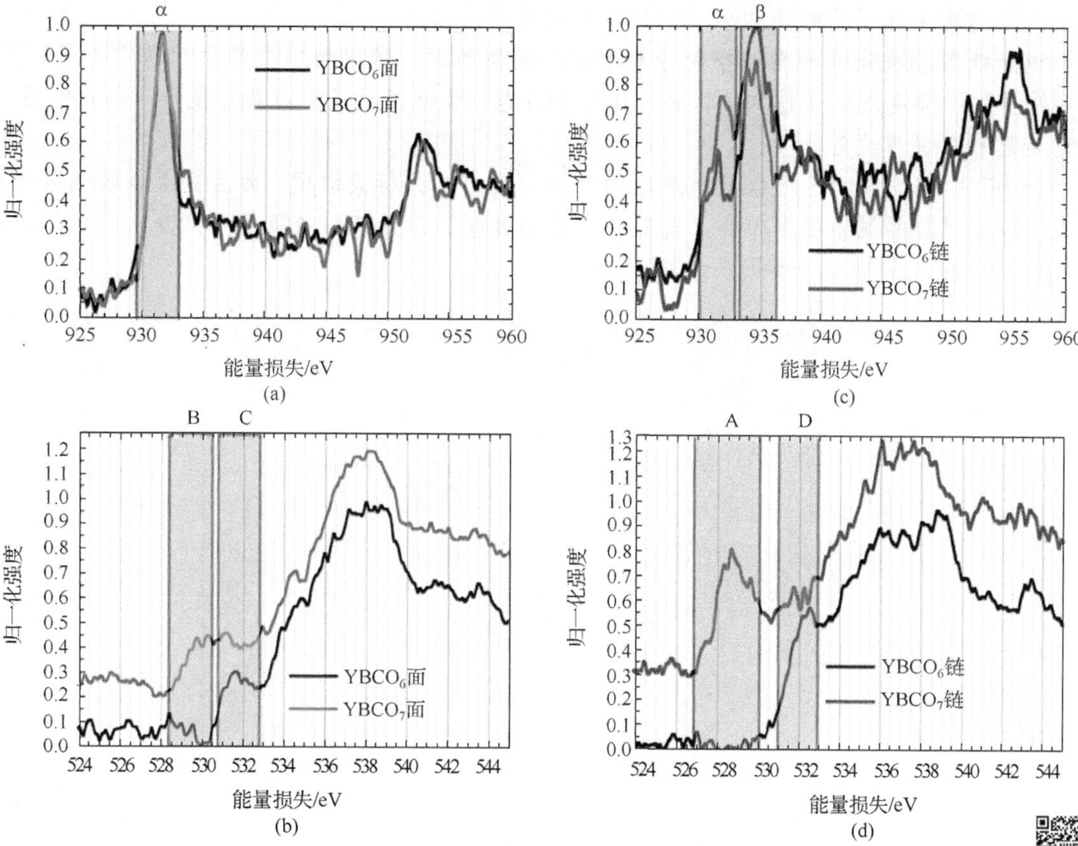

图 8.27　掺杂前后 YBCO 材料的 EELS 谱

掺杂前后 CuO_2 面和 Cu-O 链的 Cu L(a)、(b)和 O K(c)、(d)电离边精细结构，显示了掺杂对不同位置 Cu、O 电子结构的不同影响

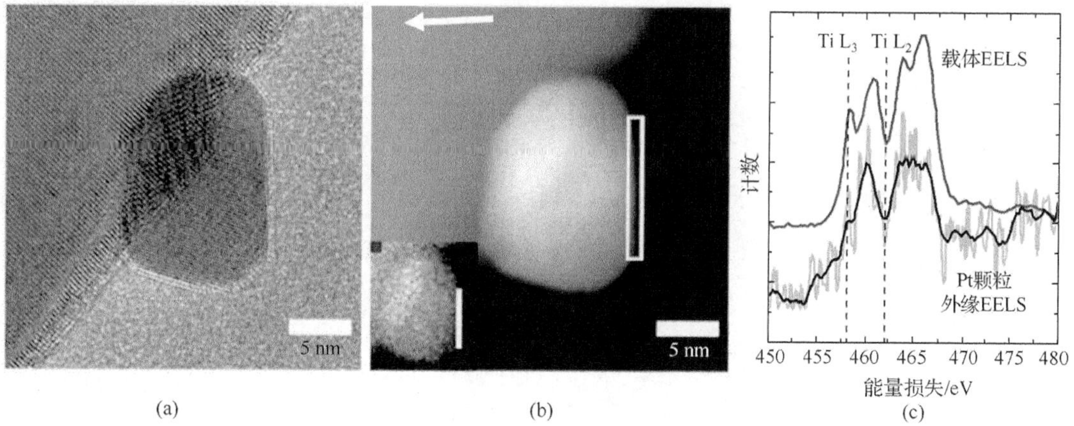

图 8.28　TiO_2 负载的 Pt 纳米颗粒催化剂经过 600℃、700 mbar 氧气处理后的 TEM 图像及 EELS 谱

(a) HRTEM 图像；(b) HAADF-STEM 图像；(c) 载体上(b)箭头所指位置的 EELS 谱和(b)方框位置的 EELS 谱

本 章 小 结

电子能量损失谱是通过特定能量入射电子，与材料中的原子发生非弹性散射，利用激发声子、激发等离激元、激发价电子跃迁、激发芯能级电子跃迁或电离等过程中的电子能量损

失，表征材料中原子的物理和化学结构信息的分析方法。

电子能量损失谱具有高的空间分辨率和分析灵敏度，可以给出样品中元素定性分析及分布、原子化学环境及电子结构的信息，如原子价态、最近邻原子距离及配位数、介电性质、电子态密度和样品厚度等。

与 EDS 相比，EELS 不仅具有更高的空间分辨率和分析灵敏度，而且更适合检测轻元素。但是 EELS 对样品制备要求较高，需要非常薄的样品，并且谱图采集需要更复杂的操作过程，谱图数据处理及分析也需要更多的理论基础。

第 9 章　扫描电子显微镜

一个人从不出错是因为他从不去尝试新事物。

——爱因斯坦

扫描电子显微镜(SEM)的发展略晚于透射电子显微镜(TEM)。SEM 的概念始于 1935 年，TEM 的研发先驱诺尔为了研究二次电子发射现象，于 1935 年设计了一台仪器，被认为是 SEM 的雏形。第一台真正的 SEM 由美国的兹沃里金(V. Zworykin)于 1942 年制作成功，随后分辨率可以达到 50 nm。由于已经有了 TEM 技术，SEM 技术起初并未受到重视，甚至 SEM 的市场并不被看好。从 1948 年起英国剑桥大学奥特利(C.W. Oatley)团队坚持研发，使 SEM 仪器于 1965 年开始商业化，至今已经非常普及。从用户的角度来说，SEM 图像看起来非常直观，与各类谱学数据的分析相比，对 SEM 图像的解析更加简单直白。因此，需要理解 SEM 工作的基本原理，或者说要理解为什么利用电子束可以得到放大几千倍甚至几十万倍的图像，其分辨率可以达到纳米甚至亚纳米的尺度。

SEM 中的探束依然是会聚的电子束，与 SEM 类似的方法是扫描俄歇微探针(SAM)。在俄歇电子能谱(AES)中使用的激发源也是会聚电子束，电子束斑可以达到纳米尺度，因此 SAM 方法具有很高的空间分辨率。SAM 是利用聚焦电子束扫描样品的表面，激发出俄歇电子，通过探测表面每个扫描点的俄歇电子能谱，逐点逐行获得表面的元素组成或元素化学态，并构建出样品表面的元素(或元素化学态)分布图。SEM 的原理与 SAM 类似，也是利用电子束逐点扫描样品表面，不过探测的不再是俄歇电子的动能，而是被电子束激发出来的二次电子(也包含部分俄歇电子)的数量，作为每个成像点的亮度标记。因此，SEM 中不再需要分析被激发电子的动能，也不再需要电子能量分析器，而只需要对每个电子束扫描点被激发电子进行探测计数，这比 SAM 的测试难度降低了不少(从测试精度要求和硬件成本的角度)。

9.1　扫描电子显微镜的基本原理

9.1.1　二次电子

二次电子是在入射电子束作用下被激发(碰撞)出来的样品中的电子，多数二次电子来源于结合能较低的原子外层的价电子，其动能较低(0～50 eV)。AES 的激发源也是电子束，被激发的电子也包括二次电子和俄歇电子。电子束可以穿透样品一定深度，但是被激发的电子要逃逸出样品表面，只能来自样品的表面几纳米的深度范围。同理，在 SEM 中可以观测到的二次电子也来自样品表面下若干纳米，因此 SEM 也可以视为一种探测材料表面的方法(图 9.1)。

电子束可以激发出二次电子，也会产生俄歇电子。实际上在 AES 部分所关注的，或者说要分析的，是被激发出的电子中那部分带有特征动能的俄歇电子(没有发生非弹性碰撞而损失

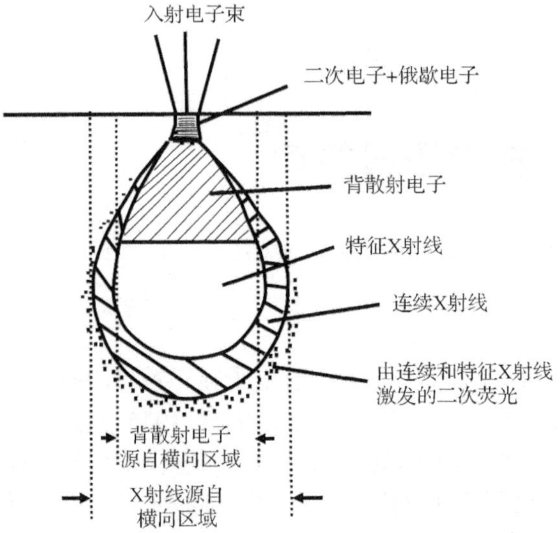

图 9.1 入射电子束在样品中激发的各类信号

动能的电子)，因为来自样品表面下越深的俄歇电子，被散射而发生能量损失的概率越大，所以为俄歇电子信号峰作出贡献的那部分俄歇电子来自相对更浅的表面，而更多其他的俄歇电子虽然也是来自表面层，但是由于发生了非弹性碰撞而损失了部分能量，只能成为 AES 谱中的背景信号。因此可以明确一点，在 AES 观测中对俄歇峰有贡献的俄歇电子只是被激发电子的一小部分，而其他的散射电子、二次电子及发生能量损失的俄歇电子都是 AES 谱中的背景(是人们不欢迎但是也无法消除的背景信号)。但是在 SEM 观测中，所有逸出表面的二次电子及俄歇电子都是有价值的信号来源。俄歇电子的动能可以高至数百电子伏，因此在 SEM 观测中，参与电子计数的俄歇电子不一定比二次电子来自更浅的表面，应该说在 AES 谱中那些没有损失动能的俄歇电子才来自更浅的表面，因为 AES 谱关注的是动能没有损失的更浅表面的俄歇电子，而 SEM 只需对二次电子及俄歇电子(无论动能是否损失)计数。

9.1.2 扫描电子显微镜成像的基本工作原理

扫描电子显微镜的基本组成如图 9.2 所示。SEM 用会聚的电子束作为激发源，通常其电子束的加速电压为 10～30 kV，但对于一些导电性不高的样品，可以用中等加速电压(约 5 kV)，而对生物样品或有机材料等容易被电子束损伤的样品，需要较低加速电压(2 kV 以下)。电子枪发射的电子经过磁透镜会聚形成纳米尺度的电子束，照射在样品的表面。通过扫描线圈可以控制电子束在样品表面进行逐点逐行扫描，SEM 图的分辨率很大程度上取决于电子束斑的大小。

SEM 测试中通过检测二次电子进行成像，称为二次电子像。二次电子的探测器放置在样品侧面，收集记录对应样品表面上每个扫描点处被激发二次电子的计数，作为样品表面相应扫描点的一种亮度标识(衬度)，记录下所有扫描点的亮度即可成为一幅灰度图像，也就是我们看到的 SEM 图像。

为了更好地收集二次电子，实际应用中在二次电子收集器附近加一正电压(200～500 V)，通过电场作用改变低能二次电子运行轨迹，更多地到达电子收集器，这样有利于收集样品表面背向电子探测器的位置激发出的二次电子，避免某些区域的二次电子探测不到而造成图像中的阴影(图 9.3)。

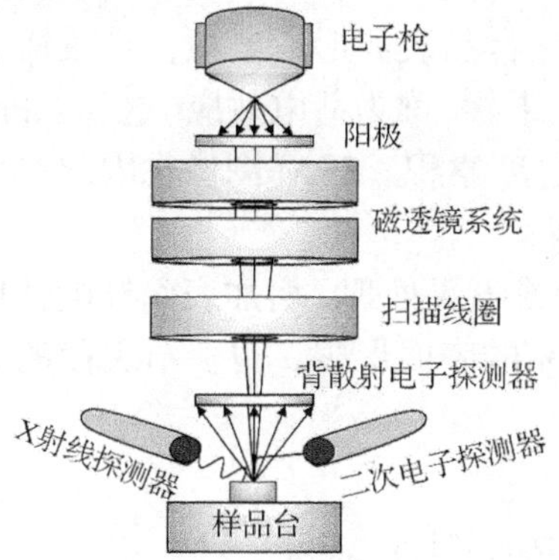

图 9.2　扫描电子显微镜基本结构示意图

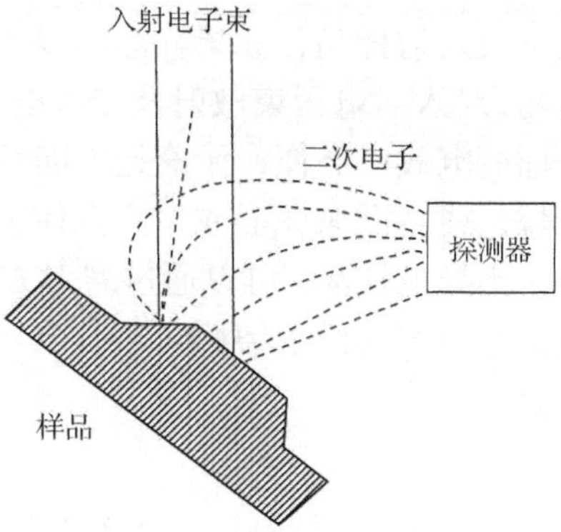

图 9.3　通过加偏压辅助二次电子收集

利用电子束作为激发探束，并且探测束也是电子时，需要真空系统。但由于探测的只是二次电子的计数而非精确测量其动能，因此扫描电子显微镜系统真空度的要求可以低于电子能谱真空系统。通常情况下，钨灯丝电子枪内部要求保持 10^{-5}～10^{-4} Pa 的真空度，场发射电子枪内部要求 10^{-8}～10^{-7} Pa 的真空度，样品室的真空度要求在 10^{-3} Pa 水平(对于普通的 SEM)，而 XPS 样品分析室的真空度通常要求在 10^{-7} Pa 以上。

9.1.3　图像衬度

SEM 图像为灰度图，每个像素点的明暗(也就是图像的衬度)是由电子束照射样品表面所激发的二次电子数额标记的。对于二次电子像，样品的表面形貌是形成图像衬度的主要原因，也称表面形貌衬度(topographic contrast)。

从图 9.4 很容易理解表面形貌衬度产生的原因。已知入射电子束可以有一定的穿透深度，但二次电子仅来自样品表面下几纳米的深度，如果入射电子束的方向与样品表面之间的夹角不同(图中标识的三处位置)，可以激发产生二次电子的表面区域也不相同。显然，与样品表面近似平行的电子束入射方向可以激发更多的二次电子，相应区域在 SEM 图像上表现为更亮的衬度。由于存在表面形貌衬度，样品表面的高低不平、不同曲率都会导致其图像上的明暗衬度，因此 SEM 图像可以根据样品表面曲率变化表现出渐变的灰度，使得图像具有良好的立体感(图 9.4)。

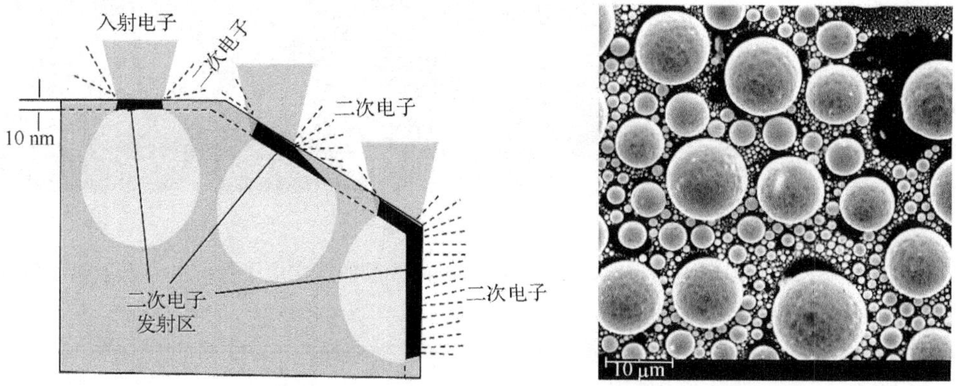

图 9.4　二次电子像的表面形貌衬度形成原因

9.1.4 扫描电子显微镜的样品制备

电子束入射样品，如果样品本身不导电，则电子在样品表面形成累积，导致样品表面产生静电场，对入射电子束散射及二次电子发射都会造成干扰，称为荷电效应。这与 XPS 及 AES 中的表面荷电效应类似，无论是表面亏电子还是电子过度累积。SEM 图像也因此产生异常的明暗区域，或者图像变形或失去立体感，影响成像效果。

对于不导电样品，可以通过溅射方法进行喷金(铂)或喷炭处理，增加表面导电性以克服荷电效应。注意表面溅射镀膜之后，有可能改变某些样品的表面形貌，也会给表面的元素分析带来干扰。

9.2 背散射电子的应用

9.2.1 背散射电子简介

入射电子可以被固体样品中的原子核和电子散射，形成弹性散射电子(散射过程中电子未损失能量)及非弹性散射电子(电子损失部分动能)。由于原子核比电子质量大很多，对电子的散射可以视为弹性散射，部分电子散射角度很大(散射角是电子入射方向和散射方向的夹角)，甚至是近似被反方向反弹回来，通常将散射角大于 90°的电子称为背散射电子。背散射电子的动能比较大，可以从样品表面下更深的范围逃逸出来，因此如果从样品的表面看下去，相比二次电子产生的区域，背散射电子可以来自更大面积、更深层次的样品区域，深度来源可以达到上百纳米(图 9.1)。

通过记录背散射电子的数量也可以进行成像，称为背散射电子像。背散射电子仍然可以有表面形貌衬度，可以形成有立体感的图像。但是背散射电子实际上来自样品表面更大的区域及更深的层次，因此背散射电子像的分辨率比二次电子像的分辨率低。由于背散射电子主要来源于电子与原子核的散射，其产额随原子序数增大而增加，因此利用背散射电子成像对于样品中由不同元素组成的区域，可以表现出额外的衬度信息，也称原子序数衬度。对于原子序数 $Z<40$ 的元素，背散射电子的产额对原子序数十分敏感(图 9.5)，更重的元素可以产生更多背散射电子，因此在背散射电子像中的重元素组成区域有更高的亮度(图 9.6)。

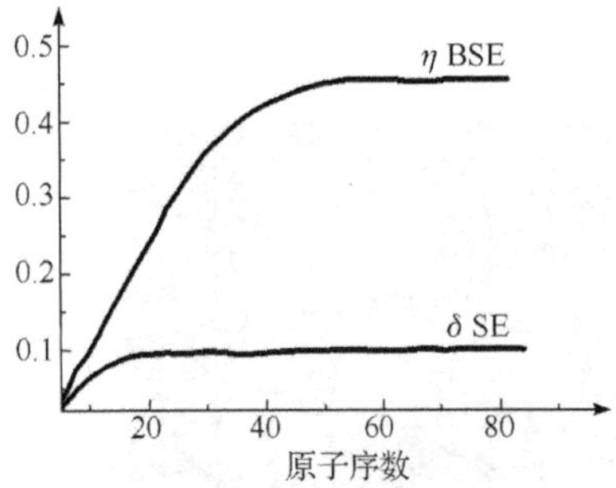

图 9.5 二次电子(SE)和背散射电子(BSE)产额与原子序数的关系

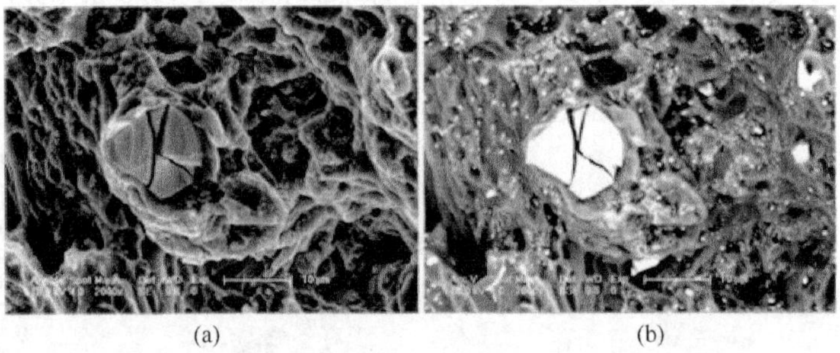

图 9.6 相同样品的二次电子像(a)和背散射电子像(b)

9.2.2　电子背散射衍射技术

X 射线衍射可以测定材料晶体结构及晶体取向，但是通常情况下 X 射线源难以会聚(同步辐射站的软 X 射线可以会聚到几十纳米的束斑)。利用电子束作为激发源的优势是电子束斑可以会聚到纳米尺度，相比 X 射线源具有空间分辨率的优势，如前文对比过 XPS 和 AES 的空间分辨率。用电子束衍射可以研究纳米尺度的晶相结构，如 TEM 中的选区电子衍射，但要求晶体样品足够薄。在 SEM 中，电子束与原子核发生弹性散射形成的背散射电子并未损失动能(或者损失很小可以忽略)，因此可以用来进行样品表面晶体结构的衍射研究。在扫描电子显微镜中，电子束可以在样品表面较大的范围进行逐点扫描，可以研究的样品表面区域范围比透射电子显微镜的样品大很多，并且不需要特别苛刻的制样条件。电子背散射衍射(electron back scattering diffraction，EBSD)可以进行样品表面晶相的微区研究，同时避免了透射电子显微镜制样的困难，从这个意义上可以说 EBSD 兼备了 XRD 和 TEM 的优势。XRD 研究的是样品整体的平均信息，TEM 研究的是样品的微观局部信息，而 EBSD 可以研究样品表面的微区晶体取向，并对较大表面区域的晶体取向进行统计分析。

下面分析弹性背散射电子是如何形成衍射的。如图 9.7(a)所示，会聚电子束从上方入射，在晶体中与原子核和核外电子碰撞，发生不同方向的散射。考虑电子的衍射效应，这里只关注与原子核发生(近似)弹性散射的电子，图中的箭头表示电子散射方向，而箭头长度表示该方向的散射电子的概率，沿着或接近入射电子束方向的散射束较强，而偏离入射方向的散射电子束相对较弱。入射电子束在晶体中的发生弹性散射后，可以视为一个散射源(或者理解为一个灯泡)，发射出不同方向的散射电子。对于图 9.7(a)中的一组晶面(hkl)，一定存在某个入射角度的散射电子满足布拉格衍射条件。可以将散射源和晶面的关系理解为夹在一本辞典中的一个小灯泡，辞典的书页理解为晶面。对于灯泡来说，一定存在特定角度的发射锥面，所有这个锥面上的电子束都满足晶面的布拉格衍射关系，因此所有的衍射方向形成一个衍射锥面。

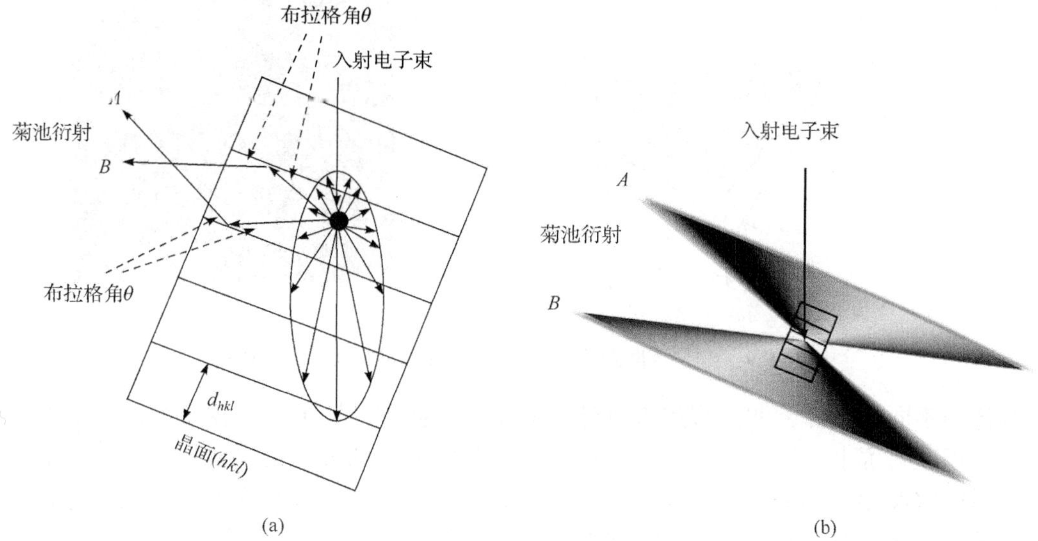

图 9.7　电子背散射衍射(a)和菊池衍射锥面(b)示意图

由于散射源在晶体中(如夹在辞典中的小灯泡)，因此散射源两侧的晶面都可以形成衍射锥，产生两个衍射锥面[图 9.7(b)]。由于不同方向上的散射电子强度不同，更接近电子束入射方向的散射电子强度较高，因此两个衍射锥面形成的衍射强度也有高低之分。电子束的布拉格衍射角非常小，因此两个衍射锥面与晶面的夹角非常小，两个衍射锥面实际上非常扁，距离也非常近。两个衍射锥面打到电子探测器的磷屏上(锥面与平面相交)，可以得到一对双曲线的衍射线(图 9.8)。由于两个衍射锥非常扁平，并距离磷屏较远，则磷屏上的两条双曲线近似为平行线。这对衍射线称为菊池线(Kikuchi line)，如图 9.9 所示。假定衍射晶面可以外延与磷屏形成交线[图 9.9(a)中的线 *AB*]，显然 *AB* 线位于两条菊池线之间，并与菊池线近似平行。也就是说，磷屏上出现的每对菊池线，其平行中线都对应产生电子背散射衍射的某个晶面与磷屏的外延交线。

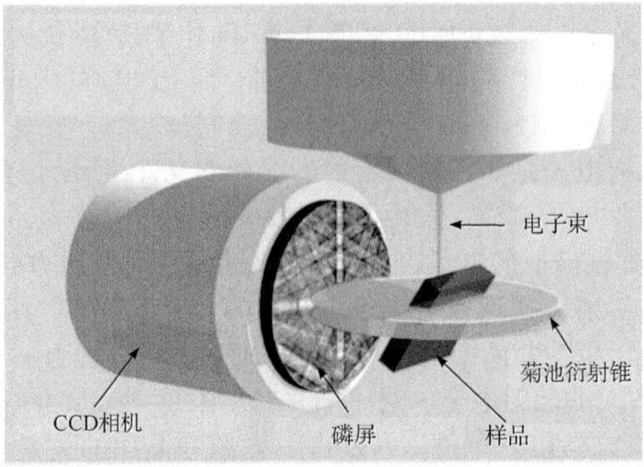

图 9.8 SEM 中 EBSD 装置示意图

为提高信号强度，样品表面倾斜约 70°(与入射束夹角约 20°)

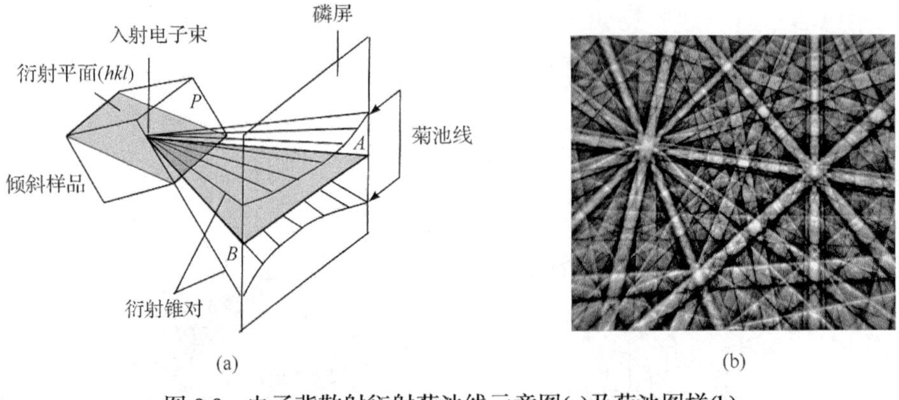

图 9.9 电子背散射衍射菊池线示意图(a)及菊池图样(b)

晶体中不同的晶面，如果假想中延伸的某个晶面截到磷屏上，则这个晶面的菊池衍射线对也会出现在磷屏上。因此，在磷屏上可以看到各组晶面的菊池衍射线形成电子背散射衍射的菊池图样(Kikuchi pattern，图 9.10)。菊池图样表达了不同晶面相交及夹角的信息，具有相同晶带轴的晶面所对应的菊池线交汇到同一个点，形成中心交叉的图样。

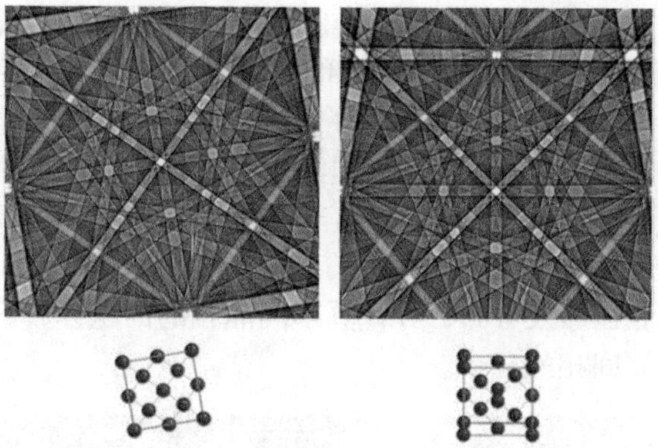

图 9.10　晶体取向改变与对应的菊池图样

假如倾转样品，晶面的延伸方向改变，显然菊池衍射的方向也会发生改变。而磷屏固定不动，此时晶面的外延与磷屏的交线会发生移动。如果所有可以发生衍射的晶面的外延与磷屏的交线都会发生偏移，得到的菊池图样也会发生相应的变化，即菊池图样与晶体的倾转方向(晶体晶轴的空间取向)存在对应关系(图 9.10)。

对于一个块体样品，如某金属样品的表面，往往不是单晶结构，而是不同取向的微晶颗粒的聚集(图 9.11)。EBSD 用电子束在表面上进行逐点扫描，同时逐点记录背散射电子的菊池衍射图样。对于同样的入射电子束，如果晶体取向不同，则形成的菊池图样也不同。因此，逐点记录菊池图样的变化，并通过 EBSD 软件中的数据库对图样进行标定比对分析，获得晶体

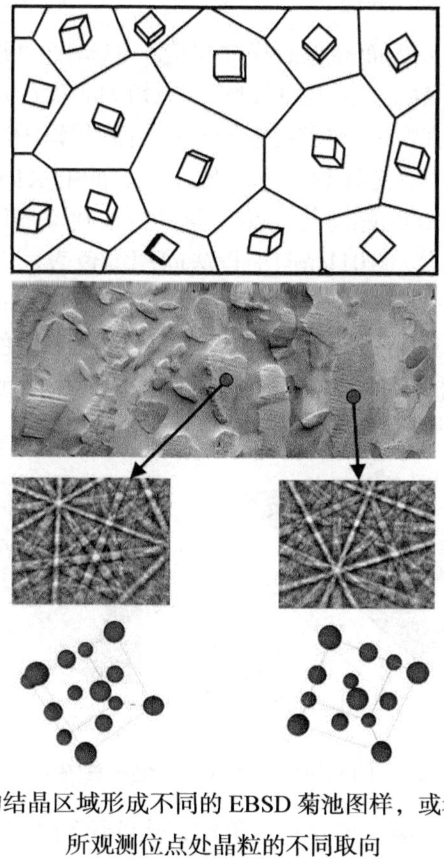

图 9.11　样品表面上不同取向的结晶区域形成不同的 EBSD 菊池图样，或者说不同的 EBSD 菊池图样对应所观测位点处晶粒的不同取向

取向信息，可以分析出样品表面不同晶体取向的区域尺度。按样品中各部分不同的晶体学取向分类，用不同颜色或灰度表示不同晶体取向的图像，可以得到取向衬度图像(图 9.12)。EBSD 源自会聚电子束在材料中散射形成的散射电子源，其空间尺度显然高于会聚电子束斑，因此 EBSD 的空间分辨率为 25～100 nm。而衍射电子在材料内部会发生碰撞偏转，因此只有在表面附近产生的衍射电子才能出射并携带衍射信息。菊池衍射信号来源深度一般是表面下几十纳米，这取决于样品的元素组成，因此 EBSD 适合分析亚微米尺度的表面晶区取向。EBSD 可以分析样品表面不同晶相区域及分布，并计算不同晶相的面积分数。图 9.13 显示双相钢中铁素体、奥氏体及不同金属间相的分布。

图 9.12 钢样品表面 EBSD 不同取向晶区分布

图中用随机的不同颜色表示取向不同的晶相区域

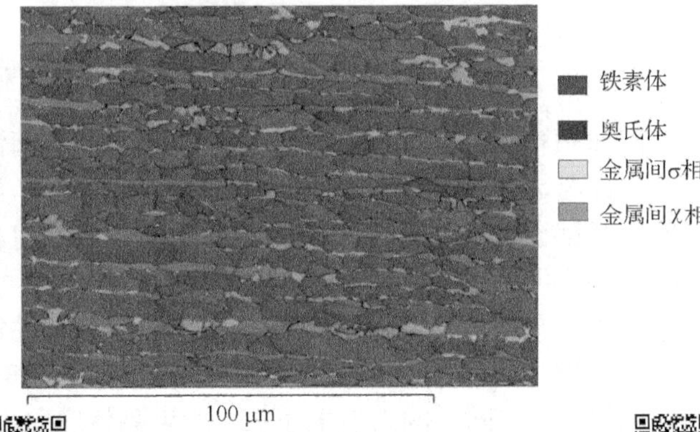

图 9.13 双相钢中的不同晶相分布

从图 9.12 中可以看出样品表面晶粒的横向尺度，但是图中并没有表达出每个晶粒的晶体取向信息，或者说看不出样品的多晶织构信息。晶体取向图(crystal orientation map)是更常用的图示晶粒取向方式，可以直观地分析和提取样品表面晶体织构信息。图 9.14 为某立方晶系结构样品晶体取向简化示意图，选择观测方向是样品表面的法向，对于某个分析点(对应一个微小区域)，如果该点晶相的[001]晶向与样品法向平行，则该点用红色表示，类似地，如果将[111]晶向平行法向用蓝色表示、[101]晶向平行法向用绿色表示，将样品表面晶粒取向用不同颜色表示，即得到晶体取向图，也称为反极图面分布图(inverse pole figure map，IPF-X，X 表示选择的参考方向，如上述的样品表面法向)。红色、蓝色和绿色区域的晶相与表面平行的晶面族分别是{100}、{110}和{111}。IPF 图中分析点的取向一致或接近，则用相同或相近的颜色表示，颜色相同的分析点形成取向一致的晶相区。

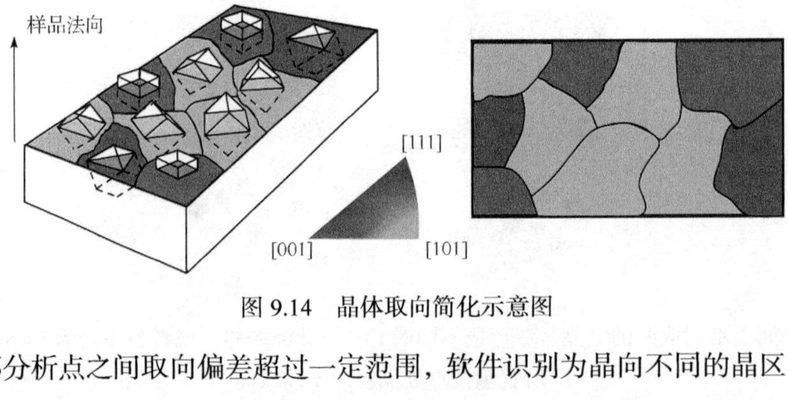

图 9.14 晶体取向简化示意图

如果相邻分析点之间取向偏差超过一定范围，软件识别为晶向不同的晶区，即存在晶界。

取向差大于 15°为大角度晶界，大于 2°小于 15°为小角度晶界。图 9.15 显示的是一种石英矿的晶体取向图，可以看出图中左侧区域取向保持一致，而右侧包含了不同取向的晶体微区。如果要统计样品表面晶区取向的分布规律，还可以将所有晶粒的取向用极图或反极图表示。

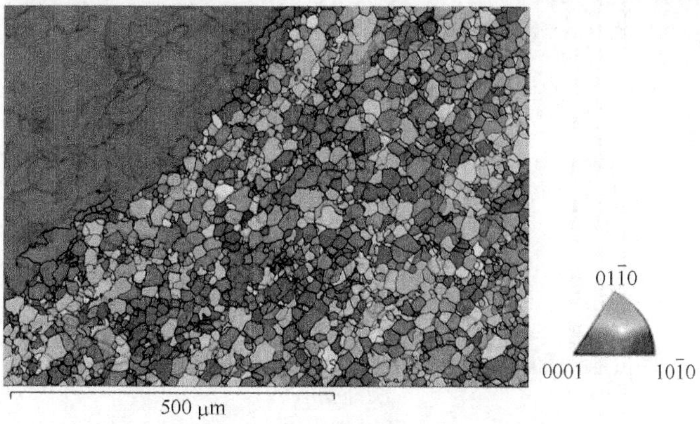

图 9.15　一种石英矿的晶体取向图

选取三个晶向定义为不同的颜色，如果样品表面晶粒取向与选取晶向平行，则用相应的颜色标识表面晶向

EBSD 技术广泛应用于金属、陶瓷材料的微晶织构和取向分析、微晶粒尺寸及晶界形状分析等方面，是一种不同于 XRD 及 TEM 电子衍射的微晶相分析方法。用 EBSD 测试的样品应该是整体样品，要求样品表面平整度高，可以根据需要切割成光滑表面，用机械抛光或离子束抛光处理表面。小尺度的样品通常需要镶嵌在支撑树脂中，导电性很差的样品需要进行表面溅射 1～2 nm 厚的碳层以避免荷电效应。

9.3　电子探针显微分析

用电子束激发元素的特征 X 射线，样品原子的内层电子被入射电子激发或电离，在内层产生一个空位，原子处于能量较高的激发状态，此时外层电子向内层跃迁以填补内层电子的空位，从而释放出具有特征能量的 X 射线。俄歇电子与特征 X 射线是电子束激发中的两个竞争过程，相应的概率与元素的原子序数有关。以聚焦电子束为激发源，引入特征 X 射线探测器，可以在电子束扫描样品表面的同时获得表面微区的元素分布信息，这种方法称为电子探针显微分析(electron probe micro analysis，EPMA)。

对于 X 射线谱的探测，有两种不同的方式。一种是测量 X 射线的光量子能量，称为能量分散谱或能量色散谱(EDS)；另一种是测量 X 射线的波长，称为波长分散谱或波长色散谱(WDS)。除专门的电子探针谱仪外，更常见的是 SEM 或 TEM 系统中附加 EDS 谱仪附件，与 SEM 或 TEM 功能结合，对样品的形貌、微区晶体结构及元素组成进行综合分析。

在 EDS 测试中，X 射线被视为粒子，通常使用的探测器是锂漂移硅探测器，也称 Si(Li) 探测器。这里不必深究探测器的详细原理(如果感兴趣可以参考相关专业书籍)，只做简要的介绍。进入探测器的 X 射线的光量子可以激发硅形成电子-空穴对，通过计量电子-空穴对的数目可以标记出入射光量子的能量。对不同光量子能量的光子进行分类计数，可以得到对应不同光子能量的 X 射线强度，从而得到横轴为光子能量、纵轴为光子计数的 EDS 谱图(图 9.16)。另外，电子束轰击样品还会产生韧致辐射，在 EDS 谱中形成连续背景信号，给定量分析带来干扰。

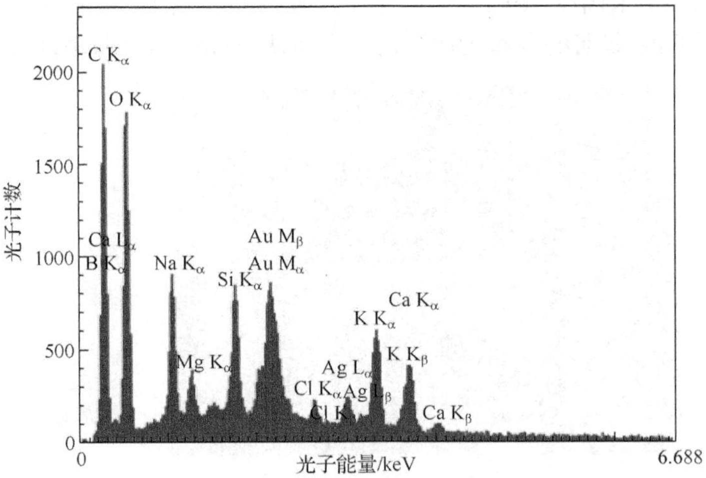

图 9.16 EDS 谱图示例

EDS 谱的能量分辨率较低，只有 115～133 eV，也就是说如果不同元素的特征 X 射线能量差低于能谱分辨率时，EDS 无法区分它们，如硅的 K_α 峰(1.74 keV)和钨的 M_α 峰(1.78 keV)在 EDS 测试中无法分辨。Si(Li)探测器需要在液氮温度下工作，以避免半导体的热激发造成信号噪声，从而提高检测器分辨率。

由于半导体检测器常用 7.5～25 μm 厚度的铍窗(用于防污染和可见光真空隔离等，X 射线要穿过窗口进入探测器)，对输入的低于 1 keV 的 X 射线吸收很严重，因此不能用于分析较轻的元素(O、N、C 等)，只能分析 Na 以后的元素。如果要观测上述轻元素，可以使用由聚合物薄膜、硼氮或硅氮化合物制成的超薄窗，元素分析范围甚至可以到 Be。EDS 测试中电子束可以同时激发样品中元素的特征 X 射线，在一张 EDS 谱中可以分析出多种元素，检测速度较快。不同的仪器和样品，EDS 的检测限为 0.1%～1%(原子数百分含量)。

与 EDS 相比，WDS 并不常用，通常没有配备在 SEM 和 TEM 仪器系统中。在 WDS 检测中，X 射线被视为波，对特征 X 射线能量的检测也是通过检测其波长进行的。用一块具有已知晶面间距 d 的晶体作为分光晶体，当入射 X 射线的波长、入射角和晶面间距三者符合布拉格方程 $2d\sin\theta=\lambda$ 时，特征波长为 λ 的 X 射线发生衍射，接收器记录不同波长 X 射线的衍射强度，从而形成能量与强度的 X 射线波谱(图 9.17)。WDS 检测方法的波长分辨率很高，但是需要逐个元素分别测定波长，因此分析速度较慢，一般做一个波谱分析需要几十分钟甚至几个小时。WDS 谱仪中通常由于 θ 角的可变范围有限，因此需要使用不同晶面间距的分光晶体检测不同的 X 射线波长。

WDS 测试要求样品表面平整，而 EDS 测试对样品没有特殊要求，块体或粉末样品都可以。由于检测方法不同，WDS 的能量分辨率为约 5 eV，而 EDS 的能量分辨率在 100 eV 以上。如图 9.18 所示，在 EDS 谱中，N 的 K_α 线与 Ti 的 L_α 线严重重叠，而在 WDS 谱中则可以完全分开。从定量分析的角度，WDS 谱的分析误差远低于 EDS 谱。在电子探针显微分析谱仪中，两种谱仪可以联合使用，EDS 对样品进行快速分析，如果出现谱线重叠难以分辨或需

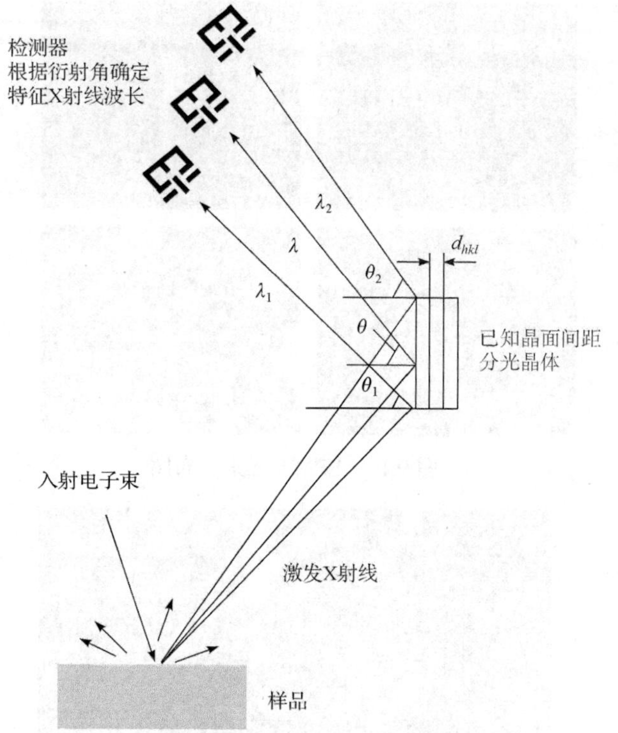

图 9.17 WDS 的测试原理图

要更精准的定量分析，可以进行 WDS 分析。要注意的是，虽然 EPMA 使用会聚电子束作为激发源，但是高能电子束的穿透深度较深，并在样品中发生散射，因此可以在一定深度和横向范围的区域内激发特征 X 射线。EDS 和 WDS 的空间分辨率都比 SEM 二次电子像低很多，因此更适用于微米尺度区域的微区分析(图 9.19)，而不适用于需要更高空间分辨率的纳米尺度区域的元素分析。由于样品本身很薄，入射电子束斑更小，电子束在样品中的散射区域有限，激发特征 X 射线的区域也有限，因此 TEM 中的 EDS 仍然可以有纳米尺度的空间分辨率，甚至在 STEM 中的 EDS 可以达到原子尺度的空间分辨率(图 9.20)。

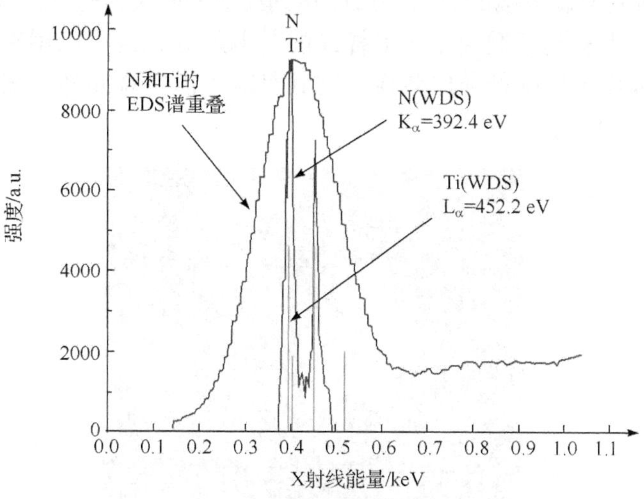

图 9.18 EDS 和 WDS 分辨率对比

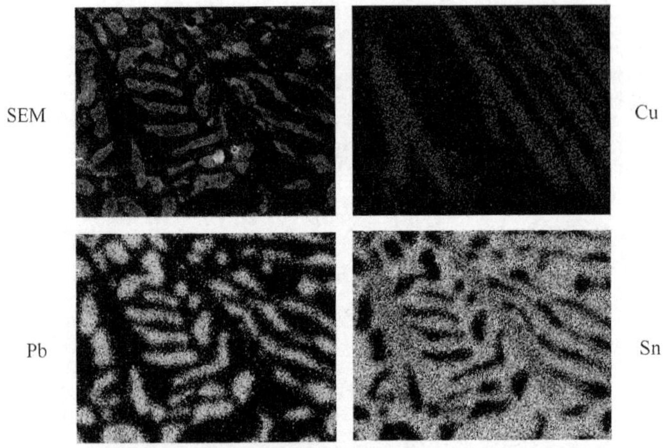

图 9.19　EPMA 元素分布图

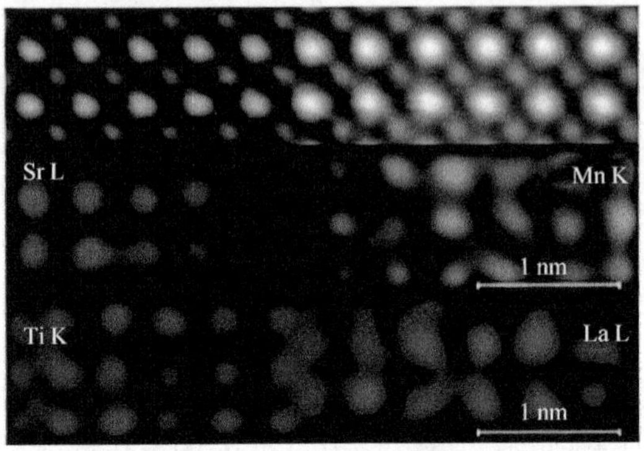

图 9.20　钛酸锶/锰酸锶镧界面的 STEM 图像及 EDS 元素分布图

9.4　扫描电子显微镜新技术

追求更高分辨率是电子显微镜技术永恒的主题。目前得益于高性能场发射电子枪及电子束单色化技术，扫描电子显微镜的分辨率可以达到约 0.5 nm 水平。为了降低电子束辐照损伤，利用低加速电压电子束有利于避免不导电样品的荷电效应，也可以用来观测结构不稳定或易损伤样品。低电压成像可以降低荷电效应，尤其是对于需要观测样品表面而不能进行表面溅射导电涂层的样品(图 9.21)。

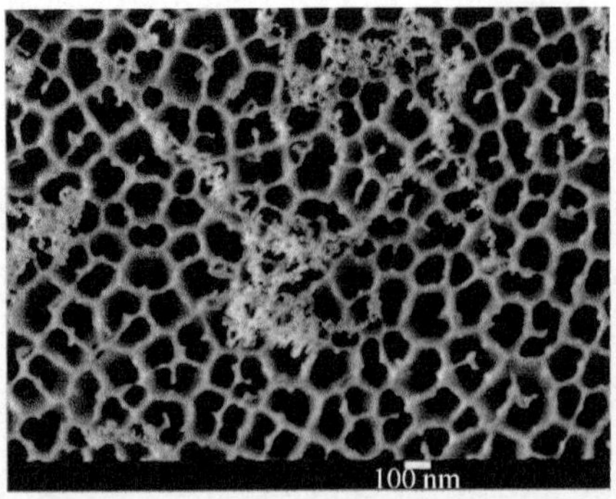

图 9.21　仅用 200 V 加速电压测试的某种过滤膜的 SEM 高分辨图像

环境扫描电子显微镜可以在较低真空(约 50 Torr)条件下对生物样品等不适合高真空条件观测的样品进行成像分析(图 9.22)。在变温或其他工作原位条件下进行原位 SEM 观测也是当前扫描电子显微镜技术发展的方向。结合了聚焦离子束(FIB)的双束扫描电子显微镜是集微区成像、纳米加工与操纵等多功能的综合制备与分析的仪器，成为半导体加工、材料科学和生命科学等多个领域的重要研究工具。

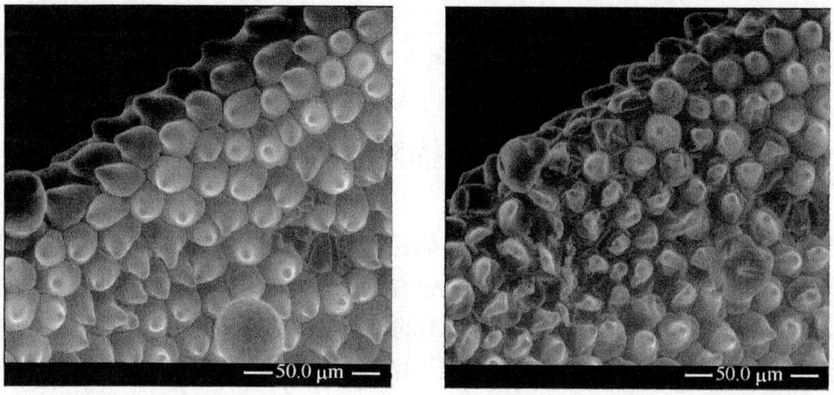

(a)　(b)

图 9.22　新鲜花瓣的 SEM 图像(a)，含水量稍稍下降(70%)即出现表面收缩和结构破坏(b)

本章小结

利用聚焦电子束的纳米尺度束斑在样品表面逐点扫描，是扫描电子显微镜图像具有高分辨率的原因。样品表面的高低不平造成的二次电子产额的变化，即形貌衬度，是扫描电子显微镜图像呈现立体感的原因。电子背散射衍射(EBSD)方法利用(准)弹性背散射电子的菊池衍射图样，通过逐点扫描对样品表面进行逐点物相识别及晶体取向分析，获得样品表面的结晶微区相区尺度及织构信息。XRD、TEM 电子衍射和 EBSD 都是围绕衍射的分析方法，三者各有千秋。与 XRD 相比，EBSD 具有更高空间分辨率的微区分析优势，与 TEM 中的电子衍射相比，EBSD 具有分析区域更大(可以测试宏观样品)及制样相对简单的优势。但 XRD 和 TEM 电子衍射在晶体结构分析方面所提供的信息也是 EBSD 完全不可比拟的。SEM 结合 EDS 或 WDS，可以在成像的同时对样品表面的元素分布进行定性及半定量分析。EDS 的能量分辨率远低于 WDS，但是测试速度更快。

第 10 章　扫描隧道显微镜与原子力显微镜

底部仍有大空间。

——费曼

10.1　扫描隧道显微镜

无论是透射电子显微镜还是扫描电子显微镜，都需要电子束作为探束。透射电子显微镜检测的是透过样品的电子束，扫描电子显微镜检测的是电子束激发出来的二次电子。扫描隧道显微镜(scanning tunneling microscope，STM)的检测对象依然是电子(电流)，这些电子来自样品(或探针)自身，而不需要额外的电子束或光源激发，但需要在样品和探针之间施加一定的电压来维持电子的定向流动。扫描隧道显微镜的物理基础是量子隧穿效应(quantum tunneling effect)，是 1981 年由瑞士 IBM 公司的两位科学家宾宁(G. Binnig)和罗雷尔(H. Rohrer)共同发明的，他们获得了 1986 年诺贝尔物理学奖的一半。

10.1.1　量子隧穿效应

无论是蒲松龄笔下崂山道士的穿墙术，还是哈利波特在$9\frac{3}{4}$站台的穿墙而过，都可以作为类比量子隧穿效应的宏观事例(虽然都是虚构的)，量子隧穿效应有时也被戏称为量子“穿墙术”(图 10.1)。自德布罗意提出粒子具有波动性、薛定谔提出量子力学波动方程(薛定谔方程)以来，20 世纪 20 年代，物理学家洪德(F. Hund)、诺德海姆(L. Nordheim)和伽莫夫(G. Gamow)都围绕量子隧穿效应做出了重要的贡献。对微观粒子隧穿效应的理解是量子力学发展的重要里程碑，而与量子隧穿效应相关的研究也曾多次获得诺贝尔物理学奖。

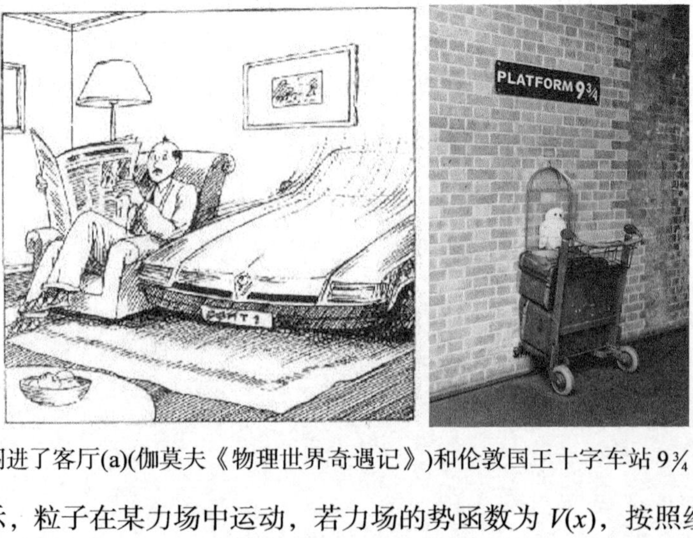

图 10.1　汽车闯进了客厅(a)(伽莫夫《物理世界奇遇记》)和伦敦国王十字车站 $9\frac{3}{4}$ 站台旅游点(b)

如图 10.2 所示，粒子在某力场中运动，若力场的势函数为 $V(x)$，按照经典力学观点，能

量 $E<V_0$ 的粒子不可能穿越势垒。但是在量子力学中，如果将粒子视为波函数，则由一维定态薛定谔方程(V 不含时)：

$$\frac{d^2\psi}{dx^2}=\frac{2m}{\hbar^2}\left[V(x)-E\right]\Psi$$

对区域Ⅰ：

$$\frac{d^2\psi}{dx^2}=-\frac{2m}{\hbar^2}E\psi=-k_1^2\psi$$

$$\psi_1=A_1e^{ik_1x}+B_1e^{-ik_1x}\text{ (入射波+反射波)}$$

对区域Ⅱ：

$$\frac{d^2\psi}{dx^2}=\frac{2m}{\hbar^2}(V_0-E)\psi=k_2^2\psi$$

$$\psi_2=A_2e^{-k_2x}+B_2e^{k_2x}$$

对区域Ⅲ，波函数方程与区域Ⅰ相同：

$$\psi_3=A_3e^{ik_1x}\text{ (只有透射波)}$$

粒子穿透概率 P：

$$P\propto e^{-\frac{2a}{\hbar}\sqrt{2m(V_0-E)}}=e^{-2ka}$$

$$k=\sqrt{2m(V_0-E)}/\hbar$$

式中，a 为势垒宽度，宽度越大，穿透概率越小；粒子能量 E 越大，穿透概率越大。

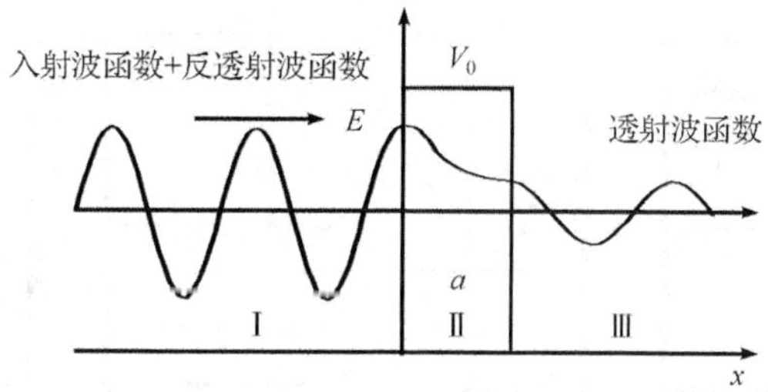

图 10.2　能量为 E 的粒子穿过高度为 V_0 的方势垒

对于不规则势垒 $V(x)$，穿透概率正比于

$$e^{-\frac{2}{\hbar}\int_0^a\sqrt{2m[V(x)-E]}dx}$$

如果将微观粒子视为波函数，根据薛定谔方程，粒子能量小于势垒高度时仍然有贯穿势垒的概率，这个结论又称为势垒贯穿或量子隧道效应。

关于势垒，以金属为例，由于表面功函数的存在，金属中的自由电子无法逃逸出表面。对于费米能级附近的电子，其逃逸出表面要克服的势垒可以理解为金属的表面功函数。因此，当一个金属针尖靠近一个金属表面时，电子的穿透概率可以参考

$$P\propto e^{-\frac{2a}{\hbar}\sqrt{2m(V_0-E)}}=e^{-2ka}$$

式中，a 可以理解为两个金属针尖的距离(一般应小于 1 nm)；V_0 为表面功函数。因此，表面功函数越小，距离越近，则电子逸出金属表面到对面金属的概率越高。对于材料中费米能级之上的电子(费米能级定义为电子结合能的零点)，势垒高度即为材料的表面功函数。而对于费米能级之下的电子，势垒更高，为表面功函数加上电子的结合能(电子结合能为其所在能级与费米能级之差)(图 10.3)。

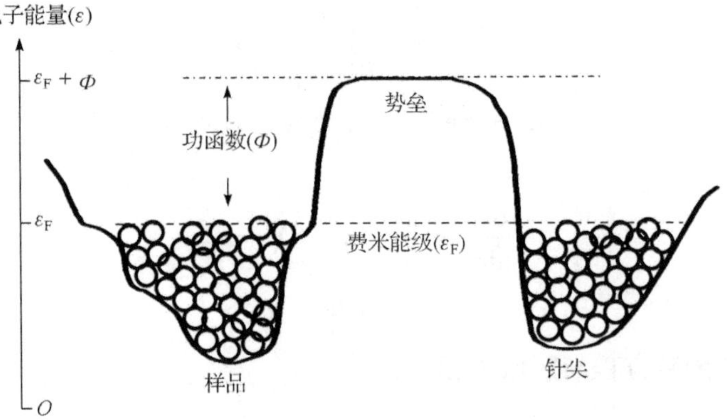

图 10.3 金属表面的功函数相当于在费米能级电子的逸出势垒

如图 10.4 所示，当金属 1 与金属 2 靠得很近(<1 nm)时，由于电子隧道效应，两金属表面的电子云将相互渗透(电子波函数发生交叠)。如果在金属针尖与样品之间施加小的电压 V(偏压)，就可以形成隧穿电子的流动，即隧穿电流，这是可以测量的物理量。隧穿电流对针尖与样品的距离非常敏感。可以通过改变施加的偏压的方向，控制隧穿电子的流动方向(与隧穿电流的方向相反)。为了描述更加直接，本章讨论的都是隧穿电子的流动方向。

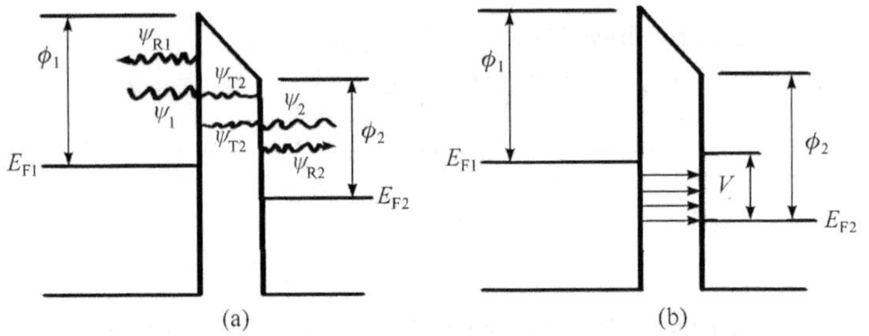

图 10.4 两金属之间的电子隧穿效应(a)与加偏压后的隧穿电流(b)

10.1.2 扫描隧道显微镜的基本原理

扫描隧道显微镜的基本原理是通过尖锐金属探针在导电样品表面扫描，利用针尖-样品间纳米间隙(通常小于 1 nm)的量子隧道效应，在外加电场的作用下，电子穿过两个电极之间的势垒流向另一电极而形成可观测的隧穿电流(图 10.5)。通常隧穿电流为皮安(pA)至纳安(nA)数量级。通过观测隧穿电流，以原子级分辨率记录样品表面电子结构特征图像。注意是表面电子结构图像而非表面形貌图像，因为 STM 中隧穿电子的来源是金属针尖或样品的表面，隧穿电流的强弱与样品表面的电子态密度直接相关。STM 图像往往并不直接表达样品的表面形貌。图 10.6 为世界第一台 STM 及构造示意图。

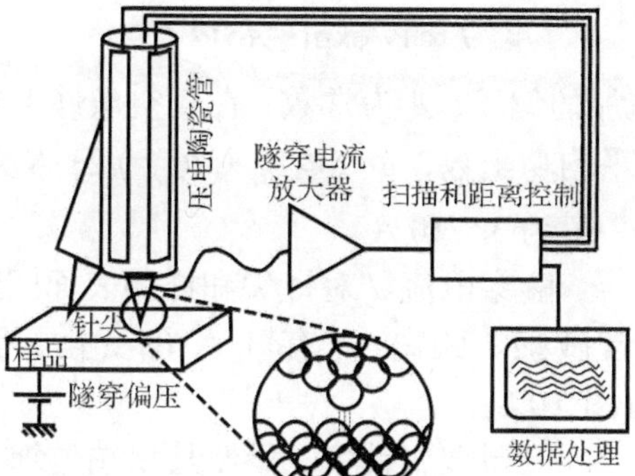

图 10.5　STM 测试原理示意图

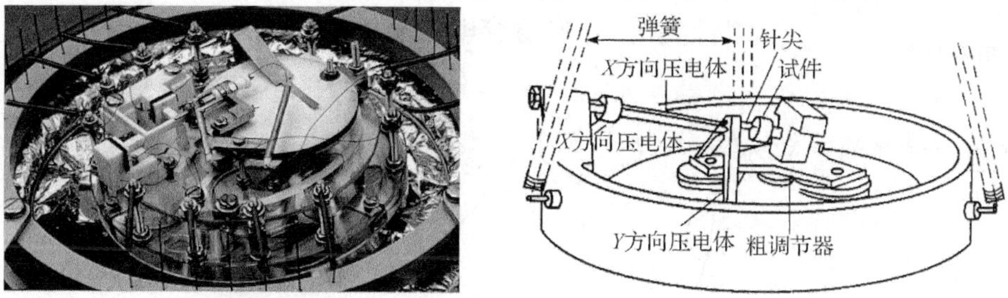

(a)　(b)

图 10.6　世界第一台 STM(a)及构造示意图(b)

金属针尖通常由金属钨丝制作，尖端的曲率半径为 20～50 nm(图 10.7)。测试中金属针尖在样品表面上逐点扫描，如何控制针尖的横向和纵向位移的步长精度是 STM 获得高分辨图像的关键技术。针尖的精准移动借助了压电陶瓷技术，压电陶瓷受到压力后产生电荷积累，也就是压电效应。当有外加电场时，压电陶瓷本身会产生极微小的形变，称为逆压电效应。STM 针尖固定在压电陶瓷支架上，通过施加 1 mV～1000 V 的电压信号，产生亚纳米到微米尺度的微小位移，借此驱动针尖在样品表面实现三维扫描。STM 横向和纵向的分辨率分别可达 0.1 nm 和 0.01 nm，即可以达到单个原子分辨率的水平。

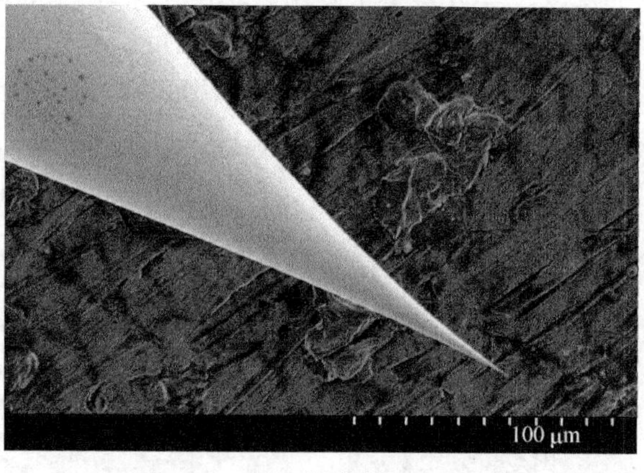

图 10.7　STM 针尖的 SEM 图像

根据上述讨论的粒子穿透势垒的概率，隧穿电流 I 与针尖和样品间偏压 V_b、针尖和样品间距离 S、平均功函数 Φ 之间的关系可表示为

$$I \propto V_b \exp\left(-AS\Phi^{1/2}\right)$$

式中，V_b为针尖和样品间施加的偏压；A为常数，在真空条件下约等于1；Φ为针尖和样品的平均功函数，$\Phi=(\Phi_{针尖}+\Phi_{样品})/2$；$S$为针尖和样品表面间的距离，一般为3～10 Å。

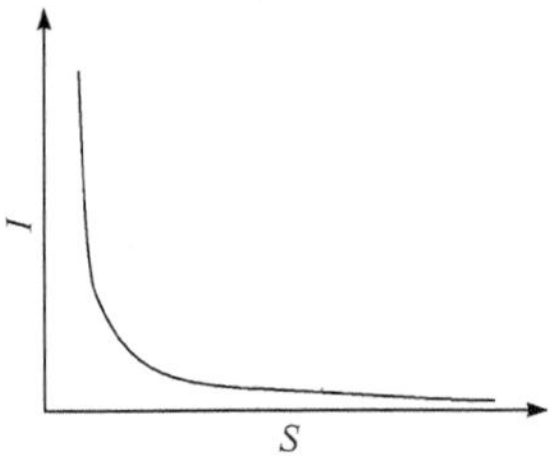

图 10.8 隧穿电流 I 对针尖和样品表面间距离 S 呈指数衰减

隧穿电流 I 对针尖和样品表面间距离 S 呈指数衰减，变化非常敏感。距离ΔZ有1 Å的变化，隧穿电流即有数量级的变化(图 10.8)。

对于金属针尖，显然其顶端越细，对分辨率越有利。当然，针尖有一定的宽度，如图 10.9 所示，如果针尖表示为半径 R 的圆，从纵向距离与隧穿电流的公式可以转化为横向的电流分布公式，如果针尖很尖，则隧穿电流比较集中在针尖的顶端。侧向电流分布为

$$I(\Delta x) = I_0 \exp\left(-2\kappa\Delta x^2 / 2R\right)$$

式中，κ为衰减常数，$\kappa=\sqrt{2m\Phi}/\hbar$。

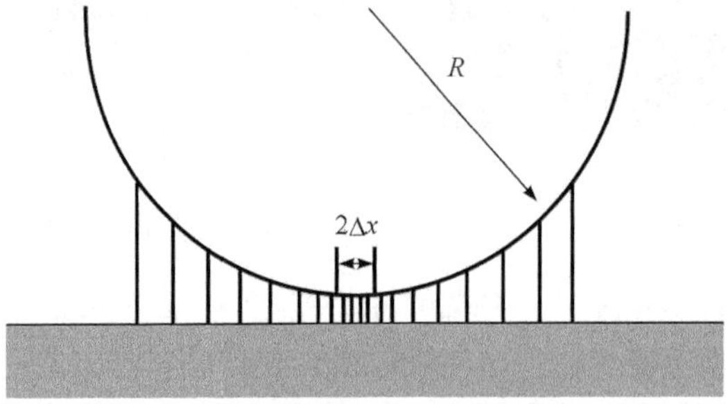

图 10.9 针尖宽度与横向隧穿电流的关系

典型情况下，$\kappa\approx1$ Å^{-1}，当$R\approx10$ nm时，隧穿电流集中在针尖附近半径约1.4 nm的范围内。

对比SEM和STM的成像模式。SEM用会聚电子束在样品表面进行扫描，通过记录二次电子产额作为每个像点的灰度，其分辨率主要由会聚电子束斑的尺度决定，而表面二次电子的产额与表面形貌直接相关，因此SEM图像具有形貌衬度。与SEM相比，STM图像通常具有更高的分辨率，甚至可以达到原子级分辨率(图 10.10)。STM是用金属针尖扫描样品表面，

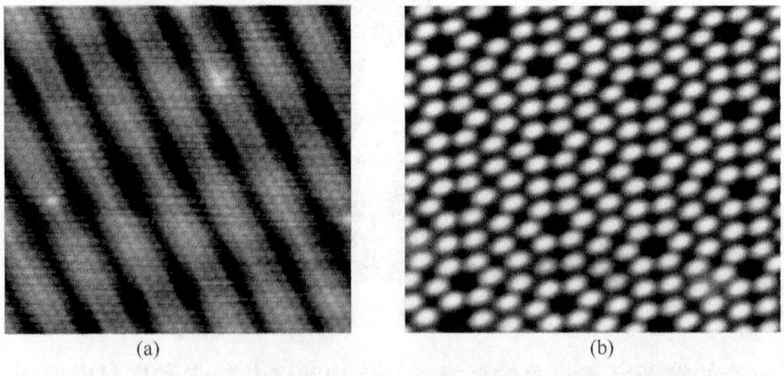

图 10.10 金(100)面STM像(a)和单晶硅(111)面原子像(b)

并记录隧穿电流的强度作为像点的灰度(在金属针尖保持恒定高度的测量模式下，即恒高模式)，因此 STM 图像衬度代表了样品表面影响隧穿电流大小的各种因素，包括表面的高度变化、表面缺陷、吸附分子的形态及表面电子态密度，表征的是材料表面单个原子层非常局域的信息。STM 针尖的隧穿电流正比于该处样品表面费米能级附近电子的局域态密度，因此 STM 图像不一定代表样品的表面形貌，而是体现了样品表面原子几何结构和电子态密度的综合效应。

10.1.3　扫描隧道显微镜的工作模式

扫描隧道显微镜有两种常见的扫描成像工作模式，即恒流模式与恒高模式(图 10.11)。恒流模式是指当针尖扫描时，在偏压不变的情况下，始终保持隧穿电流恒定。当给定偏压且样品和针尖的平均功函数已知时，隧穿电流的大小仅取决于针尖和样品间的距离。隧穿电流的微小变化可以通过反馈系统调整针尖和样品的高度，从而保证隧穿电流的恒定。当压电陶瓷控制针尖在样品表面进行扫描时，可以记录样品表面的原子图像，实际上记录的是扫描表面不同位置的针尖高度信息。恒流模式是扫描隧道显微镜最常用的一种工作模式，由于 STM 的针尖随着样品表面的起伏而调整高度，不会因表面起伏太大而碰撞到样品表面，因此恒流模式适合观察表面起伏较大的样品。

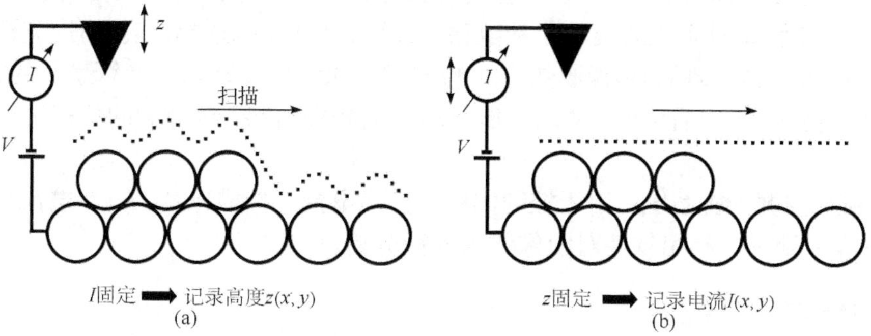

图 10.11　根据针尖和样品间相对运动方式的不同，STM 有两种工作模式：恒流模式(a)和恒高模式(b)

恒高模式则始终控制针尖在样品表面固定高度上扫描，随着样品表面高低起伏及电子态密度的变化，隧穿电流不断变化。通过提取扫描过程中针尖和样品间隧穿电流变化的信息，可以得到样品表面的原子图像。所得的 STM 图像不仅勾画出样品表面原子的几何结构，还反映了原子的电子结构特征。恒高模式工作时，由于针尖的高度恒定不变，因此仅适合观察表面起伏不大的样品。

10.1.4　STM 仪器的基本构造

STM 可以在超低温、超高真空下工作，也可以在环境条件下工作，甚至可以在液面上工作，测试对象广泛(但是样品必须导电)，并对制样技术要求不高。根据工作条件和测试要求，STM 有复合多种功能、结构复杂且价格昂贵的仪器(图 10.12)，也有价格低廉的小型台式装置。

STM 测试系统主要包括：

(1) STM 隧道针尖：如上所述，STM 图像的质量与针尖的组成、大小和形状等因素密切相关。制备针尖的材料主要有金属钨丝、铂铱合金丝等。钨针尖的制备常用电化学腐蚀法，

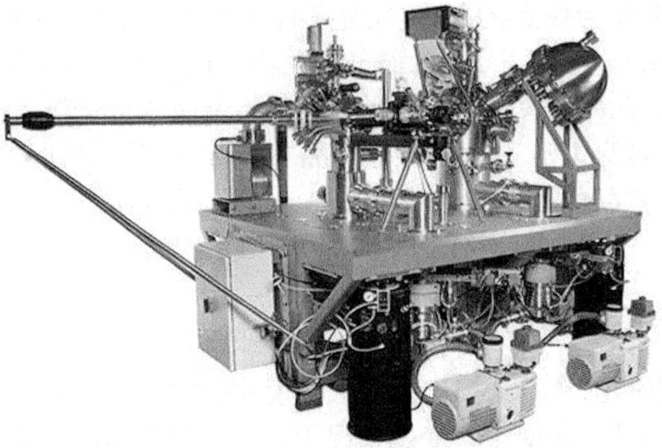

图 10.12 多功能扫描探针显微成像系统

而铂铱合金针尖可以直接用剪刀剪切而成。金属针尖要求具有高化学纯度，表面也不能有氧化层或存在杂质吸附，否则会影响导电性，导致隧穿电流不稳、噪声大，从而降低图像质量。每次测试都要对针尖进行处理，通常使用化学试剂清洗，去除表面的氧化层及杂质，保证针尖良好的导电性。

(2) 减震系统：STM 的压电陶瓷产生的位移非常微小，针尖与样品之间的距离也在 1 nm 之内，因此 STM 测试对系统的震动非常敏感，必须有严格的防震措施。扫描隧道显微镜的底座通常采用金属板(或大理石)和橡胶垫叠加的方式，探测部分则采用弹簧悬吊的方式。

(3) 压电陶瓷位移扫描系统：使用高质量的压电陶瓷材料，对针尖的位移进行高精准度的控制。

(4) 控制及数据分析系统：用于控制偏压、扫描电流、扫描速度、隧穿电流反馈等，记录数据并进行成像处理，利用软件对图像数据进行分析。

10.1.5 STM 实例分析

扫描隧道显微镜已广泛应用于物理、化学、材料等领域的研究，特别是在金属、半导体和超导体等材料研究中取得了突破性进展。STM 可以在超低温、高温条件下工作，在超高真空和环境条件下都可以进行测试。

STM 的主要优点包括：

(1) 具有极高的空间分辨率，STM 在平行和垂直于样品表面方向的分辨率分别可达 0.1 nm 和 0.01 nm，达到原子级高分辨率，可以直接观察到材料的表面结构缺陷、表面原子重构及吸附分子的构型。

(2) 测试条件宽泛，适用于多种研究体系，对制样没有特别要求。

(3) 利用扫描隧道谱(STS)可以研究材料费米能级附近的电子态密度。

(4) 利用 STM 针尖可以进行原子、分子的移动和操纵，实现原子级精确的人工原子排列及纳米器件构建。

STM 用金属针尖扫描样品表面，并记录隧穿电流的强度(恒高模式)或针尖的高度(恒流模式)作为像点的灰度。STM 图像也是灰度图，为了美观可以添加不同的颜色。如果样品表面是金或单晶硅的某个晶面，隧穿电流的变化可以对应原子位置。另一个例子是石墨表面的 STM 图像(图 10.13)。图 10.13 中相邻的亮点距离为 0.25 nm，而石墨表面碳六元环中相邻碳距离为 0.14 nm，这说明图上的亮点并不是石墨(0001)面全部的碳原子排布。

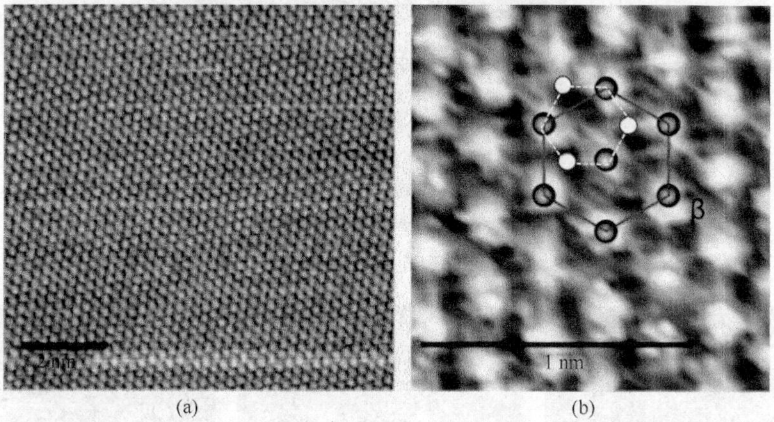

图 10.13　(a) 石墨(0001)面的 STM 图像；(b) (0001)面六边形碳排列中只有三个碳原子出现在 STM 图像中(黑色圈对应碳原子)，白色空圈标记另外 STM 测试中未探测到的三个碳原子

石墨是层状结构(图 10.14)，碳原子 ***c*** 轴方向上隔层的排布才是重复的。因此，(0001)表面层的碳六元环中，有三个碳原子的下近邻层没有近邻碳原子(图 10.14)，因此其费米能级附近电子态密度较高，形成的隧穿电流更大，在 STM 图像中显示更高的亮度[图 10.13(b)中黑色圈所示三个碳原子]。而下层有近邻碳原子的三个碳原子则没有清晰地出现在 STM 图像中[图 10.13(b)中白色空圈所示位置]，图中的白色虚线是石墨层中的碳六元环。

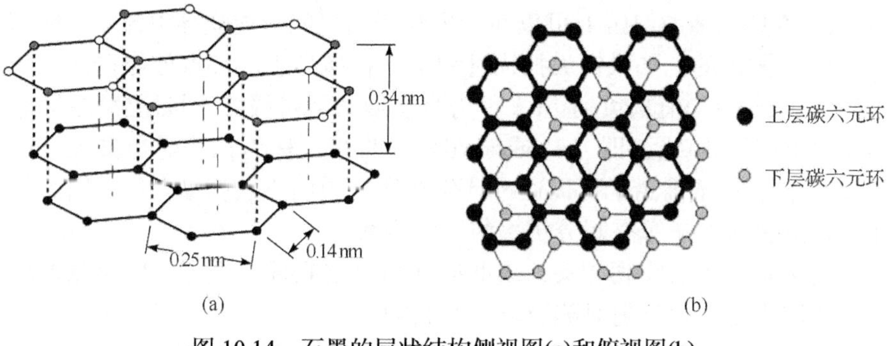

图 10.14　石墨的层状结构侧视图(a)和俯视图(b)

石墨(0001)表面的 STM 图像再次说明，STM 图像反映的并不完全是表面真实的原子结构，而是与表面结构相关的费米面附近的电子态密度信息。STM 的原子级分辨率可以清晰地显示晶体表面的结构缺陷(图 10.15)。

图 10.16 是催化剂表面 STM 研究实例，图中亮点为负载在氧化物上的 Pt 原子。氧化物上的单原子 Pt 吸附 CO 分子，250 K 温度下导致 CO-Pt 位置移动(CO 吸附促进了 Pt 横向移动)。在 250 K 温度下，CO 与晶格上的氧反应生成 CO_2，在 Pt 附近产生缺陷位(箭头所指)，相应的 Pt 原子的位置降低了约 20 pm。在 350 K 温度下，更多 Pt 近邻出现缺陷位。

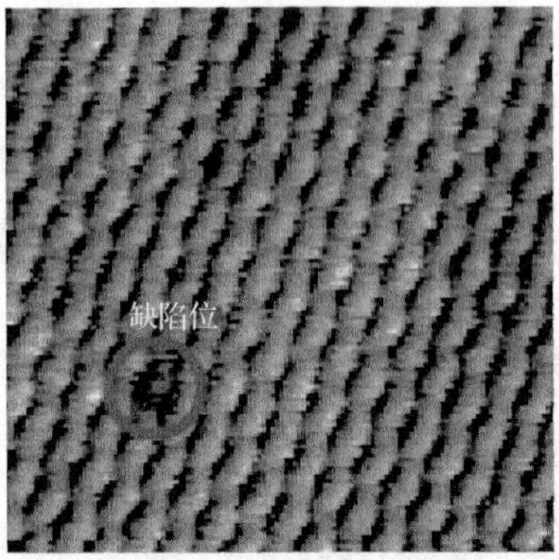

图 10.15 单层 TiS_2 晶体的 STM 图像(可见晶格结构缺陷)

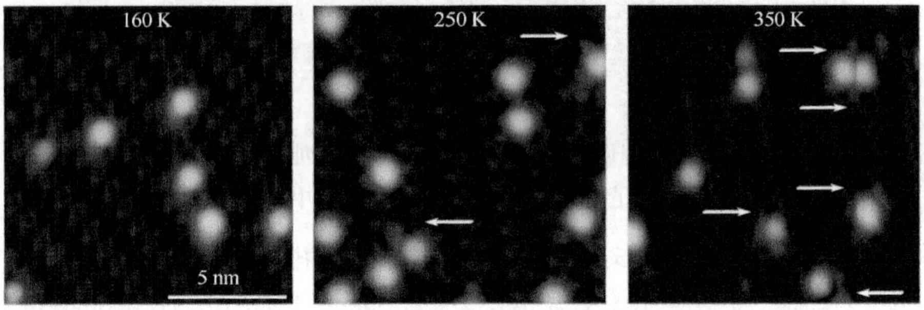

(a) (b) (c)

图 10.16 氧化物负载 Pt 催化剂在不同温度下吸附 CO 的 STM 图像

10.1.6 扫描隧道谱

STM 成像过程中，施加偏压 V 可以在针尖和样品之间形成隧穿电流。一般情况下，偏压 V 在测试过程中是固定的。如果针尖扫描过程中，在样品表面某点处保持针尖和样品间的距离不变，连续改变偏压(V)值从负到正(大小为毫伏或伏数量级)，同时测量隧穿电流，可获得隧穿电流随偏压的变化曲线，即 I-V 或 dI/dV-V 曲线，称为扫描隧道谱(scanning tunneling spectroscopy，STS)。扫描隧道谱可以通过针尖在样品表面逐点扫描获得，因此是一种表征材料表面电子结构并具有原子级空间分辨率的谱学方法。

隧道电流与表面电子态密切相关，因此应在高真空条件下进行，以避免表面吸附污染，低温测试也可以降低电子热发射对隧道电流的影响。

如图 10.17 所示，在无偏压(V=0)条件下无隧穿电流。针尖正偏压(V>0)条件下，电流从针尖流向样品(电子从样品流向针尖)。针尖负偏压(V<0)条件下，电流从样品流向针尖(电子从针尖流向样品)。电流方向与电子的流动方向相反，为方便讨论，在 STS 的内容中均直接描述电子的流向。

如果电子从样品流向针尖，则隧穿电子的来源是样品中占据在费米能级之下($E_F - eV$)能量范围内的电子[图 10.17(b)]。针尖中的电子最高排布在费米能级，故从样品注入针尖中的电子只能填充到针尖费米能级之上的空轨道。因此，当电子从样品流向针尖时，隧穿电流大小可以反映出样品中(E_F–eV)能量范围内的电子能态分布。

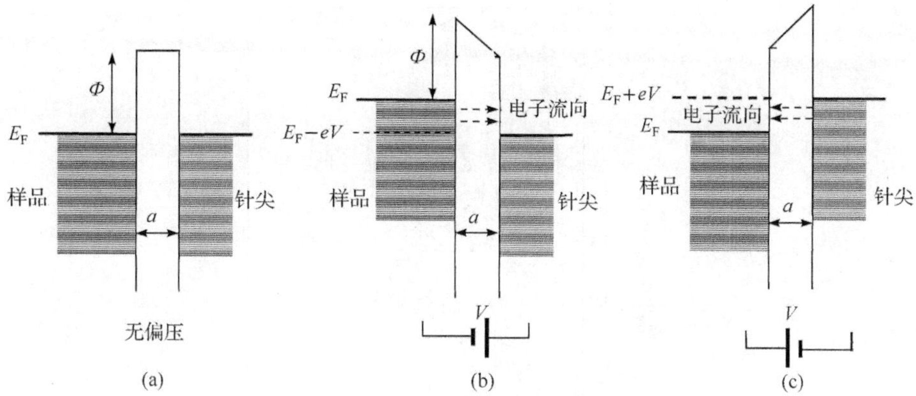

图 10.17　针尖和样品之间的偏压

(a) V=0，无隧穿电流；(b) 针尖正偏压，电子从样品流向针尖；(c) 针尖负偏压，电子从针尖流向样品。图中的偏压为 V，针尖和样品距离为 a

如果电子从针尖流向样品，来自针尖的电子流入样品，只能注入样品费米能级以上(E_F+eV)能量范围内的空轨道[图 10.17(c)]。因此，如果偏压从$-V$逐渐变化到$+V$，就可以连续观测样品中从(E_F-eV)到费米能级(E_F)能量范围内的电子占据状态，以及费米能级(E_F)到(E_F+eV)能量范围内的电子空轨道状态。

图 10.18 为金属样品和半导体样品表面 I-V 谱特征，金属的 I-V 谱呈线性关系，从半导体的 I-V 谱中可以看出，只有在足够大的偏压下，电子才可以跨越带隙形成隧穿电流。

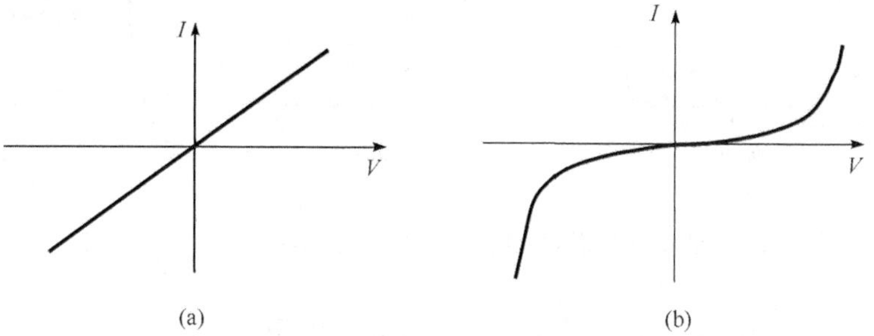

图 10.18　金属样品(a)和半导体样品(b)表面 I-V 谱特征

调整偏压 V，在 I-V 谱数据上获得 $\dfrac{dI}{dV}$-V 谱，称为微分电导谱(图 10.19)，可以动态表征样品中(E_F-eV)能量范围内的电子态密度 ρ_s 或(E_F+eV)能量范围内的未占据电子态密度。如果金属针尖的电子态密度不随偏压有明显的变化，则 $\dfrac{dI}{dV}$ 近似正比于样品的电子态密度。

图 10.20 为氧化物负载单原子 Pt 催化剂吸附 CO 后在 CO-Pt 位点测的 STS，包括 I-V 谱、$\dfrac{dI}{dV}$-V 谱和 $\dfrac{V}{I}\dfrac{dI}{dV}\left(即\dfrac{d\ln I}{d\ln V}\right)$-$V$ 谱。选取 $\dfrac{d\ln I}{d\ln V}$ 可以对信号进行归一化，以消除 STS 对样品和针尖距离的依赖性(因为每个扫描点的针尖和样品距离可能不同，STS 最好可以在固定样品和针尖距离下测量)。从图 10.20(c)中可以看出，从 STS 测量的 CO-Pt 位点的电子态密度与 DFT 理论计算谱的变化趋势一致。

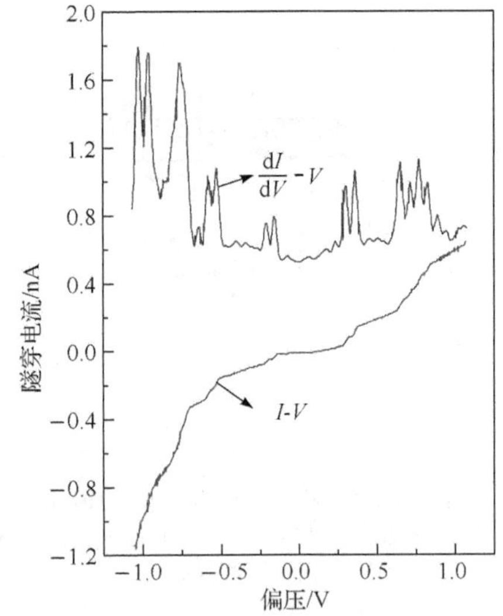

图 10.19　I-V 谱和 $\frac{\mathrm{d}I}{\mathrm{d}V}$-$V$ 谱

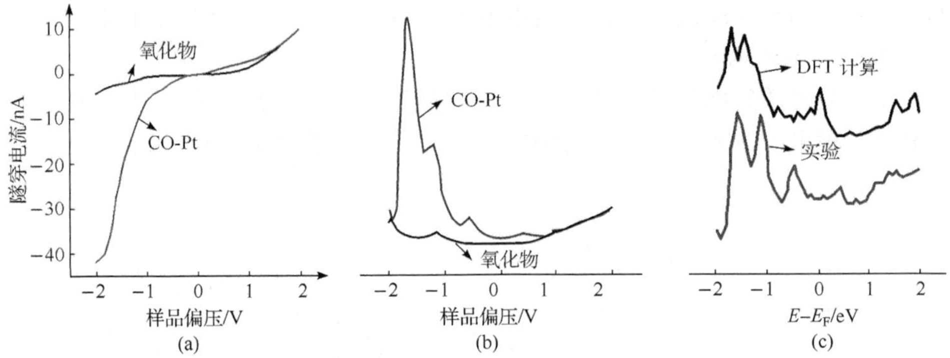

图 10.20　氧化物负载 Pt 催化剂吸附 CO 后 CO-Pt 位点的 I-V 谱(a)、$\frac{\mathrm{d}I}{\mathrm{d}V}$-$V$ 谱(b)和 $\frac{V}{I}\frac{\mathrm{d}I}{\mathrm{d}V}$-$V$ 谱(c)

STS 的数据定量解释是一个复杂的过程，不能将 $\frac{V}{I}\frac{\mathrm{d}I}{\mathrm{d}V}$ 直接视为样品的电子态密度，虽然 STS 与样品电子态密度密切相关，但是仍然不能视为等同。

如果测量样品表面每个点的微分电导谱，则可以在某个偏压下标出每个点的 dI/dV 制成图像，称为电流成像隧道谱(current imaging tunneling spectroscopy，CITS)。图 10.21 表示的是

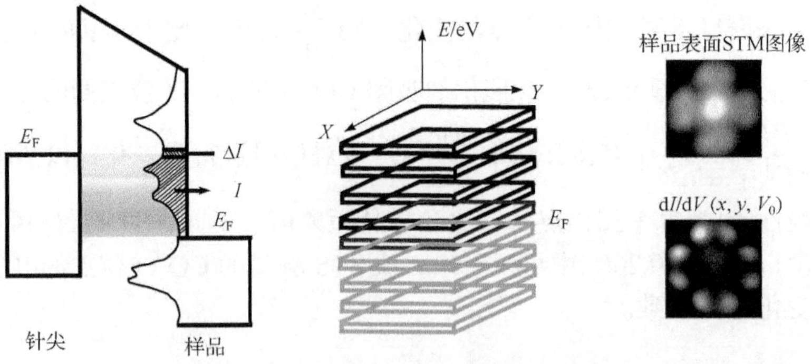

图 10.21　电流成像隧道谱

电子从针尖流向样品费米能级以上的空态，图中费米能级以下的能级已填满电子。改变系列不同的偏压，可以做出系列表面位点 dI/dV 图，从而获得样品表面在费米能级附近不同能级上局域占据和未占据的电子态密度的空间分布。注意样品的表面只有一个，可以测量 STM 图像，而对应每个偏压都可以做出 CITS 像。图 10.21 中的切片是对电子能级的切片，而非对样品真实结构的改造。

10.1.7　针尖的原子操纵

图 10.22 是 1990 年美国 IBM 公司的科学家在金属 Ni(110)表面用 35 个 Xe 原子组成的“IBM”三个英文字母。利用 STM 针尖头部的单个原子，可以实现材料表面的原子操纵。针尖原子与表面原子可能产生吸引或排斥作用，或者通过在针尖与表面原子间施加偏压脉冲等方式，调控针尖与表面原子之间的作用势场。原子移动可以用针尖吸附辅助，在样品表面上进行拖拽平移(利用针尖与原子的范德华力或静电作用)，甚至可以将原子吸附在针尖上进行垂直移位(利用偏压脉冲打断化学键，吸附原子到针尖上)(图 10.23)。

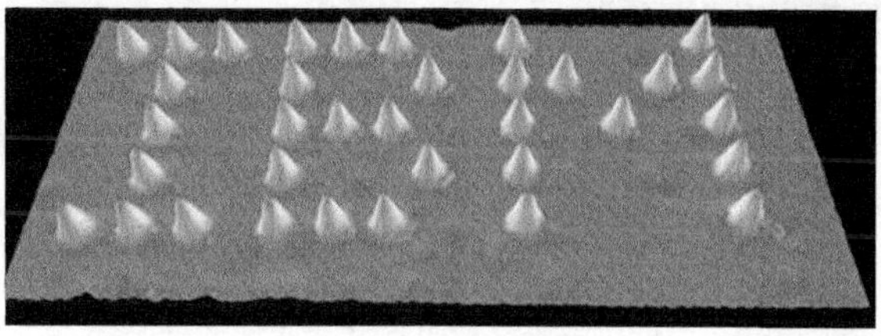

图 10.22　在金属 Ni(110)表面用 35 个 Xe 原子组成的“IBM”三个英文字母

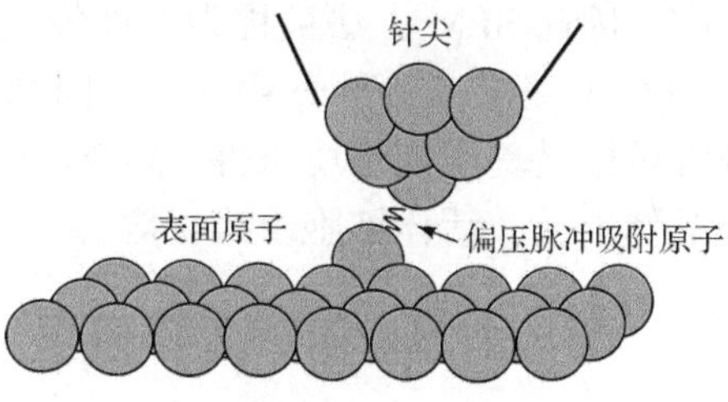

图 10.23　施加强的隧穿电流可以在针尖和样品原子之间成键

1993 年，IBM 公司的科学家利用低温 STM 技术，在 Cu(111)表面构建了一个由 48 个铁原子组成的半径为 7.13 nm 的环(图 10.24)。铜表面电子被禁锢在铁原子组成的量子围栏(quantum corral)中，波函数形成同心圆形驻波。首先在 4 K 温度下用电子束将铁原子蒸发到清洁的 Cu(111)表面，然后用 STM 操纵摆放这些铁原子(图中左侧为一个孤立的铁原子)。注意这些同心环仅表示铜表面费米能级附近电子的分布概率，并不代表铜原子的位置。STM 获得的是隧穿电流信号，至于隧穿电流与原子位置的关系需要额外的解读。如果可以从上面的样品表面截取 10 nm 厚的薄层，则 TEM 将出现什么图像？

图 10.24　Cu(111)表面用 STM 在 4 K 低温下构建的一个由 48 个铁原子组成的环

10.2 原子力显微镜

扫描隧道显微镜通过检测针尖与样品之间的隧穿电流成像，因此只能用于观察导体或半导体材料的表面结构，不能实现对绝缘体表面形貌的观察。1986 年，IBM 公司的宾宁和美国斯坦福大学的库特在扫描隧道显微镜的基础上发明了原子力显微镜(atomic force microscope，AFM)，可以用来研究绝缘体样品的表面结构。

AFM 方法探测的是针尖与样品表面原子的相互作用力，通过扫描记录作用力的大小解析样品表面的原子级尺度结构形貌。AFM 无需样品导电，因此是对 STM 方法的扩展补充。针尖与样品的作用力还包括摩擦力、磁力、静电力、磁力等，以 STM 为基础的一类表征方法，利用探针与样品之间的相互作用表征样品表面的性质与结构，统称为扫描探针显微镜(scanning probe microscope，SPM)。SPM 除了对各类作用进行扫描探测，还可以在样品表面进行原子操纵及图案制作。SPM 方法的空间分辨率非常高，甚至可以对单个原子进行测试及谱学研究，因此 SPM 方法被称为“针尖上的实验室”(a laboratory on a tip)。

AFM 具有非常高的分辨率，横向 0.15 nm，纵向 0.05 nm。可以分析的样品范围很广，工作环境可以是真空和环境条件，甚至可以将针尖浸没在液相中进行测试，因此 AFM 可以用来研究晶体生长、活体细胞及病毒等。

10.2.1 原子力显微镜的工作原理

原子与原子之间的作用力因为彼此之间的距离不同而变化(图 10.25)。利用针尖与样品表面之间的作用力，可以表征样品表面的物理性质。可以探测的作用力为 10^{-9}～10^{-6}N，甚至还有更小作用力的报道。原子力显微镜有两种操作模式：

(1) 利用原子间斥力的变化扫描记录表面结构，称为接触式原子力显微镜(contact AFM)，针尖与样品表面的距离为数埃。

(2) 利用原子间吸引力的变化扫描记录表面结构，称为非接触式原子力显微镜(non-contact AFM)，针尖与样品表面的距离可以是几十到上百埃。

原子力显微镜的仪器构成(机械结构和控制系统)在很大程度上与扫描隧道显微镜类似，如使用三维压电扫描器和反馈控制器等。它们的主要不同点是扫描隧道显微镜检测的是针尖和样品间的隧穿电流，而原子力显微镜检测的是针尖和样品间的力(图 10.26)。

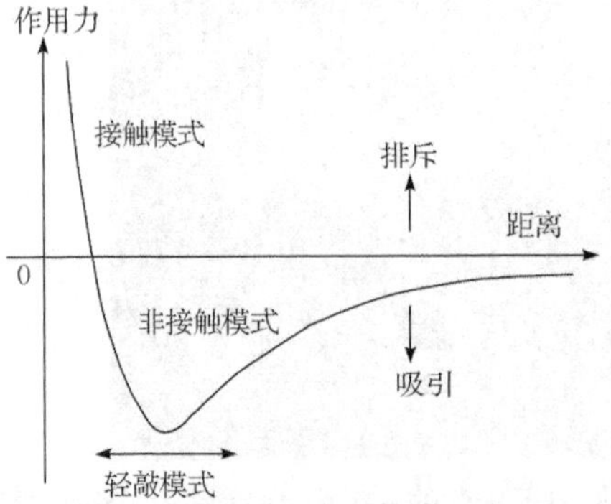

图 10.25 原子间作用力与距离之间的关系

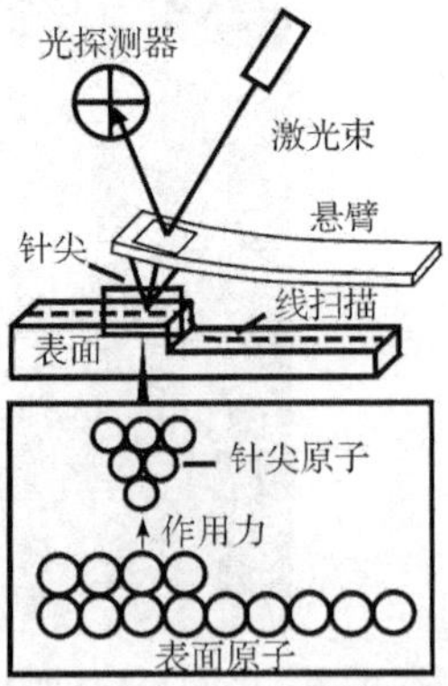

图 10.26 典型的 AFM 悬臂和针尖

原子力显微镜也是利用压电装置在 X、Y、Z 三个方向精确控制样品或探针位置。力检测部分使用微悬臂检测原子之间力的变化量。微悬臂通常由特定形状的硅片或氮化硅片制成。针尖位于微悬臂顶端，用来检测与样品表面的相互作用力。可以根据样品的特点及成像模式选择不同类型的微悬臂。

AFM 的作用力探测系统由对微弱力敏感的微悬臂和检测器两部分组成。当针尖扫描时，针尖与样品表面作用力的变化导致微悬臂产生微小偏转。通过反馈系统调整针尖或样品的高度，以保持微悬臂的形变不变，即保持针尖与样品的作用力不变，记录扫描表面的高度变化，得到样品表面的形貌图像。原子力显微镜的微悬臂的构造及测量微小形变的检测方法与 AFM 的成像质量密切相关。

微悬臂变形的检测方法主要有隧穿电流法和光束偏转法(图 10.27)。隧穿电流法是在微悬臂上方放置 STM 针尖，通过探测针尖与微悬臂之间的距离，记录微悬臂的形变。该方法的灵敏度高，但是装置较为复杂且信噪比低。微悬臂表面吸附的污染物将给隧穿电流测量带来误差。该方法较适用于在高真空环境的原子力显微镜。光束偏转法是通过微悬臂上方的反射镜对激光束的反射记录微悬臂的微小形变。该方法装置简单，测试稳定可靠，是原子力显微镜中最常用的方法。

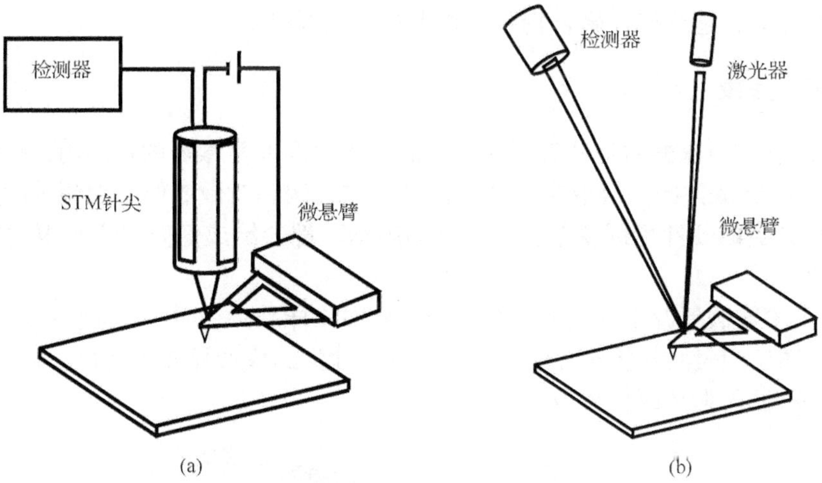

图 10.27　微悬臂变形的检测方法
(a) 隧穿电流法；(b) 光束偏转法

10.2.2　原子力显微镜的成像模式

原子力显微镜的工作模式主要有三种，可分为接触(contact)模式、非接触(non-contact)模式及轻敲(tapping)模式(图 10.28)。

在接触模式中，微悬臂针尖与样品表面保持接触，因为距离很近，所以针尖与样品之间主要为库仑排斥力。针尖与表面直接接触，对于生物材料、有机材料等软性样品有可能造成表面损伤，容易在成像中出现假象，并且针尖更容易损坏。接触模式可以得到较高的分辨率。

在非接触模式中，针尖不与样品表面接触，在样品上方保持振动，测量的作用力是以范德华力为主的吸引力，对针尖和样品不会产生损伤。但是由于针尖与样品距离比接触模式更远，可以探测到的作用力更弱，因此需要更加灵敏的微悬臂针尖系统，图像分辨率也比接触模式低。

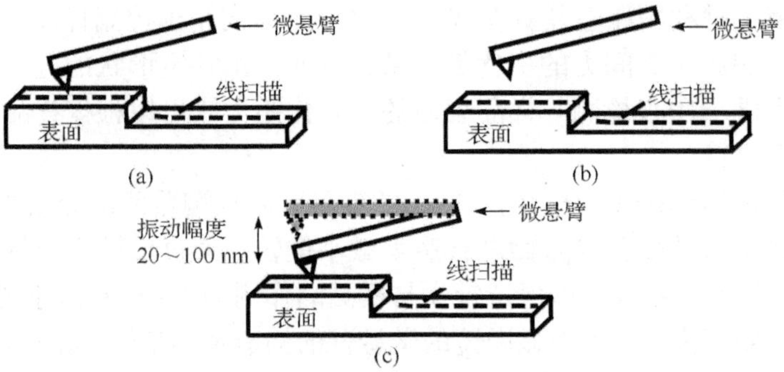

图 10.28 AFM 的工作模式

(a) 接触模式；(b) 非接触模式；(c) 轻敲模式

在轻敲模式中，微悬臂附加一个其共振频率附近的受迫振动，用振动的针尖轻敲样品表面，保持间歇性的接触。在未接触样品表面时，振动的针尖保持一定的振幅。当针尖接触到样品表面时，针尖的振幅因空间受限而改变。随后通过反馈系统，调节针尖的高度以维持设定的振幅，从而通过记录针尖的高度变化获得样品的表面形貌信息。轻敲模式可以达到与接触模式相同的成像分辨率。轻敲模式更有利于对针尖和样品表面的保护，并且更适合软质、易损和黏弹性样品，适合研究聚合物和生物大分子类样品。

10.2.3 AFM 假象

AFM 成像过程中探测的是针尖与样品表面原子之间非常微弱的作用力，并具有原子级的成像分辨率。AFM 成像的关键取决于微悬臂针尖的结构和对微弱作用力测试的灵敏度，因此无论是微悬臂针尖的硬件指标变差还是意外的震动，都会给成像效果带来很大的影响，也会出现成像假象。

AFM 中大多数假象源于针尖的质量不佳。针尖比样品尖锐时，样品特征可以正常展现在成像中。而当样品的表面起伏比针尖尺度更小时，针尖的成像显然不能反映样品的真实形貌，而是表现出一种图像假象(图 10.29)。

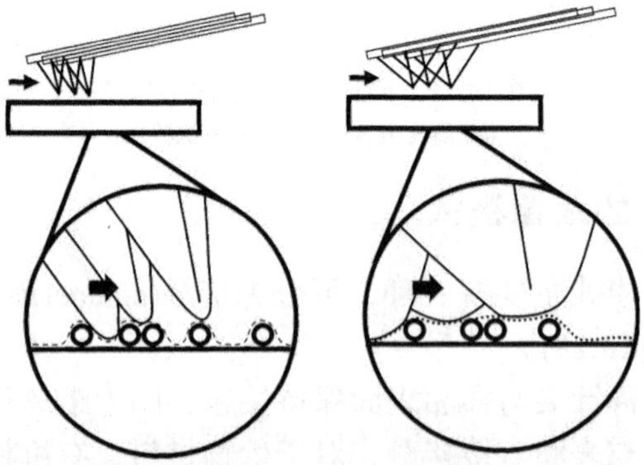

图 10.29 针尖尺度过大造成图像分辨率下降而产生假象

当针尖变钝或粘有污染物，所成图像可能是针尖的磨损形状或污染物的形状，表现出某种特征的形貌反复出现，是一种成像假象(图 10.30)。

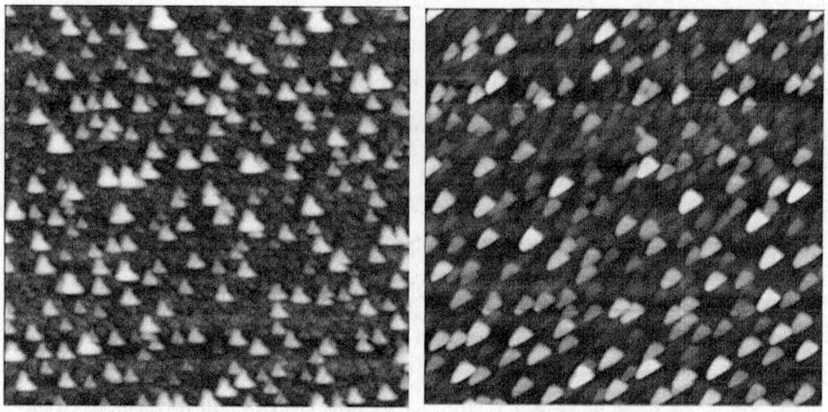

图 10.30　AFM 假象，所有样品具有相同的形貌特征

如果针尖受损，变成双针尖或多针尖，所成图像表现出重复假象(图 10.31)。如果样品上的组分被针尖带起，并随针尖扫描样品，会导致图像模糊不清(图 10.32)。

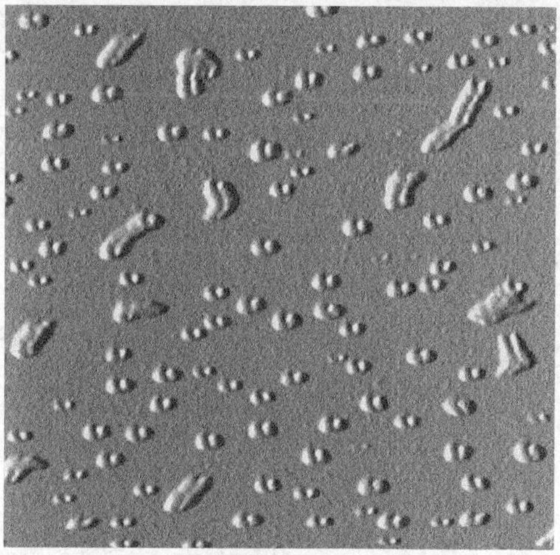

图 10.31　多针尖造成的 AFM 假象

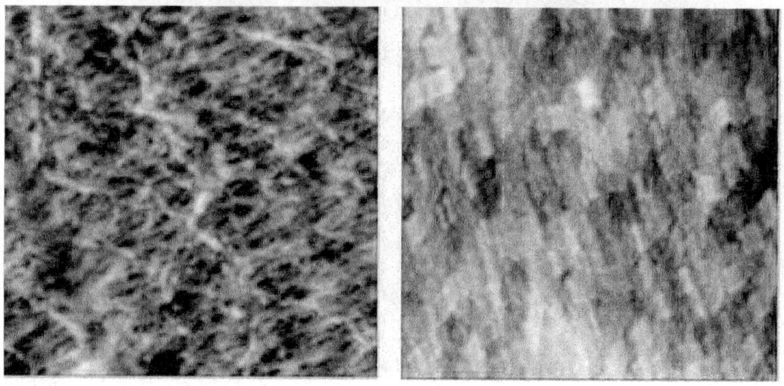

(a)　(b)

图 10.32　正常针尖成像(a)和污染针尖成像(b)

10.2.4 AFM的应用实例

AFM是一种表征材料表面形貌和纳米结构的成像方法，可以用于研究纳米材料的形貌及三维尺度，并对表面形貌变化进行原位的跟踪表征。AFM在纵向的分辨率可达0.01 nm，可以方便地获得二维纳米结构的厚度，相比之下，无论是TEM还是SEM，对于二维纳米材料的厚度测定都不如AFM方便准确。生物材料由于其特性，很多情况下不适合进行TEM及SEM研究，而AFM成像特别适合生物材料的研究。AFM对样品制样要求不高，并且可以在真空、环境甚至液相进行观测，非常有利于对活性生物样品的实时研究。

图10.33为石墨表面的AFM图像。对比石墨表面的STM图像(图10.13)，可以看到AFM图像中清晰地显示出六边形碳原子结构。图10.34中，从二维纳米片的TEM图像无法精准获得纳米片的厚度，而在每个纳米片上扫描的AFM图像可以清晰明确地报告纳米片的厚度。图10.35是在液相中获得的沉积在云母表面的超螺旋DNA链的AFM图像，如果离开溶液环境，DNA链的构象将发生改变，这体现出AFM研究生物大分子的优势。

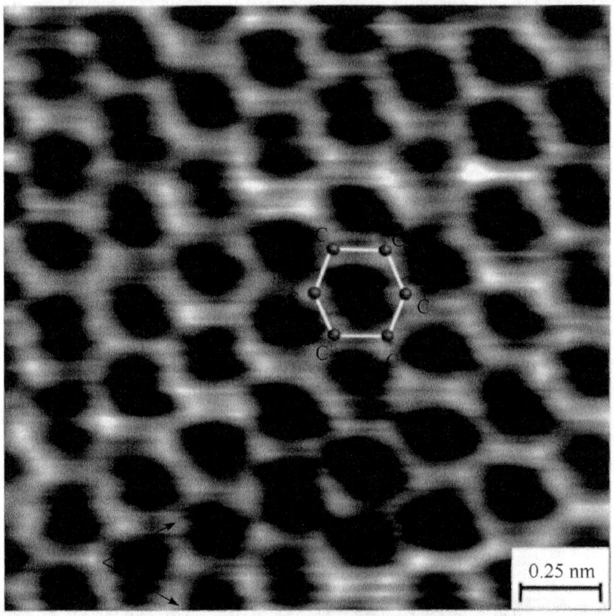

图10.33 石墨表面的AFM图像

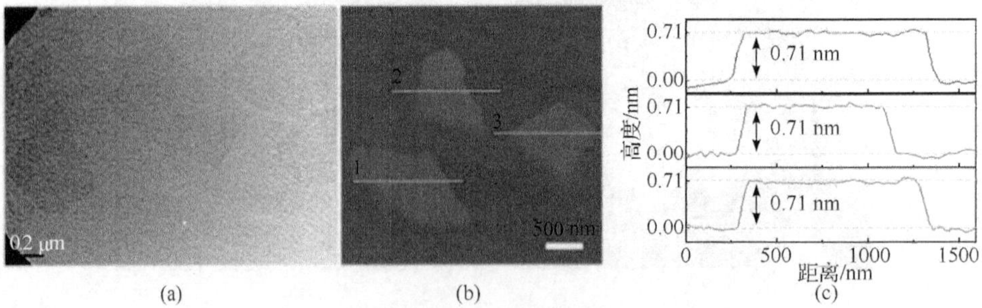

图10.34 无机晶体纳米片的TEM图像(a)和AFM图像(b)、(c)

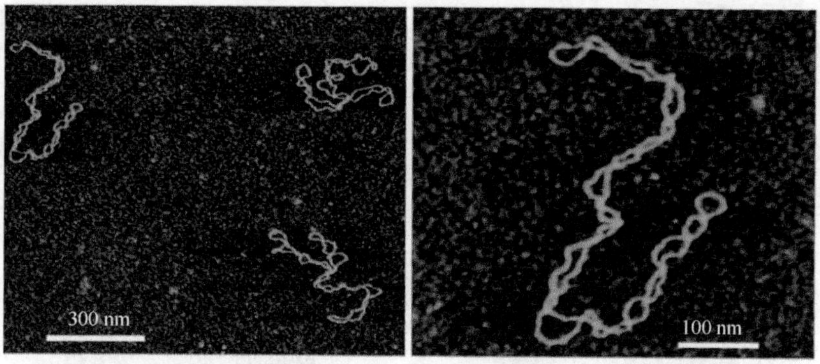

(a)　　(b)

图 10.35　沉积在氨基修饰云母片上的超螺旋 DNA 链的 AFM 图像

近年来发展的非接触式原子力显微镜(nc-AFM)使用 qPlus 型力传感器，以石英音叉作为微悬臂，振动时可产生与振幅成比例的压电信号，因此不再需要用激光测量针尖的振幅。针尖用一氧化碳分子进行修饰，可以构建单原子的针尖，以极高的空间分辨率测量针尖和表面原子之间的相互作用力(图 10.36)。nc-AFM 方法甚至可以进行化学键成像，用以直接观测分子的结构。

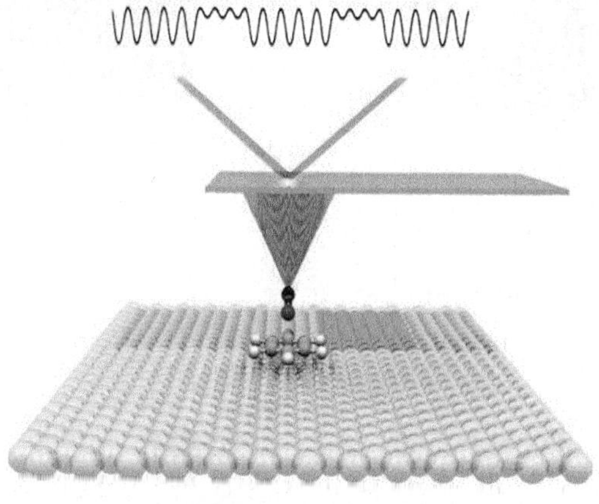

图 10.36　基于 qPlus 型力传感器的非接触式原子力显微镜示意图，针尖用一氧化碳分子进行修饰

图 10.37 为并五苯分子的 STM 图像和 nc-AFM 图像对比。对于并五苯这种具有共轭 π 键的苯环结构，STM 的分辨率并不高。这是因为 STM 记录的是并五苯分子外层电子的分布密度，而 nc-AFM 则直接记录了单原子针尖与并五苯分子各原子之间的作用力，显示出原子级分辨率。图 10.38 中的 STM 图像和 nc-AFM 图像也表现出同样的分辨率对比。而图 10.39 中，nc-AFM 甚至直接观察到了 8-羟基喹啉分子之间的氢键。

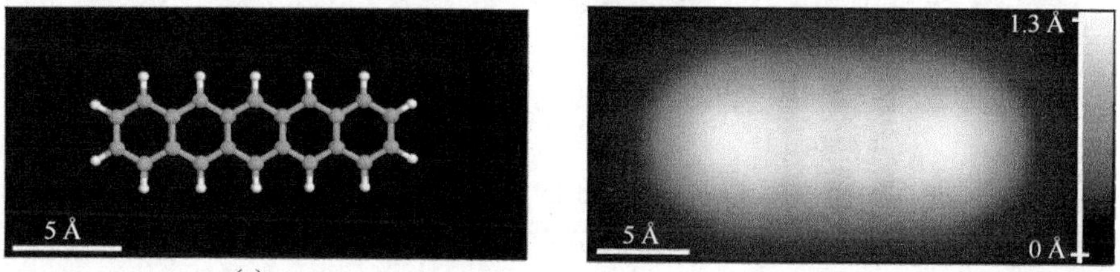

(a)　　(b)

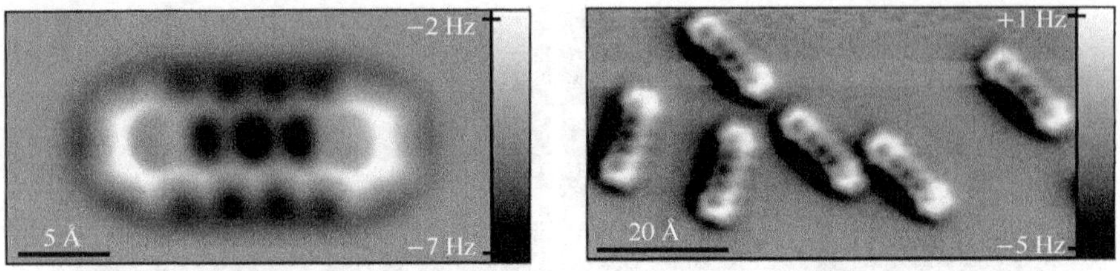

(c) (d)

图 10.37 并五苯的化学结构(a)、STM 图像(b)和 nc-AFM 图像(c)、(d)

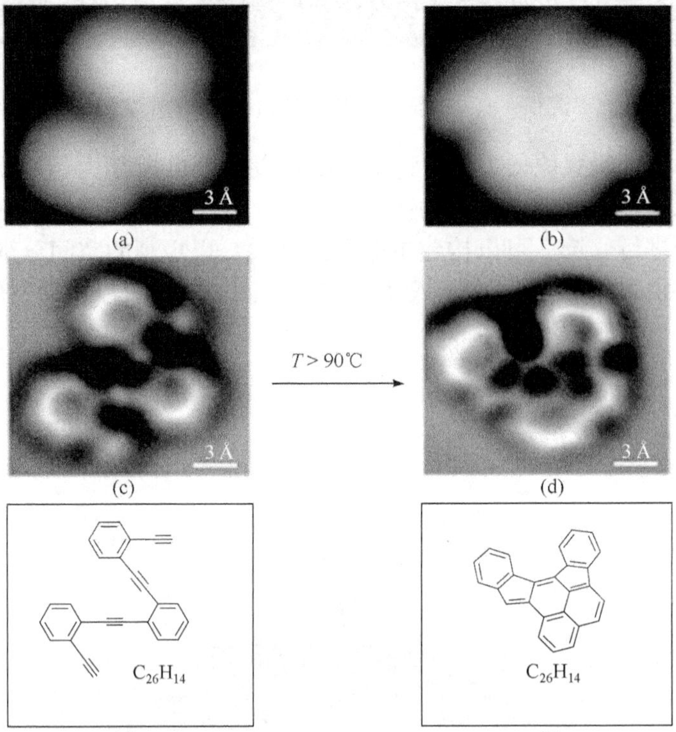

(a) (b) (c) (d) (e) (f)

图 10.38 不同温度下有机分子的 STM 图像[(a)、(b)]、nc-AFM 图像[(c)、(d)]和分子式[(e)、(f)]

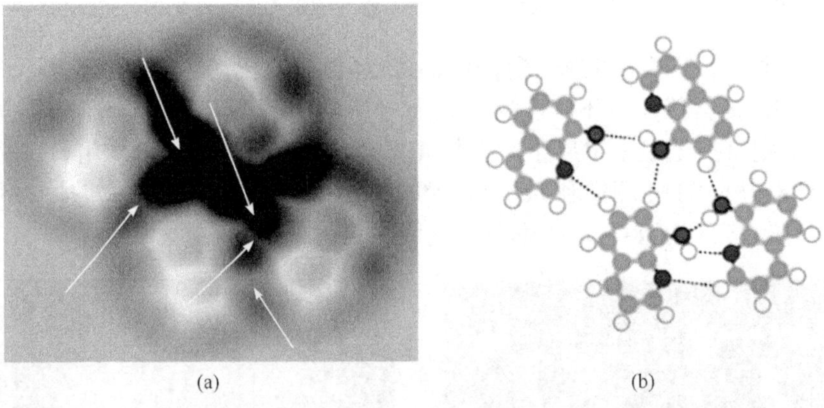

(a) (b)

图 10.39 (a) 沉积于 Cu(111)表面的 8-羟基喹啉分子的 nc-AFM 图像，甚至可以观测到分子之间的氢键(箭头所示)；(b) 8-羟基喹啉分子间的氢键示意(图中虚线)

本章小结

扫描隧道显微镜的物理原理是量子隧穿效应。基本原理是将金属针尖与导电样品作为两个电极，当样品与针尖的距离非常接近(通常小于 1 nm)时，通过施加偏压形成隧穿电流。通过对样品表面隧穿电流的扫描标记，获得样品表面的结构信息。

STM 图像的衬度代表了样品表面影响隧穿电流的因素，包括表面的高度变化、表面缺陷、吸附分子的形态及表面电子态密度，表征的是表面单个原子层非常局域的信息。STM 针尖的隧穿电流正比于该处表面的费米能级附近电子局域态密度，因此 STM 图像不一定代表样品的表面形貌，而是体现了样品表面原子几何结构和电子态密度的综合效应。

AFM 方法探测的是针尖与样品之间原子的相互作用力，通过扫描记录作用力的大小解析样品表面的原子级尺度结构形貌。AFM 无需样品导电，因此是对 STM 方法的扩展补充。

第 11 章　正电子湮没寿命谱

惊鸿一般短暂，如夏花一样绚烂。

——朴树《生如夏花》

11.1　关于正电子

正电子是真实存在的粒子，也是人类首先发现的反物质。正电子是电子的反粒子，其质量、电荷电量及自旋等参数与电子相同，只是所带电荷为正。正电子可以与材料中的电子发生湮没，质量转为能量，发射两个或三个 γ 光子。通过对湮没辐射光子的探测，可以分析正电子在材料中的平均寿命及参与湮没电子的动量分布等，得到材料微观结构的信息，从而提供一种非破坏性的研究手段。用慢正电子束可以进行材料表面结构分析，而借助放射核素标记示踪分子衰变释放的正电子，可以进行正电子医学成像(如 PET-CT)，已广泛用于多种疾病的诊断与鉴别、病情判断、疗效评价、脏器功能研究和新药开发等方面。当前正电子谱学在金属、半导体、聚合物等材料研究领域有较为广泛的应用，是研究材料中缺陷结构、电子密度及动量分布的灵敏手段。

11.1.1　正电子的发现

1911～1913 年，奥地利物理学家赫斯(V. Hess)为研究造成大气电离的辐射来源，多次乘坐气球探测高空处的空气电离率。赫斯发现大气中的辐射随着高度的增加而迅速增加，由此提出辐射可能来自地球之外。1925 年，密立根(R. Millikan)证实了赫斯的理论，并将这种辐射命名为宇宙射线，相关研究很快成为物理学的一个重要分支。宇宙射线是来自外太空的带电高能粒子，主要成分是质子、α 粒子，同时有很少量但是稳定的反物质粒子，包括反质子，以及本章的主角——正电子。

正电子是电子的反粒子，两者除电荷符号相反外，其他物理性质(静止质量、电荷的电量、自旋)都相同。1931 年，英国物理学家狄拉克(P. Dirac)从理论上预言了反电子(antielectron，即正电子)的存在。1930 年，我国物理学家赵忠尧(当时是美国加州理工学院密立根教授的博士生)首次观察到了 γ 射线辐射金属铅的异常吸收，以及所产生的一种“特殊辐射”：能量约 0.5 MeV 的 γ 射线，现在已经知道那就是 γ 射线激发出的正、负电子对湮没所产生的 γ 辐射。在光子与物质的相互作用中提到过电子偶效应，即当光子的能量大于电子静止质量对应能量(m_ec^2)的两倍(1.02 MeV)时，γ 光子在原子核库仑场作用下，可将全部能量转化为正、负电子对。这个能量转换为质量的过程在重核(如铅)上发生的概率更高。1932 年，美国物理学家安德森(C. Anderson，当时也是加州理工学院密立根教授的博士生)利用加了偏转磁场的云室，从宇宙射线中观测到了正电子(图 11.1)，并命名为 positron，验证了狄拉克的理论预言，并因此与赫斯一起分享了 1936 年诺贝尔物理学奖。几十年后，安德森提到，他发现正电子的实验工作受到了赵忠尧有关金属被 γ 射线辐照后产生特殊 γ 辐射的启发。

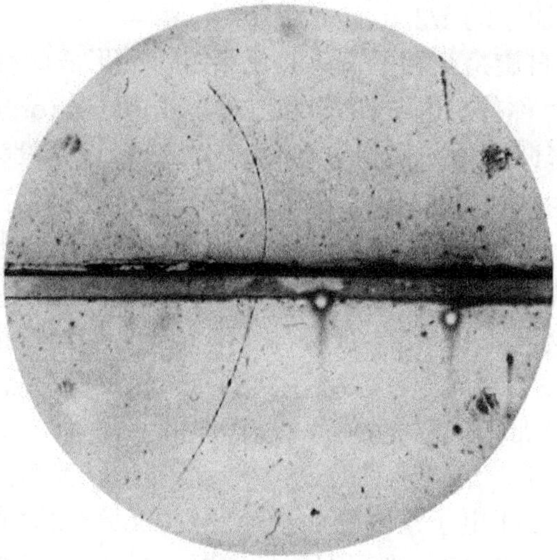

图 11.1　云室中的正电子轨迹

从下向上穿过 6 mm 铅片后动能下降，可以判断粒子的运动方向，结合磁场可以分析电荷正负

11.1.2　放射核的衰变

本章涉及放射性同位素的核衰变，这里简要介绍原子核的几种主要衰变方式。

α 衰变(alpha decay)：放射性重原子核不稳定，发生核裂变转为较轻的原子核，并释放 α 粒子(氦核)。类似地，还可以发生质子衰变或质子发射(proton emission)、中子衰变或中子发射(neutron emission)过程。

β^-衰变(beta-minus decay)：原子核的部分中子变成质子，释放电子和反电子中微子(electron antineutrino)。

β^+衰变(beta-plus decay)：部分质子变成中子，释放正电子和电子中微子(electron neutrino)。

γ 衰变(gama decay)：原子核释放 γ 射线电磁辐射，通常伴随着 α 衰变或 β 衰变。

电子俘获(electron capture)：一个内层轨道上的电子被原子核俘获，使一个质子转变成中子，同时发射出一个中微子的过程。伴随发生的过程还包括光子的辐射(γ 射线)，使新产生原子核的能级降至基态。内层电子被俘获，还会产生 X 射线荧光或俄歇电子。

内转换(internal conversion)：激发态原子核将能量转移给轨道电子，使其被激发，称为内转换电子。

11.1.3　正电子湮没

最早观测到的正电子来自宇宙射线。正电子也可由放射元素的 β^+衰变产生，或者由核反应和电子直线加速器辐照产生，还可以通过 γ 射线与物质的相互作用产生。根据不同的 β^+衰变过程，可以产生高能正电子(>2 MeV)和低能正电子[<2 MeV，用于正电子湮没(positron annihilation)技术]。

真空中的正电子寿命可以达到 10^{21} a，但是在气体、液体和某些固体介质中，正电子与电子发生湮没，寿命极短(为皮秒或纳秒数量级)。正电子能够束缚一个电子，由正电子和电子组成的中性束缚体系(e^+e^-)称为正电子素(或电子偶素，positronium)，以 Ps 表示。可以认为 Ps 是一种最轻的原子，因为其原子量只有氢原子的 1/920。Ps 的结构类似于氢，其原子半径约为氢的两倍，而结合能只有氢原子的 1/2。

根据正电子与电子的自旋是互相平行还是反平行，Ps 形成两种态，即单态正电子素(para-Ps，*p*-Ps，反平行自旋，也称仲态电子偶素)和三重态正电子素(ortho-Ps，*o*-Ps，平行自旋，也称正态电子偶素)。*p*-Ps 寿命较短，真空中寿命只有 125 ps，湮没为两个光子(2γ 湮没)。而 *o*-Ps 寿命较长，真空中寿命为 142 ns，只能发生 3γ 湮没，即湮没为三个光子。*o*-Ps 在与外界分子或原子碰撞时，正电子可以从外界交换或夺取一个自旋相反的电子，然后与其发生湮没，则 *o*-Ps 又转变成 *p*-Ps 的双光子湮没方式，这个过程称为拾取(pick-off)湮没，会降低正电子素的寿命为 0.5～10 ns，远小于 *o*-Ps 的本征寿命 142 ns。拾取湮没也降低了三光子湮没过程的概率，因此总体上正电子发生双光子湮没概率和三光子湮没概率之比为 372：1(考虑额外修正因素后约为 378：1)，故通常考虑双光子湮没过程即可。

与 γ 辐照重金属产生正、负电子对的过程相反，正电子湮没过程是质量转化为能量的过程。正电子与电子碰撞形成正电子素，随后迅速发生湮没，此时质量转变为能量。若湮没时正、负电子的结合能为 E_B(6.8 eV)，则根据能量守恒，每个光子的能量为

$$E_0 = m_0 c^2 - \frac{1}{2} E_B$$

式中，m_0 为电子静止质量；c 为光速；E_B 为正电子-电子之间的束缚能，一般只有几电子伏数量级，与 m_0c^2 项相比很小，通常略去不计，则正电子湮灭辐射 γ 光子的能量 $E_0 \approx 511$ keV，这正是赵忠尧在 γ 射线辐照实验中观测到的约 0.5 MeV 能量的特殊 γ 辐射。正电子素湮没过程中动量也要守恒，由于正电子素在发生湮没时基本处于静止状态，动量很小，因此辐射的两个光子将沿接近 180°相反方向射出，注意是接近 180°。

11.1.4 指数衰变规律

放射性核素不稳定，将通过上述介绍的几种方式衰变到稳定的核素。衰变规律是一种统计规律，是通过统计大量的全同原子核参与的衰变而得到的。对于单个原子核的衰变，只能说它具有一定的衰变概率，而不能确定它何时发生衰变。也就是说，对于任何一个放射性核素，发生衰变的精确时刻是不能预告的，但是对于足够多的放射性核素的集合，作为一个整体可以确定其衰变规律。

放射核素只要存在，总是在衰变的过程中。假定在某初始时刻(t=0)放射核的总数为 N_0，在 t 时刻，dt 时间内发生衰变核的数目为−dN，正比于当时存在的原子核数目 N，即

$$-\frac{\mathrm{d}N}{\mathrm{d}t} = \lambda N$$

式中，λ 为比例常数，也称衰变常数。

$$N(t) = N_0 \mathrm{e}^{-\lambda t} = N_0 \mathrm{e}^{-t/\tau}$$

可以看到放射核的数量呈指数下降。λ 的倒数称为平均寿命 τ，为半衰期的 1.44 倍。注意这里说平均寿命，这是大量放射核的一个统计寿命，而不是具体某个放射核的寿命。或者说在衰变过程中单个放射核素的寿命各不相同，也无法逐个统计，因此就用统计的平均寿命 τ 来标识。

本章讨论的正电子湮没寿命谱，基本的逻辑是以正电子注入样品为起始，碰到电子后湮

没成 γ 光子为结束，这个过程是正电子存在的平均时间，也就是平均寿命(这个过程的时间非常短，一般为纳秒数量级)。之所以说正电子的平均寿命，是因为要统计大量正电子的湮没事件，记录不同时刻发生的正电子湮没事件的数量，从而得到正电子湮没数与时间的衰减曲线，通过拟合这个衰减曲线获得正电子在样品中的平均寿命。由于正电子的平均寿命与样品的结构(主要是缺陷密度)有关，因此通过正电子在样品中的平均寿命可以推测样品的结构信息。需要强调的是，对于单个的正电子，其寿命是随机的、不确定的，因此需要统计大量正电子的湮没过程，利用指数衰变规律拟合之后，得到的是统计平均寿命。正电子的寿命取决于其湮没环境的电子密度，电子密度越小，正电子寿命越长。显然，正电子寿命与其湮没环境的空间尺度有很高的相关度。

11.2　正电子湮没寿命

11.2.1　正电子与物质相互作用过程：热化-扩散-湮没

如图 11.2 所示，从放射源发出的正电子注入材料，在几皮秒(ps)内通过与物质中原子的各种非弹性散射作用迅速损失几乎全部的动能，形成电子电离或激发等离子体振荡或声子激发，高能正电子在碰撞中也会减速而发生韧致辐射，这个过程称为热化。

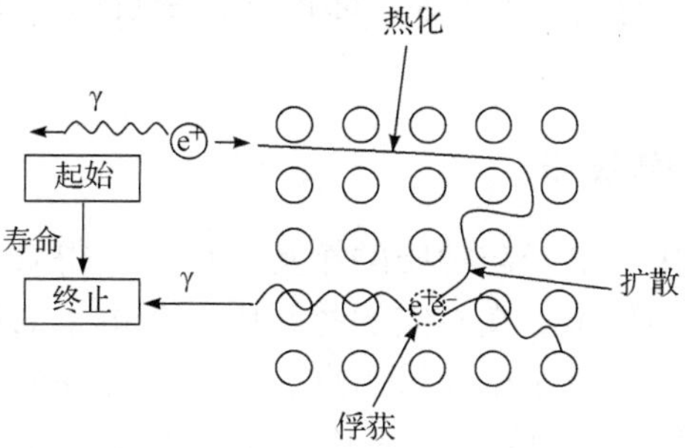

图 11.2　正电子与物质相互作用过程：热化-扩散-湮没

热化后的正电子在物质内做缓慢扩散运动(因为动能几乎完全损失)，扩散长度为约 100 nm；在扩散过程中，正电子更容易被材料中的缺陷位俘获，与缺陷位附近的电子形成正电子素，继而发生湮没，放出两个或三个光子(概率为 372 : 1)。

发生湮没时，正电子的动能已经基本耗尽(剩余能量为 10^{-2} eV 数量级)，但物质中电子具有动量。因此，在实验室坐标系统中，正、负电子对(正电子素)的动量值实际就是电子的动量(并不为零)，正电子素湮没后保持动量守恒，产生的两个 γ 光子的运动方向将稍偏离 180°反向方向。虽然两个 γ 光子的辐射方向偏离 180°的 θ 角非常小，但是通过精准测量仍然可以描述物质中被湮没电子的动量分布。

11.2.2　正电子寿命

实验用的正电子来自放射核素衰变。放射核素 ^{22}Na 的放射源半衰期(2.6 a)较长，且使用方便，因此正电子湮没寿命谱测量的放射源几乎全是 ^{22}Na 源。^{22}Na 的衰变过程中(图 11.3)，90%的概率会发生 β^+衰变，释放具有特定动能的正电子，随后(时间间隔非常短，仅为 3.7 ps，

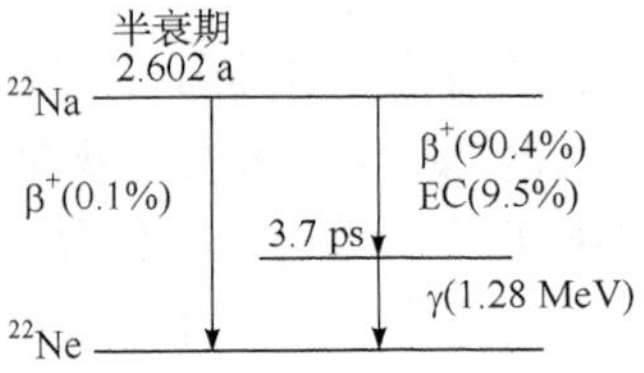

图 11.3 ^{22}Na 的衰变过程

可以视为同时)释放另一个 γ 光子，光子的能量为 1.28 MeV (1.2746 MeV,因此不同的教科书写为 1.27 MeV 或 1.28 MeV)。

^{22}Na 放射源辐射正电子的最大动能为 0.545 MeV(作为数量级参考，通常透射电子显微镜的电子束动能为 100～400 keV)，在固体材料中的注入深度可以达到数十微米，因此正电子湮没寿命谱表达的是材料体相的结构信息。高能正电子也可以通过慢化技术，能量降低到几千电子伏甚至几电子伏，称为慢正电子，入射材料深度较浅(亚微米范围)，可以进行材料表面层缺陷结构的研究。

以 ^{22}Na 为放射源，如果探测到 1.28 MeV 的 γ 辐射，意味着发生了 β$^+$衰变，同时产生正电子，因此可以将 1.28 MeV γ 光子的产生标记为正电子产生的时间零点。当正电子注入固体材料中，正电子将在几皮秒内由于非弹性散射而减速(热化过程)，随后在材料中扩散并与电子发生湮没，从扩散到湮没的时间为数百皮秒到纳秒，也就是正电子的寿命。正电子湮没发出特征能量为 511 keV 的 γ 光子，则探测到 511 keV 辐射的时刻标记为正电子湮没事件的终止信号。因此，正电子的寿命就是探测到 1.28 MeV 的 γ 光子与 511 keV 的 γ 光子之间的时间间隔。听起来正电子的寿命似乎很容易探测，但是在探测过程中放射源不断衰变，持续发射大量正电子注入材料,仪器将探测到大量 1.28 MeV 和 511 keV 的 γ 光子(一次测试将记录 3×10^6～6×10^6 次正电子湮没事件)，应如何分辨哪一对光子是来自同一个正电子产生并湮没的过程呢？这个问题随后再讨论。

11.2.3 正电子湮没与结构缺陷

正电子湮没技术就是利用正电子与物质的相互作用，获得有关凝聚态物质内部及表面微观结构和缺陷信息的一种实验技术。在不同的材料中，正电子的湮没机制及湮没寿命各不相同，能反映出材料的微观结构和电子密度等信息。正电子在完整的晶格中往往是自由扩散，直至遇到电子而发生湮没，称为自由湮没，平均寿命小于 0.5 ns。而当材料中出现缺陷，如结构空位、位错、界面和表面缺陷、微空洞或孔隙，由于这些地方不存在原子或原子排列比较疏松，而周围其他原子的电子云以不同概率延伸到空位处，因此空位处将带有负电荷。正电子倾向于扩散到材料的空位缺陷处(电子密度相对较低)，成为俘获态，并在缺陷处湮没，这些在结构缺陷处湮没的正电子平均寿命相对更长(将增加上百皮秒)。注意为“相对”，表示具有相同组成结构的材料基质在有无缺陷或孔隙结构情况下的正电子平均寿命对比。对于空位缺陷或位错，其空间尺度很小，用其他方法(如透射电子显微镜或扫描隧道显微镜)观测有较大难度，而正电子湮没对这类局域缺陷结构非常敏感，可以探测到 ppm 级浓度的微缺陷，并且可以对材料体相各类缺陷占比进行分析，这是该技术的优势所在。

正电子与介质原子周围的电子在单位时间内发生湮没的概率可以用正电子湮没率(λ)表示，λ 的倒数即为正电子的平均寿命 τ。对双光子效应，$\lambda = \pi r_0^2 c n_e$，其中，$r_0$ 为经典电子半径；n_e 为正电子所在处介质的电子密度；c 为光速；由表达式可以看出，湮没率 λ 与正电子所处材料中的电子密度成正比。通过测量 λ 可以直接探测正电子湮没位置上物质的电子密度 n_e，因此正电子湮没方法可以用来探测介质中的电子密度变化。

11.3 正电子湮没寿命谱的测量与分析

11.3.1 正电子湮没寿命谱仪

正电子湮没寿命谱需要高正电子辐射率的放射源，正电子辐射要有足够的能量(以满足从源物质出射并进入样品的要求)，同时放射源应有较长的半衰期。正电子湮没技术使用的正电子源多由原子核衰变产生，常用的放射源有 ^{22}Na、^{64}Cu、^{58}Co、^{55}Co 等，其中 ^{22}Na 源最常用。

图 11.4 为正电子湮没寿命谱仪测试示意图。放射核素也要以原子的形式出现。^{22}Na 作为放射源，是将放射性 $^{22}NaCl$ 溶液滴到金属膜或塑料薄膜(如 Kapton 薄膜，一种商用的聚酰亚胺薄膜)上，烘干后再用另一片薄膜覆盖封装。正电子湮没寿命技术中的样品一般为两片薄方片(或圆片)，样品尺度需要至少 10 mm×10 mm，固体粉末压成直径 10 mm 以上的圆片，测量面可轻磨平或经电化学抛光。注意实验时同一条件的样品需要两块，以便将放射源 ^{22}Na 夹在中间，样品-源-样品的三明治结构保证全部正电子在样品中发生湮没。

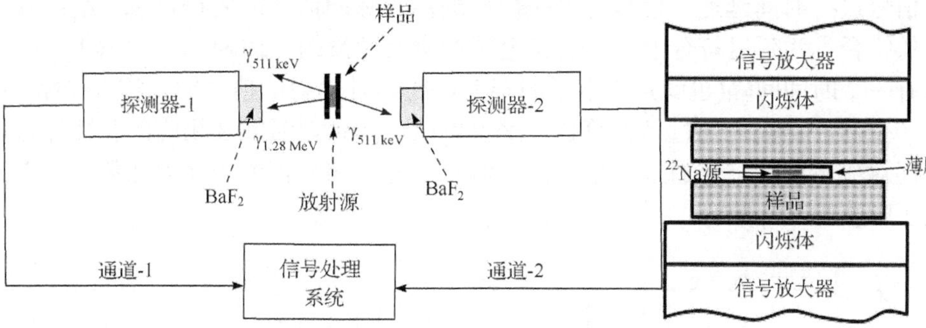

图 11.4 正电子湮没寿命谱仪测试示意图

测量正电子湮没寿命谱使用两个探测器，设置不同的探测能量，一个探测 ^{22}Na 衰变发射正电子同时产生的 1.28 MeV 的 γ 光子，记录为正电子产生的信号；另一个探测器接收正电子湮没产生的 0.511 MeV 的 γ 光子。前文提及，双光子湮没过程概率是三光子过程的 372 倍，因此只考虑双光子过程，而双光子过程产生的两个光子辐射方向几乎相反，因此 0.511 MeV 探测器只探测其中的一个光子，并作为湮没时间的结束信号。

无论是 1.28 MeV 还是 0.511 MeV 的 γ 光子辐射，其方向都是随机的，但是两个探测器只能探测一定方向范围的辐射，也就是说有一部分正电子的湮没过程并没有记录到。即使如此，正电子湮没寿命谱仪仍然探测到了大量的湮没事件，可以得到统计结果。另外，如果 1.28 MeV 光子方向偏离探测器，但是相应的 0.511 MeV 光子被探测到了，对实验数据有什么影响？这个问题与之前的问题相关，即仪器将探测到大量 1.28 MeV 和 0.511 MeV 的 γ 光子，问题是应如何分辨它们是否来自同一个正电子生成并随后湮没的过程。

上述问题涉及正电子湮没寿命谱仪的信号检测方法，即测量核辐射相关过程经常使用的符合法。

11.3.2 符合法

核物理中有许多同时发生或在短时间间隔内发生，并有内在因果联系的相关事件称为符合事件。如果一个事件中包含 N 个互相关联并同时发生的过程，若用 N 个探测器分别探测这 N 个过程的信号(探测的信号记录为一个脉冲信号)，并同时输入一个多通道信号分析系统(称为符合电路)，当只有 N 个探测器同时输出脉冲到分析系统时，分析系统才输出一个计数脉冲信号，表示记录到了一个事件。这种测量方法称为符合法(coincidence method)。符合法由德国物理学家博特(W. Bothe)提出，他因此获得 1954 年诺贝尔物理学奖。意大利物理学家罗西(B. Rossi)发明了用于符合法测量的符合电路，即用于选取时间上符合事件并舍弃无关事件的电路。

符合事件是指两个以上互相关联的事件，或者同时发生，或者存在时间上的关联。假设有一个放射源，衰变中产生一个电子和一个光子，时间间隔非常短，可以视为同时发生。如果有两个探测器，一个探测电子，另一个探测光子，两个探测通道的信号转为脉冲信号，输入一个电路装置(称为符合电路)。当只有两个脉冲信号同时发生时，符合电路才输出一个计数脉冲信号，表示探测到了一次符合事件。而对于没有时间对应的信号，则认为它们没有时间关联，不是符合事件。

如果是两个互相关联的事件，但不同时发生，而是有一个固定的时间间隔，将一个探测器的脉冲信号进行时间延迟，使其与另一个探测器的脉冲信号形成符合后，给出脉冲计算，这种形式的符合称为延迟符合(图 11.5)。正电子产生及湮没的 1.28 MeV 光子辐射与 0.511 MeV 辐射信号有一个时间间隔(也就是正电子的寿命)，将两种辐射的信号输入符合电路，可以通过延迟符合产生脉冲计数。通过延迟符合，谱仪可以记录延迟时间及相应的脉冲计数累积，不同延迟时间对应不同的记录通道，用来记录对应延迟时间的正电子湮灭计数，或者说记录不同寿命的正电子湮灭计数。

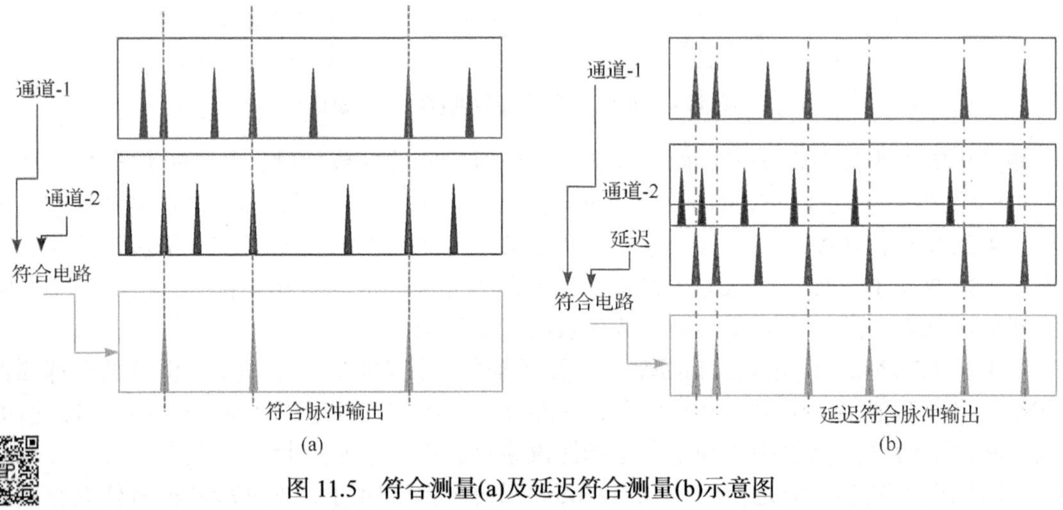

图 11.5 符合测量(a)及延迟符合测量(b)示意图

在符合测量中，如果两个事件确实存在有规律的时间关联(同时或存在时间间隔)，所产生的信号符合称为真符合。但是实际测试中，也可能有本身没有关联的信号被探测记录并产生了符合计数，称为偶然符合。偶然符合难以避免，但毕竟是随机的，与大量的真符合事件相比，少量的偶然符合计数不会对结果产生太大的影响(一次测量累积的正电子湮没事件的统计数目为 10^6 数量级)。

11.3.3　正电子湮没寿命谱的分析

正电子湮没寿命谱仪通过两个探测器分别探测 ^{22}Na 衰变正电子同时辐射的 1.28 MeV 及正电子湮没辐射的 0.511 MeV γ 光子，并通过延迟符合累积计数不同延迟时间的符合事件，得到的谱图横轴为不同延迟时间、纵轴为对应这个延迟时间累积的正电子湮没计数，形成一个统计直方图的基础数据。同时，由于谱仪本身的符合测量分辨率及测量精度等因素(称为谱仪的响应函数)也对探测数据产生影响，因此统计直方图对应的数据曲线被谱仪的响应函数(通常为高斯函数)展宽(也就是响应函数与探测数据的卷积)，得到实际测试的正电子湮没寿命谱(图 11.6)。

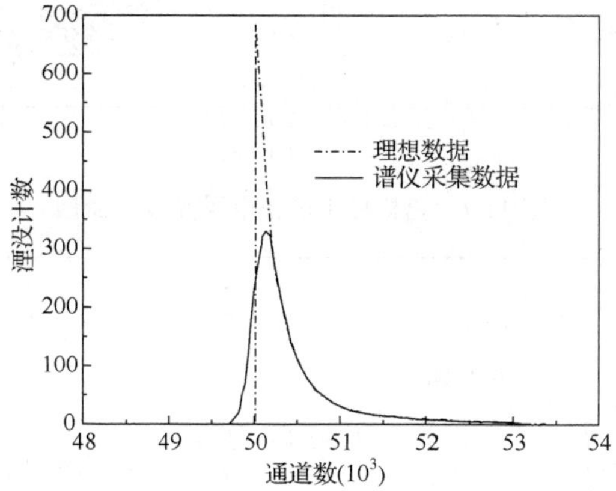

图 11.6　正电子湮没寿命谱

如前所述，对于单个正电子，其湮没寿命是随机的，所说的正电子寿命是统计大量正电子湮没事件后得到的平均值。如果谱图数据可以用一个指数衰减曲线$(I/\tau)\exp(-t/\tau)$进行拟合，得到的 τ 即为正电子湮没寿命(统计平均寿命)。

正电子在完整晶格(或体相)中的湮没称为自由湮没，平均寿命较短(对于金属或半导体通常为 100～400 ps)。如果介质中存在缺陷，如空位、位错、微空洞等，由于电子密度相对低，正电子更容易被缺陷位俘获，俘获的正电子平均寿命相对更长。对于实际的固体样品，可能包含不同的结构缺陷，存在不同的正电子俘获机制，则实验谱图中可能包含不同平均寿命 τ 的指数衰减过程，实验谱图需要用不同 τ 的指数曲线进行拟合，从而获得不同的正电子湮没寿命及所占比例。实验数据拟合可以使用商用拟合软件(如 PATFIT 等)。

正电子湮没寿命谱的计算机数据处理过程就是通过曲线拟合的方法求出这些指数曲线所代表的平均寿命值和相应强度。即使材料中仅存在一种缺陷，正电子寿命也会有两个指数衰减过程，对应正电子在完整晶格中的自由态湮没以及在缺陷位的俘获湮没。

$$s(t)=\sum_i (I_i/\tau_i)\exp(-t/\tau_i)$$

式中，I_i 为第 i 个湮没态的强度；t 为对应计数测量时间；τ_i 为第 i 个湮没态的平均寿命。

图 11.7 为铅标样中的正电子湮没寿命谱，在扣除放射源 Kapton 膜及背景信号后，拟合得到铅中正电子湮没寿命为 203 ps，与文献报道的 204 ps 非常相符。图中的纵坐标已经是对数坐标。实验谱图中包括了放射源包覆膜及空气的背景信号。图 11.8 为金属钨的正电子湮没寿命谱，同样可以分解出放射源及空气的背景信号。通常测试数据需要扣除放射源包覆膜的背

景信号，以及放射源和样品之间的空隙造成的背景信号。

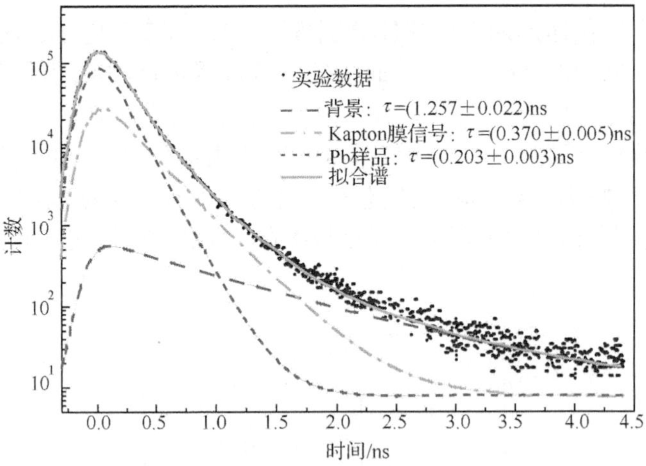

图 11.7　铅标样中的正电子湮没寿命谱

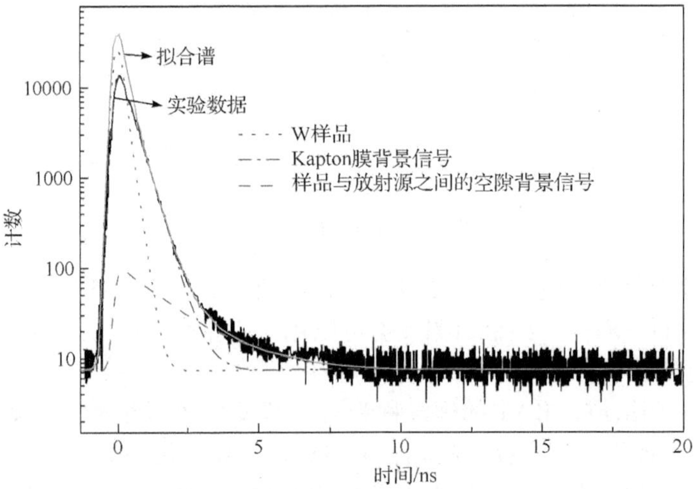

图 11.8　金属钨的正电子湮没寿命谱

通常正电子湮没寿命谱包含两个以上的指数衰减成分，其中之一是正电子在材料中的自由态湮没，即没有经过缺陷俘获的湮没过程。自由湮没的寿命较短，这部分信号对于研究材料的缺陷结构没有帮助。我们关注的信号是缺陷俘获造成的正电子湮没，由于存在不同的缺陷类型，因此有不同的湮没寿命，实验谱图中包含不同的指数衰减信号的叠加。另外，还存在较长平均寿命(通常为几纳秒)的衰减信号，对应自由空间(晶粒之间的未占据空间，放射源或样品中存在的空隙中的空气)中的湮没。

11.4　正电子湮没寿命谱的应用实例

正电子湮没技术用于材料研究具有很多优势。对于材料中原子级尺度的缺陷，如晶格空位或缺失几个原子的空位团缺陷，衍射方法很难探测。用透射电子显微镜虽然可以观察到晶格缺陷或位错结构，但只是表达了样品非常局域的结构信息，可能欠缺样品整体代表性。正电子湮没寿命谱给出的则是样品体相的缺陷结构特征，可以与其他表征技术互为补充。正电子湮没寿命谱测试对样品制样限制较少，并且是一种无损伤探测方法。样品有较充裕的测试空间，且无需真空条件，因此适合进行一些原位条件下的测试，如对材料变温、施加电磁场等。

正电子湮没寿命谱在金属及合金材料微观结构研究中的应用广泛，可以用来表征分辨金属或合金中的缺陷类型及浓度，以及在不同处理条件下的演化过程。图 11.9 为 Fe-Cu 合金的正电子湮没寿命谱，通过拟合可以分出两种正电子湮没寿命及占比，100.25 ps 和 208.7 ps 分别归属为正电子在完整晶格中的自由态湮没和被空位团俘获的湮没寿命，而空位团的湮没寿命也可以反映出空位团的尺度大小。

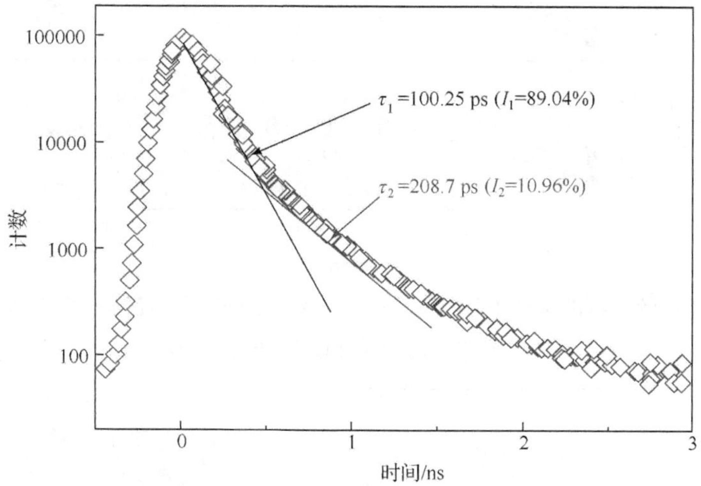

图 11.9 Fe-Cu 合金的正电子湮没寿命谱

金属钨具有高密度、高熔点等优异的物理、机械和抗腐蚀等性能，广泛应用于冶金工业、航空航天及核工业等领域。核工业中高能量的辐照可以导致金属材料形成大量缺陷结构，从而改变金属材料的物理和机械性能。对金属 W 和 W5Re 合金在室温条件下辐照，制备辐照离子和缺陷深度分布的实验样品，用正电子湮没寿命谱技术系统地研究了材料内部辐照诱导空位型缺陷随温度(室温至 1273 K)的变化。研究发现，室温(RT)条件下的 He 离子辐照引入的缺陷以小尺寸空位型缺陷为主，且随退火温度的升高聚集形成大尺寸空位团，并在高于 1073 K 温度退火处理后湮没。如图 11.10 所示，τ_1 为正电子自由态湮没寿命，τ_2 为空位型缺陷处的正电子湮没寿命，其变化提供了辐照诱导缺陷动力学的重要信息。

多孔碳材料是最具应用前景的催化材料之一，已广泛应用于多相催化及光/电化学能源储存领域。以 MOF 为前驱体制备了两种不同缺陷结构的碳材料，其正电子湮没寿命谱如图 11.11 所示。通过拟合可以从图中分解出三个寿命分量。短寿命(τ_1)归属于无缺陷区和浅缺陷态中的正电子湮没。最长寿命分量(τ_3)对应于自由空间(晶粒之间的未占据空间)中的正电子素湮没。对于样品 K-缺陷-C-1100，发现了中等寿命(τ_2，442 ps)，表明正电子湮没主要发生在 V_{12} 缺陷。结合 DFT 计算表明，主要缺陷类型是 V_{12} 缺陷(图 11.11)，此结论也得到了 STEM 表征的支持。研究证实含有大量空位型 V_{12} 缺陷的碳材料具有优异的电催化活性。

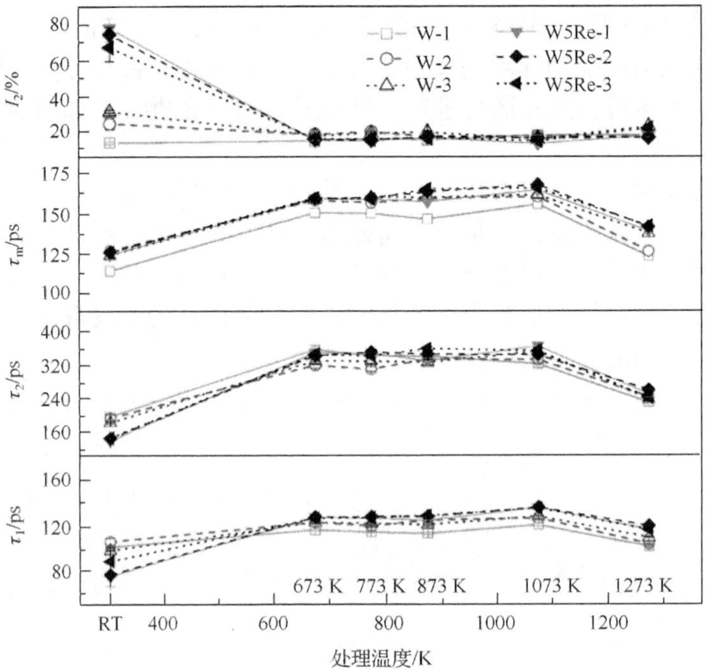

图 11.10 不同辐照条件的金属钨和钨铼合金经过不同退火温度处理后的正电子湮没寿命(短寿命τ_1、长寿命τ_2和平均寿命τ_m)和强度(I_2)的变化

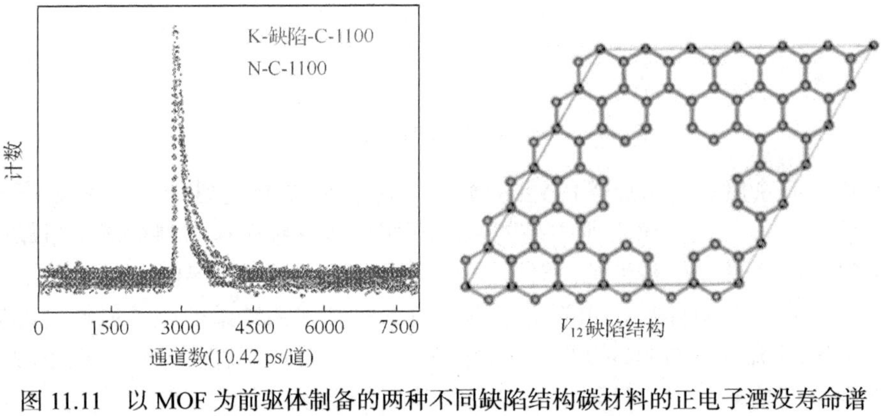

图 11.11 以 MOF 为前驱体制备的两种不同缺陷结构碳材料的正电子湮没寿命谱

正电子湮没寿命谱可以用来研究介孔材料。有序介孔二氧化硅 MCM-41 在抽真空、吸附氧气及吸附空气状态下的正电子湮没寿命谱如图 11.12 所示。通过谱图拟合(表 11.1)，可以分解出 4 个不同的湮没寿命，分别对应于 *p*-Ps 的湮没、在二氧化硅骨架中的自由湮没、在二氧化硅结构缺陷处的湮没以及在介孔孔隙(颗粒间隙)中的湮没过程。正电子在孔隙中的湮没寿命可以用来分析计算介孔材料的孔径尺度。

甲胺碘铅钙钛矿($MAPbI_3$，MA：$CH_3NH_3^+$甲基铵离子)具有优异的光电性质，这种钙钛矿研究对太阳能电池发展具有重要意义。识别和确认存在的点缺陷类型对材料制备以获得最佳性能至关重要。正电子湮没寿命谱能提供材料中与空位相关的中性或负电荷缺陷的识别，并与 DFT 计算的不同缺陷的正电子湮没寿命进行比较。

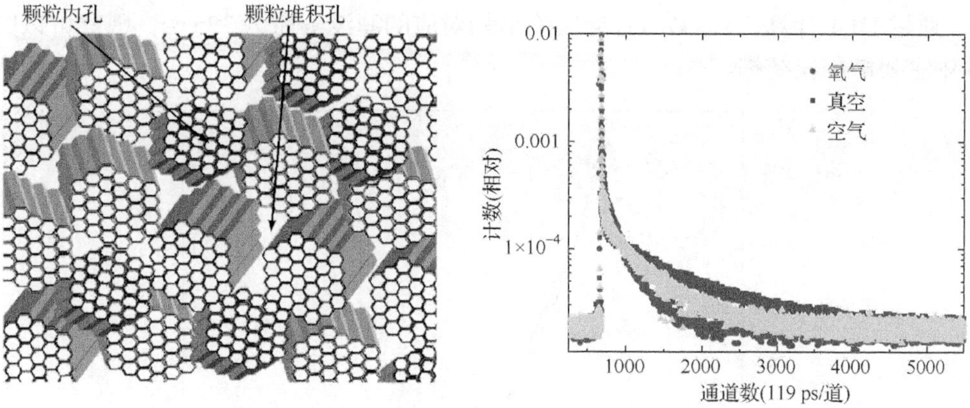

图 11.12　有序介孔二氧化硅 MCM-41 的正电子湮没寿命谱

表 11.1　有序介孔二氧化硅 MCM-41 的正电子湮没寿命谱拟合数据

	条件	真空	空气	氧气
τ / ps	τ_1	139(2)	129(2)	132(2)
	τ_2	443(2)	446(2)	445(2)
	τ_3	7.3(0.2)	8.4(0.2)	7.3(0.2)
	τ_4	116(0.3)	68.7(0.3)	34.5(0.2)
I / %	I_1	42.7(0.2)	46.9(0.3)	49.1(0.3)
	I_2	31.7(0.2)	33.7(0.3)	32.9(0.4)
	I_3	1.0(0.1)	1.9(0.1)	3.4(0.1)
	I_4	24.5(0.1)	17.3(0.1)	14.5(0.1)

图 11.13 为薄膜和单晶 $MAPbI_3$ 的正电子湮没寿命谱，通过拟合可以拆分出 3 个湮没寿命，其中占比 94%湮没过程的湮没寿命为 371 ps。通过理论计算，Pb 空位缺陷对应的正电子湮没寿命为 369 ps，结合高分辨的 STEM 图像，证实金属卤化物钙钛矿的缺陷类型为占主导的 Pb 空位缺陷。

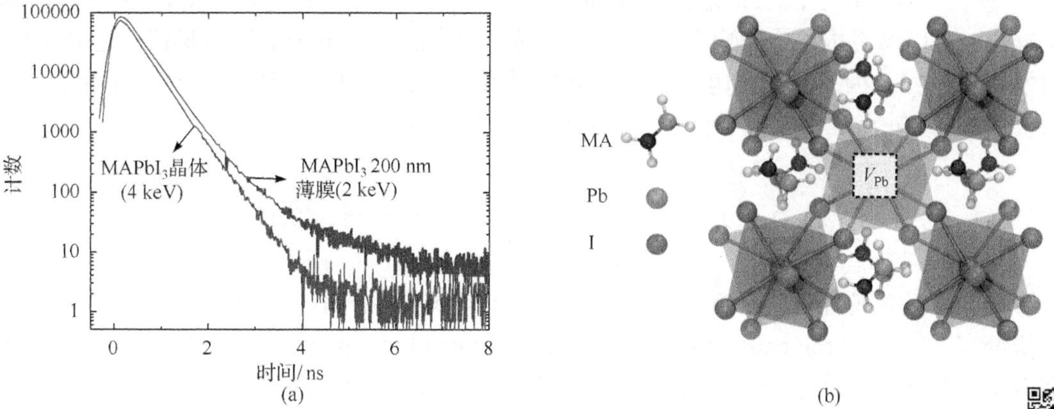

图 11.13　薄膜和单晶 $MAPbI_3$ 的正电子湮没寿命谱(a)及 Pb 空位缺陷结构(b)

光催化剂 BiOCl 纳米片中缺陷结构的正电子湮没寿命谱(图 11.14)可以拆分出 4 个不同的正电子湮没寿命。其中，对于超薄 BiOCl 纳米片，占比 72%的湮没过程对应的缺陷寿命为

327 ps，通过 DFT 计算，V_{Bi}-V_O-V_{Bi} 型缺陷结构对应的湮没寿命为 325 ps，因此可以归属超薄纳米片中主要缺陷位结构。

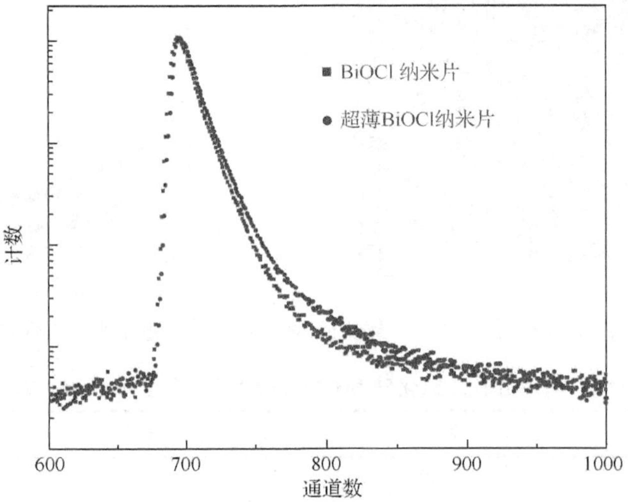

图 11.14 不同厚度光催化剂 BiOCl 纳米片的正电子湮没寿命谱

11.5 正电子激发的俄歇电子能谱

利用正电子也可以激发俄歇电子。注入样品的低能正电子也发生热化、扩散过程，并被表面原子俘获。如果被俘获的正电子可以与原子的芯能级电子发生湮没，则形成内层轨道的电子空位，继而引发俄歇过程或辐射特征 X 射线。与电子束激发的 AES 相比，正电子激发的俄歇电子能谱(PAES)探测的信息更加表面化，甚至可以是表面的最外原子层。而且，PAES 不会有散射电子的背景，分辨率也更高，同时低能正电子对表面结构几乎无损伤。PAES 利用低能(10～50 eV)正电子作为激发源，对于低能入射的正电子，其绝大多数都能扩散回到样品表面并被俘获，因而正电子湮没诱发俄歇电子能谱可以给出非常表面(一般指表面 1～2 个原子层)的信息，更容易在表面层扩散并被表面原子中的电子湮没。用电子束激发，电子的能量必须足够高，可以激发内层电子电离。而正电子通过与内层轨道电子的湮没形成内层轨道空位，并引发俄歇过程，因此低能正电子也可以激发俄歇电子，并且约 95%的俄歇电子来自表面层原子。PAES 的缺点是俄歇电子信号较弱，谱图采集时间较长。

11.6 正电子发射计算机断层扫描简介

除前文所述的应用领域，正电子湮没技术更广泛地应用于医学成像领域，即正电子发射计算机断层扫描(positron emission tomography-computed tomography，PET-CT)检测(图 11.15)。如在 NMR 部分所提及的，拉比教授从未想象过他发明的 NMR 方法居然可以在医学成像上发挥作用，同样，无论是狄拉克还是安德森都不可能预见到，他们预言及发现的正电子同样在核医学影像技术上扮演着如此重要的角色。PET-CT 是正电子技术与 X 射线断层扫描技术完美结合的产物，不仅融汇了无数科学家和工程师的原创思想和智慧，而且得益于辐射探测技术和计算机软硬件技术的支撑。

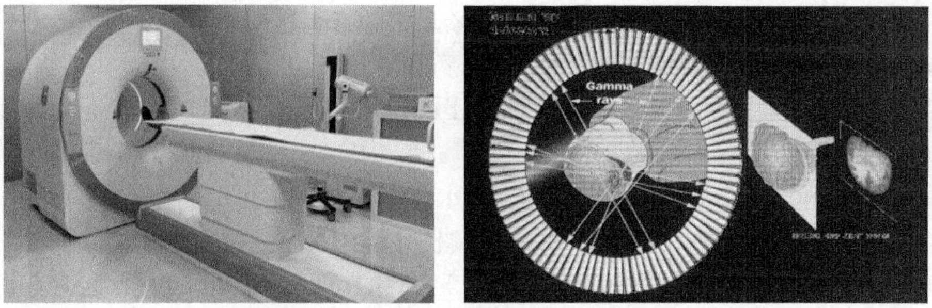

图 11.15　正电子发射计算机断层扫描

正电子俘获符合测量在医学中的应用始于 20 世纪 50 年代，起初 PET 的图像只是功能图像，无法满足临床诊断和治疗定位方面的需求，于是科学家尝试将 PET 和 CT 组合起来。PET-CT 成像仪器在过去的几十年里得到了巨大的改进，现在在最先进的 PET-CT 上，用于临床目的的全身扫描可以在 10 min 内完成，这些技术进步带来了重要的临床研究和医疗保健应用。PET 技术是核医学领域的先进成像方式之一，使用放射性物质在生物体内释放正电子，从放射性标记示踪剂发出的辐射对于该示踪剂是特定的，可以在低自然辐射本底之上检测到。探测和定位正电子发射核的能力，通过使用符合计数俘获正电子与电子湮没后发射的成对湮没光子。通过探测正电子湮没产生的 γ 射线进行定位，可以对生物分子代谢、受体及神经介质活动进行三维成像，在疾病的早期诊断方面有重大意义。

PET 技术借助同位素(如 ^{18}F 等)标记的示踪药物，药物定向分布于特定的组织或细胞中，参与人体的代谢生物过程。放射核素可以发生 β^+ 衰变发射正电子，正电子在生物组织中发生湮没，产生辐射方向相反的两个特征能量为 511 keV 的 γ 光子。通过两个 γ 光子方向上的一对探测器接收相关信号，确定湮没发生的位置，通过逐层扫描后并进行图像三维重构，可以获得辐射位点(示踪药物聚集)空间分布的影像(图 11.16)。

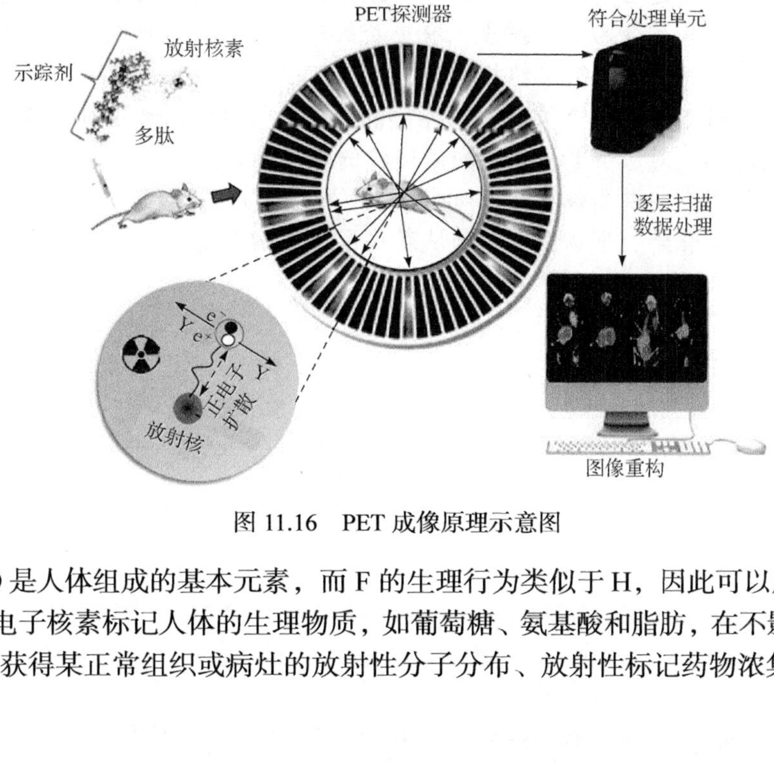

图 11.16　PET 成像原理示意图

C、N、O 是人体组成的基本元素，而 F 的生理行为类似于 H，因此可以应用 ^{11}C、^{13}N、^{15}O、^{18}F 等正电子核素标记人体的生理物质，如葡萄糖、氨基酸和脂肪，在不影响体内环境平衡的条件下，获得某正常组织或病灶的放射性分子分布、放射性标记药物浓集速率、局部葡萄糖、氨基酸和脂肪代谢、血流灌注、受体的亲和常数、氧利用率及其他生理参数等，研究和诊断人体内的病理生理异常与疾病，早期发现病变。

目前在核医学中使用的正电子药物都是由医用回旋加速器生产的。PET 最广泛应用的药物为 ^{18}F-FDG(fluorodeoxyglucose)，^{18}F 标记葡萄糖。^{18}F 是医用回旋加速器制备的主要正电子核素，半衰期为 109.8 min，主要核反应式为 $^{18}F \longrightarrow {}^{18}O + e^{+} + \nu$(中微子)。

与其他医用正电子核素相比，^{18}F 半衰期较长且标记灵活，易与含氨基、羟基、巯基等的化合物相结合，可取代有机分子中的氢原子、羟基和其他卤素原子，是比较理想的正电子示踪核素。^{18}F 标记的 2-[^{18}F]-氟-2-脱氧-D-葡萄糖(^{18}F -FDG)是目前 PET-CT 临床诊断中使用的最常见、最广泛的显像剂，医用最广泛的非特异性正电子显像剂。

^{18}F 的生产是由医用回旋加速器产生的高速质子轰击 ^{18}O 水，加入一个质子，打出一个中子。氧是 8 号元素，核内有 8 个质子，人工打入一个质子后，核内变成 9 个质子，同时失去一个中子，原子量没有变，但是元素变了，也就是由 8 号元素 O 变成了 9 号元素 F(^{18}F)。用轰击产生的 H^{18}F 制备 K^{18}F，再与三氟甘露糖反应，生成 ^{18}F 标记的葡萄糖，最后进行纯化，即得到 ^{18}F-FDG。

PET-MRI 是将 PET 与磁共振成像(MRI)系统结合，也是当前先进的医学影像诊断设备。与 PET-CT 相比，PET-MRI 可以大幅降低 X 射线辐射损伤。

本章小结

正电子是电子的反粒子，是真实存在的粒子。某些放射核素衰变可以释放正电子。正电子与电子碰撞发生湮没现象，辐射 γ 光子，发生质能转换。其中，双光子湮没过程为主，辐射光子动能约为 511 keV，常作为正电子湮没的特征辐射信号。

正电子与物质作用过程包括热化、扩散和湮没，由于材料结构缺陷处的电子密度相对较低，正电子倾向于扩散到缺陷位并湮没，有更长的寿命。因此，可以通过探测正电子在材料中的湮没寿命，获得材料中的缺陷结构信息。

正电子湮没寿命谱由若干个具有不同寿命的指数曲线叠加，通过拆分拟合，可以获得若干个正电子湮没寿命，对应正电子在不同缺陷位的湮没寿命。

正电子湮没技术是一种非破坏性的研究手段，样品适用范围广，比较适合原位条件测试，已经在物理、材料、化学、生物医学等领域获得了广泛的应用。

第 12 章　穆斯堡尔谱

测量一切可测之物，并把不可测的变为可测。

——伽利略

穆斯堡尔谱(Mössbauer spectroscopy)的名称源于德国物理学家穆斯堡尔(R. Mössbauer)。1961 年，年仅 32 岁的穆斯堡尔因发现无反冲核共振吸收效应而获得诺贝尔奖物理学奖，这项研究工作是他在博士研究生期间完成的。这是本书提到的第二位凭借博士论文成果获得诺贝尔奖的科学家。与核磁共振一样，穆斯堡尔谱的研究对象也是原子核。从材料结构分析的角度，虽然研究对象是原子核，但研究目标还是以原子核为探针表征原子核所处的化学环境。

在核磁共振谱学中，核自旋在外磁场中取向量子化并形成能级分裂，外加射频电磁场引起核自旋能级之间的共振吸收，其共振频率在射频段(10^8 Hz 数量级)。而穆斯堡尔谱是用波长极短的 γ 射线激发核能级之间的共振吸收。两种方法虽然都涉及原子核的“能级”，但是两者的物理图像完全不同，并且能级跨度(共振频率)也是天壤之别。不过既然研究对象都是原子核，两种谱学也都与原子核的物理性质有关，如核电四极矩、核自旋在磁场中取向的空间量子化等，因此建议在学习过程中将两种方法的物理概念和测试场景进行对照，以避免互相混淆。

12.1　穆斯堡尔效应

12.1.1　原子核的能态和壳层模型

卢瑟福散射实验证明了原子的核式结构。原子核的尺度为 10^{-15} m，是原子尺度的万分之一，但是集中了原子几乎全部的质量，因此密度非常大。原子核由质子和中子组成，但是原子核的静质量小于核中全部质子和中子的静质量的加和，相差的质量所对应的能量为原子核的结合能。通常原子核内每个核子(质子或中子)的结合能为 7.5～8.5 MeV，作为对比，原子中电子的结合能，Fe 1s 电子的结合能在 7 keV 左右，而氢原子内处于基态的电子结合能只有 13.6 eV。

自然界有四种作用力：万有引力、电磁力、强相互作用(核力)和弱相互作用(弱力)。原子核内核子之间的相互作用为强相互作用，核子之间的距离很短，核力只在原子核内起作用。强相互作用非常复杂，对于强相互作用本质的研究仍然是物理学中的难题。原子核内的核子运动得非常快，原子核非常小，故核子位置的变化量非常小，根据海森伯的不确定性原理，核子有非常大的动量变化，核子运动速度大概比光速低一个数量级。

质子和中子的自旋量子数为 1/2，二者都是费米子。1949 年，迈耶(M. Mayer)和延森(J. Jensen)根据自然界存在的幻数核(质子数或中子数分别等于 2、8、20、28、50、82 和 126 时，原子核特别稳定)，仿照原子的壳层结构理论提出了原子核的壳层模型，并因此共同获得 1963

年诺贝尔物理学奖。核壳层模型借助泡利不相容原理描述原子核的能量，质子和中子各自形成自己的壳层和能级，核子有互相耦合的轨道角动量和自旋角动量。

原子核基态(ground state)是指原子核中的质子和中子都依照能级的高低从低到高依次排布，整个原子核呈现为最低能态，也是最稳定的状态。我们所接触到的材料中的原子核，除少数放射核外，绝大多数原子核都处于基态。当核子处于较高能级而还有较低能级未填满时，原子核的能态较高，称为原子核激发态(excited state)。

12.1.2 原子核的放射性与衰变

原子核因放射性而发生的转变称为原子核的放射性衰变。具有放射性的核素又称不稳定核素。原子核的主要衰变方式包括：①α 衰变，即重原子核不稳定，因而发生核裂变形成较轻的原子核，释放 α 粒子；②质子发射；③中子发射；④β^-衰变，即部分中子变成质子，释放电子和反电子中微子；⑤β^+衰变，即部分质子变成中子，释放正电子及电子中微子；⑥电子俘获，即一个内层轨道上的电子被原子核俘获，使一个质子转变成中子，同时发射出一个中微子。伴随发生的过程还包括：光子的辐射(γ 射线)，使新产生原子核的能级降至基态；因内层电子被俘获而产生 X 射线荧光或俄歇电子；γ 衰变，即释放 γ 射线；内转换，即激发态原子核将能量转移给轨道电子，使其被激发，称为内转换电子。

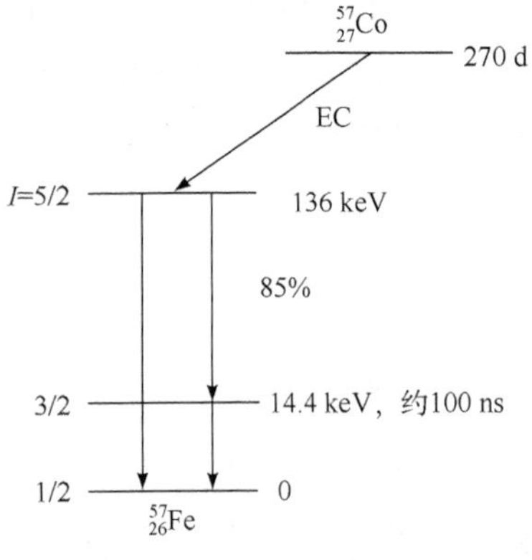

图 12.1 ^{57}Co 衰变的过程

放射性核发生 α 或 β 等衰变后，将衰变到新核的激发态(注意此时核的原子序数，即质子数已经发生改变，变成新的核素)。处于激发态的原子核不稳定，跃迁到更低能级的激发态或基态，同时辐射 γ 光子，为 γ 跃迁或 γ 衰变，即 γ 衰变对应核能级之间的跃迁。^{57}Co 衰变的过程如图 12.1 所示，^{57}Co(质子数 27)首先发生电子俘获，俘获一个核外电子，使一个质子变为中子，成为 ^{57}Fe(质子数 26)的激发态，核自旋量子数 I=5/2。^{57}Fe 有 85%的概率发生 γ 衰变，衰变到 I=3/2 的激发态，随后再次发生 γ 衰变(辐射出 14.4 keV 的 γ 射线)到 ^{57}Fe 的基态(I=1/2)。也就是说，^{57}Fe 基态之上可以有两个激发态，基态到第一激发态之间的能级差为 14.4 keV，并且基态与激发态的核自旋量子数也不同。注意是原子核的基态和激发态，而不是原子的基态和激发态，后者讨论的是原子核外电子的能态高低。

12.1.3 原子核的 γ 射线共振吸收

原子核的激发态通常是放射性核衰变的中间态，并不稳定存在，将继续衰变到原子核的基态，同时产生强辐射(如 γ 射线)。对于含有放射性同位素的放射源，有非常严格的安全管理规定。而对于通常的物质或要研究结构的样品，其中元素的原子核都处于基态。对于基态的原子核，如果用 γ 射线照射基态核，当射线的光量子能量等于原子核基态与激发态之间的能量差时，基态的原子核跃迁到激发态，称为原子核的共振吸收。对于核磁共振，在静磁场中分立取向的核自旋，无论是在低能级还是高能级，都是基态的核自旋，核自旋量子数也不会随自旋能级高低而改变。核磁共振中的核自旋能级由核自旋的磁矩及磁场强度决定($E=-\boldsymbol{\mu}\cdot\boldsymbol{B}$)，而原子核的 γ 射线共振吸收，激发态能级的高低是原子核本身的性质。如果从激发共振吸收的入射源对比，核磁共振和穆斯堡尔谱的差别就更大了，核磁共振中的核自旋能级间距很小，对应射频电磁波段，而穆斯堡尔谱需要用 γ 射线激发共振吸收。

12.1.4　原子核辐射的反冲现象

反冲(recoil)现象很常见，是动量守恒规律的表现。如图 12.2 所示，一个激发态的原子核辐射出一个 γ 光子时，光子具有动量，由于动量守恒，原子核会形成反冲动量，加上原子核的质量，因此原子核具有额外的反冲动能。由于能量守恒，原子核携带的反冲动能导致 γ 光子的能量减少。原子核的反冲动能为 E_R，光子的能量为 $h\nu$，核激发态(E_e)与基态(E_g)的能量差为 E_0，则有

图 12.2　原子核辐射的反冲现象

$$E_0=E_e-E_g=h\nu+E_R$$

辐射 γ 光子能量为 $E_\gamma=h\nu=E_0-E_R$，即比无反冲辐射减少了 E_R，也就是说辐射光子的能量稍小于基态和激发态的能量差 E_0。E_R 为原子核的反冲动能，核质量为 m，则

$$E_R=\frac{1}{2}mv^2=\frac{p^2}{2m}=\frac{(h\nu)^2}{2mc^2}=\frac{E_\gamma^2}{2mc^2}$$

同理，对于吸收 γ 光子的原子核，由于动量守恒也存在吸收反冲现象，因此要求被吸收的 γ 光子能量必须稍大于基态和激发态的能量差。也就是说，如果吸收时也发生反冲，则入射光子能量需要增加 E_R。

这样会出现一个问题，由于反冲效应，核辐射的 γ 射线能量比激发基态跃迁所需的能量少了 $2\times E_R$，因此共振吸收现象不会发生(图 12.3)。

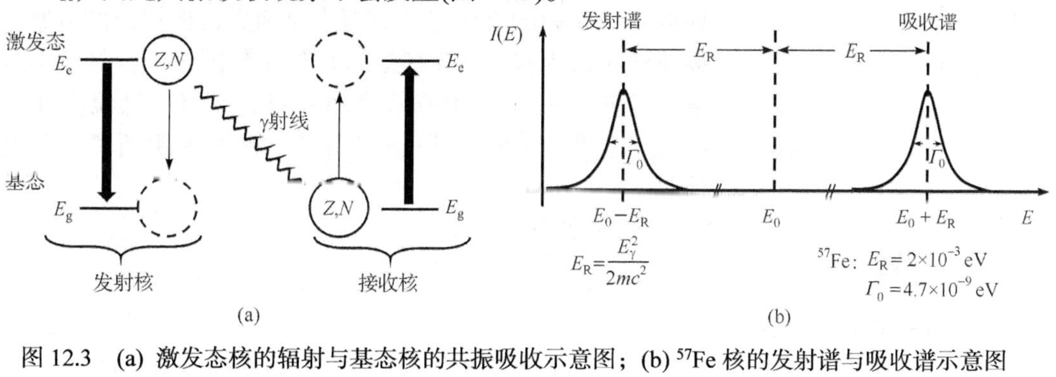

图 12.3　(a) 激发态核的辐射与基态核的共振吸收示意图；(b) ^{57}Fe 核的发射谱与吸收谱示意图

对于 ^{57}Fe 的第一激发态到基态辐射的 14.4 keV γ 光子，反冲动能只有 $E_R=2\times10^{-3}$ eV，仅占总能量的 $1/10^8$，但是可以对比一下发射谱和吸收谱的宽度。

^{57}Fe 激发态能级的半衰期为 9.8×10^{-8} s，由量子力学不确定原理，可以估算能级宽度为

$$\Gamma_0=\frac{\hbar}{\tau}=4.7\times10^{-9}\text{eV}$$

也就是说，发射谱和吸收谱谱线的半高宽在约 10^{-8}eV 数量级。换言之，入射 γ 射线的能量必须落到吸收谱宽之内，才可能有频率的重叠，从而发生共振吸收。如果发射谱与吸收谱的能量范围没有重叠，则不会发生共振吸收。从发射谱和吸收谱中可以明显看到，即使反冲动能

E_R很小，但是其存在造成了共振条件的很大偏差。因此，虽然原子核能级共振吸收理论上可以发生，但是从实验上观测到这一现象一直都非常困难。

如果将发射谱和吸收谱的谱宽拉宽，使其有部分能量范围的重叠，理论上也可以观测到很弱的共振吸收。由发射或吸收时原子热运动引起的多普勒增宽，理论上可以使发射谱线和吸收谱线增宽发生部分重叠，从而有可能发生共振吸收(图 12.4)。有实验用升高温度的方式寻找共振吸收，但是观测非常困难。

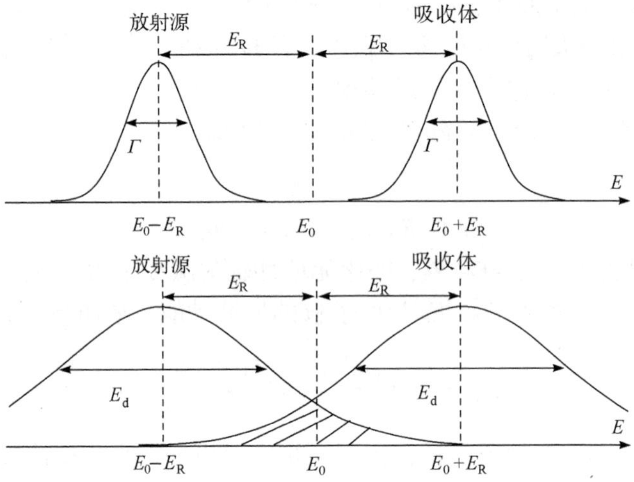

图 12.4　利用升温使发射谱和吸收谱增宽，有可能发生部分能量范围的重叠

1957 年，穆斯堡尔试图观测 ^{191}Ir 的核共振吸收，^{191}Ir 从激发态到基态辐射的γ射线能量为 129 keV(图 12.5)。通过加热放射源和吸收源的方法寻找共振点是前人已经提出的方案，不过穆斯堡尔认为自己的实验装置加热比较困难，恰好他手边有液氮，于是突发奇想用液氮冷却系统。本以为低温会使共振吸收更难发生，但是穆斯堡尔出乎意料地观测到了共振吸收的信号。

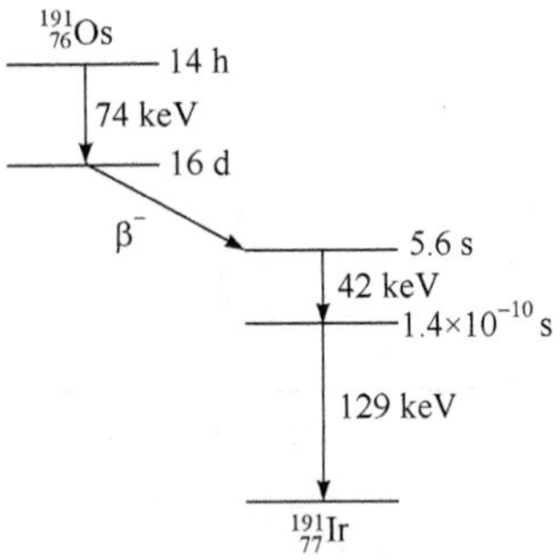

图 12.5　^{191}Os 核的衰变过程

反冲动能的公式为

$$E_R = \frac{E_\gamma^2}{2Mc^2}$$

注意上式中的质量用了大写 M。反冲动能与原子核质量成反比，如果发射核和吸收核都可以固定于晶格中，则在γ射线发射或吸收时，质量 m 可视为整个固体的质量 M，因此反冲动能 E_R 可以极大地减小，甚至可以近似为无反冲过程。这样发射谱和吸收谱可以在很大程度上重合，从而容易观测到共振吸收现象。

固体中的晶格振动能也是量子化的，其最小单元称为声子，是准粒子。如果反冲动能很小，甚至小于晶格声子的能量，则晶格不会吸收反冲动能，就可以产生无反冲的辐射和吸收，辐射γ光子不会损失能量，而吸收过程也无需额外的能量，因此非常有利于形成共振吸收。穆斯堡尔曾用过一个比喻，如果人在船上向岸上扔石头，由于反冲效应，船会后退，石头的出手速度也会降低。但如果在冬天，湖面结冰，船被固定在冰面上而不会向后反冲，这样可以将石头扔得更远。这是对液氮降温放射源和吸收体的实验非常贴切的比喻。无反冲核共振效应随后被命名为穆斯堡尔效应。

用一个系数表示固体中发生无反冲辐射的概率，称为无反冲分数，可以表示为

$$f = e^{-\frac{E_\gamma^2 \langle x^2 \rangle}{(\hbar c)^2}}$$

我们希望 f 越大越好。首先 f 与辐射光子的能量有关，能量越高，f 越小。另一个参数 $\langle x^2 \rangle$ 为发射原子在 γ 射线传播方向上的均方振幅，晶格振动与温度有关，温度越低，晶格束缚越强，f 越大。发射原子在晶格中的束缚越强，发射光子的能量越低，则越有利于获得更高的无反冲分数，从而有助于观测共振吸收过程。显然，只有在固体中的核受到晶格的束缚，才能观测到穆斯堡尔效应。

室温下 ^{57}Fe 的无反冲分数约为 80%，^{119}Sn(γ 射线能量 23.87 keV)在室温下也有较大的无反冲分数，因此 ^{57}Fe 和 ^{119}Sn 是研究最广泛的穆斯堡尔核，而且现在多数 ^{57}Fe 的穆斯堡尔谱也是在室温下进行的。但是其他大多数核的穆斯堡尔谱都需要在低温下才能观测。穆斯堡尔在 1957 年观测的 ^{191}Ir(^{191}Os 为放射源，图 12.5)，辐射能量为 129 keV，即使在液氮温度下，无反冲分数也只有约 2.6%，实验难度很大。如果穆斯堡尔或其他人用 ^{57}Fe 进行实验，不是很容易观测到共振吸收现象吗？实际上这个问题并不成立，因为实验用的放射性同位素都是人工制作的，而用于 ^{57}Fe 实验的 ^{57}Co 同位素是穆斯堡尔效应发现后才开始研制使用的。

对于 ^{57}Fe 核，要发生共振吸收的 γ 射线能量为 E_γ=14.4 keV，其能量线宽 Γ_0=4.7×10^{-9} eV，这是非常窄的线宽。也就是说，对于入射的 γ 射线，其能量偏离超过 10^{-8} eV，都不会产生共振吸收现象。因此，原子的化学环境改变，对原子核能级造成极其细微的变化(在 14.4 keV 为中心的基础上，偏离范围超出 10^{-8} eV)，都可以通过是否发生共振吸收监测到。^{57}Fe 核穆斯堡尔谱的能量分辨率为 $\Gamma_0/E_\gamma \approx 3.2\times10^{-13}$，是极高的能量分辨率。

实际上放射源中核的化学环境与吸收体中核的化学环境往往不会是完全一致的，那么如何保证发射 γ 射线的能量可以对准样品中吸收核的共振能量？可以利用光的多普勒效应。

12.1.5　多普勒效应与 γ 射线的频移

电磁波的波源如果与接收者有相对运动，其接收到的电磁波频率会发生变化，称为多普勒效应。如果有频率为 f_s 的光源 s 以速度 v 向观察者 o 移动，对观察者来说，发射光的频率可以表示为

$$f_o = \sqrt{\frac{1+v/c}{1-v/c}} f_s$$

式中，c 为光速。而当波源速度远小于光速($v \ll c$)时，频率的变化率为

$$\frac{\Delta f}{f} \approx \frac{v}{c}$$

据此，在实验中可以通过调节放射源的运动速度，与吸收体相向或相背移动，来调变接收体接收到的 γ 光子的能量，从而实现共振吸收。为了表示方便，穆斯堡尔谱的横轴采用放射源与吸收体的相对速度(称为多普勒速度)v(mm/s)表示能量大小。一般来说，放射源与吸收体之间的相对速度仅需每秒几毫米到每秒几厘米。

如果放射源向吸收源以速度 v 移动，则辐射能量增加 vE_γ/c。以 ^{57}Fe 为例，如果放射源移

动速度为 1 mm/s，可以为 14.4 keV 的光子能量补偿 4.8×10^{-8} eV，看起来微不足道，但是 ^{57}Fe 的吸收谱宽也只有 10^{-8} eV 数量级。穆斯堡尔就是用从玩具店买来的齿轮零件组装了可以使吸收体转动的装置，并成功完成了 ^{191}Ir 核的共振吸收谱。注意谱的横轴是吸收体相对放射源的移动速度，单位是 cm/s(图 12.6)。

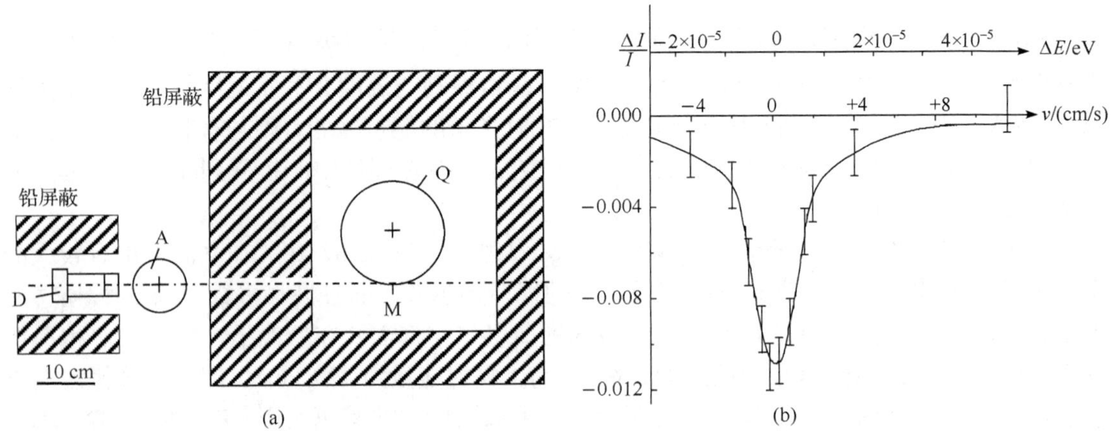

图 12.6 穆斯堡尔的实验装置示意图(a)及 ^{191}Ir 核的共振吸收实验数据(b)

A：低温杜瓦中的吸收体；Q：低温杜瓦中的放射源；D：闪烁探测器

穆斯堡尔的实验是开创性的，无反冲核共振吸收的重要价值很快获得了全世界同行的认可，并由此衍生了一种崭新的实验手段——穆斯堡尔谱。穆斯堡尔非常低调地将论文投稿到影响力不高的一份德文刊物。美国洛斯阿拉莫斯(Los Alamos)和阿贡(Argonne)国家实验室的科学家在读到穆斯堡尔的论文后起初不以为意，而当他们成功重复了实验之后也倍感惊讶，随后很快于 1959 年研制了新的放射核素 ^{57}Co，找到了更适合穆斯堡尔谱研究用的 ^{57}Fe。由于 Fe 元素的广泛存在以及含铁材料的丰富功能，目前绝大多数穆斯堡尔谱研究是围绕 ^{57}Fe 进行的。穆斯堡尔的成果引起了美国物理学家费曼(R. Feynman)的关注，并于 1960 年将这位仅发表了两篇论文的年轻人引进到加州理工学院任教。事实证明这是一次非常成功的人才引进，因为 1961 年穆斯堡尔就获得了诺贝尔物理学奖。

12.2 穆斯堡尔谱仪

穆斯堡尔谱仪的构造示意如图 12.7 所示，主要包含放射源及移动装置、γ 射线探测器和数据记录系统。穆斯堡尔谱主要以透射样品的方式进行测量，通过放射源的速度变化，记录透过样品的 γ 射线强度，测量 γ 射线的吸收与放射源速度的实验曲线。如上所述，放射源的速度实际上代表放射源的 γ 射线频率的微小变化。

放射源提供特定能量的 γ 辐射，一般制备方法是将放射性核素扩散到固体的晶格中，最常用的 ^{57}Co 放射源以 Pd、Pt、Rh 作为基质材料。透射谱主要是测量透过样品的 γ 射线强度随射线能量的变化(通过放射源的移动速度调整入射频率)。

吸收体(样品)在多数情况下是粉末，在某些情况下也测量单晶的穆斯堡尔谱。对粉末样品来说，通常是将研磨的粉末与适当的载体物质混合，然后压制成厚度适当的薄片作为吸收体。所选择的载体对 γ 射线来说应该是惰性的，不会影响实验结果，一般选用有机化合物，如人造树脂或蔗糖。另外，还可以以背散射的方式，检测射线被样品共振吸收后所放出的次级辐射的强度随入射能量的变化，如可以探测 14.4 keV 的次级 γ 辐射，或者内转换激发出 7.3 keV 的光电子，或者 6.3 keV 的 X 射线荧光信号。

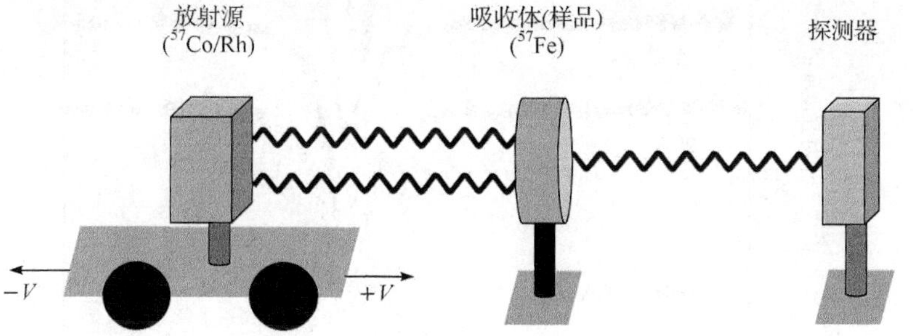

图 12.7 穆斯堡尔谱仪示意图

12.3 穆斯堡尔谱的分析

12.3.1 同质异能位移

原子核基态和激发态的能量差受到原子核与核外电子之间库仑作用的影响，也就是受到原子所处化学环境的影响。基态和激发态能量差的改变造成了共振 γ 射线频率的变化。这种共振频率的变化称为同质异能位移(isomer shift)，也称为化学位移(图 12.8)。在核磁共振中也有化学位移的概念，与核外化学环境(电子云屏蔽效应)密切相关，而同质异能位移也携带着原子价态和化学键的结构信息。显然，温度效应也可以影响共振谱的位移。

由于原子核所处化学环境的差异，放射源 S 辐射的 γ 射线频率与某吸收体 A 的共振吸收频率总会有所偏差，而这个频率偏差可以通过调整放射源与吸收体之间的相对速度弥补，相向运动放射源的频率增大，反之则频率减小。对于某个放射源，如 ^{57}Co，当速度 $v \ll c$ 时，Δf 与放射源移动速度成正比。因此，可以选取一个标准样品作为同质异能位移的零点，一般以 α-铁箔(912℃以下纯铁，铁原子排列成体心立方晶格)或亚硝基铁氰化钠(硝普钠)作为放射源速度的定标，以其共振吸收时的放射源速度作为参考零点。

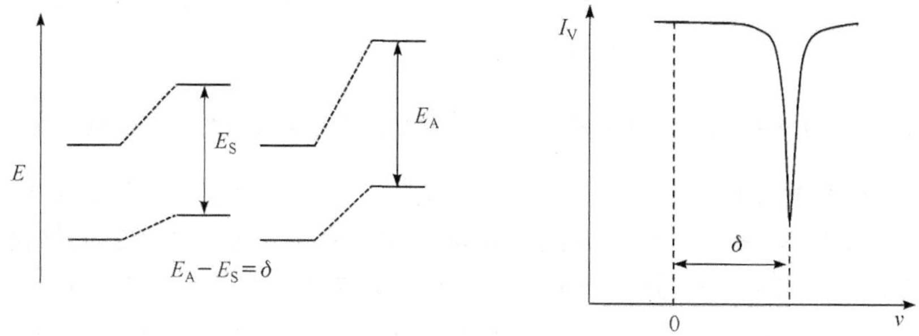

图 12.8 同质异能位移示意图

E_S 表示放射源的核能级差，E_A 表示吸收核的核能级差，二者之差可以通过移动放射源带来的多普勒频移进行 E_S 与 E_A 能量差的补偿

图 12.9 为某铁基超导材料在不同温度下的同质异能位移。从室温到低温，共振位移对应的速度逐渐增加，这说明从室温到低温，超导样品对 γ 射线的共振吸收频率是逐渐增加的。

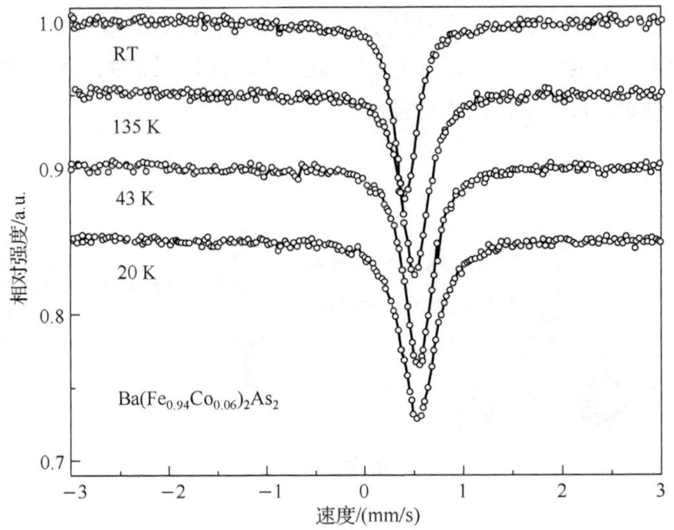

图 12.9 某铁基超导材料在不同温度下穆斯堡尔谱的同质异能位移

12.3.2 核电四极相互作用

固体 NMR 的核电四极相互作用源于四极核的电四极矩与晶格电场梯度的作用。四极核是核自旋量子数 $I>1/2$ 的核，四极核的核电荷分布为椭球形，具有电四极矩 eQ。当四极核所在处存在不为零的电场梯度时，电四极矩与电场梯度的相互作用在核能级上再附加额外的静电势能(图 12.10)。

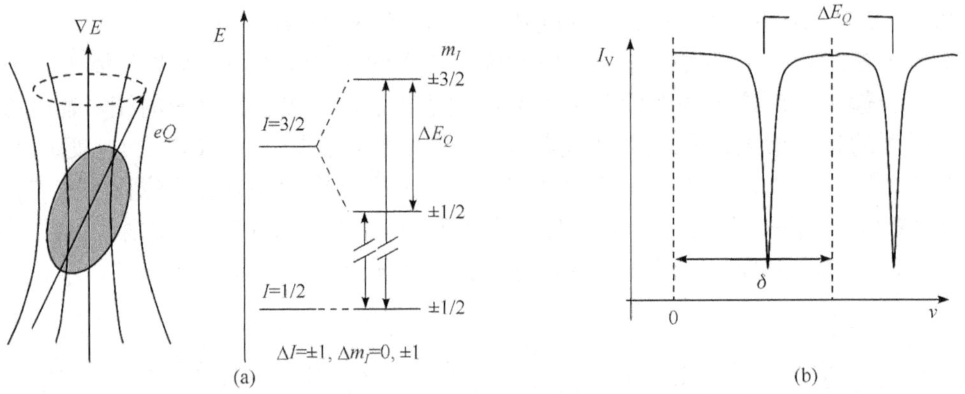

图 12.10 核电四极相互作用导致的 I=3/2 激发态能级分裂(a)和穆斯堡尔谱双线分裂(b)

对于 ^{57}Fe，基态的核自旋量子数 I=1/2，但是第一激发态(距离基态 14.4 keV)的核自旋量子数 I=3/2，即变成了四极核。核自旋的空间量子化，在电场中，I=1/2 的核自旋有两个取向±1/2，而 I=3/2 的核自旋有四个取向，±3/2、±1/2。如图 12.10 所示，当 ^{57}Fe 核所处位置存在电场梯度时，对于基态 I=1/2，不存在电四极矩，因此 m_I=±1/2 对应的能级保持简并，即不会分裂。而对于激发态 I=3/2，能级发生分裂。由于核电四极相互作用产生的静电势能 E_Q 可以表述为

$$E_Q = \frac{eQV_{zz}}{4I(2I-1)}\left[3m_I^2 - I(I+1)\right]\sqrt{1+\frac{\eta^2}{3}}$$

式中，eQ 为第一激发态 ^{57}Fe 核的电四极矩；V_{zz} 为核所处位置的电场梯度相关参数；η为电场梯度不对称参数。静电势能与 m_I 平方有关，因此对于 $m_I=\pm3/2$ 和 $m_I=\pm1/2$，四个核自旋取向，E_Q 只有两个不同值。因此，对于激发态 $I=3/2$，其核能级分裂成两个能级，其能级差为

$$\Delta E_Q = \frac{1}{2}eQV_{zz}\sqrt{1+\frac{\eta^2}{3}}$$

从基态到激发态的跃迁，由于核电四极相互作用，原本对应基态和激发态能级之间的一个共振频率分裂为基态与两个激发态能级之间的两个共振频率，间隔为 ΔE_Q(图 12.10)。因此，穆斯堡尔谱中的共振吸收峰出现中心对称双线，中心位置为同质异能位移(相当于化学位移)。对于粉末样品，核电四极相互作用导致的双线为等强度，分裂间距包含核所处位置的电场梯度信息。

图 12.11 为某铁锰镍复合氧化物钠离子电池电极材料的 ^{57}Fe 穆斯堡尔谱，双线信号对应核电四极相互作用导致的分裂，在充电前只有一对双线，而在充电到 4.3 V 后，出现了三对双线，说明充电后 Fe 的化学环境发生了精细变化(至少出现了三种不同的 Fe 化学环境)。这个实验也展示了穆斯堡尔谱在结构表征中的高分辨率，因为用其他谱学方法，如 XPS 或 XAFS，都难以分辨出三种不同的 Fe 化学环境。

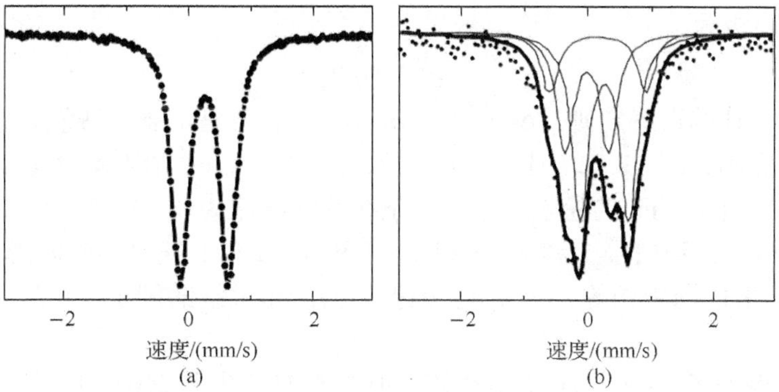

图 12.11　铁锰镍复合氧化物电极材料在充电前(a)、后(b)的穆斯堡尔谱

12.3.3　磁超精细相互作用

在某些固体结构中，核外电子可以在原子核位置产生磁场，称为超精细(磁)场。超精细磁场的来源包括费米接触超精细场、外层电子轨道角动量形成的轨道场等，可以理解为在某些结构中，原子核位置处存在核外电子产生的磁场，或者说并不是所有的原子结构中都存在超精细磁场，前面讲到的穆斯堡尔谱的单线共振信号和核电四极相互作用的双线共振信号都不存在超精细磁场的作用。超精细磁场的强度可以有几十甚至上百特斯拉。目前最强的超导磁体的磁场强度为 35 T，因此超精细磁场非常强，只不过非常微观、非常局域地作用在原子核的位置上。

原子核有自旋磁矩，如果其所在位置存在超精细磁场，根据空间量子化的概念，核磁矩在磁场方向上分立取向，也就是原子核的能级发生分裂。如图 12.12 所示，仍然以 ^{57}Fe 为例，^{57}Fe 的基态，$I=1/2$，在超精细磁场中，核自旋有±1/2 的取向，则基态能级分裂为两个。

^{57}Fe 基态($I=1/2$)磁矩：

$$\mu_g = +0.0906\mu_N$$

$$\mu_N = e/(2m_p)\hbar = 5.05\times10^{-27}\,A\cdot m^2$$

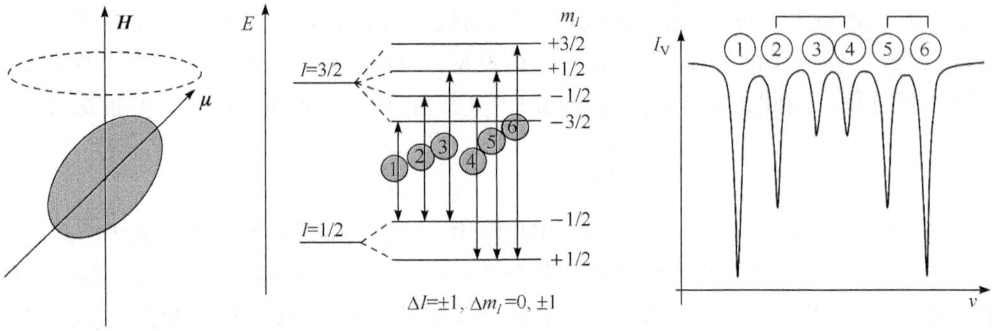

图 12.12 磁超精细作用下基态和激发态核的能级分裂，以及符合选择定则的六条共振吸收线

μ_N 为核磁子。注意磁矩为正(角动量方向与磁矩方向一致)，这样高能级为−1/2 取向，低能级为 1/2 取向。^{57}Fe 第一激发态(I=3/2)磁矩：

$$\mu_e = -0.1547\,\mu_N$$

注意激发态 ^{57}Fe 核的磁矩为负，在磁场中激发态能级从高到低分裂为四个能级，对应 m_I 为 3/2、1/2、−1/2、−3/2(由于磁矩为负，能级高低的 m_I顺序与基态核的相反)。超精细磁场的磁感应强度为 B，能级为

$$E_g = -m_I \mu_g B$$

根据核能级跃迁的选择定则，ΔI=±1，Δm_I=0，±1，于是基态和激发态之间的吸收跃迁共有六条符合选择定则，图 12.12 中标记为 1、2、3、4、5、6，在穆斯堡尔谱中就可以观测到六个共振吸收峰。对于 ^{57}Fe 的粉末样品，六条线峰强度比为 3∶2∶1∶1∶2∶3。

图 12.12 中可以看到信号 1 和 2、2 和 3、4 和 5、5 和 6 线之间的间距相等，都是 $\mu_e B$。而 2 和 4、3 和 5 线的间距相等，为 $\mu_g B$。根据实验测得谱线的间距，可以计算出超精细磁场的磁感应强度 B。

12.3.1 小节提到了 ^{57}Fe 的标样 α-铁箔，但是没有给出其谱图，因为当时还没有提到磁超精细作用。如图 12.13 所示，α-铁箔的穆斯堡尔谱为六线谱，3、4 线的中心位置为化学位移的零点，也可以标记为速度的零点(即使实验时放射源的速度不一定等于零)，速度的间隔代表共振频率的间隔。α-铁箔六线中最外两峰的速度间距为 10.627 mm/s，可以作为实验装置的校准参数。

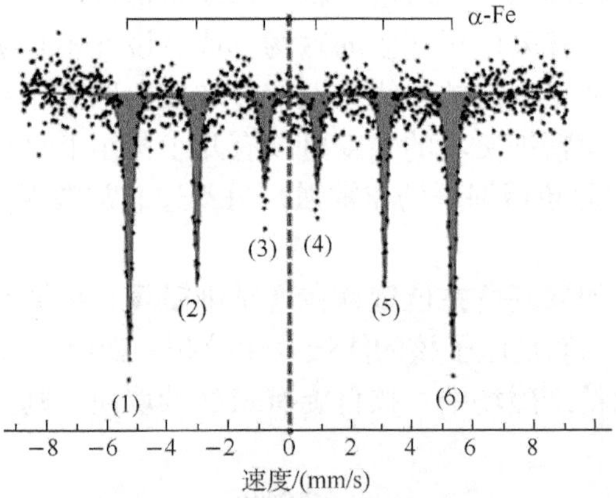

图 12.13 α-铁箔标样的穆斯堡尔谱

如果同时存在超精细磁场和核电四极相互作用，谱线仍然是六条线，但不再是中心对称，谱线之间的距离关系更加复杂。

12.4 引力红移实验

引力红移是爱因斯坦广义相对论的推论，光子因克服引力势能而损失部分能量，导致频率减小，波长红移。光的引力红移一直是天体物理学的研究范畴，而在 1959 年，美国哈佛大学的庞德(R. Pound)和李贝卡(G. Rebka)利用穆斯堡尔效应，首次在学校的塔楼上观测到了 γ 射线从地面到 22 m 高塔顶，因地球引力而发生的引力红移现象。放射源从地面到塔顶(吸收体)，光子频率发生红移(反之则蓝移)。

放射源发出的 γ 射线频率为 ν_0，则有 $h\nu_0=mc^2$，m 为光子的光速质量(光子的静质量为零)。如图 12.14 所示，如果放射源在地面、吸收体在塔顶(高度 H)，则由于克服引力势能，到塔顶的 γ 射线的能量降低，即

$$h\nu = h\nu_0 - mgH = h\nu_0\left(1 - gH / c^2\right)$$

即频率降低，发生红移。相当于 γ 射线的能量降低了 $h\nu_0 gH/c^2$，如果仍然要观测到核的共振吸收，则需要放射源有向上运动速度 k，利用多普勒频移补偿频率红移，当 $k \ll c$ 时，$\dfrac{\Delta\nu}{\nu_0} \approx \dfrac{k}{c}$，则多普勒频移的能量补偿为 $h\Delta\nu = h\nu_0\ k/c$。而补充能量应与引力红移损失能量相等，即 $h\nu_0\, gH/c^2 = h\nu_0\, k/c$，从而得到 $k=gH/c\approx 0.74\ \mu m/s$，这是对应塔高 H=22.6 m 时，为补偿引力红移，光源向上运动速度的理论值。

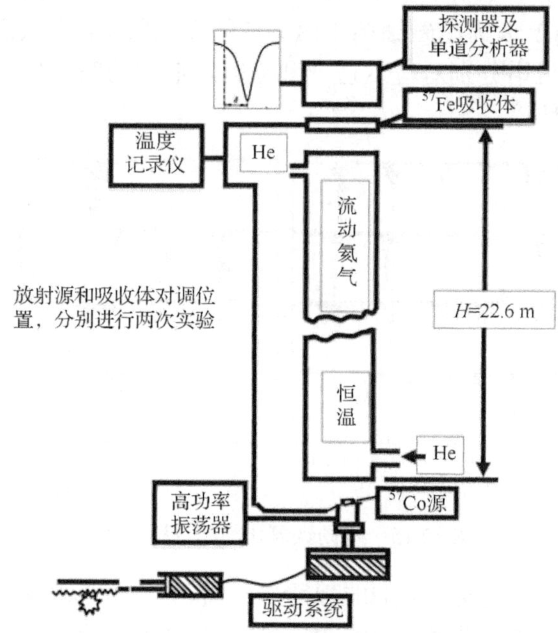

图 12.14 测定引力红移的高塔实验示意图

如果放射源和吸收体对调位置，重复实验，放射源从塔顶发射，到地面频率发生蓝移，则需要放射源背向吸收体运动，通过多普勒频移抵消蓝移。结合放射源和吸收体对调位置的两

次实验数据，可以得到更准确的引力红移数据，实验数值与理论预测误差约 5%。

12.5 穆斯堡尔谱的应用实例

穆斯堡尔谱的观测对象是固体中的特定原子核，并通过核共振吸收的位移和线型表征核所处的化学环境，在固体物理、材料科学、生物环境、地质考古等领域有广泛的应用。可以用来研究固体微结构、磁性、缺陷、位错及结构相变，确定元素价态及自旋态，研究含铁蛋白的结构，鉴定岩石结构、文物年代及产地等。由于探束和检测束都是 γ 射线，比较适合进行材料结构的原位穆斯堡尔谱研究，尤其是催化剂的原位表征，可以对催化剂的活性中心变化过程进行跟踪，研究催化剂的构效关系。

穆斯堡尔谱具有高分辨率、高灵敏度，同时适用于多种形式的样品，研究的对象可以是导体、半导体或绝缘体，样品可以是晶态或非晶态的材料、薄膜或固体的表层，也可以是粉末、超细小颗粒，甚至是冷冻的溶液。

穆斯堡尔谱的缺点是可研究的原子核种类有限，目前只有 ^{57}Fe 和 ^{119}Sn 等少数核的应用较为普遍。其他核素需要特定的放射源且要在低温下观测，给实验带来了难度。

图 12.15 为不同铁氧化物的穆斯堡尔谱，可以看出穆斯堡尔谱对不同结构的分辨率非常高。β-FeOOH 在不同温度下发生结构相变，295 K 下为双线谱，是核电四极相互作用的结果；而 80 K 下转变为六线谱，是磁超精细作用的结果。图 12.16 为火星表面岩石的 ^{57}Fe 穆斯堡尔谱，从中可以归属出橄榄石、辉石类矿物及含 Fe^{3+}化合物。通过穆斯堡尔谱对火星土壤中橄榄石成分的分析，可以研究火星表面岩石的风化过程。图 12.17 为某出土文物不同部位表面的 ^{57}Fe 穆斯堡尔谱。通过对古陶器的穆斯堡尔谱研究，可以对其烧制原料、工艺、老化年龄及产地等进行分析考证。图 12.18 为趋磁细菌中磁铁矿的穆斯堡尔谱，从谱中可以分辨出四种不同的铁化学环境。两组六线谱分别对应六边形和立方块形貌的四氧化三铁晶粒，两组双线谱分别对应二价铁和三价铁环境。

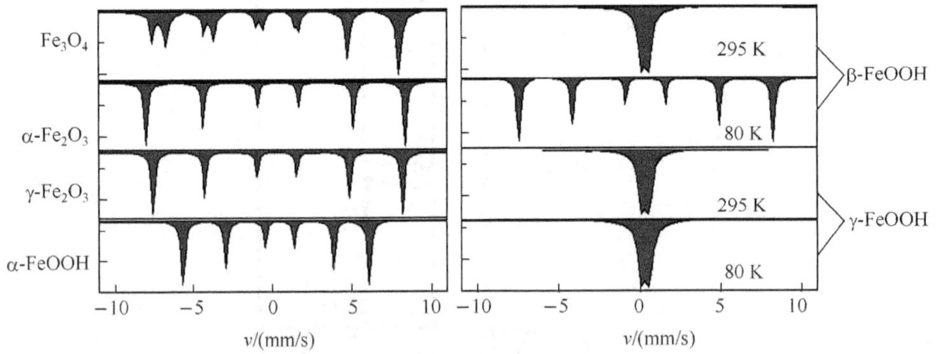

图 12.15 不同铁氧化物的穆斯堡尔谱

图 12.19 为某单原子铁氮碳催化剂的穆斯堡尔谱，从中可以归属出三个共振吸收信号，均为双线谱，即由核电四极相互作用导致。用三组双线谱进行拟合，解析出样品中三种不等价铁的配位环境，并给出了对应的结构归属。显然，仅从穆斯堡尔谱不能直接进行结构归属，需要根据文献及模型化合物的穆斯堡尔谱进行归属。

穆斯堡尔谱可以通过软件进行谱型的拟合。表 12.1 为对图 12.19 穆斯堡尔谱的拟合数据，

IS 表示同质异能位移，QS 表示核电四极相互作用的双线的分裂间距，Γ 表示拟合谱的线宽；面积表示各组分所占比例。

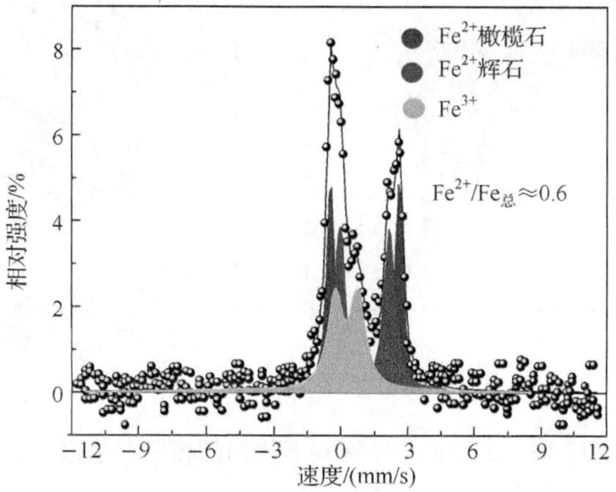

图 12.16　火星表面岩石的 ^{57}Fe 穆斯堡尔谱

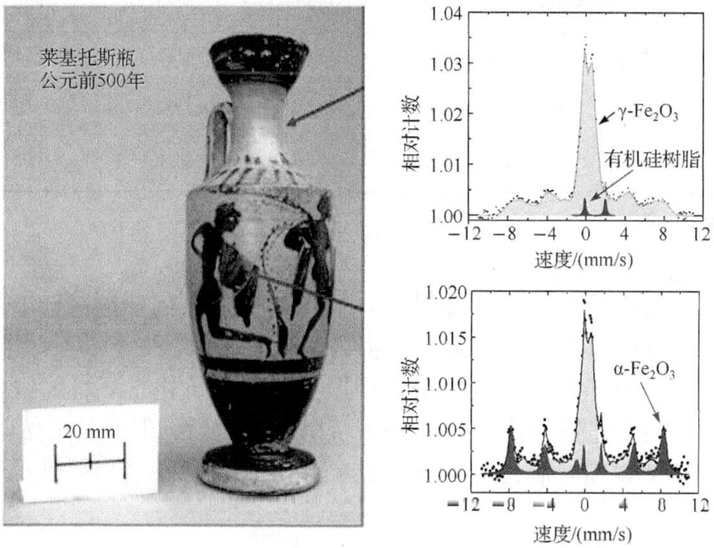

图 12.17　某出土文物不同部位表面的 ^{57}Fe 穆斯堡尔谱

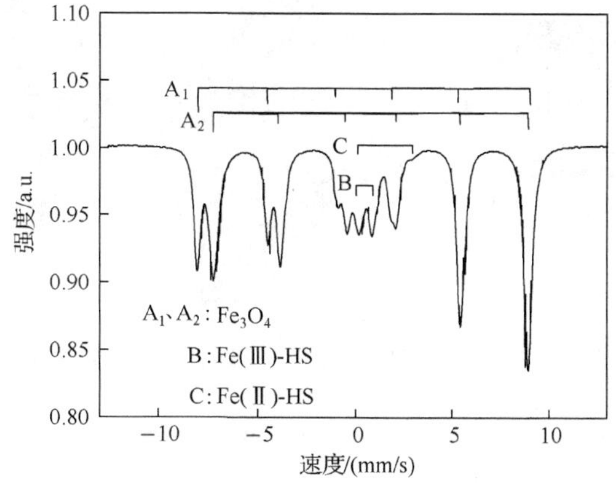

图 12.18　趋磁细菌中磁铁矿的穆斯堡尔谱

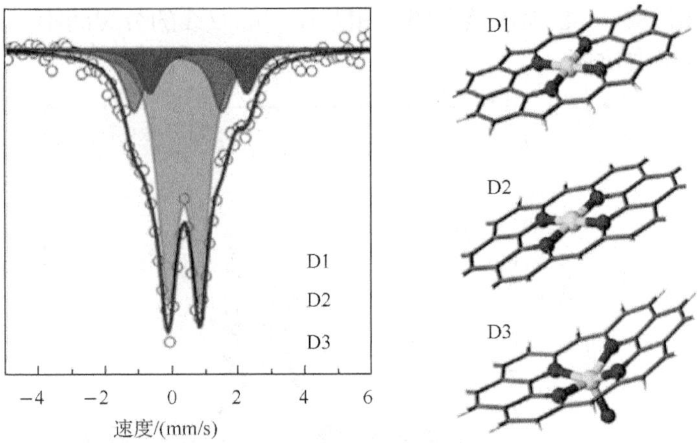

图 12.19 某单原子铁氮碳催化剂的穆斯堡尔谱及拟合

表 12.1 某单原子铁氮碳催化剂的穆斯堡尔谱拟合结果

序号	信号归属	IS/(mm/s)	QS/(mm/s)	Γ/(mm/s)	面积/%
D1	$Fe^{III}N_4C_{12}$，LS 低自旋	0.34	1.00	0.74	71.1
D2	$Fe^{II}N_4C_{10}$，MS 中自旋	0.20	2.90	0.80	17.3
D3	N-$Fe^{III}N_4C_{10}$，HS 高自旋	0.76	3.09	0.68	11.7

注：同质异能位移以 α-铁箔为参考。

利用图 12.20 中的原位穆斯堡尔谱装置，可以对铁氮碳催化剂进行电催化过程的原位穆斯堡尔谱研究(图 12.21)。通过拟合谱图可以拆分出三种不同的 Fe 环境，均为双线，并参照文献数据进行结构归属。在不同电位条件下，根据三种不等价化学环境的铁配位中心的定量变化，可以推断出反应机理。铁同位素只有 ^{57}Fe 可以进行测试，但是其天然丰度只有 2.1%，因此该原位穆斯堡尔谱测试需要制备富集 ^{57}Fe 的样品。

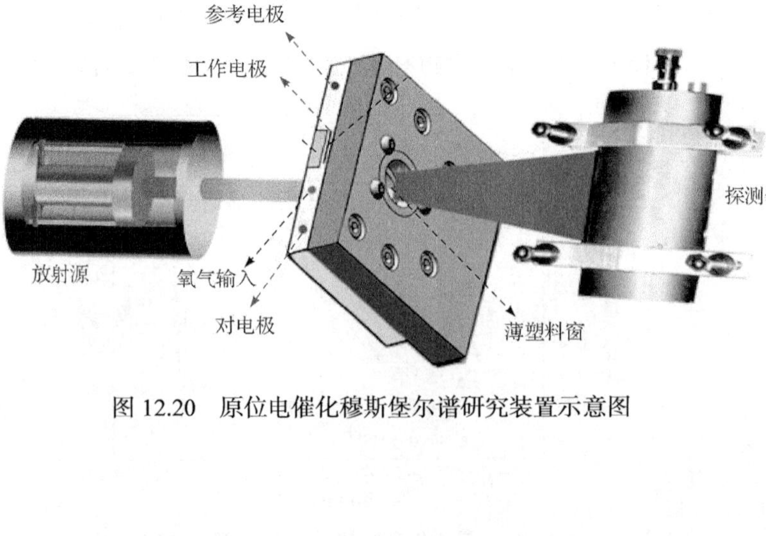

图 12.20 原位电催化穆斯堡尔谱研究装置示意图

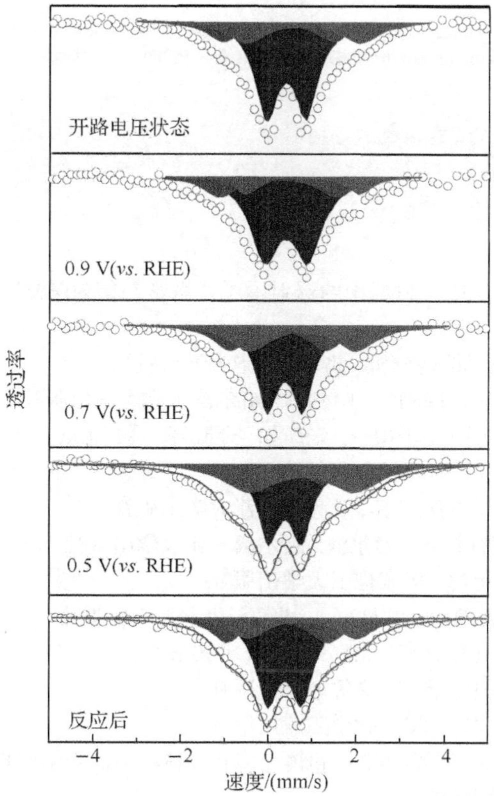

图 12.21 某单原子铁氮碳催化剂的氧还原反应原位穆斯堡尔谱

本章小结

穆斯堡尔谱的研究对象是原子核，通过探测核能级的 γ 射线共振吸收可以灵敏地获得原子核周围物理和化学环境的信息，分辨率和灵敏度高，样品范围广泛，可以是导体、半导体、绝缘体，也可以是晶态或非晶态样品、薄膜或固体的表层；还可以是粉末、超细颗粒，黏稠液体或冷冻液体。样品的测试空间较为充分，放射源为 γ 射线，可以对样品施加升降温、加压及电磁场等外部处理条件，因此较适合进行原位观测。需要注意的是 ^{57}Fe 同位素的天然丰度只有 2.1%，往往需要通过同位素富集制备用于原位观测的样品。穆斯堡尔谱的不足之处是适合观测的核有限，目前只有 ^{57}Fe 和 ^{119}Sn 等少数穆斯堡尔核得到了充分的应用。

参考文献

布伦特·福尔兹, 詹姆斯·豪. 2017. 材料中的透射电子显微学与衍射学. 吴自勤, 石磊, 何维, 等译. 合肥: 中国科学技术大学出版社.

曹立礼. 2010. 纳米材料表面电子结构分析. 北京: 清华大学出版社.

陈伯显, 张智. 2011. 核辐射物理及探测学. 哈尔滨: 哈尔滨工程大学出版社.

陈成钧. 1996. 扫描隧道显微学引论. 华中一, 朱昂如, 金晓峰, 译. 北京: 中国轻工业出版社.

褚圣麟. 1979. 原子物理学. 北京: 高等教育出版社.

杜希文, 原续波. 2014. 材料分析方法. 2版. 天津: 天津大学出版社.

韩喜江. 2011. 固体材料常用表征技术. 哈尔滨: 哈尔滨工业大学出版社.

黄惠忠. 2007. 表面化学分析. 上海: 华东理工大学出版社.

黄继武, 李周. 2022. X射线衍射理论与实践(Ⅰ). 北京: 化学工业出版社.

金彦任, 黄振兴. 2015. 吸附与孔径分布. 北京: 国防工业出版社.

孔学谦. 2023. 固体核磁共振原理. 北京: 高等教育出版社.

刘洪权. 2023. 材料分析测试技术. 北京: 化学工业出版社.

鲁克罗尔 F, 鲁克罗尔 J, 辛 K S W, 等. 2020. 粉体与多孔固体材料的吸附原理、方法及应用. 陈建, 周力, 王奋英, 等译. 北京: 化学工业出版社.

马如璋, 徐英庭. 1996. 穆斯堡尔谱学. 北京: 科学出版社.

毛希安. 1996. 核磁共振基础简论. 北京: 科学出版社.

潘峰, 王英华, 陈超. 2022. X射线衍射技术. 北京: 化学工业出版社.

裘祖文. 1980. 电子自旋共振波谱. 北京: 科学出版社.

宋廷鲁, 邹美帅, 鲁德凤. 2022. X射线光电子能谱数据分析. 北京: 北京理工大学出版社.

苏吉虎, 杜江峰. 2022. 电子顺磁共振波谱: 原理与应用. 北京: 科学出版社.

苏铁键. 2023. 电子显微分析. 北京: 北京理工大学出版社.

王富耻. 2006. 材料现代分析测试方法. 北京: 北京理工大学出版社.

王其武, 刘文汉. 1994. X射线吸收精细结构及其应用. 北京: 科学出版社.

王少阶, 陈志权, 王波, 等. 2008. 应用正电子谱学. 武汉: 湖北科学技术出版社.

吴代鸣. 2015. 固体物理基础. 2版. 北京: 高等教育出版社.

杨福家. 2019. 原子物理学. 5版. 北京: 高等教育出版社.

杨正红. 2017. 物理吸附100问. 北京: 化学工业出版社.

郁伟中. 2003. 正电子物理及其应用. 北京: 科学出版社.

章晓中. 2006. 电子显微分析. 北京: 清华大学出版社.

赵凯华, 罗蔚茵. 2008. 量子物理. 2版. 北京: 高等教育出版社.

周公度, 段连运. 2008. 结构化学基础. 4版. 北京: 北京大学出版社.

周世勋. 2009. 量子力学教程. 2版. 北京: 高等教育出版社.

周玉. 2011. 材料分析方法. 3版. 北京: 机械工业出版社.

朱和国, 尤泽升, 刘吉梓, 等. 2019. 材料科学研究与测试方法. 南京: 东南大学出版社.

Egerton R F. 2011. 电子显微镜中的电子能量损失谱学. 2版. 段晓峰, 高尚鹏, 张志华, 等译. 北京: 高等教育出版社.

Williams D B, Carter C B. 2015. 透射电子显微学(上、下). 2版. 李建奇, 等译. 北京: 高等教育出版社.

Bogner A, Jouneau P H, Thollet G, et al. 2007. A history of scanning electron microscopy developments: towards "wet-STEM" imaging. Micron, 38(4): 390-401.

Cao C. 2004. Chinese Science and the 'Nobel Prize Complex'. Minerva, 42: 151-172.

Chen M, Li J, Xue W, et al. 2022. Unveiling secondary-ion-promoted catalytic properties of Cu-SSZ-13 zeolites for selective catalytic reduction of NO_x. Journal of the American Chemical Society, 144(28): 12816-12824.

Chen T-H, Wouters B H, Grobet P J. 2000. Aluminium coordinations in zeolite mordenite by ^{27}Al multiple quantum MAS NMR spectroscopy. European Journal of Inorganic Chemistry, (2): 281-285.

Duan S, Wang R, Liu J. 2018. Stability investigation of a high number density $Pt1/Fe_2O_3$ single-atom catalyst under different gas environments by HAADF-STEM. Nanotechnology, 29(20): 204002.

Eckert M. 2012. Disputed discovery: the beginnings of X-ray diffraction in crystals in 1912 and its repercussions. Acta Crystallographica Section A, Foundations of Crystallography, 68(1): 30-39.

Feng Z, Lin Y, Tian C, et al. 2019. Combined study of the ground and excited states in the transformation of nanodiamonds into carbon onions by electron energy-loss spectroscopy. Scientific Reports, 9(1): 3784.

Fultz N E, Bonmassar G, Setsompop K, et al. 2019. Coupled electrophysiological, hemodynamic, and cerebrospinal fluid oscillations in human sleep. Science, 366(6465): 628-631.

Gauquelin N, Hawthorn D G, Sawatzky G A, et al. 2014. Atomic scale real-space mapping of holes in $YBa_2Cu_3O_{6+\delta}$. Nature Communications, 5: 4275.

Greczynski G, Hultman L. 2020. Compromising science by ignorant instrument calibration: need to revisit half a century of published XPS data. Angewandte Chemie (International Edition in English), 59(13): 5002-5006.

Groen J C, Peffer L A A, Pérez-Ramírez J. 2003. Pore size determination in modified micro- and mesoporous materials. Pitfalls and limitations in gas adsorption data analysis. Microporous and Mesoporous Materials, 60: 1-17.

Hildebrandt G. 1993. The discovery of the diffraction of X-rays in crystals: a historical review. Crystal Research & Technology, 28(6): 747-766.

Holder C F, Schaak R E. 2019. Tutorial on powder X-ray diffraction for characterizing nanoscale materials. ACS Nano, 13(7): 7359-7365.

Krivanek O L, Dellby N, Hachtel J A, et al. 2019. Progress in ultrahigh energy resolution EELS. Ultramicroscopy, 203: 60-67.

Lawrence E, Crozier P. 2018. Oxygen transfer at metal-reducible oxide nanocatalyst interfaces: contrasting carbon growth from ethane and ethylene. ACS Applied Nano Materials, 1(3): 1360-1369.

Li Q Y, Ning D, Wong D, et al. 2022. Improving the oxygen redox reversibility of Li-rich battery cathode materials via Coulombic repulsive interactions strategy. Nature Communications, 13(1): 1123.

Li X N, Cao C S, Hung S F, et al. 2020. Identification of the electronic and structural dynamics of catalytic centers in single-Fe-atom material. Chem, 6(12): 3440-3454.

Ng H N, Calvo C. 1972. Crystal structure of and electron spin resonance of Mn^{2+} in MgV_2O_6. Canadian Journal of Chemistry, 50(22): 3619-3624.

Ohtani B, Prieto-Mahaney O O, Li D, et al. 2010. What is Degussa(Evonik) P25? Crystalline composition analysis, reconstruction from isolated pure particles and photocatalytic activity test. Journal of Photochemistry and Photobiology A: Chemistry, 216(2/3): 179-182.

Qiao B, Wang A, Yang X, et al. 2011. Single-atom catalysis of CO oxidation using $Pt1/FeO_x$. Nature Chemistry, 3(8): 634-641.

Sarikaya M, Qian M, Stern E. 1997. EXELFS revisited. Micron, 27(6): 449-466.

Schulz T, Remmele T, Markurt T, et al. 2012. Analysis of statistical compositional alloy fluctuations in InGaN from aberration corrected transmission electron microscopy image series. Journal of Applied Physics, 112(3): 033106.

Shi R C, Li Q Z, Xu X F, et al. 2024. Atomic-scale observation of localized phonons at $FeSe/SrTiO_3$ interface. Nature Communications, 15(1): 3418.

Tang M, Li S D, Chen S Y, et al. 2021. Facet-dependent oxidative strong metal-support interactions of palladium-TiO_2 determined by in situ transmission electron microscopy. Angewandte Chemie (International Edition in English), 60(41): 22339-22344.

Therrien A J, Hensley A J R, Marcinkowski M D, et al. 2018. An atomic-scale view of single-site Pt catalysis for low-temperature CO oxidation. Nature Catalysis, 1: 192-198.

Wang W, Seiler M, Ivanova I I, et al. 2001. In situ stopped-flow (SF) MAS NMR spectroscopy: a novel NMR technique applied for the study of aniline methylation on a solid base catalyst. Chemical Communications, (15): 1362-1363.

Xin H, Lin L, Li R T, et al. 2022. Overturning CO_2 hydrogenation selectivity with high activity via reaction-induced strong metal-support interactions. Journal of the American Chemical Society, 144(1), 4874-4882.

Zitolo A, Goellner V, Armel V, et al. 2015. Identification of catalytic sites for oxygen reduction in iron- and nitrogen-doped graphene materials. Nature Materials, 14(9): 937-942.